国家自然科学基金(41372125)
油气资源与勘探技术教育部重点实验室 联合资助

塔南-南贝尔凹陷层序地层与同沉积构造响应

Sequence and Depositional Filling Response to Syndepositional Structure in Tarsouth-Bellsouth Depression

单敬福 著

科学出版社
北京

内 容 简 介

本书以海拉尔-塔木察格盆地塔南-南贝尔凹陷为例，运用层序地层学的基本理论和方法，对陆相断陷盆地层序级别、层序界面识别标志、层序界面的成因及其地质意义、层序地层格架特征和同沉积构造响应进行深入细致的分析，并在此基础上研究了不同构造背景断陷盆地层序地层内部结构单元的分布模式；探讨了盆地构造活动、气候、湖平面变化、物源供给等对层序发育的控制；提出了层序地层格架内有利砂体的预测方法。

本书可作为石油勘探部门从事盆地勘探地质的工作者及大专院校石油地质专业师生的参考书。

图书在版编目（CIP）数据

塔南-南贝尔凹陷层序地层与同沉积构造响应 = Sequence and Depositional Filling Response to Syndepositional Structure in Tarsouth-Bellsouth Depression / 单敬福著. —北京：科学出版社，2017.7

ISBN 978-7-03-050289-6

Ⅰ. ①塔…　Ⅱ. ①单…　Ⅲ. ①断陷盆地－沉积构造－研究－蒙古
Ⅳ. ①P544

中国版本图书馆 CIP 数据核字（2016）第 255144 号

责任编辑：万群霞　冯晓利 / 责任校对：桂伟利
责任印制：肖　兴 / 封面设计：无极书装

科学出版社 出版
北京东黄城根北街 16 号
邮政编码：100717
http://www.sciencep.com
中国科学院印刷厂 印刷
科学出版社发行　各地新华书店经销
*
2017 年 7 月第　一　版　开本：787×1092　1/16
2017 年 7 月第一次印刷　印张：15 1/4
字数：400 000

定价：128.00 元

（如有印装质量问题，我社负责调换）

前　言

层序地层学形成于20世纪80年代，是综合利用地震、钻井及露头资料，结合有关沉积相标志及岩相古地理分析，对地层层序格架进行综合解释的科学。该学科最早起源于被动大陆边缘海相沉积地层研究。由于其对地层成因、地层格架内沉积体系时空展布规律等提出了全新的概念、新的地层划分对比方法和油气预测模式，推动了沉积学和地层学具有革命意义的进展。随着相关研究的不断发展，层序地层学逐渐成为一门相对独立的分支学科。国际上在这一领域的成熟模式和经验都来源于海相盆地，而我国则是陆相含油气盆地占主导地位，考虑陆相盆地具有多物源、近物源、堆积快、横向变化大等特点，其层序地层的发育特征和控制因素，以及层序构成模式与海相盆地相比会有较大差异。特别是我国东部中新生代陆相断陷盆地，受断层控制明显。因此，不能简单地套用已成熟的海相层序构成模式和工作方法，只能借鉴其核心思路，尤其针对陆相断陷盆地时，更是如此。

海拉尔-塔木察格盆地位于兴-蒙褶皱带东端，其中海拉尔盆地部分位于我国境内，塔木察格盆地位于蒙古国境内，它们属于一个统一盆地构造单元，是中、新生代张扭背景下形成的含油气盆地。经物探-地质工作证实盆地呈“三拗两隆”的构造格局。由于是分割的断陷群，每一个断陷本身就是一个油气系统。盆地沉积充填过程中又经历了多次构造运动，构造不整合面普遍发育，在不整合面上、下形成了多种油气藏类型，具有复式油气成藏的特征。本书的主要研究区塔南-南贝尔凹陷是塔木察格盆地主体部分，利用最新的地球物理勘探技术，并通过对研究区连片的高分辨率三维地震和钻井资料的分析，揭示了盆地沉积充填和构造演化历史，为后续深入研究提供了难得的资料基础和理论参考。

全书共十章。第一章系统介绍层序地层研究的现状、理论体系，以及最新陆相层序地层动力学盆地充填响应模式；第二章介绍研究区区域地质概况，包括地层、沉积构造背景、所处湖盆动力学演化机制等；第三章详细论述塔南-南贝尔凹陷层序地层划分原则，界面的性质、特征与识别标志，层序地层格架特征和区域对比意义；第四章详细论述塔南-南贝尔凹陷所在断陷湖盆层序形成机制及发育模式；第五章对高频层序地层对比方法进行了深入探讨；第六章介绍塔南-南贝尔凹陷发育的沉积体系类型及识别标志；第七章讨论塔南-南贝尔凹陷沉积演化与充填模式；第八章论述了塔南-南贝尔凹陷两个构造单元拼接带地层对比与沉积充填响应特征；第九章详细论述同沉积构造响应模式及其主控因素；第十章对塔南-南贝尔凹陷有利区带进行了优选及目标预测。

全书由单敬福统筹编写，其中绝大部分图件由硕士研究生汤乃千、张彬、闫海利、陈欣欣、种健、葛雪、张芸、崔连可、蒋莉莎、徐文杰等清绘完成。本书的编写参考了前人丰富的研究成果，也得益于中国石油大庆油田分公司多年来为本书编写提供的丰富资料，同时也得到了长江大学领导和有关同事的支持，在此一并表示感谢。

特别感谢长江大学地球科学学院潘仁芳教授对本书内容提出的宝贵意见。

由于编者水平有限，加之时间仓促，书中难免有疏漏与不妥之处，敬请各位专家、老师和相关科研人员不吝赐教。

作　者

2017年2月

目　　录

第一章 层序地层与沉积研究现状及其应用

层序地层学的发展已进入了一个崭新阶段，有人称其为沉积地质学的第三次革命(Miall，2014)。尽管层序地层学的许多概念和部分理论是从古老地层学中沿袭下来的，但其现代研究方法的提出却与目前地震分辨率不断提高这一新技术的出现密切相关。因而，层序地层学是西方一些大石油公司首先采用和流行的理论和工作方法，然后才在学术研究机构成为科研题。层序地层学一般常规采用的数据主要包括地震资料、钻(测)井资料、岩心和露头等资料，同时也参考了生物地层学、磁性地质学、遗迹学和地球化学资料。目前，层序地层学已成为石油勘探和油藏描述中最为基础和有力的研究工具。

第一节 层序地层学的理论体系与主要学派

一、层序地层学理论及概念体系

层序地层(sequence stratigraphy)这一概念最早于1948年由Sloss提出，但以“层序”为单元来研究地层则始于1963年，Sloss在对比与划分美国克拉通晚寒武纪至全新世地层单元时，实践并深化了这一概念。但是Sloss的观点在20世纪50年代、60年代乃至70年代仍只被极少数人接受(Sloss，1962，1963)。Vail等(1977)在AAPG(Association of American Petroleum Geology)杂志上发表了地震地层学论文集(Abrahams and Chadwick，1994；Ager，1995；Vail et al.，1997)，标志着层序地层学才真正意义上进入了萌芽阶段，他们在论文集中提出了旋回性沉积作用主要受全球海平面升降变化控制，以后至1987年的10年时间里，Vail和埃克森(Exxon)石油公司的学者在一系列论文中对层序做出了精确分析、修改和扩充。其中Mitchum和van Wagoner(1991)提出了层序由不整合面为边界扩展为层序是由存在内在联系的相对整合的地层序列组成的地层单元，顶底界面为不整合或与之相对应的整合(聂逢君，2001；贾承造和赵文智，2002；冯友良等，2006)。1987年，van Wagoner等在AAPG上发表论文明确提出了“层序地层学概念”。

层序地层学主要研究等时格架地层单元内具有成因联系的沉积相及其时空展布，层序被定义为以不整合面或与之相对应的整合面为界的相对整合的有成因联系的地层序列。一个完整的层序单元对应一个完整的海平面升降旋回(Nilsen，1967，1985；Ori，1982，1993；Ori and Friend，1984；Pienkowski，1991)。海平面变化控制层序形成是Exxon层序地层学理论的核心。海平面变化有两种表述，一个是绝对海平面变化，是海平面相对于某个固定参照点(如地心)运动的单元函数；另外一个是相对海平面变化，是指海平面运动和海底构造升降运动的双元函数。Vail等(1977)根据世界各地资料(主要包括地震、古生物、古地磁、同位素测年资料)，编制出显生宙以来一、二级海平面升降周期曲线(图1-1)。按照层序发育的时间长短对层序级别进行划分。后来随着人们对层序及其形成机理的逐步深入，这种分类已越来越不适应高精度层序地层学研究。实际上，地质事件和地层旋回持续时间的跨度至少要16个数量级，如紊流边界层的突发扫描旋回(Burst-sweep cycle)的持续时限为10^{-6}年，太阳黑子和太阳的其他作用可造成$10\sim10^{2}$年的旋回规模，而超大陆形成与解体的板块构造旋回的持续时间为10^{9}年。针对目前具有地质意义研究尺度而言，旋回的时限应以10^{4}年以上的米兰科维奇旋回为研究起点。其主要包括如下四种类型(表1-1)。

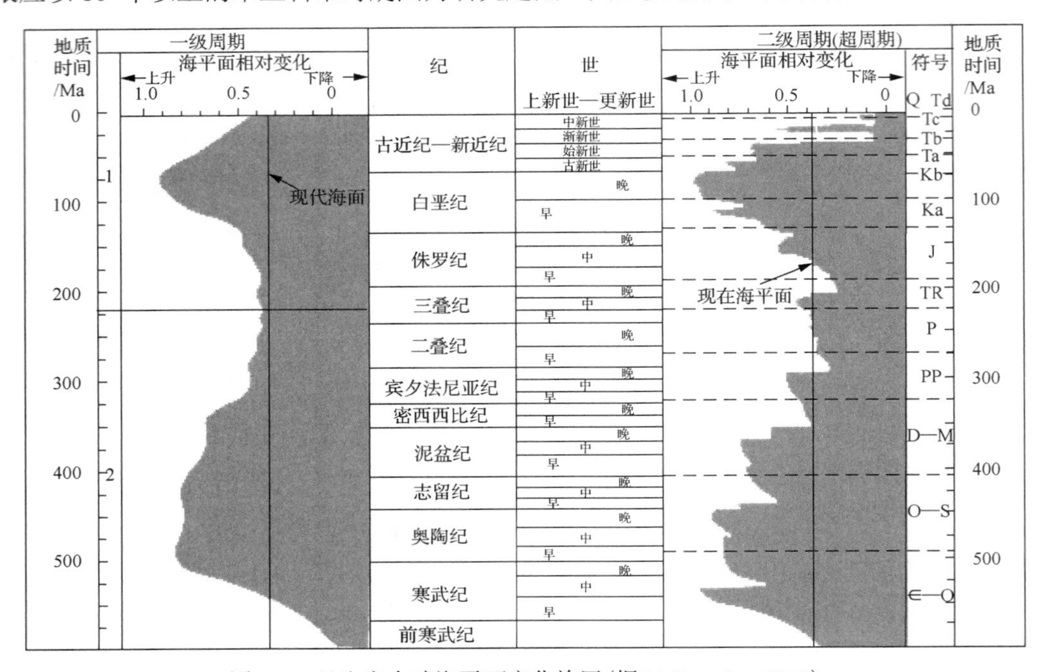

图 1-1　显生宙全球海平面变化旋回(据 Vail et al., 1977)

表 1-1　地层旋回及驱动机制

层序级别	旋回类型	驱动机制	持续时限/Ma	其他术语
巨层序	第1级旋回或全球超大陆旋回	全球超大陆旋回，为地壳的主要升降旋回，与海底扩张及超大陆拼合有关	200~500	一级旋回(Vail et al., 1977)
超层序	第2级旋回也称10个百万年的幕式旋回	大陆规模的地幔热作用(动力地形)和板块运动产生的旋回，包括：①大洋中脊扩张导致的体积改变而产生的全球海平面变化；②张性下拗和地壳载荷引起的基底运动的区域性旋回	10~100	二级旋回超旋回(Vail et al, 1977)，层序(Sloss, 1962, 1963)
层序	第3级旋回也称百万年的幕式旋回	由于区域性板块运动(包括板内应力机制改变)引起的基底运动的区域性和局部旋回	0.01~10	三级旋回(Vail et al., 1977)
四级层序	第4级旋回也称百万年以下的幕式旋回	由轨道强制力，包括冰川作用等产生的全球旋回	0.01~2	四级至五级旋回(Vail et al., 1977)，米兰科维奇旋回(Wanles and Weller, 1932)

1. *巨层序*

全球超大陆旋回与泛大陆的形成于裂解旋回有关。一个完整的旋回需要200~500Ma，这个过程至少是两个10^{8}年级别旋回，在地质历史时期，至少进行了20×10^{8}年，可能至少发生过四个完整的巨层序旋回(图 1-2)。由于巨层序与超层序级别相差悬殊，一般在巨层序内划分若干个超层序组。实际上，一个大陆的拼合还可以阻止地核和地幔的辐射散失，其结果将导致大陆局部热隆起、拗陷和解体，继而开始一个海底扩张，从而对全球海平面产生巨大影响，控制巨旋回层序的形成与发展。

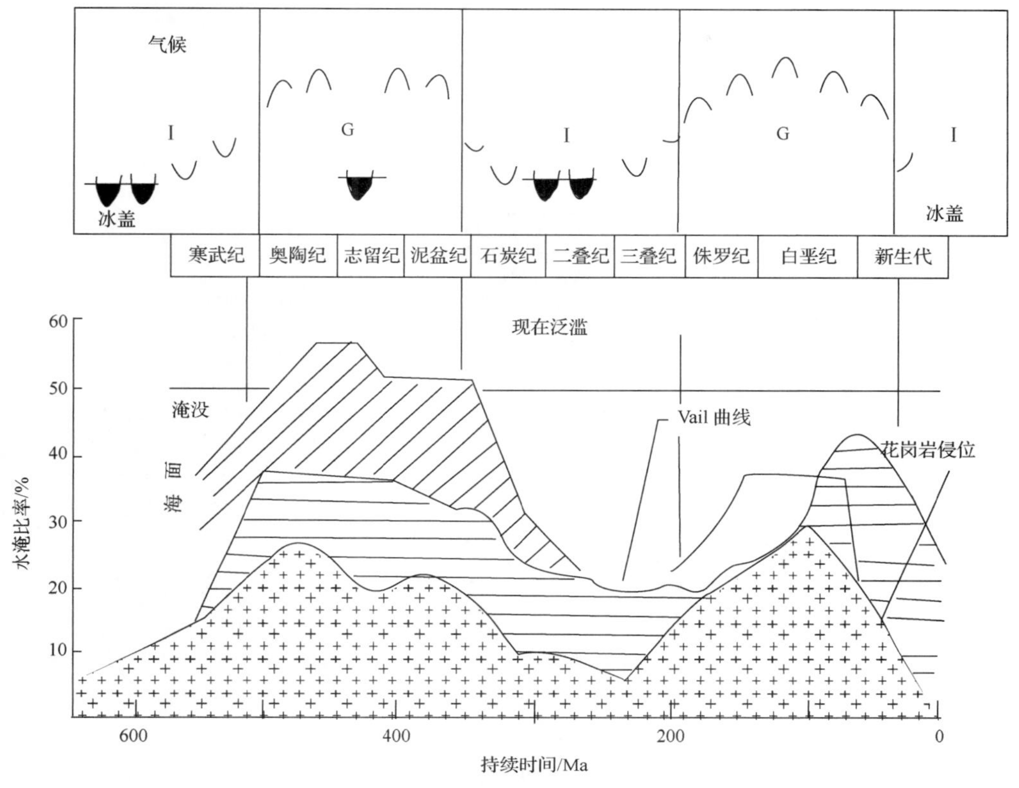

图 1-2　显生宙超大陆环境、气候旋回(据 Worsley et al.，1984，1986)

图中所示为海平面变化(据 Vail et al.，1977)、大陆的水淹比率、花岗岩侵位量及随着这些变化而发生的全球气候波动；I.冰室气候；G.温室气候

2. *超层序*

超层序是二级海平面升降旋回，时限为 10~100Ma，它的形成与全球构造事件或盆地演化的阶段性有关。越来越多的证据表明，超层序在克拉通内不仅可以追综，而且在地球上几个主要大陆内部进行层位对比(图 1-3)。

3. *层序*

层序是一套成因上相关、相对整合的连续地层序列，以不整合或与不整合相对应的整合为界。准层序和准层序组是层序的基本构成单元。Vail 等(1977)的经典层序地层学理论将一个层序划分为两大类，分别为 I 型层序和 II 型层序(图 1-4，图 1-6)，其中 I 型层序根据所处盆地几何形态的不同又细分为沉积于陆架坡折型盆地中 I 型层序、沉积于缓坡边缘型盆地中 I 型层序及沉积于生长断层边缘型盆地内的 I 型层序(图 1-4，图 1-5，图 1-7)；而 II 型层序与沉积于缓坡边缘型盆地中 I 型层序很相似，两者都缺少扇和下切谷，并且两者的初始体系域(沉积于缓坡边缘型盆地中 I 层序低水位体系域和 II 型层序的

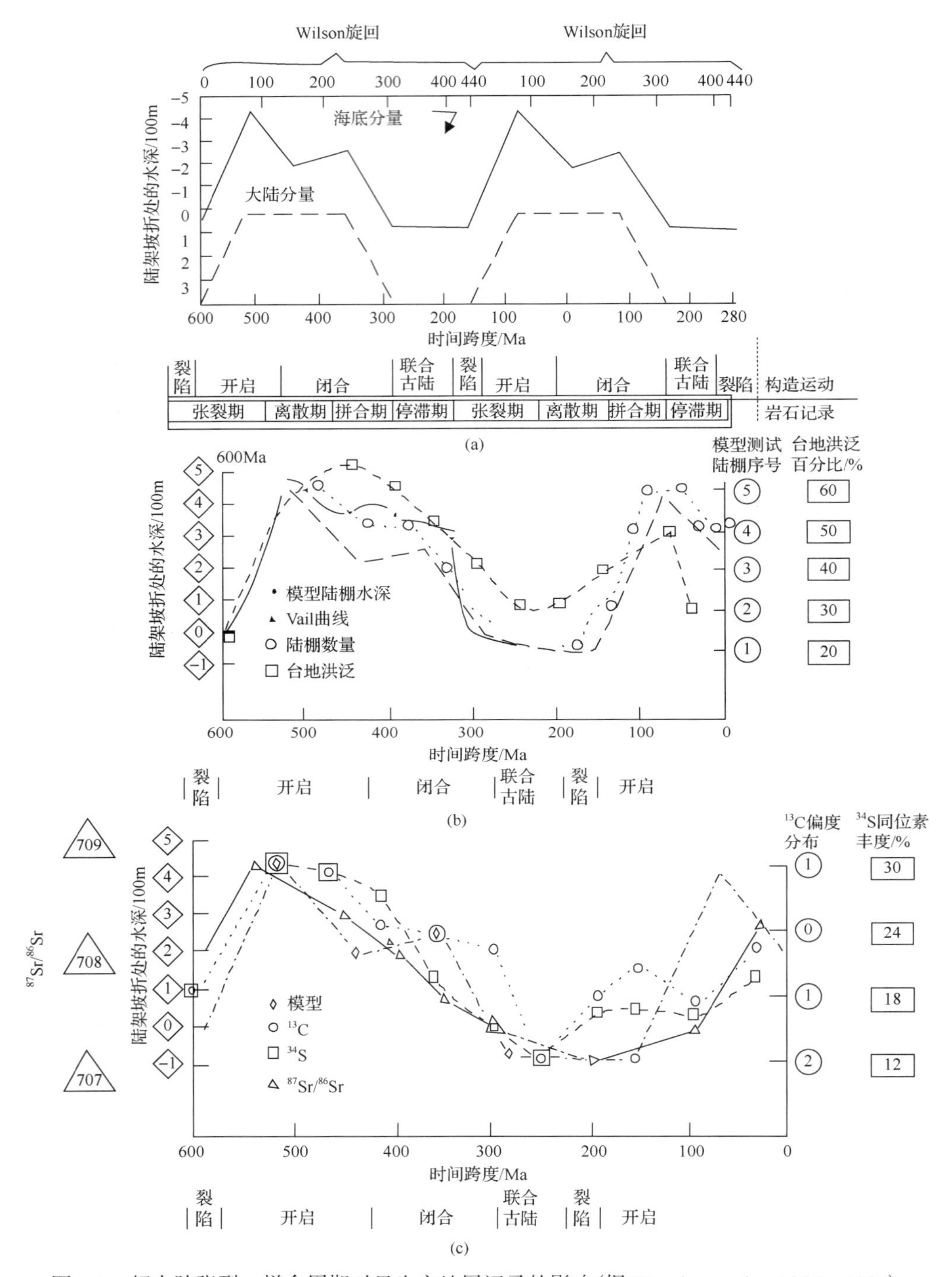

图 1-3　超大陆张裂—拼合周期对显生宙地层记录的影响(据 Worsley et al.，1984，1986)

(a) 模型的构造分量，显示了两个完整的张裂—拼合周期；(b) 模型与 Vail 等(1977)的长周期海平面曲线、台地洪泛和陆地数量；(c) 稳定同位素趋势

陆棚边缘体系域)均是在陆棚上沉积的，但对于陆相湖盆层序而言，两者初始体系域均沉积在无沉积坡折或构造坡折坡度较缓的斜坡上，以地层累计厚度较薄为特征。然而，它

们最为关键的差别是在海(湖)平面下降周期内，Ⅱ型层序在沉积岸线坡折处相对海(湖)平面不是下降而是上升，这是由盆地的构造沉降速率大于或略大于海(湖)平面下降速率造成的，并且该型层序与前者不同之处在于在层序发育期，全球海平面不会下降到陆架坡折之下的大陆边缘，且遭受暴露和剥蚀的范围小(纪友亮等，1996，1998a)。

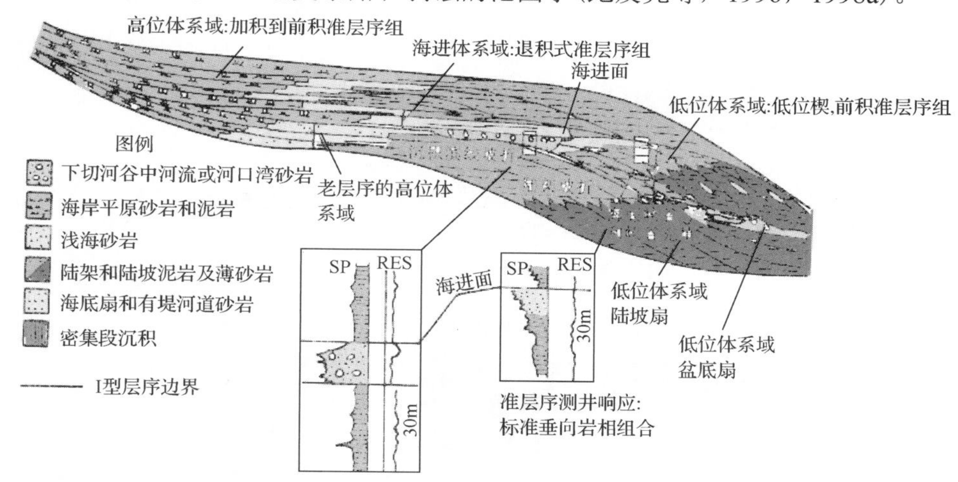

图 1-4　沉积于陆架坡折型盆地中的Ⅰ型层序(据 Mitchum and Campion，1990；van Wagoner et al.,1991)

SP.自然电位；RES.电阻率

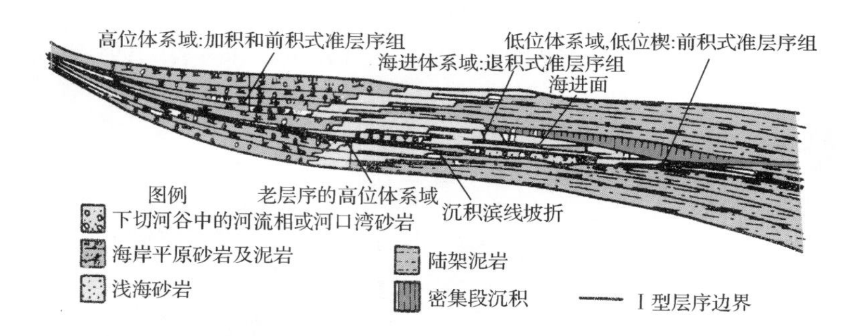

图 1-5　沉积于缓坡边缘型盆地中的Ⅰ型层序(据 Mitchum and Campion，1990；van Wagoner et al.，1991)

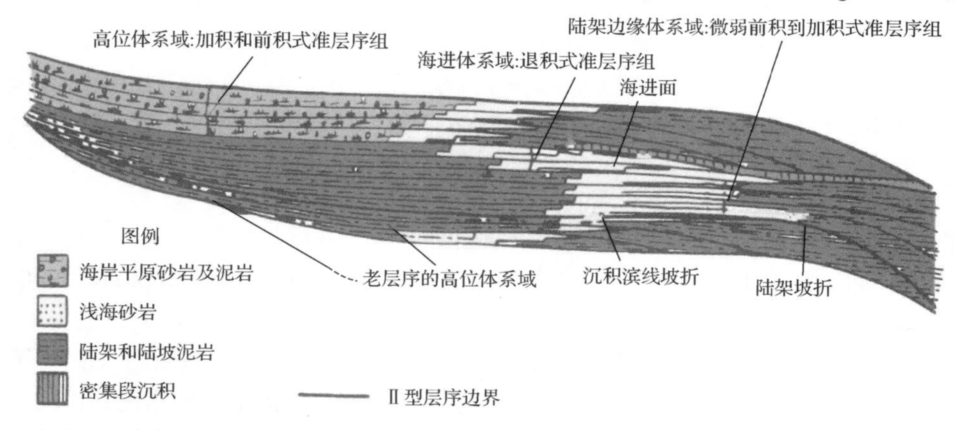

图 1-6　沉积于陆相棚边缘型盆地中Ⅱ型层序(据 Mitchum and Campion，1990；van Wagoner et al.，1991)

沉积于生长断层边缘型盆地内的Ⅰ型层序地层发育模式与沉积于陆架坡折型盆地中Ⅰ型层序类似(图 1-7)。除了初始体系域外，上面将依次出现海(湖)侵体系域和高位体系域，其经典结构见图 1-8。在这一级别的旋回中，不同的大地构造背景下的层序特征和界限、界面关系十分复杂和多变，从而形成多样的层序地层样式(纪友亮等，1996，1998a)。

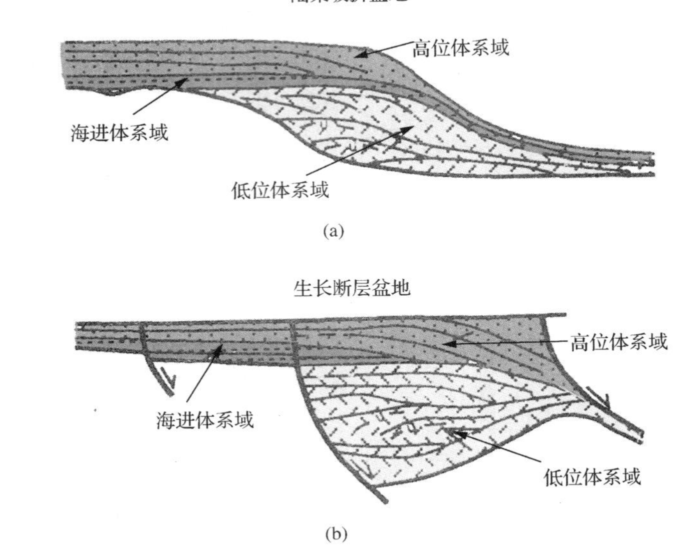

图 1-7　沉积于陆陆棚边缘型盆地中Ⅰ型层序(据朱筱敏，1995)

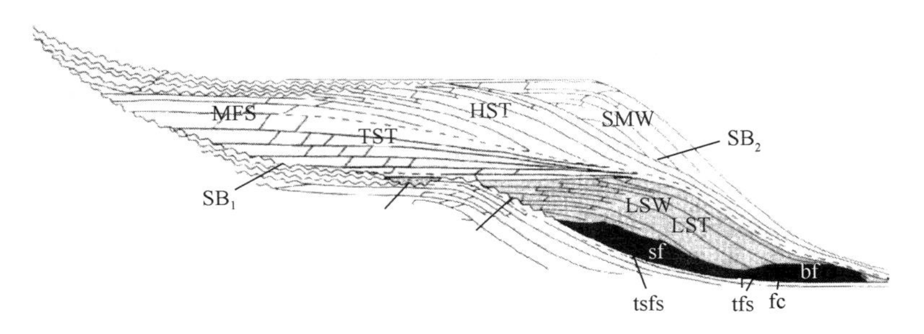

图 1-8　标准层序中三种体系域的相对位置(据 Vail et al.，1977)

LST.低位体系域；TST.海侵体系域；HST.高位体系域；MFS.最大海泛面；SMW.陆棚边缘体系域；LSW.低位楔状体；sf.低位斜坡扇；bf.低位盆底扇；tsfs.斜坡扇顶面；tfs.扇顶面；fc.扇水道；SB_1.层序边界 1；SB_2.层序边界 2

4. 四级层序

四级层序属于高频层序范畴，能否形成四级层序要看沉积物供给速率与构造沉降速率的比值，如果大于 1，则会产生“A”型四级层序(Mitchum and Campion，1990)，如果小于 1，则只产生“B”型四级准层序。依据上述分析，在一个完整经典三级层序内部，“A”型四级层序只可能发育在低位元和高位体系域，海(湖)侵体系域则只能发育“B”型四级准层序。值得注意的是，四级准层序与任何层序的结构是不能相提并论的。四级层序及其以下级别的旋回具有不同的成因机制，其中许多旋回是气候成因的，尤其是受米兰科维奇周期影响的旋回，其形成机制主要是由地球围绕太阳不规则公转造成接受太阳辐射能量的变化引起的，由轨道旋回所产生的冰川性海(湖)平面周期升降引起气候有规律变化是形成短期旋回的主要原因。

二、层序地层学的主要学派

层序地层学是近 30 年来发展起来的一门新兴学科，其基础是地震地层学。Nystuen 和 Siedlecka(1988)在《层序地层学的历史与发展》论著中总结了层序地层学领域出现的模式、方法和理论概念体系，其中主要包括：①Exxon 公司 Vail 等(1977)提出的沉积层序地层模式；②成因层序地层模式；③海侵-海退(T-R)模式；④地层基准面旋回法(高分辨率层序地层学)模式；⑤强制性海(湖)退模式；⑥风暴波及面模式。上述层序地层学理论和方法已经逐渐应用到陆相湖盆各种沉积背景的湖盆体系中，其中，Vail 等(1977)提出的沉积层序地层模式和地层基准面旋回法(高分辨率层序地层学)模式应用最为广泛，划分方法参考图 1-9。

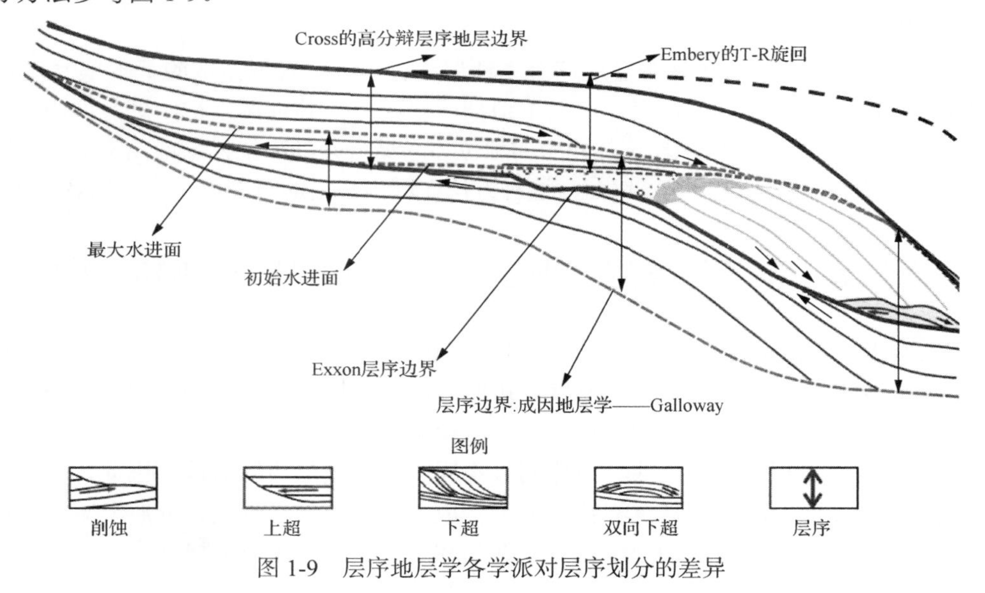

图 1-9　层序地层学各学派对层序划分的差异

1. Exxon 公司 Vail(1987)的沉积层序地层学

Exxon 公司以 Vail(1987)为代表的沉积层序地层学，强调以不整合面及其对应的整合面为层序边界。本文后面的实际应用部分将重点依据该理论。

2. Galloway 成因层序地层学

Galloway 的成因层序地层学主要是从 Frazier(1974)提出的沉积幕式旋回分析法发展起来的，这种方法从被正式提出以来，日益引起人们的重视，这种方法与 Vail(1987)的经典层序地层学理论主要有如下区别：①层序边界的定义不同，Galloway 成因层序地层学主要以最大湖泛面为层序边界；②两种层序模式在对Ⅱ型层序中陆棚边缘体系域下伏层序不整合界面的认同上存在差异，Vail 经典层序地层学理论认为陆棚边缘体系域与早期的高位体系域之间存在不整合，而 Galloway 成因层序地层学则认为沉积作用可能最终连续穿过层序界面，也就是说陆棚边缘体系域与早期的高位体系域之间不存在不整合现象(Galloway，1989 a，1989b)。

3. Cross(1990)高分辨率层序地层学

Cross(1990)高分辨率层序地层学是建立在岩心、钻井、露头和高分辨率地震等资料综合分析的基础上，并以地层形成过程中的回应为沉积动力学基础，其理论体系中有如下几个核心：①基准面原理；②*A*/*S*(*A* 为可容纳空间；*S* 为沉积物供给)比值；③体积分配原理；④相分异原理；⑤旋回等时对比法则。Cross(1994)引用并发展了 Wheeler(1959)提出的基准面旋回概念，并赋予其时间单元意义。该理论很好地解释了层序地层成因，但其缺点是很抽象，不方便进行实际操作，特别是在层序划分、界面的识别和小级别旋回对比等方面，有较多人为因素(邓宏文，1995；邓宏文等，2000)。

4. Embry 的 T-R 旋回

Embry(1993)对斯沃德鲁普盆地三叠系地层进行研究，发现盆地的基本单元式海进-海退旋回(简称 T-R 旋回)，这套理论简单地把层序两分，并强调以初始湖泛面为层序边界，把相当于经典层序地层学理论体系中的地位体系域合并到高位体系域，称为海退旋回，而湖侵体系域划归为海进旋回。目前，这种方法在国内应用的范围很小，使用者很少。

第二节　陆相湖盆层序地层动力学及盆地充填响应模式

层序地层学这一源于被动大陆边缘海相盆地的理论在近些年来得到迅猛发展，被国内多位著名学者引入并加以完善和发展，进而被广泛应用于国内陆相湖盆的层序地层研究中。该理论总结了各类湖盆的沉积充填响应模式，如前陆湖盆、拗陷型湖盆地及断陷型湖盆等，这些陆相湖盆的形成与演化明显不同于被动大陆边缘盆地。因此，要想总结适合我国复杂多变的陆相湖盆沉积特点的一套成熟层序地层学理论，必须搞清如下两点：①陆相湖盆层序地层形成的动力学机制；②陆相湖盆沉积充填响应模式。

一、陆相湖盆层序形成动力学机制

Vail 等(1977)层序地层学学派把海平面升降(eustasy)作为层序形成的主要动力，其层序形成及演变机理与陆相湖盆有很大差异，这是因为陆相湖盆除特殊情况外，一般均与海洋隔绝，而且盆地的形成、演变机理显然也与被动大陆边缘型盆地存在差异。因此，在应用层序地层学原理时，必须紧密结合陆相湖盆特点，弄清陆相湖盆层序形成的动力学机制，建立陆相断陷湖盆层序地层发育模式。对我国陆相湖盆而言，影响和控制层序形成的因素归结为湖平面、气候、构造沉降、沉积物供给及古地貌这五种因素的变化。

1. 湖平面变化对陆相断陷湖盆层序形成作用

Muto(1987)、Shanley 和 McCabe(1994)曾把相对海平面升降(relative sea level)作为

控制海岸平原和海洋环境层序形成机制。进一步研究表明，陆相断陷湖盆的湖平面的变化相对要复杂得多，这主要涉及陆相断陷湖盆是敞流湖盆还是闭流湖盆的问题，因为与海洋相比，湖泊体积小，水体少，且影响因素众多，外界条件的微小改变就会引起湖平面的波动，因此湖平面的变化比海平面的变化频繁，变化频率高。一般来讲，干旱气候条件下易形成闭流湖盆，潮湿气候条件易形成敞流湖盆，在地质历史时期，两者可以相互转化。敞流湖盆的湖平面升降(后面所说的湖平面升降，是指相对湖平面的升降，所谓相对湖平面，是指湖平面到基底的高程变化)主要受构造沉降控制，与气候、沉积物供给及古地貌因素无关。实际上，由于盆地基底是持续沉降的，所以湖平面只升不降，而可容纳空间与湖盆的水体容量大小成正比，如果沉积过补偿，则可容纳空间减小，否则增大；而闭流湖盆的湖平面升降主要受气候、沉积物供给双重因素控制，与基底构造沉降及古地貌因素无关，因此，就断陷湖盆而言，湖盆伸展作用也是闭流断陷湖盆的可容纳空间大小考虑的影响因素，其对古水深会产生影响(图 1-10)。古水深可以有如下近似表达式：

$$H_{古水深}=[(V_{河流注入量}+V_{大气淡水补给})-(V_{蒸发量}+V_{地下渗流量})]/S_{湖盆伸展后面积} \quad (1-1)$$

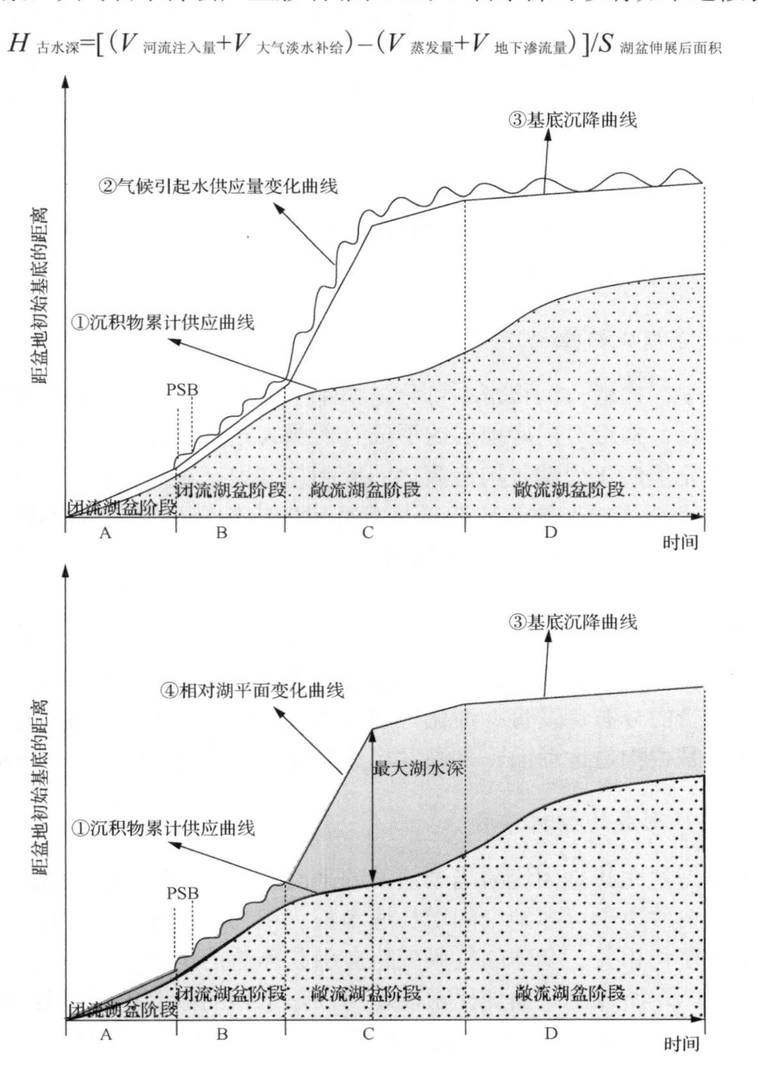

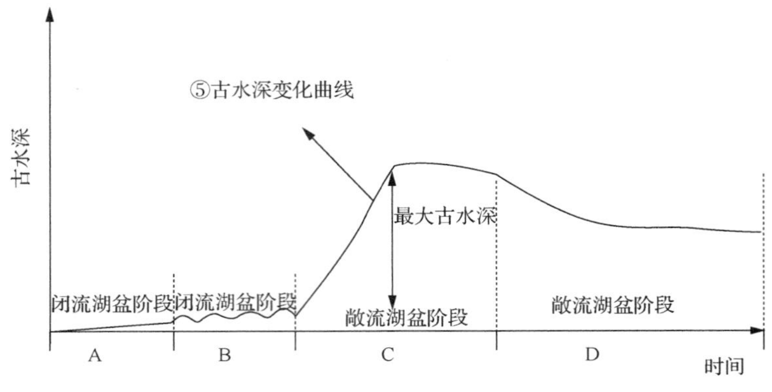

图 1-10　气候和构造作用对湖平面控制曲线图

PSB 为准层序(parasequence)

由式(1-1)看出，闭流断陷湖盆古水深是注入水量、散失水量和湖盆伸展量的函数，与湖盆蓄水量成正比，与湖盆伸展量成反比。可容纳空间的大小则只取决于湖盆的蓄水量大小，与构造沉降量大小无关，而相对湖平面则是古水深与沉积物累积厚度的函数，其表达式如下：

$$H_{\text{相对湖平面}} = H_{\text{古水深}} + H_{\text{沉积物累积厚度}} \tag{1-2}$$

闭流湖盆的湖平面升降主要受沉积物的供给、湖盆蓄水量的变化及湖盆伸展作用共同控制(纪友亮等，1998a，1998b)。

2. 构造对层序形成的控制作用

在断陷湖盆中，构造与沉积密不可分，如果不能弄清构造，则沉积层序方面的研究将无从谈起。所以，构造对层序地层的形成有着极为重要的意义。

断陷湖盆的充填演化受湖盆构造演化的控制，盆地充填演化往往显示出阶段性，并与各个构造幕紧密相连，不同的构造幕具有特定的古构造格架，从而影响物源的供给、可容纳空间的变化、暴露和沉积的地质历史过程，并进一步影响断陷湖盆内部层序叠加样式。

断陷湖盆往往受边界大断裂控制，从而在控盆断裂根部有着较大的沉降速率，在翘倾一端沉降速率较低，这种构造作用的差异对沉积层序的厚度变化和迁移、沉积体系类型，以及沉积相带的分布、发育、演化等起到重要的控制作用。湖盆中的不整合或微角度不整合面往往是古构造运动面，是湖盆构造演化的结果(柳成志等，2006)。

3. 气候对层序形成的控制作用

气候对断陷湖盆尤其是闭流断陷湖盆的湖平面变化起到重要的控制作用。众所周知，层序叠加样式主要取决于可容纳空间增长速率与沉积物供给速率的比值，这种比值的变化又与气候条件密切相关。全球的气候变化会引起冰盖的消融与增长，由于湖盆对其反应比海盆更为敏感，所以湖平面变化常表现为湖泊水体的频繁扩张与萎缩。气候是引起湖泊水量和水位的重要因素。在地质历史时期，湖盆往往受干旱与潮湿气候的频繁转换，从而引起湖平面、沉积物供给及沉积物堆积类型的变化。

高频气候变化旋回(4~6 级以下的气候旋回)的动力学机制受米兰科维奇周期(Milankovitch Cycle)控制，米兰科维奇周期是 20 世纪初期由南斯拉夫学者 Milankovitch 提出的。地球轨道的周期性变化会引起地球接受日照量的变化，进而影响地球表面的气候条件。轨道周期变化主要有三个参数，分别是偏心率(e)、地轴倾斜率(ε)和岁差(p)(图 1-11)。根据米兰科维奇周期理论，周期性的气候变化会引起极地冰盖的消长，从而导致湖盆经历干旱或潮湿大气环境。深海沉积物中的碳同位素等研究证实了最近 2Ma 以来米兰科维奇周期的存在。国内外学者的研究证实，湖盆充填过程中一、二级层序往往与构造沉降变化有关；而三、四和五级层序的发育主要与气候变化引起湖平面变化有关。这在 Anadon 等(1994)学者的西班牙中新世的湖盆层序过程的研究中得到证实。

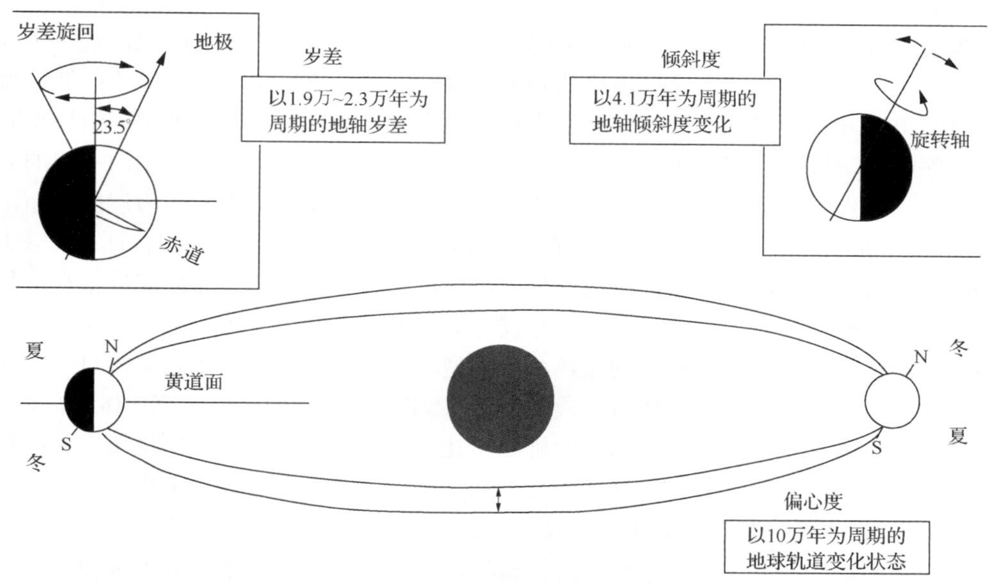

图 1-11　米兰科维奇周期反映的 3 种天文参数(据 Chappell and Shackleton，1986)

4. 古地貌对层序形成的控制作用

对海拉尔-塔木察格盆地下白垩统断陷期的沉积充填研究表明，盆地主要碎屑沉积体系在三维空间的展布与盆地的沉积古地貌有关，而沉积古地貌受同沉积构造的控制，林畅松等(2004)在这一方面已做详细的论述。由于在盆地整个断陷期同沉积构造的持续活动，无论盆地的规模还是局部的沉积作用都受古地貌或同沉积构造的影响和制约，这些古构造背景貌对沉积物的堆积与砂体分散体系的调节都起到主导及控制作用。

5. 沉积物供给对层序形成的控制作用

沉积物供给(S)对层序的形成和发展起着重要作用，地层记录为沉积物质的外在表现。沉积物在地质历史时期的赋存形式还受可容纳空间(A)的制约，沉积物供给和可容纳空间配合，最终决定地层的堆积样式，一般用二者的比值形式 A/S 表示。当 $A/S>1$ 时，沉积物发生退积作用，湖岸线向岸边推进；当 $A/S<1$ 时，沉积物发生进积作用，表现为湖岸线向湖盆中央推进；当 $A/S=1$ 时，沉积物发生过路不留现象，既无侵蚀作用的沉积间断也无沉积作用产生；当 $A/S\to\infty$ 时，产生饥饿沉积作用，造成地层记录的沉积非补偿作用(邓宏文，1995；邓宏文等，2000)。

二、陆相湖盆层序地层充填响应模式

1. 简述国内陆相湖盆层序地层充填响应模式发展历程

在当层序地层学被动大陆边缘海相盆地应用取得巨大成功后，国内学者纷纷尝试把该套理论引入到陆相断陷湖盆中，建立等时地层格架，指导油田生产实践，并取得了丰硕的研究成果。

魏魁生等(1996)对华北典型箕状断陷盆地层序地层学特征进行了研究，建立了陆相断陷湖盆层序地层学模式，并以沾化凹陷为例建立了高分辨率层序地层模式；池英柳等(1996)提出了陆相断陷湖盆层序地层学模式；顾家裕(1995)建立了陡坡型和缓坡型断陷盆地层序地层学模式；李思田等(1995)研究了鄂尔多斯盆地延安组，以湖泊扩展的界面及河流、三角洲沉积体系废弃、大面积沼泽化并形成稳定煤层的界面作为层序界面，可划分出 11 个小层序，层序内部也表现了三分性，具有各个体系域的不同特征；魏魁生等(1996)通过对松辽盆地白垩系层序地层特征研究，建立起了三级层序地层格架和沉积层序模式，并在油气预测中得到了应用；纪友亮等(1996)总结了我国东部陆相断陷湖盆层序地层学演化模式，提出了断陷湖盆体系域类型、层序形成机制；邓宏文等(1997)对济阳拗陷北部胜海地区古近系馆陶组上段冲积-河流相为主的沉积进行研究，利用岩心、测井和地震资料划分了短期和中期基准面旋回，建立了高分辨率等时地层格架，并根据河流层序发育特征与演化过程，预测了主要产油段储层的空间分布；肖干华等(1998)对辽河断陷西部凹陷的牛心坨洼陷沙四段及部分沙三段河湖相泥岩进行了层序地层学的研究，建立了地震与测井等时层序地层对比格架，并运用测井等时地层分形成像技术、三维地震沿层信息提取成像技术及其他相关地震相分析技术在等时格架内对生储盖层的时空配置进行了研究与预测；郑荣才和吴朝容(1999)对辽河油田西部凹陷沙河街组进行了高分辨率层序地层学和生储盖组合的研究，将沙河街组划分为 188 个短周期、38 个中周期、6 个长周期和 2 个超长周期基准面旋回层序，指出生储盖组合特征与长期基准面旋回关系最为密切，有利储层发育位置主要出现在基准面上升早中期和下降中晚期，转换处则是烃源岩或盖层发育的位置；冯有良(1999)以构造地层、层序地层分析和基准面分析原理为手段，对东营凹陷古近系进行了高精度层序地层格架、层序型式、体系域构成和盆地充填模式的研究，建立了该凹陷层序地层格架，将其古近系划分为一个构造层序、三个层序组、十二个层序，确立了该凹陷三个构造幕发育的三种不同成因的三级层序型式——初始裂陷型层序、裂陷伸展型层序和裂陷收敛型层序；李思田等(1995)对陆相断陷盆地层序形成动力学及层序地层模式进行了总结。

2. 笔者提出的高频层序沉积充填响应模式

高频层序是受米兰科维奇机制影响的低级别层序旋回，特别是对四、五、六级高频层序而言，气候波动是产生高频层序的潜在动力。但单敬福等(2011a)通过对大庆长垣葡萄花油层组 PI1~PI3 小层组地层研究发现，每个六级层序从下到上有规律地逐层超覆现象(图 1-12)，经过缜密分析，认为这种超覆不仅受气候旋回及湖平面升降影响，而且还与构造运动的局部褶皱变形造成沉积中心频繁改变有关，从而迫使复合分流河道有规律迁移，形成波动超覆。另外也不能排除是强制性湖退的成因机制造成的。据笔者推测，这种高频层序发育模式可能与松辽盆地本身湖盆性质有关，因为上白垩统姚家组沉积期松辽盆地为大型长轴浅水湖盆，且这一时期湖盆坡度平缓，加之物源供给充分，湖盆构造沉降速率低，从而使六级高频层序出现“波动超覆”现象。

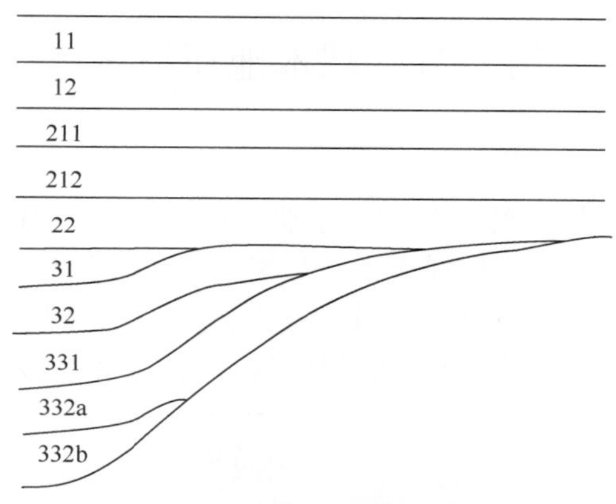

图 1-12　复合水下分流河道摆动成因的“波动超覆理论”模式图

11、12 为 PI1 小层；211、212、22 为 PI2 小层；31、32、331、332a、332b 为 PI3 小层

第二章　研究区基本地质概况

对海拉尔-塔木察格盆地的研究工作起步较早，20 世纪 30 年代侯德封、李泽甫就做了大量前期工作，但由于此区地处呼伦贝尔大草原，地表露头少，不连续，生物化石少，缺少相关沉积证据和明显的标志层，故研究不够深入，相应地层划分标准也不统一。20 世纪 80 年代开始，大庆石油管理局在该区做了大量的基础地质研究工作，特别是综合沉积学，测井学，地震地层学的最新成果对该盆地主要勘探目的层(扎赉诺尔群)进行系统的层序地层与沉积体系研究，为进一步的油气勘探指出了一些新的重要方向(张长俊和龙永文，1995)。

第一节　基本地质概况

一、区域概况

海拉尔-塔木察格盆地位于兴-蒙褶皱带东端，其中海拉尔盆地部分位于中国境内，塔木察格盆地位于蒙古国境内，它们都属于一个统一盆地构造单元，是中、新生代张扭成因含油气盆地。盆地总面积 79610km^2，其中我国境内面积 44210km^2，蒙古国境内面积 35400km^2(图 2-1)(陈守田等，2002；储呈林等，2010)。海拉尔-塔木察格盆地属早白

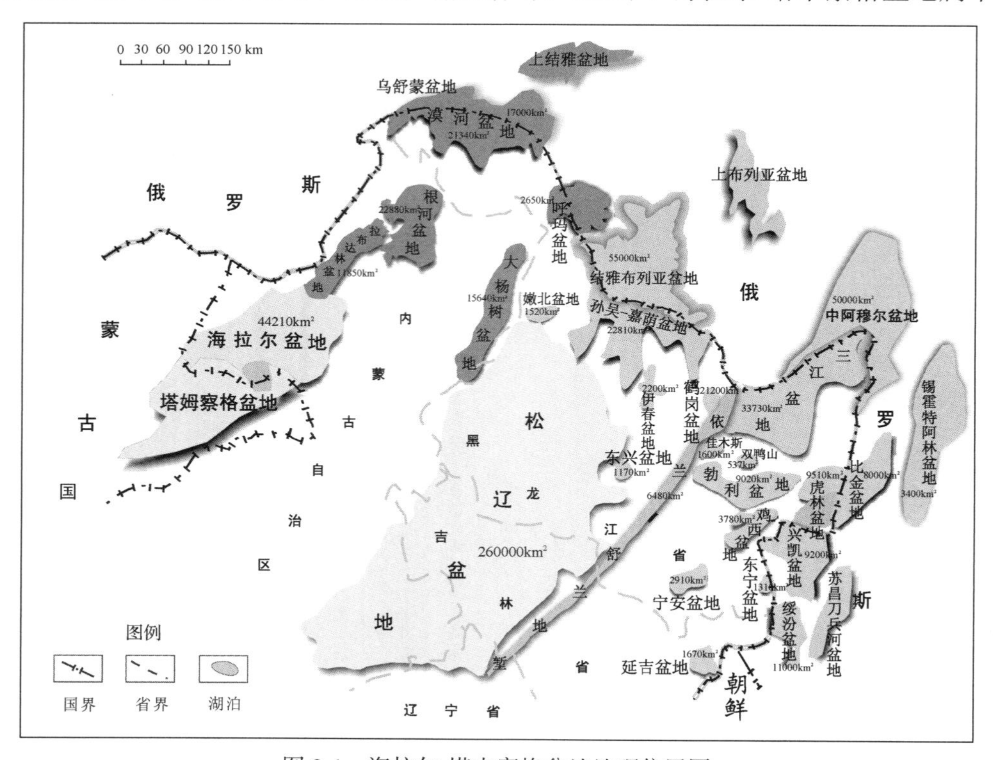

图 2-1　海拉尔-塔木察格盆地地理位置图

垩世陆相伸展断陷盆地体系，在早期近北西向区域张力作用下，形成了 22 个近北东向展布的次级凹陷单元，其中海拉尔有 16 个，塔木察格有 6 个(陈守田等，2002，2005；曹瑞成等，2010；陈学海等，2011)。经物探-地质工作证实盆地呈“三拗两隆”构造格局。由于是分割的断陷群，每一个断陷本身就是一个油气系统。各断陷长期发育，继承性强，形成比较开阔且深的大洼槽，面积及沉积岩厚度大，油气资源丰度高，油气主要分布在主洼槽。盆地沉积充填过程中经历了多次构造运动，构造不整合面普遍发育，在不整合面上、下形成了多种油气藏类型，具有复式油气成藏的特征(马中振等，2009)。

二、盆地内部构造单元划分

研究区塔南-南贝尔凹陷是塔木察格盆地主体部分，总面积达 6500km^2(图 2-2)，是塔木察格盆地新近发现的主要油气勘探开发区。其中塔南凹陷 3200km^2，地震三维覆盖面积为 1424.8km^2；南贝尔凹陷 3500km^2，地震三维覆盖面积为 3236.4km^2。利用最新的地球物理勘探技术，通过研究区连片的高分辨率三维地震和钻井资料，为盆地沉积充填

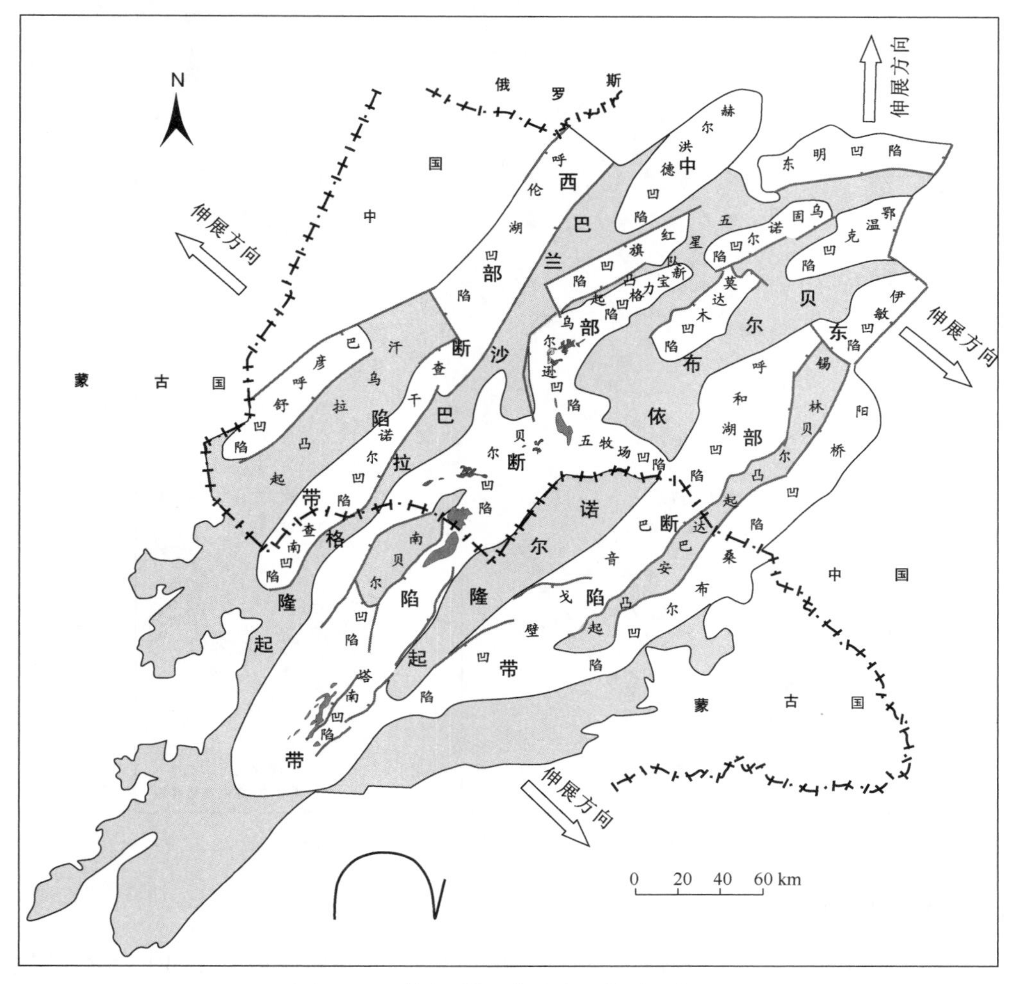

图 2-2　海拉尔-塔木察格盆地构造区划图

和构造演化等研究提供了难得的条件。塔南-南贝尔凹陷由不稳定基底伴生的一系列断块组成，平面上总体表现为“东断西超”的“复合式半地堑”构造特征，这种构造格局的形成与不稳定基底隆升及北东、北北东向的张性、张扭性大断裂控制有关，在南北向上两个凹陷以潜山披覆带相隔，其中塔南凹陷整体为大型宽缓的东断西超的复式箕状断陷。平面上形成北北东向展布的三个构造带、三个次凹和一个斜坡带，呈现出“三凹三凸，凹隆相间”的构造格局；南贝尔凹陷由于中部存在个低隆起，使凹陷西部次凹表现为东断西超的简单箕状断陷，而低隆东部南北表现存在差异，其中南部大致为双箕(地堑式)断陷，北部为构造反转为特点的西断东超断陷(单个半地堑式)；中部低隆南侧则全为潜山披覆带(陈守田等，2002)。南贝尔中部低隆和北部贝尔凹陷的苏德尔特凸起相连，且呈北东向展布。中部低隆为长期继承性隆起，控制凹陷整体构造格局，苏德尔特凸起是断陷期末形成的凸起将北部贝尔凹陷一分为二，南部与南贝尔东次凹连为一体，西部的贝尔次凹与南贝尔西次凹为同一个凹陷带的不同洼槽(图 2-2，图 2-3)。

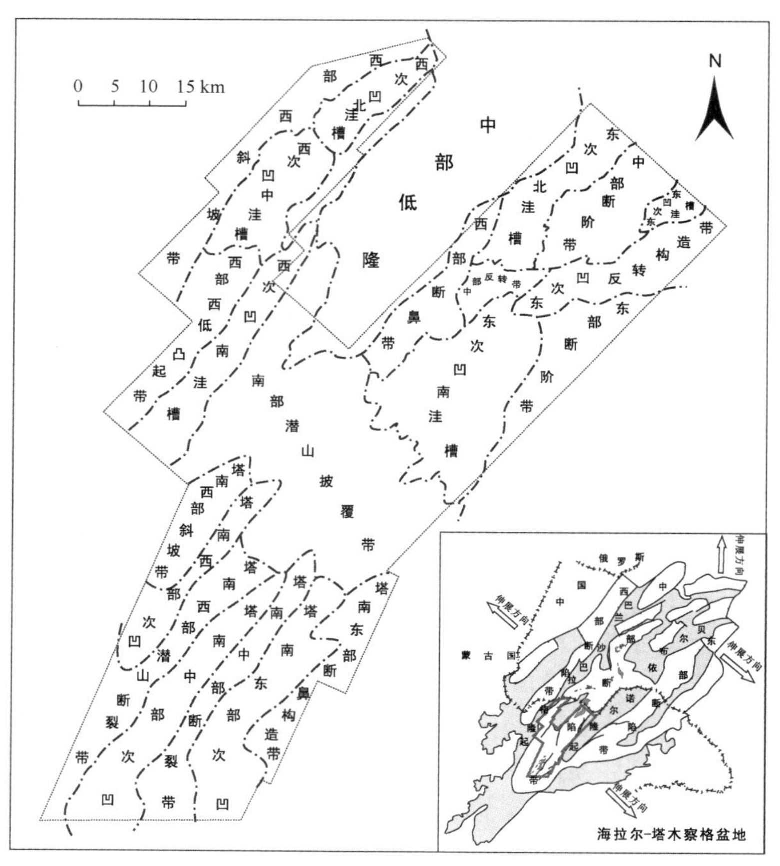

图 2-3　海拉尔-塔木察格盆地构造区划图

三、勘探开发现状

塔南-南贝尔凹陷下白垩统发育较厚、沉积厚度大，南屯组是最主要的生烃含烃层系。经过近几年的勘探实践，截止到 2009 年 3 月，该凹陷已钻探探井 201 口，其中取心井 180

口，取心进尺7288m。100余口井进行了系统的粒度分析、微量元素分析、黏土矿物分析、生油岩全分析等，探明含油面积2540km^2，探明石油地质储量1.6×10^{8}t。积累的大量翔实资料为在该凹陷进行层序地层综合研究及隐蔽油气藏预测创造了得天独厚的条件。

由于塔南-南贝尔凹陷目前还处于勘探初中期阶段，前人研究资料较为匮乏。尽管如此，通过笔者及其他学者近期做的大量基础性研究工作，基本上客观总结了凹陷盆地构造、地质沉积及油气成藏等多方面特征和规律，有效地指导了油田生产实践。随着勘探开发的深入，勘探的重点从易于勘探开发的大型构造(如大型背斜断块构造)油气藏向地层、岩性等隐蔽非构造油气藏的勘探方向转变。研究证实，利用传统的找构造圈闭找油方法对非构造圈闭是无效的，利用传统的生物、岩石、地层对比方法亦不能满足建立高分辨率等时地层格架、预测有利储集相带及生储盖组合特征，而目前对该凹陷的油气生成、运移和聚集的研究只是初步搞清了主要烃源岩发育期次、生油门限、油气运移期次及聚集特征，但对于隐蔽油气藏成藏特征及控制因素研究尚不足。

国外油气勘探工作的理论和实践表明，一般情况下，岩性和地层油气藏的普查和勘探几乎是紧随着大量背斜等构造油气藏发现之后进行的。美国和其他国家普查勘探工作证实，岩性-地层油气藏、构造油气藏和它们的比率，不仅取决于盆地本身的研究程度，也取决于不同类型圈闭的普查方向。如果普查工作是在找背斜圈闭，那么岩性和地层圈闭发现的数量将较少，并且是顺带发现的。目前，大多数石油公司都在大力寻找漏掉的圈闭或隐伏圈闭，显然，这种隐蔽性油气藏的勘探要冒着钻大量干井的风险。为此，美国的一些大的石油公司成立的专门组织，同时运用现代地球物理方法对岩性-地层圈闭进行有目的的普查。先在已知的岩性-地层油气田上进行地震实验工作，以便搞清反射波与岩性-地层遮挡的关系，然后选择正确的方法对目标区进行勘探，以获得最佳经济效益和最佳勘探效果。鉴于上述提出的问题，笔者选择了塔南-南贝尔凹陷做层序地层综合分析及微构造控制下的油气藏预测研究作为本次研究的重点。方法主要是充分利用当今层序地层学最新理论为指导，结合塔南-南贝尔凹陷极为丰富的地质、地球物理及地球化学数据建立凹陷以三级层序为单元的地层格架，研究体系域内各沉积体系三维空间组合，并在局部地区研究四级及其以下的高频层序特征，研究并预测有利的构造、岩性及地层油气藏内砂体的分布规律，并利用含油气系统的成藏理论，进一步探讨各类油气藏的形成机理及成藏过程，以期为后续勘探开发做出新的贡献(冯友良等，2006)。

第二节　区域地质与构造演化

一、成盆背景与动力学机制

塔南-南贝尔凹陷是塔木察格盆地主体部分，其中南贝尔凹陷中间被南贝尔低隆一分为二，西部属于东断西超的简单箕状断陷，不过这个箕状断陷缓坡带受到西部古隆起的后期强烈隆升作用，使得该断陷因遭受强烈横向挤压而变形；低隆东侧则表现为不对称的地堑构造特征；南部的塔南凹陷为东断西超的复式箕状断陷。塔南-南贝尔凹陷由不稳定基底伴生的一系列断块组成，平面上总体表现为“东断西超”的“复合式半地堑”构造特征，这种构造格局的形成与不稳定基底隆升及北东、北北东向的张性、张扭性大断裂控制有关，在凸起长轴方向上形成北北东向展布的六个雁行次级构造带，分别是凹陷两侧隆起+中部低隆由北到南逐渐潜伏水下的潜山批覆断裂带、隆起与低隆-潜山批覆-潜山断裂间隔的东、西、中部三个次凹，这样就形成了大致“三凹三凸，凹隆相间”的构造格局。外围西部与查干诺尔凹陷毗邻，中间横亘一北东东向的巴兰沙巴拉格隆起区；北部与贝尔凹陷相接；东部与巴音戈壁凹陷为邻，中间隔有贝尔布依诺尔隆起(陈守田等，2002；单敬福，2011b)。

海拉尔-塔木察格盆地位于兴-蒙褶皱带东端的部分(图 2-4)，处于西伯利亚板块和中朝板块缝合带之间，从中元古代开始就一直不停“折腾”的活动构造带，其发展并不是简单的对称或偏对称式，而是手风琴式的往返运动、多旋回发展。

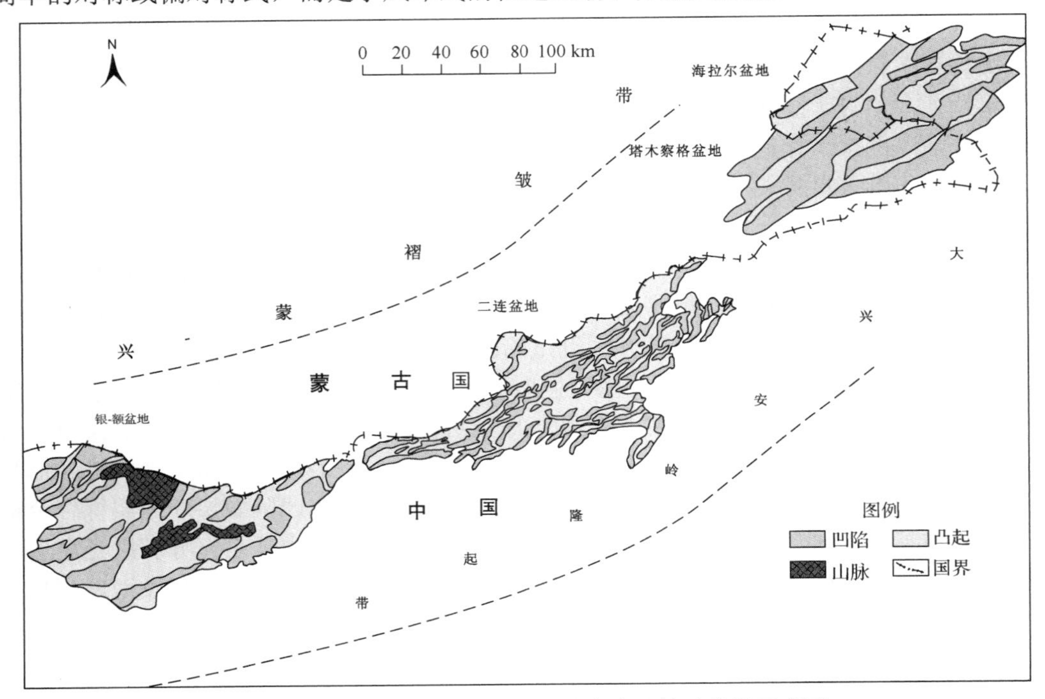

图 2-4　海拉尔-塔木察格盆地所处古大地构造背景示意图

晚元古代—古生代时，兴-蒙褶皱带并不是一个简单的洋盆，而是由若干小洋盆和微岛链或中间地块组成的巨大洋盆。这从贝加尔湖—蒙古国—大兴安岭—中朝板块北缘地质剖面上看，情况相当复杂。根据蛇绿岩套的年代，在这一阶段可识别出三期大洋盆地。总之，这一时期这里曾经经历了多次海底扩张和陆-陆碰撞造山作用。第一次海底扩张的极盛时期为中元古代(1600~1400Ma)，陆-陆碰撞发生在 1000Ma 左右，结果形成了环西伯利亚板块南缘的贝加尔褶皱带；第二次海底扩张的极盛时期为晚元古代晚期(750~550Ma)，陆-陆碰撞发生在寒武纪中期(兴凯造山运动)和志留纪晚期(晚加里东造山运动)，结果形成环西伯利亚板块的蒙古国北部和中蒙兴凯、加里东褶皱带及中朝板块北侧的温都尔庙加里东褶皱带；第三次海底扩张的极盛时期为泥盆纪，陆-陆碰撞发生在早石炭世(另外一种说法是延至二叠纪初)，结果形成蒙古国南部和贺根山海西褶皱带。晚元古代以来的多旋回的活动使西伯利亚板块南缘的雅布洛诺夫带成为一个多旋回陆缘活化带。事实上，这个构造带经历多期造山运动，几乎每个造山带都可以找到多旋回构造及岩浆作用的痕迹，是其成为世界上发育历史最长、构造及岩浆作用最复杂、最强烈的构造带根本原因(图 2-5)。

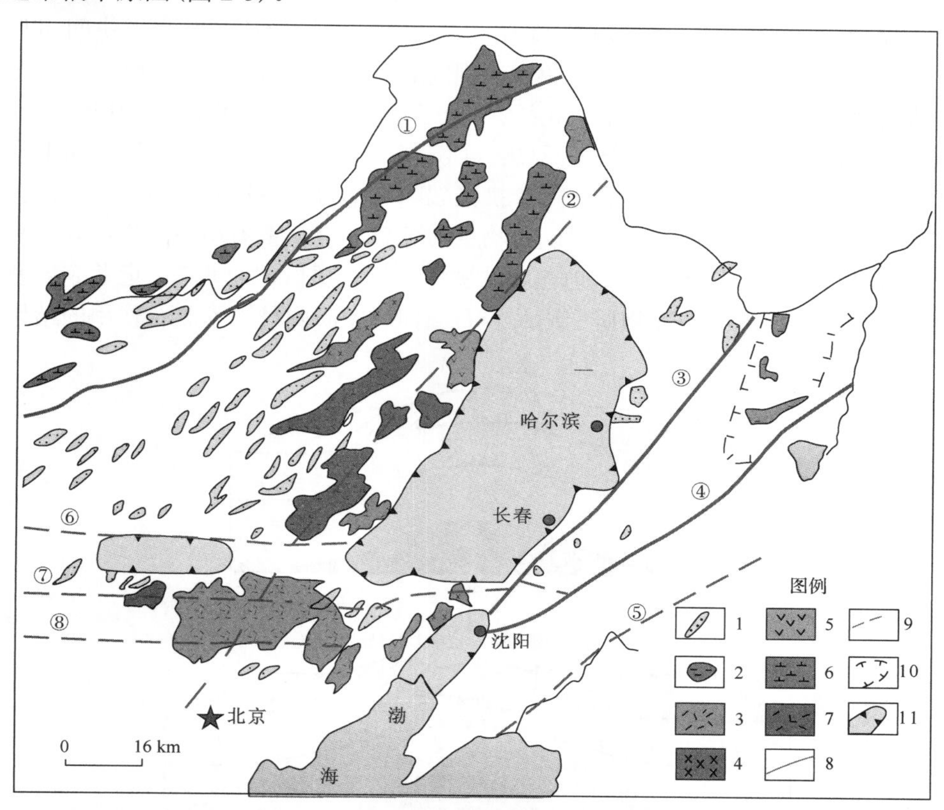

图 2-5　天山-兴蒙地槽系东段晚侏罗世—早白垩世煤盆地及火山岩分布图(据李思田等，1982，有补充)

1.内陆盆地；2.近海煤盆地；3、7.火山岩出露区；3.酸性为主；4.中酸性为主；5.中性为主；6.中基性为主；7.岩性未分；8.区域性大断裂；9.一般性断裂；10.推断的近海聚煤盆地边界；11.白垩纪及新生代拗陷；①德尔布尔断裂；②长治-嫩江断裂；③依兰-伊通断裂；④抚顺-密山断裂；⑤金县断裂；⑥西拉木伦断裂；⑦内蒙古地轴北缘断裂；⑧丰宁-隆化断裂

整个中生代，中国板块内部构造演化明显受太平洋板块、欧亚板块和印度板块的相互作用，表现为明显的东西分异现象，西部属于挤压大地构造环境，东部属于拉张大地构造环境。印度板块向北东方向挤压中国大陆，太平洋板块则向西北方向俯冲，北部则存在一个巨大而坚硬的西伯利亚板块，造成中国大陆内部聚集了特别强大的构造作用力，丧失了典型板内所具有的稳定、刚硬性质，出现了复杂的板内构造作用。塔南-南贝尔凹陷位于额尔古纳褶皱带和兴-蒙褶皱带之间，两褶皱带之间以德尔布干大断裂为界，经历了印支期和燕山期的构造运动，区域构造发生了重大改变，可以鉴别的印支期褶皱运动主要出现在大兴安岭以东地区，在塔南-南贝尔凹陷区由于缺失三叠系，因此对印支运动所造成的构造存在些许争议。影响全区最大的构造运动发生在中侏罗世末，全区出现强烈的褶皱、冲断层和逆掩断层，形成了一系列北东、北北东向展布的构造带群，表现为并斜交切割古生代构造的特征，同时伴随着广泛的花岗质岩浆活动。凹陷所在构造位置从晚侏罗世—早白垩世火山活动强烈，大兴安岭火山岩带就形成此时期。在与裂陷作用

同时，大兴安岭及内蒙古地区还发育了一系列小型断陷含煤盆地，各断陷彼此分隔独立，但各自沉积序列却很相似，一般都是火山岩系—洪、冲积粗碎屑沉积—湖相含油、含煤碎屑堆积，说明各断陷沉积响应一致性(张长俊和龙永文，1995)。

关于海拉尔-塔木察格盆地形成和演化的动力学机制笔者认为既与板块间相互作用有关，也与地壳构造、下伏地幔柱的热脉动引起岩石圈变薄有关(图 2-6)。裂陷盆地的沉降过程受诸多因素影响，其隆升作用主要与下列因素有关：①软流圈隆升加热岩石圈；②岩石圈底部熔融作用；③构造挤压反转；④沉积层侵蚀均衡上升；⑤湖平面下降。而沉降作用则取决于下列因素：①热住上隆拱张裂陷；②岩石圈拉伸变薄、裂陷；③岩石圈冷却，密度升高引起下沉；④充填沉积物重力负载，引起重力均衡沉降；⑤湖平面上升。由此可见，海拉尔-塔木察格盆地在晚侏罗世—早白垩世在北北东、近北东向基底断裂右旋走滑作用下拉分和地幔物质上涌及岩石圈伸展变薄两种因素联合作用的结果。

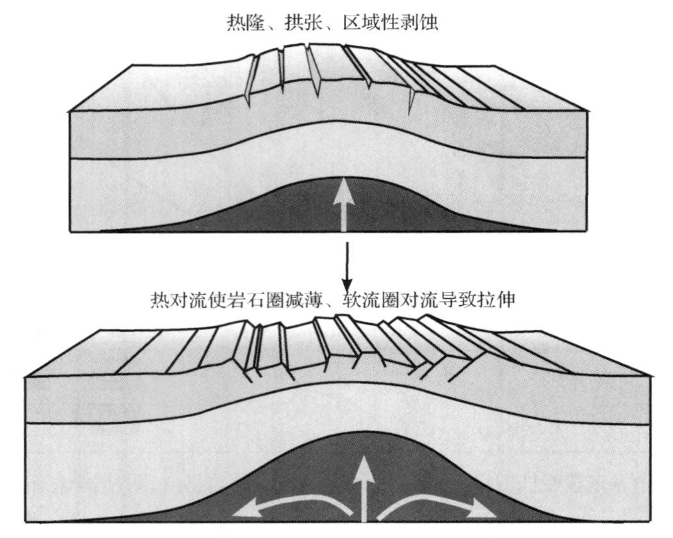

图 2-6　主动型热幔柱上隆的裂谷盆地形成机制(据 Salveson，1978)

二、地层特征

塔南-南贝尔凹陷下白垩统发育了较厚的地层，最大厚度达到了 4600m，是该凹陷最主要的生油、含油层系。下白垩统对应扎赉诺尔群，自下而上由粗、细、粗三套地层构成一个完整的巨型沉积旋回，内部又可分成多个次一级旋回。下白垩统从下到上依次为：铜钵庙组、南屯组、大磨拐河组和伊敏组，上覆地层对应贝尔湖群，由上白垩统的青元岗组、古近系—新近系的呼查山组和第四系的流沙层组成，下伏地层为布达特群和兴安岭群，是一套火山岩、火山碎屑岩夹沉积岩地层，厚达数千米。本次研究重点研究层段为铜钵庙组、南屯组和大磨拐河组。现根据钻井揭示的地层岩性、古生物和地球物理化学等研究成果(张长俊和龙永文，1995)，将凹陷的下白垩统地层简述如下：

1. 前兴安岭群

位于地震反射界面 T_5 以下的侏罗系或下伏更老的地层，其埋藏较深，钻井钻遇该层位的较少，地表仅在局部地区出露，可见以下群、系，但缺少三叠系。它们是海拉尔-塔木察格盆地的基底岩系地层（表 2-1）（张长俊和龙永文，1995）。

表 2-1　海拉尔-塔木察格盆地地层特征表（据张长俊和龙永文，1995）

地层系统					岩性特征	三级层序	沉积特征	动物化石	孢粉化石	地震反射层
系	统	群	组	段						
第四系					灰黄色腐殖土、黏土及杂色砂砾层					
古近系—新近系			呼查山组		松散灰褐色砂岩与灰黄、红色泥岩、杂色砂泥岩					
白垩系	上统	贝尔湖群	青元岗组		灰白、灰色和杂色、紫红色泥岩、粉砂岩 0~410m			类女星介质属化石群 *Talicypridea* sp.		T_{04}
	下统	扎赉诺尔群	伊敏组	上段	泥岩、泥质粉砂岩，偶夹煤层或砂砾岩 0~520m			*Plicatounio* sp. *Martinsonella* sp. *Ferganoconcha* sp.等	桫椤孢 *Cyathidite* 组合带	T_1
				下段	灰色泥岩、粉砂质泥岩、泥质粉砂岩杂色砂砾岩及煤层 186.5~550m			*Ruffordia goeerti*, *Dicksonia silapensis* *Coniopter ermolaevii* 等	刺毛孢 *Pilosispqrites* 组合带	T_2
			大磨拐河组	上段	深灰色粉细砂岩与灰黑色泥岩互层，夹煤层 150~650m	SQ4	垂向上存在3~4期进积准层序组	植物化石: *Coniopteris bureijensis*,*C.nympharum*, *Cladophlebis dentioulata*; 叶肢介: *Neimongolesthera* cf. *guyanaensis* 双壳: *Ferganococha sibrica*	无突肋纹孢 *Oicatricosisporites* 组合带	T_{21}
				下段	黑色泥岩夹粉砂岩 0~570m				光面海金砂孢—无口器粉组合带 *Lygodiumsporites* *Inaperturopollenites*	T_{22}
			南屯组	二段	砂砾岩、砂岩、粉砂岩、黑色泥岩油叶岩 0~800m	SQ3	深湖泥及深水重力流沉积	*Dicksonia concinna*, *Brachyphyllum* sp. *Ferganococha sibrica*	古松柏类组合带 *Paleoconiferus*	T_{23}
				一段			高阻泥岩夹中细砂岩，整体呈饥饿沉积状态			T_3
			铜钵庙组		杂色砂砾岩、砾岩、角砾岩夹粉砂岩 0~1350m	SQ2 SQ1	粗相带，以冲积扇、湖泊相为特征	*Darwania* sp.	单束松粉相组合带 *Abietineaepollenites*	T_5
侏罗系	兴安岭群/布达特群				火山岩系夹沉积碎屑岩 600~1600m					

(1) 前寒武系—额尔古纳群。

额尔古纳系为一套深变质的片麻岩、石英岩和结晶灰岩，为盆地部分地区的结晶基底。

(2) 震旦—寒武系。

寒武系出露于盆地的东部边缘、北部额尔古纳河东岸及嵯岗隆起南段的圣山等地。为一套中变质岩类，包括石英片岩、大理岩和千枚岩，厚度 1800~5000m。原为一套地槽型沉积，后经早寒武世末期的兴凯运动而发生褶皱运动，使其镶嵌在西伯利亚地台边缘。

(3) 奥陶系。

奥陶系为一套海相砂叶岩夹石灰岩、大理岩等，向上渐变为叶岩夹酸性、基性火山岩，厚逾 800cm。

(4) 志留系。

志留系零星分布于盆地东部伊敏河下游、辉河以南地区。岩性主要为堇青石片岩、石英岩状砂岩、细-砂岩及黑色千枚状叶岩河结晶灰岩等，厚逾 700cm，接触关系不清。

(5) 泥盆系。

泥盆系零星出露于盆地北部隆起区河贝尔断陷西侧。岩性为灰、深灰色灰岩等，产珊瑚化石 *Cladopora* sp.(枝孔珊瑚，未定种)、*Coenites* sp.(共槽珊瑚，未定种)。

(6) 石灰系。

石灰系主要分布于盆地南(如贝尔断陷西侧)、北隆起带上，零星出露。岩性为一般浅变质岩系，主要有白云石大理岩、黑色砂质板岩、泥质板岩及灰色硅化石英岩。产化石 *Reticulazialineata*，*Spirfer hasachstamensis*，*Rhynchonoelloidea*，*Fenstella* sp.。

(7) 二叠系。

据红旗断陷煤田浅井资料，二叠系下发育有生物碎屑灰岩，石油钻井(新乌 4 井)在 2849m 处下钻遇有厚逾 200m 的泥晶灰岩、泥灰岩，其中含有孔虫，推测也属二叠系。

此外在铜 1 井 2031.5m 以下钻遇有肉红色中粒花岗岩、同位素测定年龄为 298Ma，为海西期花岗岩(γ_4)，在海参 10 井 2195m 以下也见有灰白色斑状斜长花岗岩、灰白色黑云母花岗岩及肉红色花岗岩，位于兴安岭群之下，也属于古生界海西期花岗岩。据地表露头和航磁数据，海西期花岗岩在嵯岗隆起及其以西地区沿北北东向构造线分布，在嵯岗隆起以东地区及巴彦山隆起上沿北东向构造线分布。地表和地下海西期花岗岩的分布是吻合的，除海西期花岗岩(γ_4)外，还有燕山期花岗岩(γ_5)。

地震反射界面 T_5 为兴安岭群的底界，亦即海拉尔盆地古生界基地的顶界，T_5 在地震剖面上不很清楚，但仍可划出；又据钻井河地表数据，在海拉尔盆地中古生界是存在的，它与兴安岭群或其上的地层存在明显的不整合。故推测海拉尔盆地古生界灰岩上部有存在古潜山油气藏的可能性，为在该盆地寻找高渗储集体指出了一个方向。这一认识已被后来的三维地震资料所证实。

2. 前兴安岭群

兴安岭群作为该区勘探目的层——扎赉诺尔群的基底，在盆地地下和地表广泛存在。它是一套火山岩、火山碎屑岩夹沉积岩的地层，厚逾千米。据区域地质数据将其分为上、中、下三个组。

1) 下部：龙江组

龙江组以中酸性火山岩为主。上部为安山质火山角砾岩、砾岩、含砾砂岩夹薄层黄绿色砂岩及泥岩，含植物和软件动物化石；下部为灰白色、紫红色流纹岩、灰黑色安山岩、英安玢岩及英安岩。本组总厚度500~1200m，与下伏地层呈不整合接触。钻井中本组2.5m视电阻率曲线表现为高阻、宽中钟状，一般视电阻率值为300~400Ω·m。

2) 中部：九峰山组

九峰山组以火山岩夹砂砾岩为主，偶夹煤层。火山岩主要包含灰绿色、灰紫色安山岩、安山玄武岩，夹灰黑色砂砾岩、凝灰质砂岩和煤层，见少量饱粉化石，厚150~370m。在海参9井中见有，其视电阻率值较上覆的火山岩低，曲线呈掌状。

3) 上部：甘河组

甘河组以中基性火山岩为主。岩性为灰黑色厚层状玄武岩、安山玄武岩、安山岩、碳酸盐岩化安山岩及凝灰质角砾岩，夹灰黑色泥岩，产植物化石，厚300~800m。在海参3、海参6、海参9、海参10井积及乌8井中见有，其视电阻率曲线特征似下部。

从上可知，兴安岭群以火山岩为主，夹有沉积岩，为火山塌陷盆地中的产物，地质时代上属晚侏罗世早期。

地震反射界面T_5为兴安岭群的顶界。该界面一般绕射波较发育，常见对下伏反射层的横切、上覆反射层对T_5的上超等现象。T_5以下通常是无反射区或发育杂乱的短反射，部分地区尚可见下伏反射层的褶皱形态，表明也呈盆地基底的性质。

3. 扎赉诺尔群

扎赉诺尔群是该区的油气勘探的目的层，是盆地断陷时期的产物，主要由湖泊相黑色含煤碎屑岩建造，时代为晚侏罗世晚期至早白垩世。扎赉诺尔群指位于地震反射界面T_5与T_{04}之间的一大套地层，厚度可达3~4km，可划分为铜钵庙组、南屯组、大磨拐河组和伊敏组。

1) 铜钵庙组

铜钵庙组主要为杂色砂砾岩、砾岩、角砾岩夹粉砂岩、红色及黑色泥岩，底部见有凝灰质砂岩和凝灰岩。化石少见，仅见有饱粉化石，且类型单调，为苏铁花粉-松科花粉组合。

本组在乌尔逊断陷中厚800m、红旗断陷中厚716m、呼伦湖断陷中厚875m、查干诺尔断陷中厚552m，而东部(呼和湖断陷)及南部(贝尔断陷)缺失，其余地区较薄，与下伏兴安岭群呈不整合接触。

2) 南屯组

南屯组岩性变化较大，湖盆中心为深灰色砂岩、粉砂岩夹黑色泥灰岩和油叶岩，浅处为砂砾岩，盆地东部和北部为含煤沉积，厚0~772m。该组可分两段：下段以黑色泥岩为主，该泥岩与白色砂砾岩、灰色砂岩呈不等厚互层，局部夹油叶岩，可见单束松花粉-双束松花粉组合；上段以粉砂、细砂岩及砂砾岩为主，夹黑色泥岩。

南屯组中含有较丰富的化石。①双壳类：有西伯利亚费尔干蚌(*Ferganoconcha, sibirica*)，布列亚费尔干蚌相似种(*F.burejensis*)；②双肢介-东方叶肢介属，未定种(*Eosestheria* sp.)；③介形虫：隐湖女星介(*Limnocyprideaabscandida*)，格氏湖女星介(*L. grammi*)，窄太尔文介(*darwinulacontracta*)等；④藻类化石为粒面反角藻(*Contrangularia granulata*)-网面反角藻(*C. reticulata*)组合等。

南屯组与铜钵庙组以地震反射界面 T_3 为分界，T_3 反射界面上部出现一组较强的反射层，可与 T_3 以下 T_3—T_5 之间的无反射杂乱区或断续的短反射地震相相区别。T_{22} 与 T_3 之间的反射通常表现为下伏层的上超。

3) 大磨拐河组

大磨拐河组以 T_{21} 地震反射界面为分界，分为两段：下段为大段黑色泥岩夹粉砂、细砂岩，厚 0~570m，见有双壳类和藻类化石；上段为灰色粉砂岩、砂岩夹黑色泥岩，顶部见煤层或煤线，厚 143~632m，有双壳类、叶肢介和藻类及饱粉化石。

大磨拐河组底界与南屯组以 T_{22} 地震反射界面为分界，顶界与伊敏组以 T_2 地震反射界面为分界，T_{22} 界面在很多断陷中能看到不整合的标志——即界面之下有明显的削截现象，界面之上有明显的上超现象；但在某些断陷或盆地的不同部位看不出不整合现象。说明它并不代表长期的沉积间断及准平原化作用。其特点是：①削截、上超等现象只在箕状断陷盆地缓坡一侧发育，在边界同生断层附近并无削截现象，只对原始地形高处上超；②T_{22} 界面上下盆地的构造性质有很大不同。T_{22} 之下同生断裂作用强烈，使盆地呈单断式箕状断陷，或双断式地堑状断陷；T_{22} 之上同生断裂作用大大减弱，多数仅表现为断拗性质(如红旗断陷)或拗陷性质(如贝尔断陷)。

T_{21} 地震反射界面是比较特征的岩系分界面，也是区域上可作对比标志的大下段黑色泥岩段的顶面发射。T_2 与 T_{21} 之间不少剖面均可见明显前积结构，且多呈“S”型前积，表明其扇三角洲或三角洲相发育。

4) 伊敏组

伊敏组在海拉尔盆地内广泛分布，为湖盆拗陷期产物，以浅湖相和沼泽相为主。以 T_1 反射界面为界，分上、下段。

(1) 伊敏组下段。

伊敏组下段主要为灰色泥岩、粉砂质泥岩与粉砂岩呈不等厚互层，含煤区(伊敏及呼伦湖断陷等)岩性为深灰色泥岩、粉砂岩夹杂色砂砾岩和煤层，厚 186.5~549.5m，与下伏大磨拐河组呈整合或平行不整合接触。

(2) 伊敏组上段。

伊敏组上段主要为灰、灰绿色泥岩夹粉砂岩，含煤区为深灰色泥岩、粉砂岩及砂砾岩夹煤层，厚 0~900m。

伊敏组中含有丰富的动植物化石，原岩心中已发现不少，1991 年曾在盆地西北角的扎赉诺尔灵泉露天煤矿测制地表剖面时发现了更多的化石。双壳类有 12 个属种，植物有 50 个属种，还有一个昆虫化石及大量孢粉组合和藻类化石。我们在该区伊敏组中首次发现费尔干蚌[*Ferganoconcha. Sibirica Chernysher*，*F.yanshanensis.D.Y.Gu*，*F.Curta Chernyshev*，*F.elonata*(*Ragozin*)，*F.Subcentalis*，*Chennysher*]，从生物组合上肯定了伊敏组属早白垩世。从双壳类的产出岩性(泥质粉砂岩、粉砂质泥岩、含砾砂岩)和生态看，它是较快速埋藏而后交代的，其生活环境为浅湖到滨湖。

在地下伊敏组底界与大磨拐河组以 T_2 地震反射界面为界，顶界以 T_{04} 反射界面与其上的贝尔湖群分开。伊敏组上(二、三段)、下(一段)段之间以 T_1 反射界面分开。T_2 反射界面是一个连续性较好的强反射波组，经与钻井剖面对比，发现它是一个很好的岩系分界面。成岩较差的伊敏组与成岩较好的大磨拐河组上部较粗的岩层接触，形成较强的波阻抗界面，在大区域内可连续追踪对比，而且在不同断陷这一组强反射特征基本可以辨认。伊敏组上、下段间的 T_1 反射界面存在于一大套互相平行的反射层组之中，没有很特别的标志，这与伊敏组内没有明显的突变物性有关。在地表剖面和钻井中可看出下段岩性较细，主要含煤层；上段岩性变化大，较粗，含煤少或煤质差。

4. 贝尔湖群

贝尔湖群包括以下地层。

1）上白垩统青元岗组

上白垩统青元岗组主要为灰色、杂色砂砾岩夹紫红色、灰绿色泥岩、粉砂岩，厚0~353m。产介形类化石，与下伏伊敏组呈明显的不整合接触（T_0 界面）。

2）古近系—新近系呼查山组

呼查山组为松散的灰褐色砂岩与灰黄、红色泥岩互层，下部有杂色砂泥岩，厚0~94m，与青山岗组也呈不整合接触。

3）第四系

第四系为流沙层，灰黄色腐植土、黏土及杂色砂砾层等，厚2.8~64.8m。在 T_{04} 地震剖面界面以上的地层，包括了上白垩统、古近系—新近系和第四系，为了方便统称为贝尔湖群，从地层单元划分上讲这种叫法不恰当。T_{04} 界面为2~3个振幅极强的同相轴，其波形特征在横向上很稳定，可全区追踪对比。T_{04} 界面为强烈的削截不整合面，下伏地层以较大的角度对着 T_{04} 界面突然中止，在隆起区 T_{04} 可与 T_5 合并（缺失扎赉诺尔群）。T_{04} 界面之上为极其平坦的平行反射。

三、盆地构造演化特征

海拉尔-塔木察格盆地是一个多构造层的叠合盆地，它由多个性质截然不同的盆地叠合而成。从叠合盆地的概念出发，每个单期盆地的下伏地层就是基底，据此，从地质演化史角度，可划分如下几期盆地（张长俊和龙永文，1995）。

（1）古老基底——结晶基底，主要指前寒武系的额尔古纳群深变质岩系和震旦-寒武系中级变质岩系。

（2）古生界盆地——包括奥陶系、志留系、泥盆系、石炭系、二叠系组成的一套海相沉积岩及浅变质组成的海西褶皱基底。

（3）兴安岭群盆地——由火山岩、火山碎屑岩为主夹沉积岩组成的火山岩断陷盆地。

（4）扎赉诺尔群盆地——狭义的海拉尔—塔木察格盆地，是此次研究的主要对象，介于额尔古纳加里东褶皱带西侧与大兴安岭海西褶皱带东侧之间，是叠置在海西褶皱基底上的中生代断陷盆地，属于东北亚晚中生代裂谷型的断陷盆地。

（5）贝尔湖群盆地——即伊敏组沉积之后形成的上白垩统、古近系—新近系和第四系持续充填且广泛分布的盆地，属压性拗陷盆地。

由于扎赉诺尔群盆地是本区的油气勘探目的层，根据叠合盆地的定义，在它以前的所有地层和岩石就是基底，由前寒武系深变质岩系、古生界中、浅变质岩系和海西期花岗岩、兴安岭群及布达特群火山岩组成。晚古生代海西运动在本区表现极为强烈，褶皱、断裂及岩浆活动十分广泛，并伴有火山喷发。中生代以断块运动为主，主要断裂走向为NNE、NE 向两组断裂控制，断裂活动及晚侏罗世火山喷发非常剧烈。燕山运动使海拉尔-塔木察格盆地形成了“三拗两隆”的构造格局(图 2-7，图 2-8)，每个断陷面积在 300~4000km^2 不等，沉积岩厚度、埋深、源岩厚度和源岩面积差别也很大(表 2-2，表 2-3)，沉积最厚达 8000m(乌尔逊凹陷)，薄的仅 1500m(鄂温克凹陷)。因受断裂控制，平面上各凹陷分布呈雁行式，彼此互不相通，同一凹陷时隔时通。每个断陷的四周都可成为物源区，所以表现为多物源、岩性复杂、成熟度低的沉积体系组合。

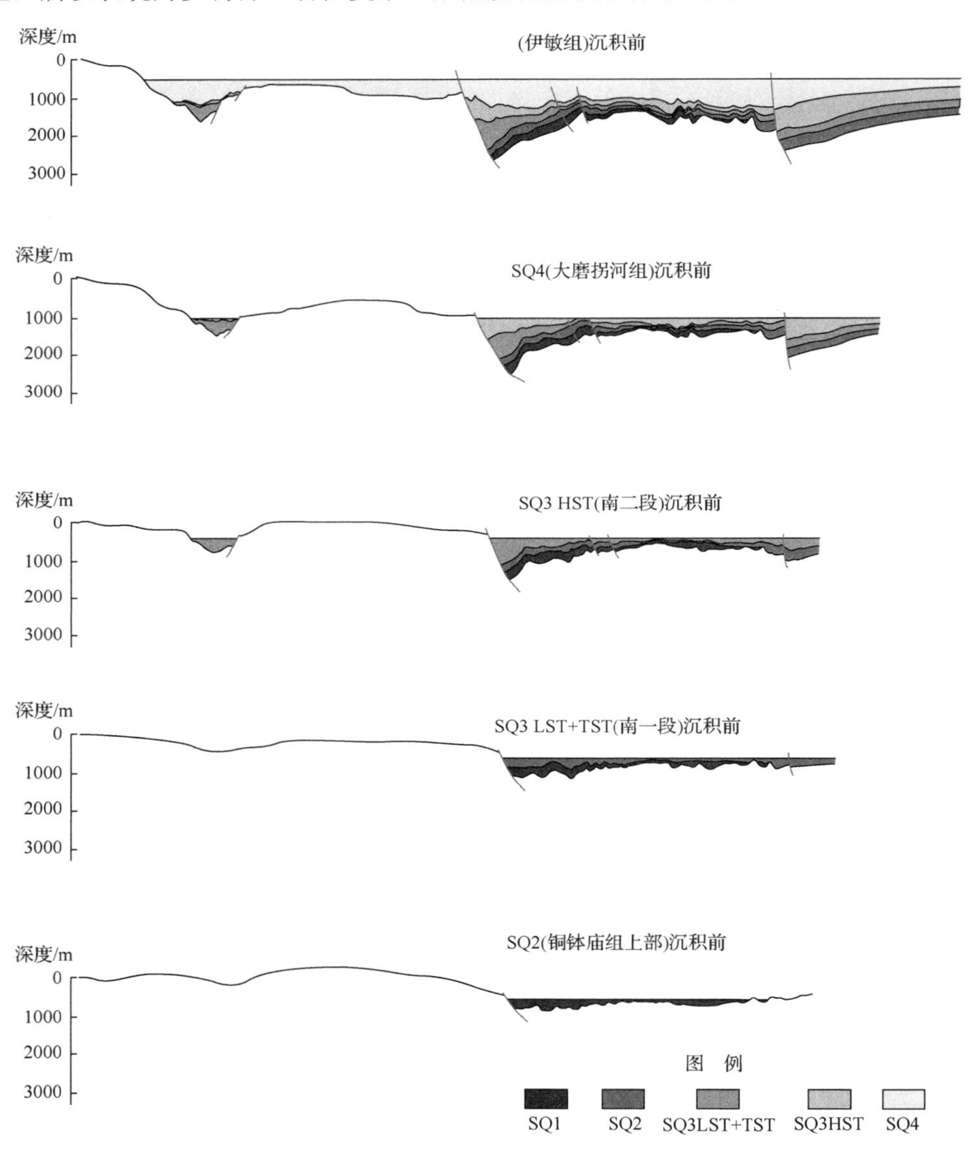

图 2-7　Line2860 测线构造演化剖面

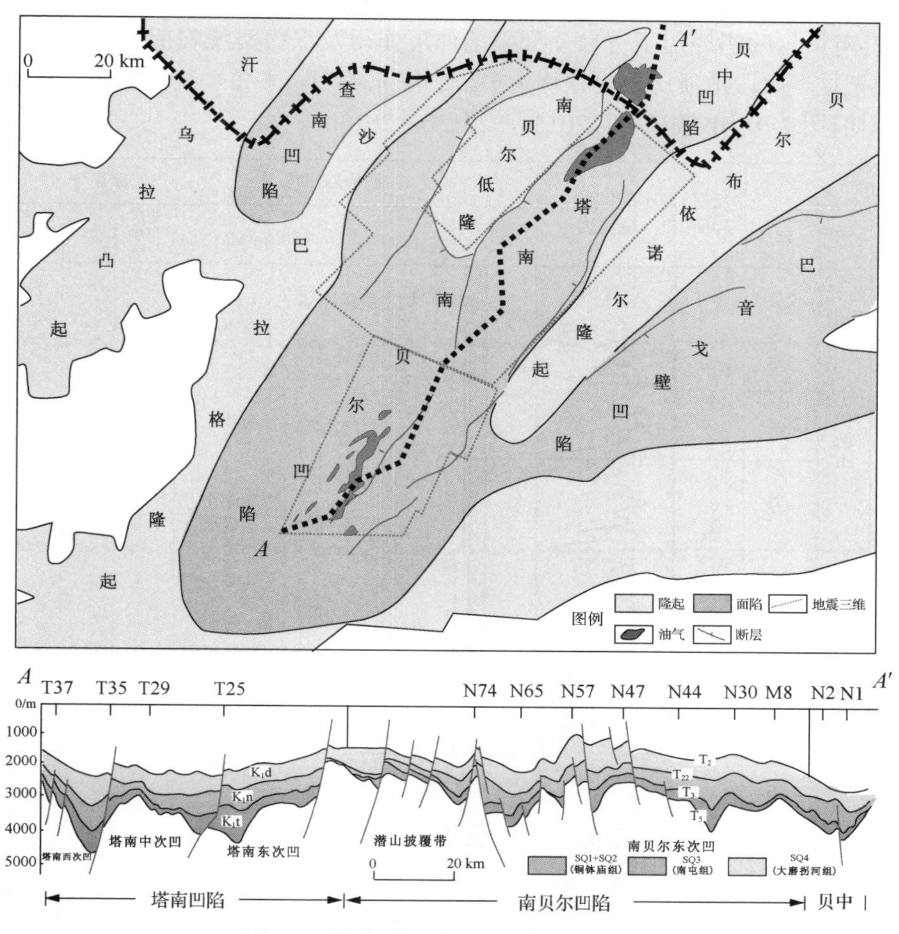

图 2-8 塔南-南贝尔凹陷主要构造单元

表 2-2 兴-蒙褶皱带断陷盆地基本要素对比表

盆地	面积/10^4km^2	凹陷个数	凹陷面积/10^4km^2	凹陷1个分类			
				钻探	烃源岩	工业油流	发现油田
二连	10	51	2.2	32	20	12	8
银额	12.1	32	3.6	6	5	2	/
海拉尔-塔木察格	7.9	22	3.3	18	18	6	8

表 2-3 海拉尔-塔木察格盆地主要凹陷基本要素对比表

凹陷	长宽比	面积/km^2	深度/m	源岩厚度/m	源岩面积/km^2
塔南-南贝尔	1∶1.8	6500	4600	1100	2540
乌尔逊	1∶1	2240	6200	700	1120
贝尔	1∶3	4600	4600	500	950

塔南-南贝尔凹陷经历了下白垩统裂陷伸展作用及下白垩统晚期和上白垩统的拗陷作用，故把这一阶段地质历史时期称为多幕裂陷充填期，下白垩统晚期和上白垩统称为拗陷充填期(图 2-9)(单敬福等，2013a，2013b，2013c)。

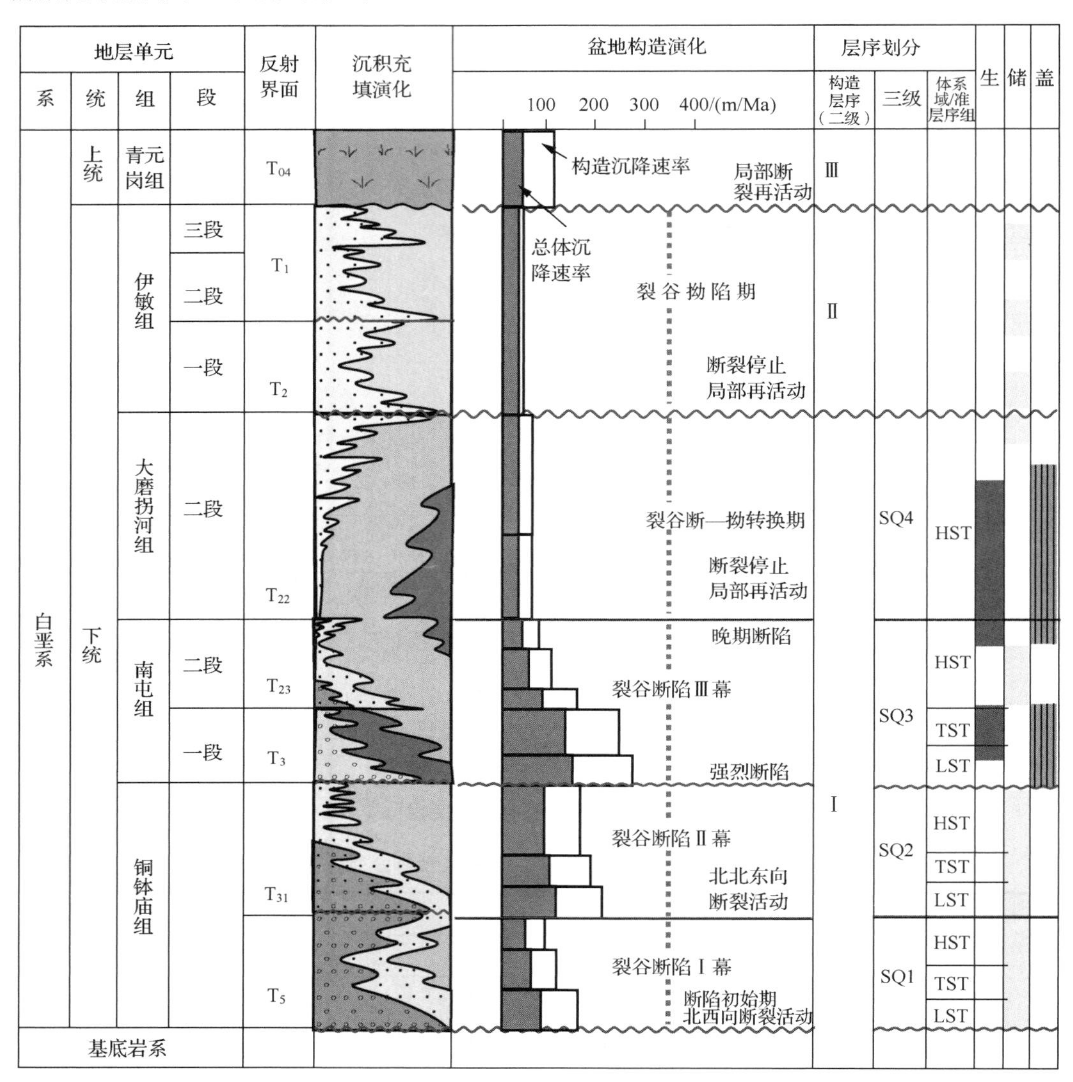

图 2-9　塔南-南贝尔凹陷构造演化、充填序列图

1. 裂谷断陷初始期

中-晚侏罗世期间，区域性隆升作用引起早期基底断裂重新活动，火山作用十分强烈，安山岩、凝灰岩及玄武岩广泛分布，代表了与深部热事件有关的伸展环境已逐步形成。在此阶段，区域性热拱升作用伴随有强烈的基底抬升及剥蚀作用、张性断裂活动及剧烈的火山作用等。晚侏罗世晚期及早白垩世期间，为断陷作用阶段，伸展环境进一步发展，导致基底不同断块发生显著的差异升降、掀斜作用，形成一系列相同方向排列的地堑、

地垒及箕状断陷，其整体走向为北东向。下白垩统厚度达3000～5000m。铜钵庙组沉积时期，为塔南-南贝尔凹陷的断陷作用的初期，断陷范围相对较小，沉积一套洪积扇、河流相砾岩、粗砂岩等粗碎屑沉积物，晚期逐渐过渡为湖相及沼泽相，沉积了一套暗色泥岩、含煤岩系及砂泥岩互层。

2. 裂谷断陷高峰早中期

南一段沉积时期，断陷规模迅速扩大，水体迅速加深，湖域面积达到最大，暗色泥岩在该时期最为发育，平面上分布也很稳定，深湖泥及重力流成因的沉积体系广泛发育。

3. 裂谷断陷高峰晚期

南二段沉积期，断陷规模缩小，开始逐渐向拗陷阶段转化，多个次级断陷逐渐统一为同一个沉降中心，盆地开始向拗陷盆地转化，尽管如此，该时期湖岸线依然靠近陆地，形成广盆浅水的沉积环境，沉积大面积的灰-深灰色泥岩。

4. 裂谷断拗转换期

大磨拐河组沉积时期，断陷已经完全转化为拗陷，盆地形成了统一的沉降中心，物源多以单向物源为主，物源个数也变得单一，形成了一系列多期次的朵叶扇体，其岩性粒度偏细，单期砂体规模偏小。

5. 裂谷拗陷期

到伊敏组沉积时期，湖盆伴随断裂活动的停止，湖盆沉积沉降中心趋于一致，开始大规模统一沉降，物源变得更为单一，河流-三角洲相广泛发育，尤其以浅湖相和沼泽相为主。

6. 裂谷萎缩充填期

随着地幔柱热冷却及应力松弛回弹，再加上区域挤压的大地构造背景，湖盆开始逐渐萎缩，全区河流相地层广泛发育，直到最终湖盆的消亡。

第三章　塔南-南贝尔凹陷层序地层格架

第一节　层序地层格架构成

从20世纪80年代后期至今，层序地层学已在不同时代，不同构造类型和不同古环境的盆地中进行了广泛探索。实践表明，不同类型盆地中均可划分出不同级别地层单元。三级层序是层序中最基本层序单元，在陆相地层中作为层序边界的古间断面常较海相地层更为明显。对于各级层序地层单元定义划分准则在地质学家中已形成共识，但对各级层序地层单元的成因，特别是三级层序成因目前还尚有些许争议(蔡希源和李思田，2003)。基于大量实践所作的统计，对各级层序地层单元均给定了大致的时限，但其值变化范围较大。尽管如此，层序地层单元持续时限对确定其级别具有重要意义。(Elliott T，1974; Elliott L，1989; 徐怀大，1993，1997; Dueck and Paauwe，1994; Decelles and Giles，1996; 辛仁臣等，2004)。

一、层序地层划分原则

层序地层分析是以沉积地层的时间单元为研究对象的。考虑到层序的同期沉积特点，进行层序单元划分和对比应遵循如下原则(表3-1)。

表3-1　塔南-南贝尔凹陷层序划分原则(据张世奇和纪友亮，1996)

划分依据	层序级别			
	二级层序	三级层序	四级层序	准层序
层序边界	不整合面分布面积广，占盆地很大面积	不整合面分布在凹陷边缘及局部地区	不整合面分布在局部地区	湖泛面与湖泛面之间
成因	构造、气候变化引起的湖平面升降	构造成因及气候变化引起湖平面升降	构造、气候、湖平面、物源变化	气候、湖平面变化及物源因素
沉积旋回	区域性沉积旋回	区域性沉积旋回	盆地内沉积旋回	岩性旋回
地层界线比较	相当于统或更小的地层单位	相当于组或更小的地层单位	相当于一组地层叠置方式	相当于一个沉积旋回
时间/Ma	30~40	2~5	0.1~0.4	0.02~0.04
厚度范围	几米至数千米	几米至上千米	几米至数百米	几米至上百米
横向分布	一百至数万平方千米	一百至数万平方千米	几十至几千平方千米	几十至几千平方千米
识别手段	地震勘探资料、测井、岩心和露头数据上均可识别	地震勘探资料、测井、岩心和露头数据上均可识别	地震勘探资料、测井、岩心和露头数据上均可识别	普通地震资料难以识别，主要从测井、岩心和露头资料上识别

1. 等时性原则

所划分和对比的各级层序为同期沉积，为同一期幕式构造旋回形成的地质单元(Dickinson and seely，1979；赵霞飞，1992；张世奇和纪友亮，1996)。为了确保等时性，层序划分和对比按由大到小的顺序逐级进行，充分考虑各级层序展布规律。

2. 最大间断原则

首先选择规模最大、间断持续时间最长的层序界面进行追踪对比(Bull，1963，1964，1991;Davis and Annan，1986，1989；Hamblin and Rust，1989；姜在兴和李华启，1996；纪友亮等，1998a，1998b)，通常选择不整合面及与之相对应的整合面。

3. 统一性原则

对已确定的层序级别和类型进行横向追踪时，应考虑界面展布的统一性，超层序可在全盆地范围内统一，层序应在一个凹陷内统一，准层序组单元应在统一的构造带内统一，准层序及其以下的层序单元可能仅在同一沉积体系内统一(Ito and Masuda，1986；胡见义，1986；胡见义等，1986b，1991；Heller et al.，1988，1989；1993；Heller and Paola，1989，1992，1996；Hunt and Tucker，1992；Heller and Gordon，1994；纪友亮等，1998a，1998b；胡见义，2004)。

4. 沉积旋回规模一致性原则

在同一体系域内，沉积旋回类型及分布是基本一致的(Eyles et al.，1983；Fielding，1984，1993a，1993b，2006；Gibling and Rust，1990；Gibling et al.，1992，2010；Fernandez et al.，1993，Fielding et al.，1993；Gibling and Bird，1994；Gibling and Wightman，1994；纪友亮等，1994；操应长等，1996；Gibling，2006)。通过不同尺度的沉积旋回体划分和对比，建立目的层的高分辨率层序格架(陶明华等，2001)。

二、划分方案

根据上述层序划分标准和原则，与经典 Vail 层序对照，把塔南—南贝尔凹陷早白垩世地层划分如下。

1. 超层序

下白垩统的铜钵庙组、南屯组和大磨拐河组为一个超层序，也是一个构造层序，该层序是盆地裂陷早中期的产物，时限为 9~10Ma(Friend et al.，1979，1989；Friend，1985)。其形成受控于构造演化周期，Galloway(1989a，1989b)曾给这一级别包括更高级别的巨层序赋予新的含义，把这类与区域大地构造活动紧密联系的层序称为构造层序。塔南—南贝尔凹陷在目的层段只能识别出一个超层序，这个超层序与周缘盆地是可以追踪和对比的。

2. 层序

在超层序内部，以构造幕次、气候旋回、湖平面及物源供给等因素导致的三级湖平面的升降旋回产生的不整合及其对应的整合为界面(Potter，1955；Johnson，1970；Galloway，1980；Galloway et al.，1982；Galloway and Hobday，1983，1995；Hamilton and Cameron，1986；Galloway and Williams，1991；Moorman et al.，1991；解习农，1994，1996)，可划分出四个三级层序，分别是铜钵庙组下部的 SQ1 层序、铜钵庙组上部的 SQ2 层序、南屯组的 SQ3 层序及大磨拐河组的 SQ4 层序，顶底界分别对应地震反射层的 T_2—SB_{4-3}、SB_{4-3}—SB_{4-2} 和 SB_{4-2}—

T_{22}；层序 SQ3 内可识别出三套四级旋回，其分别对应的顶底界为 T_{22}—SB_{3-3}、SB_{3-3}—SB_{3-2} 和 SB_{3-2}—T_3(图 3-1，图 3-2)。虽然每个三级层序内部整体上表现出相似的旋回变化规律，但受物源供给变化的影响，地层累积厚度、岩性特征及沉积体系的类型等存在着很大差别。

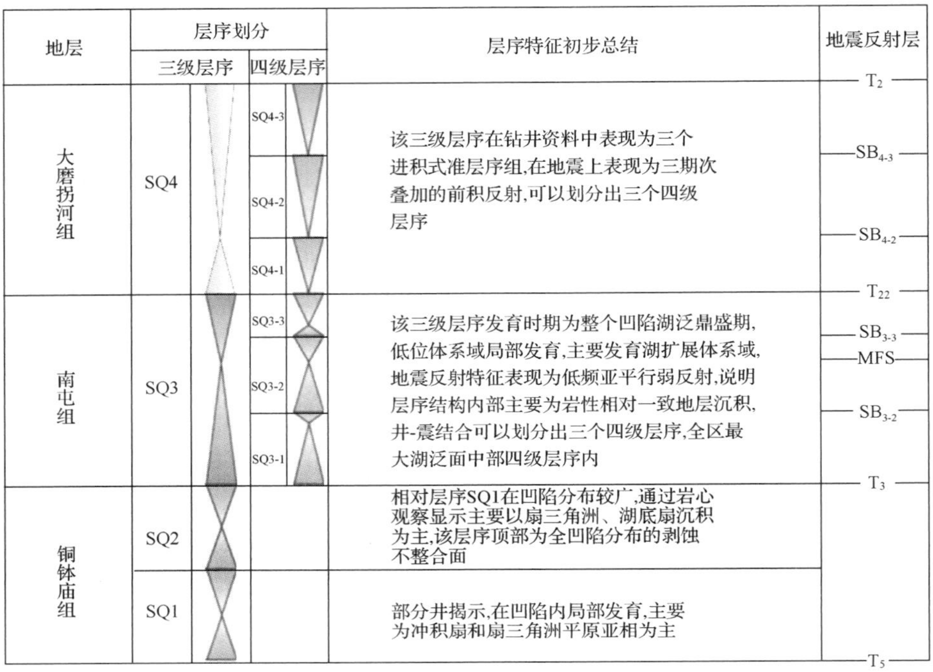

地层	层序划分		层序特征初步总结	地震反射层
	三级层序	四级层序		
				T_2
大磨拐河组	SQ4	SQ4-3 SQ4-2 SQ4-1	该三级层序在钻井资料中表现为三个进积式准层序组,在地震上表现为三期次叠加的前积反射,可以划分出三个四级层序	SB_{4-3} SB_{4-2} T_{22}
南屯组	SQ3	SQ3-3 SQ3-2 SQ3-1	该三级层序发育时期为整个凹陷湖泛鼎盛期,低位体系域局部发育,主要发育湖扩展体系域,地震反射特征表现为低频亚平行弱反射,说明层序结构内部主要为岩性相对一致地层沉积,井-震结合可以划分出三个四级层序,全区最大湖泛面中部四级层序内	SB_{3-3} MFS SB_{3-2} T_3
铜钵庙组	SQ2		相对层序SQ1在凹陷分布较广,通过岩心观察显示主要以扇三角洲、湖底扇沉积为主,该层序顶部为全凹陷分布的剥蚀不整合面	
	SQ1		部分井揭示,在凹陷内局部发育,主要为冲积扇和扇三角洲平原亚相为主	T_5

图 3-1 塔南-南贝尔凹陷地层层序划分方案示意图

MRS 为最大湖泛面(maximum flooding surface)

1) SQ1(铜钵庙组下部)

层序 SQ1 位于铜钵庙组下部，底界面为 T_5 反射界面，从地震剖面上看，T_5 之下地层削截明显，为高角度不整合面，即为一区域不整合面，也是一个二级层序边界，该界面之上地层上超特征明显。从沉积特征分析，该层序为洪(冲)积相和扇三角洲沉积，为一套灰色含凝灰质砂岩、砂砾岩与绿灰色凝灰质含砾泥岩，灰色凝灰质泥岩、杂色块状角砾岩、砾岩及火山岩呈不等厚互层。

2) SQ2(铜钵庙组上部)

层序 SQ2 为铜钵庙组上部地层，底界面为 T_{31} 反射界面，从地震剖面上看，T_{31} 界面为杂乱反射中比较连续的同相轴，界面之下地层有不明显的削截现象，为一个三级层序边界，该界面之上局部可见上超。从沉积特征分析，该层序为扇三角洲沉积，为一套灰色含凝灰质砂岩、砂砾岩与绿灰色凝灰质含砾泥岩，灰色凝灰质泥岩、杂色块状角砾岩、砾岩及火山岩呈不等厚互层。

3) SQ3(南屯组)

层序 SQ3 为南屯组地层，底界面为 T_3 反射界面，从地震剖面上看，T_3 之下地层以不整合面及其对应的整合面作为三级层序的边界，该界面之上地层上超特征明显。从沉积特征分析，该层序以深湖和半深湖相沉积为主，凹陷边缘为扇三角洲及近岸水下扇沉积。

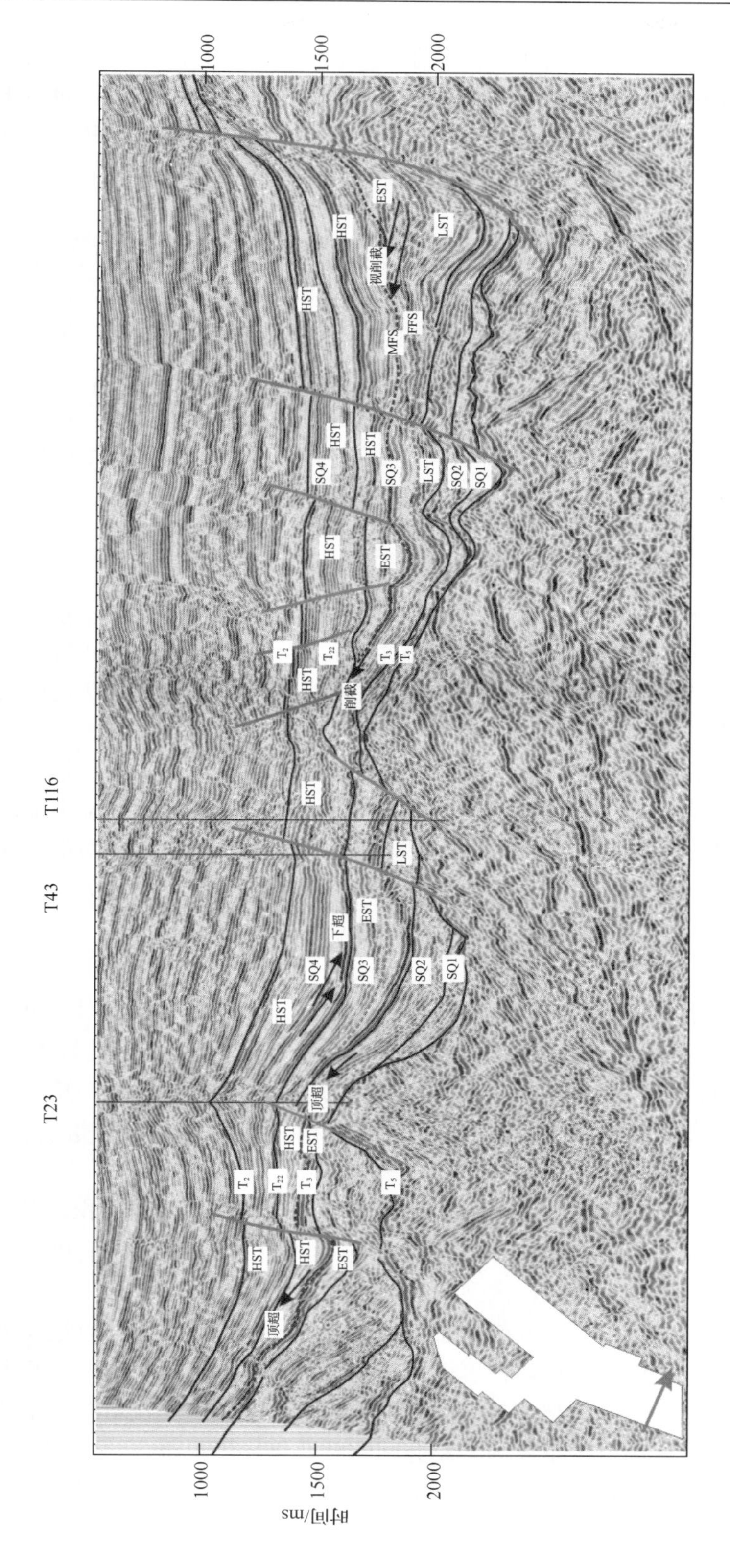

图3-2 塔南-南贝尔凹陷主测线方向地震剖面层序解释及层序格架(近东西向过塔南部分)

从单井剖面上看，层序 SQ3 底界面上下岩性差异较大，从下部的砂砾岩突变为上部的灰色泥岩，电性特征和声波时差也存在明显的差异。层序 SQ3 的最大湖泛面(MFS)在单井和地震剖面上都很容易识别，单井上为黑色泥岩和油叶岩，为退积式准层序组的顶界面，在地震剖面上为 1~2 个连续的强反射同相轴。

4) SQ4(大磨拐河组)

层序 SQ4 相当于大磨拐河组，底界面为 T_{22} 反射界面，顶界面为 T_2 反射界面。从地震剖面上看，T_{22} 在大部分区域为连续同相轴，在沉积中心为空白反射，在中央隆起带的局部有削截现象。整个层序大型前积反射结构发育，从沉积特征分析，该层序为大型三角洲和湖相沉积为主。

由单井的岩性和电性特征分析可知，SQ4 底界面不同部位差别较大，在深湖区，由于其为连续沉积，SQ4 底界面在单井的岩性和电性没有变化，只能靠地震横向追踪来确定(图 3-1，图 3-3~图 3-6)。

3. 四级层序(相当于准层序组级别)

Mitchum 和 Campion(1990)定义了两种类型的四级旋回，分别称其为“A”和“B”。“A”型四级旋回被定义为从湖平面下降到湖平面下降，如果大地构造背景稳定，湖盆沉降速率低，较高的沉积物供给速率，就会产生四级层序；“B”型四级旋回被定义为从湖平面上升到上升，这种四级旋回只产生准层序，不能产生四级层序。根据上述定义，结合湖盆的大地构造背景和物源供给情况，只有在湖盆边部发育大型长轴三角洲位置可形成四级层序，或者称为“A”型四级旋回的四级层序，其余大部分是不能产生四级层序的，只能形成“B”型四级旋回的准层序或准层序组。这是因为在南屯组和大磨拐河组物源供给速率低，湖盆沉降速率快(单敬福等，2013a，2013b，2013c)。根据上述分析，只能把南屯组和大磨拐河组分别划分为三个四级旋回。

1) 南屯组

该层序可以划分为三个四级旋回：SQ3-1、SQ3-2 和 SQ3-3。从单井上分析，三套岩性旋回很明显。在地震剖面上，其边界分别为 T_3、SB_{3-2}、SB_{3-3} 和 T_{22}，为比较连续的同相轴。

层序 SQ3 的最大湖泛面 MFS 在单井和地震剖面上都很容易识别，单井上为黑色泥岩和油叶岩，为退积式准层序组的顶界面，在地震剖面上为 1~2 个连续的强反射同相轴(单敬福等，2011b，2013a)。

SQ3-1：顶界面对应 SB_{3-2}，底界面对应 T_3 地震反射界面，包含进积、退积的一套完整四级旋回，在地震上顶面对应一个变振的地震反射轴。单井上为一套砂泥薄互层，电型曲线上表现为高阻的齿状特征，大致与弹簧段对应。

SQ3-2：顶界面对应 SB_{3-3}，底界面对应 SB_{3-2}，顶界面在地震上可以被识别并进行追踪对比，地震反射轴偏弱，但可以根据下面影随强振连续的 T_{23} 反射轴进行参照对比追踪，同时，局部特别是湖盆边部可见到削截现象。该套四级旋回在单井上全凹陷对应的是一套细碎屑沉积，局部可见正旋回与反旋回完整四级层序组合。

SQ3-3：顶界面为 T_{22}，底界面为 SB_{3-3}，顶界面主要是弱轴，其与上覆地层整体上表现为平行不整合接触关系，单井曲线特征和岩性特征与 SQ3-2 相似。

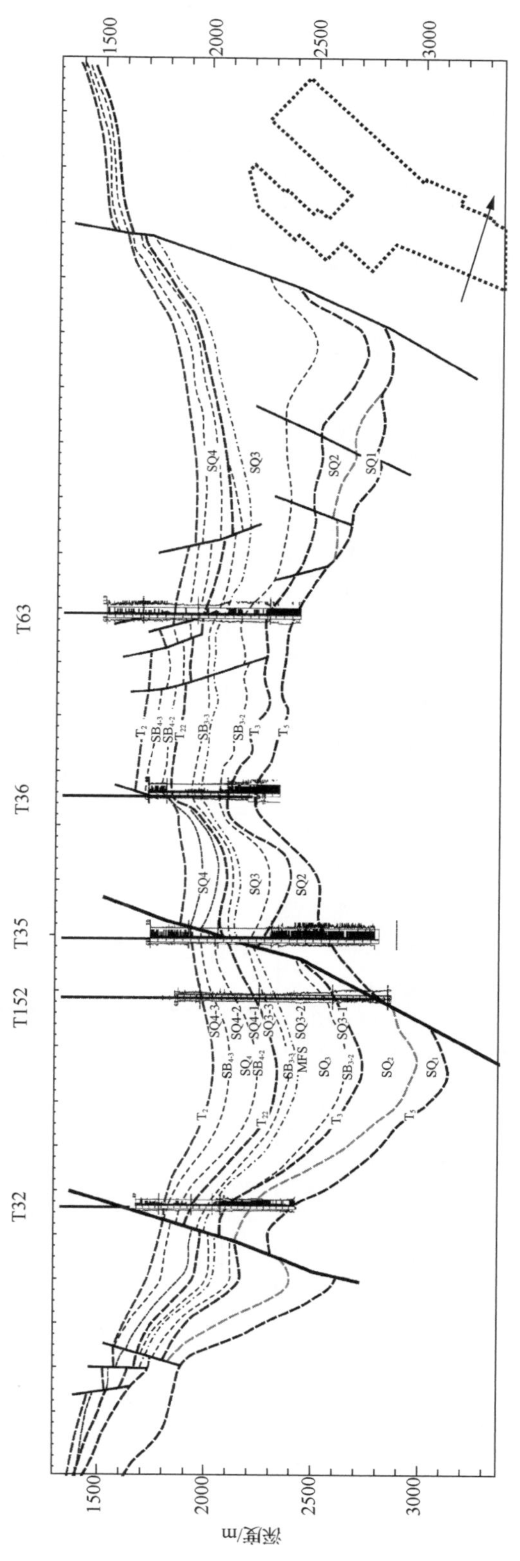

图3-3　塔南-南贝尔凹陷主测线方向联井层序地层格架剖面（近东西向过塔南部分）

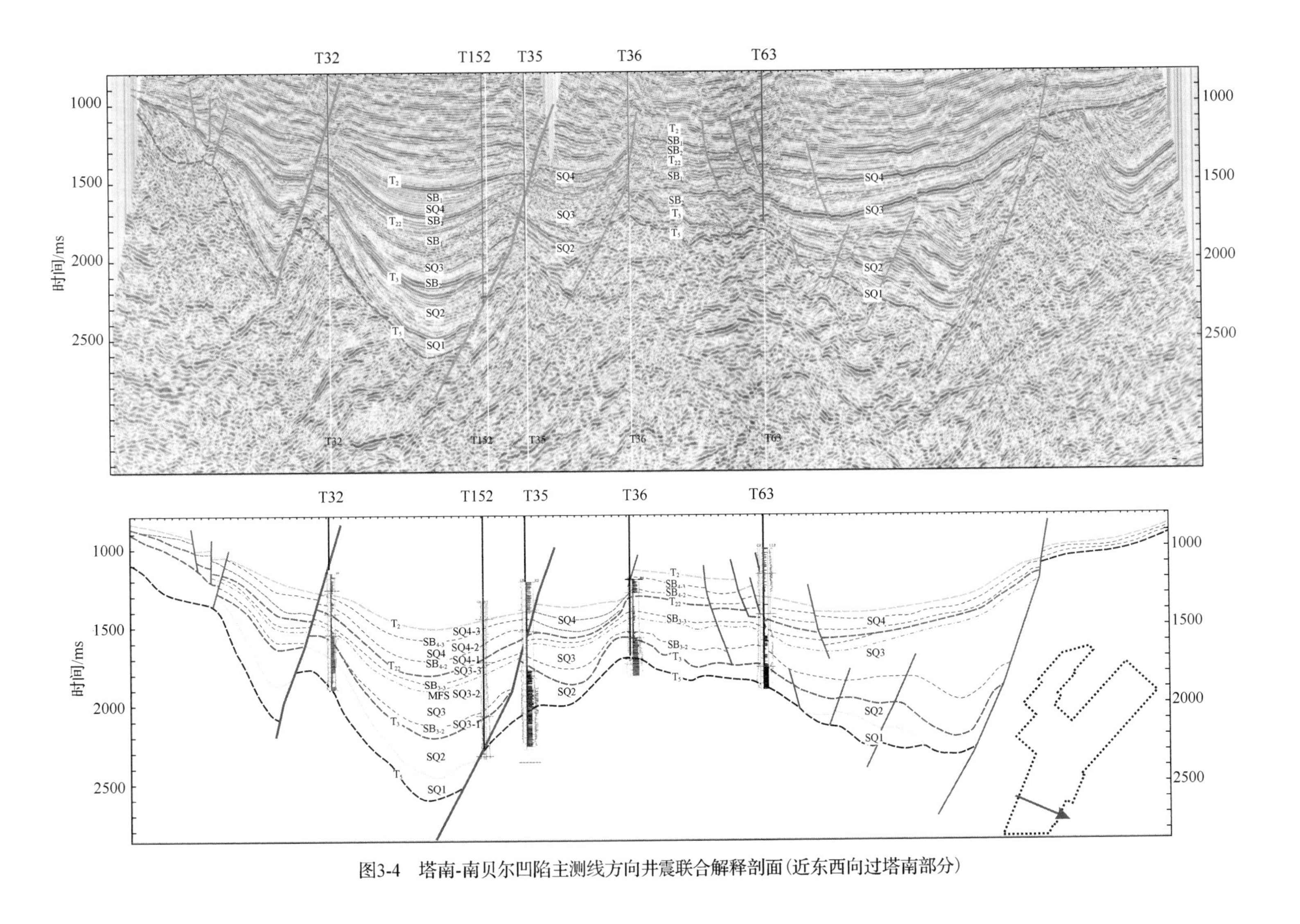

图3-4　塔南-南贝尔凹陷主测线方向井震联合解释剖面（近东西向过塔南部分）

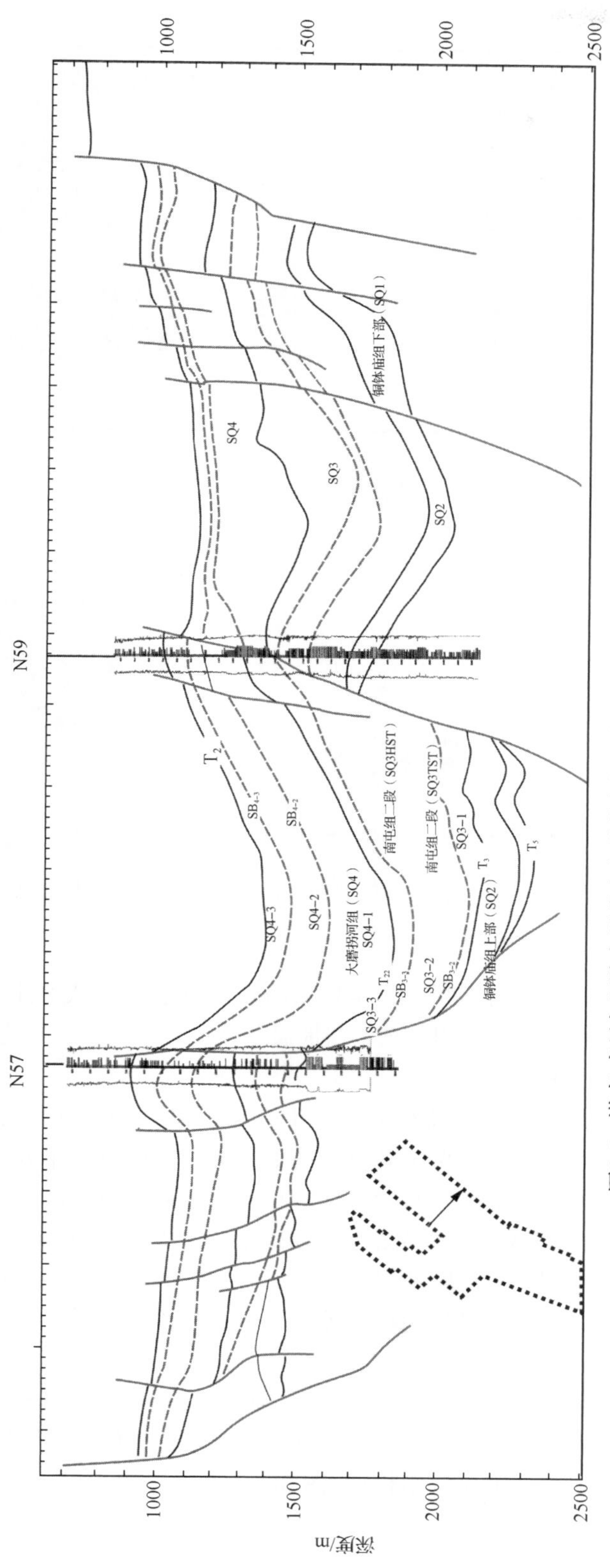

图3-5　塔南-南贝尔凹陷主测线方向联井高频层序地层格架剖面（近东西向过南贝尔部分）

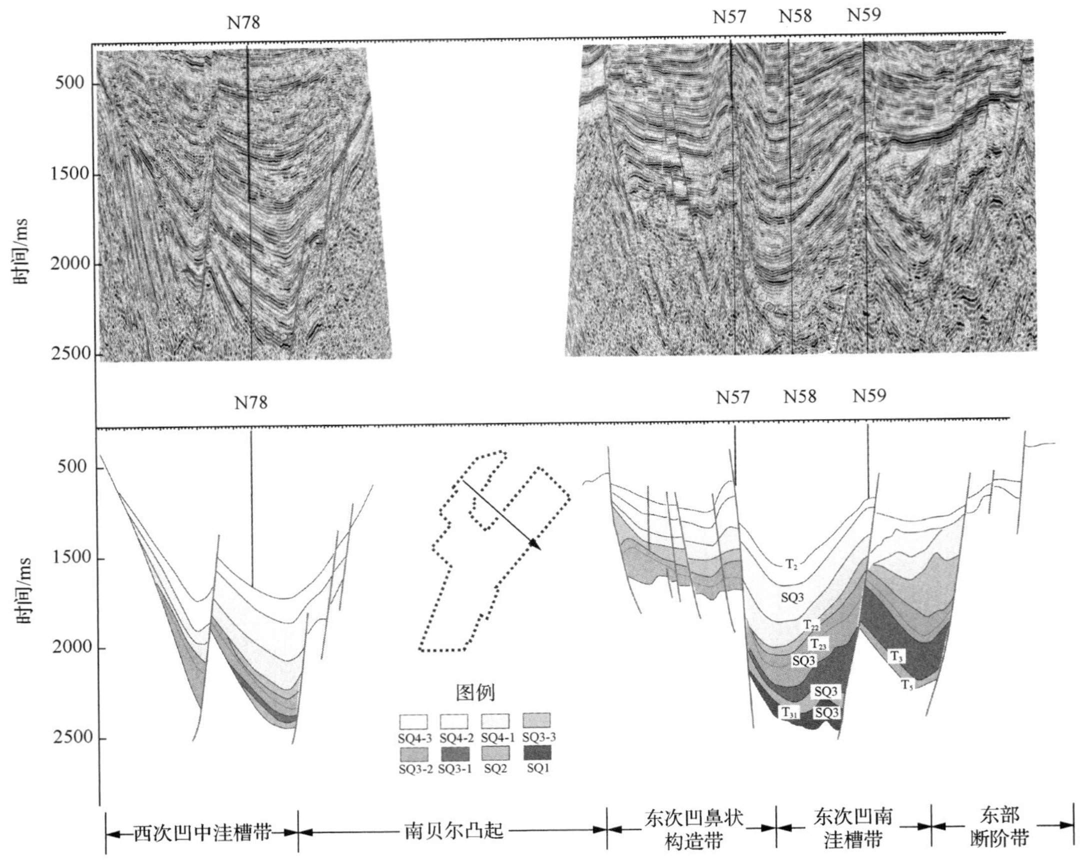

图 3-6　塔南-南贝尔凹陷主测线方向井震联合解释剖面(近东西向过南贝尔部分)

2) 大磨拐河组

该层序可划分为三个四级旋回：SQ4-1、SQ4-2 和 SQ4-3。从单井上分析，三个四级层序由三个明显的进积式准层序组构成。在地震剖面上，其边界分别为 T_{22}、SB_{4-2}、SB_{4-3} 和 T_2，为比较连续的同相轴。

SQ4-1：顶界面对应 SB_{4-2}，底界面对应 T_{22} 地震反射界面，由一套退积式准层序组构成，在地震上顶面对应一个强振中高频中高连的地震反射轴。单井上由一套泥岩与粉细砂岩组成，电测曲线上表现出低阻的起伏较小的低平曲线特征。

SQ4-2：顶界面对应 SB_{4-3}，底界面对应 SB_{4-2}，顶界面为强振高连高频地震反射轴，比较容易追踪对比，内部地震反射波组主要为席状，代表低能环境的产物。由一套退积式准层序组构成，在湖盆边部可见削截现象。该套四级旋回在单井上全凹陷对应的是一套泥岩夹细碎屑沉积。

SQ4-3：顶界面为 T_2，底界面为 SB_{4-3}，顶界面主要是弱轴，其与上覆地层整体上表现为平行不整合接触关系，单井曲线为低平特征，岩性由灰色、灰黑色泥岩、粉细砂岩、中砂岩组成，由一套退积式准层序组构成(图 3-1，图 3-3~图 3-6)。

三、层序界面识别标志

源于被动大陆边缘海相盆地的经典层序地层学理论(Vail et al., 1977)，对层序界面鄂类型和特征进行了详尽而系统的论述。按照层序地层学的定义，层序是一套不整合相对于整合成因有联系的层序界面，不整合与其相对整合是分开新老地层的一个面，并能进行横向追踪对比，是进行不同级别层序地层划分、建立等时地层格架的关键。尽管不同级别层序界面的成因、性质存在差异，但各级层序界面在地震相、岩相、测井相、古生物、盆地构造体系和充填方式等方面存在着相似的识别特征。Posamentier(1988)把层序边界类型分为两类，分别是Ⅰ型和Ⅱ型层序边界(图3-7，图3-8)，这两种边界类型的形成与大地构造背景、构造运动、气候旋回及湖平面的变化密切相关(Posamentier et al., 1992; Posamentier and Allen, 1993, 1999; Posamentier and Weimer, 1993)。

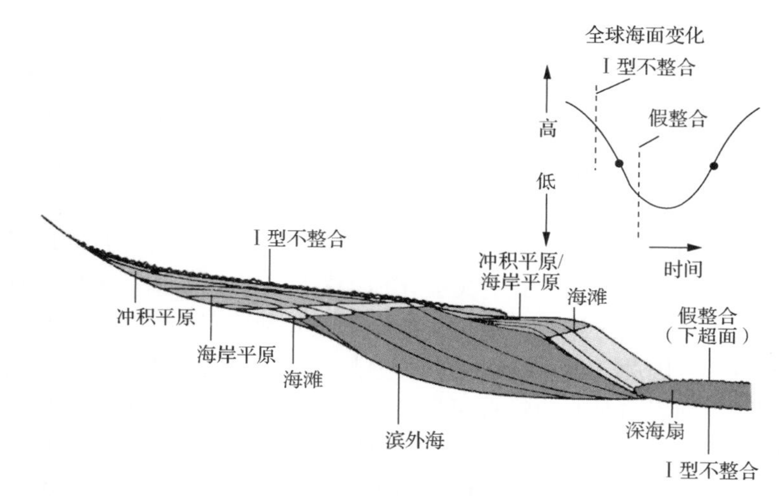

图3-7　发育于被动大陆边缘的Ⅰ层序不整合(据Posamentier, 1988)

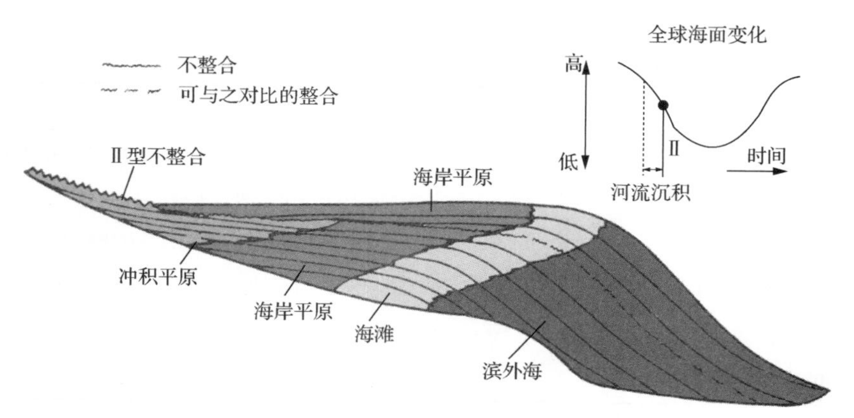

图3-8　发育于被动大陆边缘的Ⅱ层序不整合(据Posamentier, 1988)

层序边界的形成代表在某一时间段内，控制层序发育的基本因素对层序地层单元和地层叠加样式的综合影响发生突变。这种突变在沉积与地层特征上的表现可以概括为：①单一相物理性质的垂向变化（如岩性的突变面）；②相序与相组合的垂向变化（如岩相垂向上的突变面）；③旋回叠加样式的改变；④地层几何形态与接触关系（Dunbar and Rodgers，1957；Hack，1957；Cant，1976；Sengör，1976，1984，1987；Crostella，1983；Cant and Stockmac，1989；Dumont，1993）。

这些特征均反映着可容纳空间和沉积物供应量比值的变化，在层序界面上表现为沉积突变或沉积间断。层序边界上下沉积岩层在岩性、沉积相组合、地震反射特征、电测曲线上都会产生一些特殊的响应，这些响应可以独立或多个一起作为识别层序边界的良好标志。利用这些特殊响应可以识别层序边界，划分地层层序，建立层序地层格架。

1. *层序界面的地震相识别标志*

巨层序、超层序及三级层序界面在地震剖面上都有着明显的反射特征。一般层序界面之上为上超反射、底超反射（其中最大湖泛面之上是下超反射，两者之间是有区别的），而界面之下为顶超和削截反射（樊太亮和李卫东，1999；樊太亮等，2000；操应长等，2003；应丹琳等，2011）。

地震相参数与地质解释对比表在地震地层学上，地震反射界面反映的是地层沉积表面的年代地层界面，地层不同形式的尖灭在地震资料上表现为对应不同的地震同相轴反射终止类型。用地震数据进行层序地层学的分析正是利用了地震反射终止来识别层序、体系域等地层单元。因此，地震反射终止类型是识别层序的标志之一，运用地震资料解释层序的发育及空间展布是一项最直观、最有效的研究方法，尤其在勘探早期钻井资料少的情况下更是如此。同时，地震反射形式可以用地震相单元来确定和描述，它是在一定地质背景下一定地层形式的地震响应，而地震相单元可用各种地震反射参数来描述，地震反射参数又具有特定的地质意义，层序界面往往是两个不同的地震反射参数的界面（表 3-2，图 3-9，图 3-10）。

表 3-2　塔南-南贝尔凹陷地震相参数与地质解释对比表

地震相参数	地质解释
反射结构	层面形式，沉积作用、剥蚀及古地貌，流体界面
反射连续性	层面连续性，沉积作用
反射振幅	速度-密度差，地层间隔，流体成分
反射频率	地层厚度，流体成分
层速度	岩性，孔隙度，流体成分
地震相单元外形和平面组合	沉积环境，沉积物源，地质背景

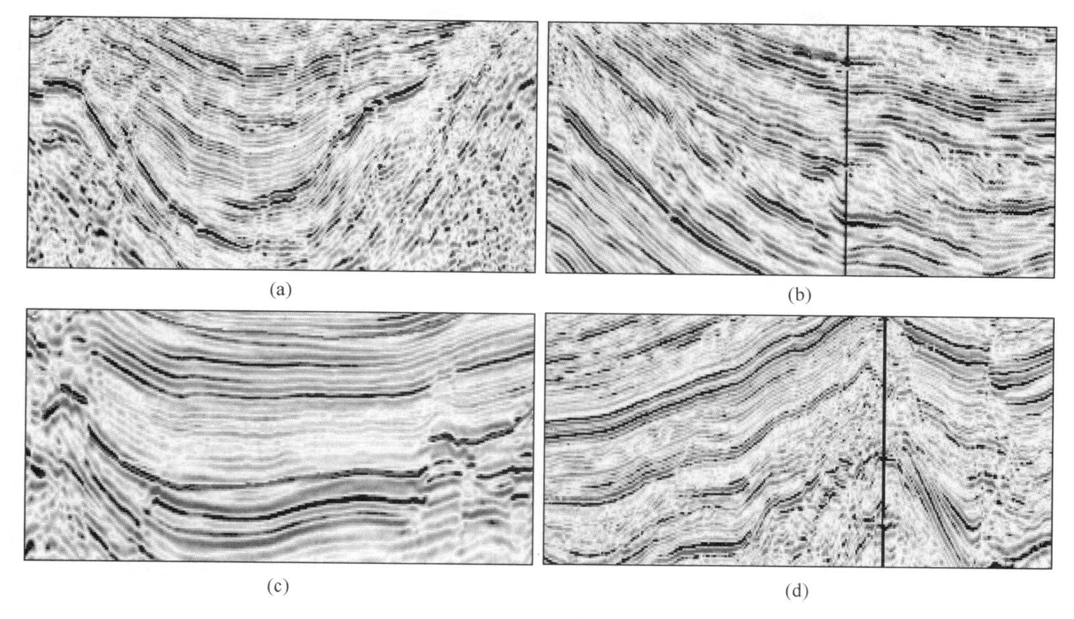

图 3-9　典型地震反射结构

(a)中强振、高连、中高频、双向充填；(b)强振、中低连、中频、亚平行楔形充填；(c)强振、中高连、中频、亚平行席状充填；(d)低频、弱振、近空白席状充填

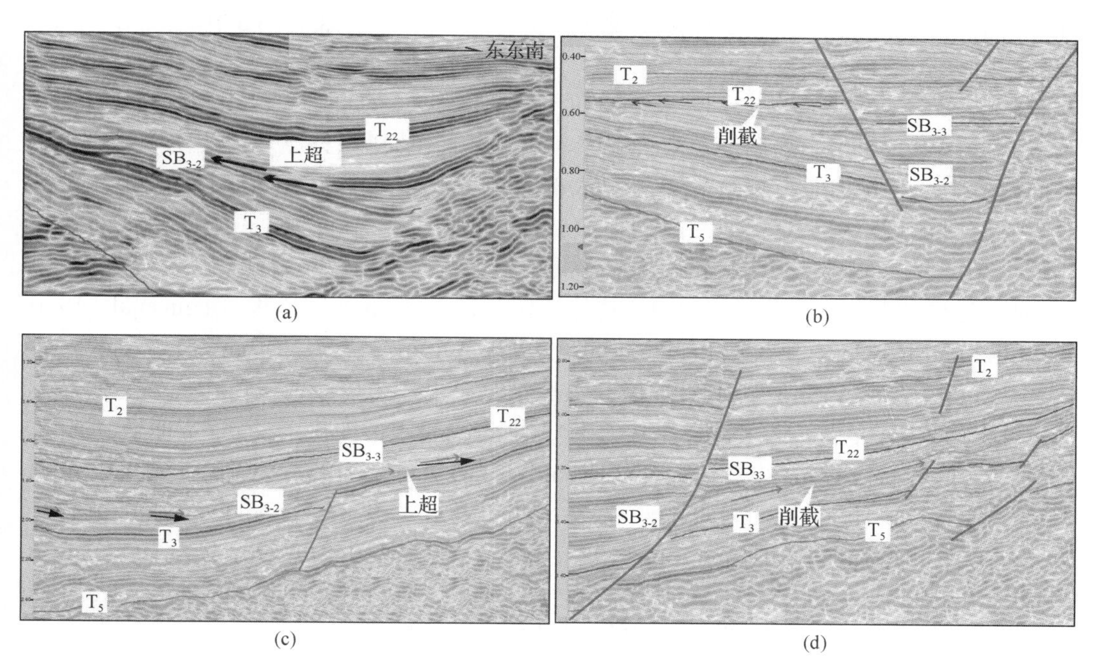

图 3-10　塔南-南贝尔凹陷典型层序界面地震反射特征

(a) T1081 SB_{3-2} 下超；(b) Trace1609 T_{22} 削截；(c) Line476 SB_{3-2} 上超；(d) 任意线 SB_{3-2} 削截

在三级层序界面如 T_3 之上特别是在靠近湖盆的边部，容易形成不整合，由湖泛面形成的准层序界面有清连续的地震反射同向轴与之相对应并在一定区域内可连续追踪对

比，每个连续且彼此协调的同向轴代表一个准层序界面，初始湖泛面(first flooding surface，FFS)在该区不容易被识别，这是因为断陷湖盆特别是在陡坡带一侧，如果断阶不发育，很难形成构造破折，并且物源就近快速堆积的方式，退积式准层序组特征不明显，所以，这样就给初始湖泛面的识别带来困难。一般常把低位和湖泊扩展体系域放在一起，合并称为低位+湖浸体系域。

2. *层序界面的测井相识别标志*

层序界面在测井上的反应形态各异、种类繁多(操应长等，2003)，概括起来有如下5种表现形式：①层序界面位于测井曲线基值发生明显改变的转折点上，如果界面为不整合或较长时间的沉积间断时，界面上下两套地层的压实和岩相会存在较大差异，在测井上的基值就会有巨大的变化；②如果层序界面位于河流下切作用而形成的下切河道或低位湖底扇底部时，测井曲线的基值会表现为加积的“箱形”或退积正韵律的“钟形”；③当层序界面位于反应加积或退积的正旋回和反应进积反旋回测井曲线之间时，可以初步判定是高位体系域的测井回应；④同样是泥岩段，由于两者受火山碎屑岩的影响或其他突发事件的影响，测井曲线会存在明显的基值偏移现象，代表两段泥岩间存在不整合；⑤层序界面除在自然电位和电阻率曲线上有明显特征外，在自然伽马(GR)能谱曲在线页有明显特征。一般把层序界面放在放射性元素(如U、Th等)由小到大部位，这是由放射性元素的“突然”富集常伴随有突发或有意义的地质事件造成的(图3-10)。

3. *层序界面的岩相识别标志*

根据Walther相律，在整合的沉积序列中，只有在横向上紧密相邻出现的相才能在垂向层序中连续叠加而没有间断。所以说，横向上相距较远的相类型在垂向上相邻出现，意味着地层之间存在有沉积间断，在层序边界上下地层表现为岩性、颜色等特征的突变；相反，在每个层序内部，地层连续沉积，沉积相类型连续出现，岩性、颜色等为渐变特征，地层厚度的变化也表现为韵律性变化特征(Bridge and Leeder，1979；Begin et al.，1980；Burchfiel and Royden，1982；Bridge et al.，1986；Olsen，1993；Olsen et al.，1995；陈建文，2000；陈新军和陈萍莉，2010)。这些都是可以作为层序地层单元分界的标志。

沉积物颜色、岩性的差异变化反映了相类型及水体深度的变化，在层序界面处，沉积物颜色、岩性及岩性组合往往发生突变(Leopold and Maddock，1953；Leopold，1960；Rust，1972，1981，1984；Miall and Gibling，1978；Miall et al.，1978；Leopold and Bull，1979；Rust and Gostin，1981；Rust and Jones 1987；Olsen，1988，1989，1990；Rust and Nanson，1989；Miall and Jones，2003)。如层序SQ3底界面之下为铜钵庙组的砂砾岩、灰绿色泥岩和凝灰岩沉积，界面之上为南屯组暗色泥岩、油叶岩沉积。

在三级层序内部没有大的沉积间断，岩性厚度的韵律性变化可以看作连续的，且反映水体深度和水动力条件变化，反映可容纳空间与沉积充填比值变化，同时反映湖平面的变化。因此，可以用岩性厚度的韵律性变化来判断层序地层单元，它是划分三级层序内部体系域、准层序组和准层序的有效方法。一般的，在一个准层序中，暗色泥岩段沉积稳定、连续沉积厚度大、分布广泛，代表水体范围广、水动力能量低的沉积环境，对应于湖泛面。不同类型的韵律性的变化之间的突变点代表着水动力的交替，是不同级别层序地层单元的转变。当剖面中连续的暗色泥岩和叶岩沉积厚度最大、分布最广泛时，对应于最大湖泛面，是湖侵体系域与高位体系域的界限标志，其由高能量岩性开始向低能量变化的界面为低位体系域和湖侵体系域的界限。

此外，层序边界的识别标志还有古生物法、地球化学方法、黏土矿物法，微量元素在层序界面附近的截然差异和突变等都是判断层序界面的重要方法(Jordan，1981；Hossack，1984；Hsü et al.,1990；Jordan and Flemings，1991；Gordon and Heller，1993；Hudson et al.，2008)。

4. *湖盆构造和充填特征的差异作为层序界面识别标志*

层序界面主要由构造层序和构造+沉积层序界面组成(Frakes，1979；Clark，1987；Flemming，1988；Focke and van Popta，1989；Colella and Prior，1990；Diessel，1992)，如塔南-南贝尔凹陷断陷期和拗陷期的转变时形成的区域界面，在本区表现为大磨拐河组和伊敏组之间的界限，为构造层序界面，这可以从湖盆的构造格局的差异性进行识别；河道的下切是形成层序界面的又一显著标志。

第二节　层序地层分析

一、单井层序地层识别与特征

综合分析塔南-南贝尔凹陷的不同级别构造运动、气候旋回及物源供给等因素导致的断陷湖盆湖平面的变化产生的不同级别层序界面，并从地震资料、测井数据、钻井数据、岩心数据、古生物数据及地球化学等数据出发，对塔南-南贝尔凹陷的层序进行划分，建立等时格架。在此基础上分析单井、联井沉积体系特征，为全区综合沉积体系分析打下坚实的基础。

通过选取不同构造部位的单井进行层序分析，在井间等时层序格架的框架内，分别阐述其沉积体系纵向上分布发育特征。

1. *南贝尔东次凹南洼槽N74井*

N74井位于南贝尔东次凹南洼槽的中部，处在该二级构造带的中央地带，完钻井深2980m，该井目的层位元共钻遇SQ4、SQ3、SQ2、SQ1四个三级层序。图3-11是该井单井层序综合柱状图，其详细层序地层特征分析如下。

(1) 1530~2090m为SQ4，对应海拉尔盆地的大磨拐河组。N74井层序低位域发育不完整，在体系域上划分为高位域和湖侵体系域。在四级旋回划分中：①1530~1692m为SQ4-3(大磨拐河组上段)，自然伽马曲线齿状，地震剖面上对应强振、中频、高连到中连、亚平行一套反射序列，岩屑录井显示为深灰色泥岩与薄层灰色粉砂岩互层，是深湖、半深湖环境；②1692~1960m为SQ4-2(大磨拐河组中段)，自然伽马曲线呈锯齿状，地震剖面上对应中振、中频、强连、平行反射序列，岩屑录井显示为灰黑色泥岩，是深湖、半深湖沉积环境，只不过反映的水体环境更深；③1960~2090m 为 SQ4-1(大磨拐河组下段)，自然伽马曲线呈漏斗、锯齿状，地震剖面上对应强振、中频、高连到中连、平行到亚平行一套反射序列，岩屑录井显示为深灰色泥岩夹薄层砂岩，为半深湖湖底扇沉积环境。

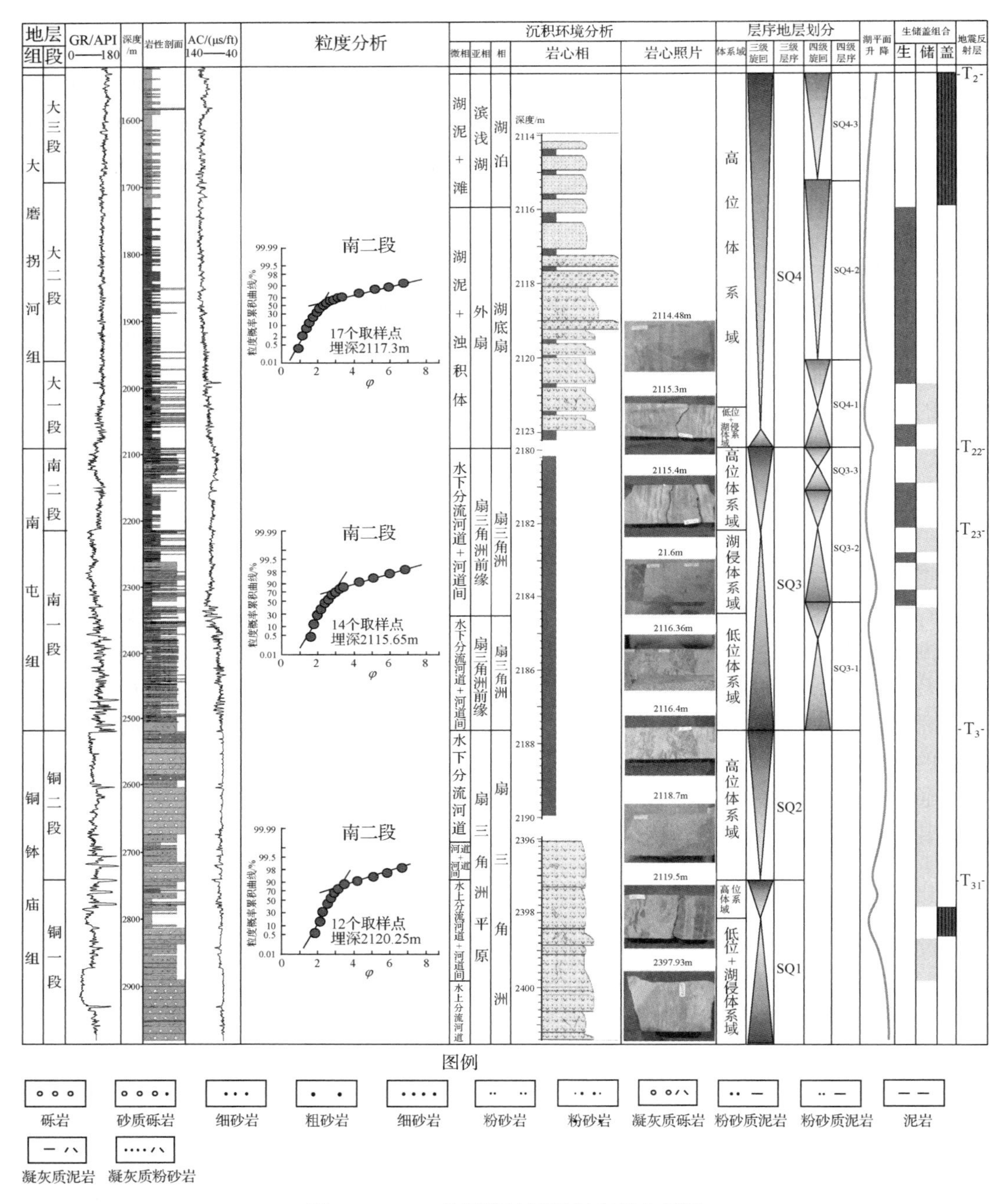

图 3-11　N74 井层序地层及沉积相分析图

(2) 2090~2517m 为 SQ3，对应海拉尔盆地南屯组。在体系域划分上分为高位、湖侵体系域。在四级旋回划分中：①2090~2154m 为 SQ3-3（南屯组上段），自然伽马曲线呈漏斗状，发育灰黑色泥岩夹粉细砂岩。在地震剖面上显示为一套弱振中频中连亚平行局部可见楔状地震反射结构，代表的是扇三角洲沉积环境；②2154~2320m 为 SQ3-2（南屯组中段），自然伽马曲线漏斗状，岩屑录井显示发育灰-灰黑色泥岩，地震相上表现为弱振中频低连亚平行反射和强振中频高连平行反射，是扇三角洲沉积环境的反映；③2320~2517m 为 SQ3-1（南屯组下段），自然伽马曲线呈锯齿状，地震剖面上对应强振、中频、高连反射序列，岩屑录井显示为黑灰色泥岩夹凝灰质细砂岩，是扇三角洲沉积环境的反映。

(3) 2517~2740m 为 SQ2，对应海拉尔盆地铜钵庙组上部。自然伽马曲线箱形。岩屑录井显示为厚层杂色砾岩。地震剖面上显示为低频中振低连反射，是扇三角洲前缘水下分流河道沉积环境的反映。

(4) 2740m 至未穿为 SQ1，对应海拉尔盆地铜钵庙组下部，未钻穿。自然伽马曲线箱形。岩屑录井显示为厚层杂色砾岩夹紫红色泥岩。地震剖面上显示为低频中振低连反射，是扇三角洲平原沉积环境的反映。

2. 南贝尔东次凹北洼槽 N43 井

N43 井位于东次凹北洼槽的陡坡带，完钻井深 2300m，该井目的层位元共钻遇 SQ4、SQ3、SQ2、SQ14 个三级层序（图 3-12）。

(1) 948~1551m 为 SQ4，对应海拉尔盆地的大磨拐河组。N43 井该层序缺失低位域，在体系域上划分为高位域和湖侵体系域。在四级旋回划分中：①948~1124.5m 为 SQ4-3（大磨拐河组上段），自然伽马曲线相对平直，地震剖面上对应强振、中频、中连反射序列，岩屑录井显示为灰-灰白色泥岩与薄层灰色粉砂岩互层，是三角洲前缘水下分流河道间沉积环境的反应；②1124.5~1317.5m 为 SQ4-2（大磨拐河组中段），自然伽马曲线平直，地震剖面上对应中振、中频、强连、平行反射序列，岩屑录井显示为灰黑色泥岩，是深湖、半深湖沉积环境；③1317.5~1551m 为 SQ4-1（大磨拐河组下段），自然伽马曲线呈漏斗、锯齿状，地震剖面上对应强振、中频、高连反射序列，岩屑录井显示为黑灰色泥岩，为半深湖半深湖沉积环境。

(2) 1551~2040m 为 SQ3，对应海拉尔盆地南屯组。在体系域划分上分为高位、湖侵体系域。该井该层段由于局部的构造反转作用造成 SQ3-3 四级旋回的缺失。在四级旋回划分中：①1551~1810.80m 为 SQ3-2（南屯组中段），自然伽马曲线呈漏斗状，发育灰色泥岩夹粉细砂岩。在地震剖面上显示为一套弱振中频中连亚平行地震反射结构，反映扇三角洲前缘沉积环境；②1810.80~2040m 为 SQ3-1（南屯组下段），自然伽马曲线呈锯齿形，岩屑录井显示为厚层灰绿色凝灰质中细砂岩夹薄层灰绿色泥岩，地震剖面上显示为高频中振高连反射，是扇三角洲水上水下过渡沉积环境的反映。

(3) 2040m 至未穿为 SQ2，对应海拉尔盆地铜钵庙组下部。自然伽马曲线箱形。岩屑录井显示为厚层杂色砾岩夹紫红色泥岩。地震剖面上显示为低频中振中连反射，是扇三角洲平原辫状河道沉积环境的反映。

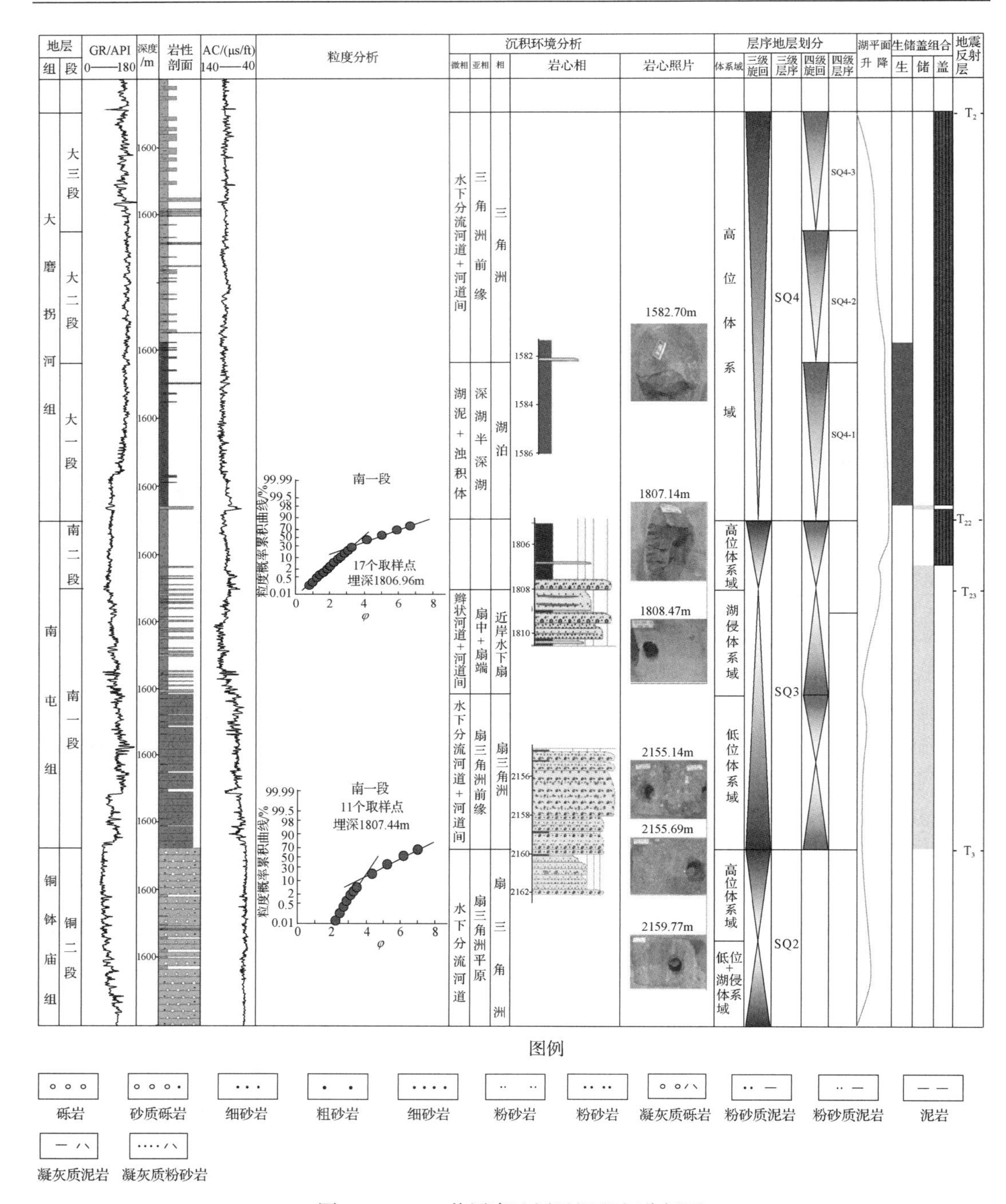

图 3-12　N43 井层序地层及沉积相分析图

3. 南贝尔西次凹南洼槽 N83 井

N83 井位于西次凹南洼槽的中部，处在该二级构造带的缓坡-洼槽过渡地带，完钻井深 2900m，该井目的层位元共钻遇 SQ4、SQ3、SQ2 三个三级层序(图 3-13)。该单井垂向层序地层特征如下。

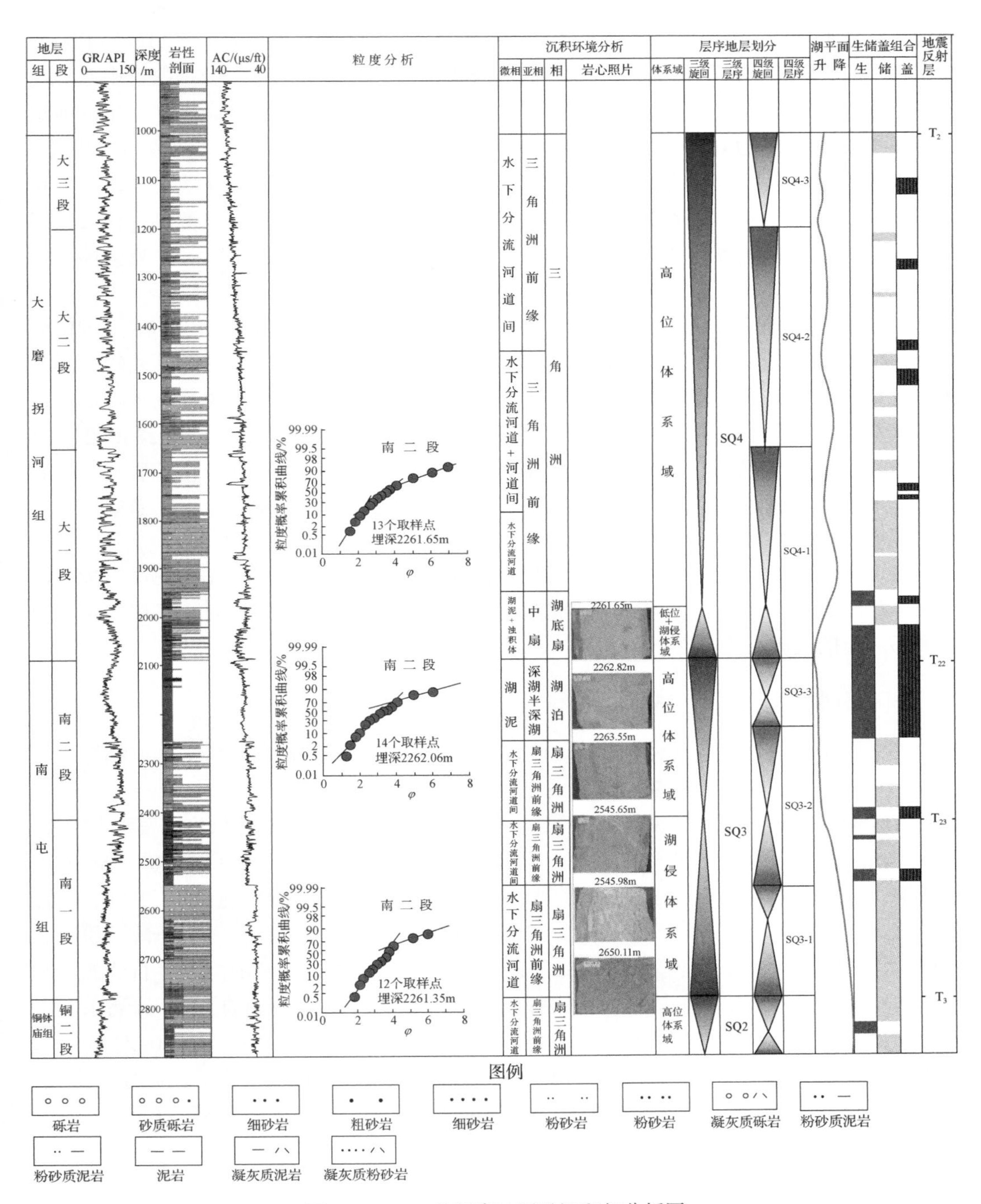

图 3-13 N83 井层序地层及沉积相分析图

(1) 1008~2090m 为 SQ4，对应海拉尔盆地的大磨拐河组。在体系域上划分为高位域和湖侵+低位体系域。在该组段沉积期，该井位有一大型长轴物源经过，纵向上可以清楚地辨认出四个大型前积体(一般称“卸车构造”)，在四级旋回划分中：①1008~1200m 为 SQ4-3(大磨拐河组上段)，自然伽马曲线齿状钟形，地震剖面上对应强振、中频、高连反射序列，岩屑录井显示为灰色泥岩与灰色砂岩夹薄层砾岩互层，是大型三角洲前缘沉积环境反映；②1200~1652.5m 为 SQ4-2(大磨拐河组中段)，自然伽马曲线呈漏斗状，地震剖面上对应强振、中频、高连、平行反射序列，岩屑录井显示为灰色泥岩，是三角洲前缘沉积环境反映；③1652.5~2090m 为 SQ4-1(大磨拐河组下段)，自然伽马曲线呈漏斗、锯齿状，地震剖面上对应强振、中频、高连到中连、平行到亚平行一套反射序列，岩屑录井显示为深灰色泥岩夹薄层砂岩，为三角洲前缘沉积环境。

(2) 2090~2780m 为 SQ3，对应海拉尔盆地南屯组。在体系域划分上分为高位、湖侵体系域。在四级旋回划分中：①2090~2230m 为 SQ3-2(南屯组中段)，自然伽马曲线呈漏斗状，发育灰黑色泥岩夹粉细砂岩，在地震剖面上显示为一套弱振中频中连亚平行局部可见楔状地震反射结构，为扇三角洲、近岸水下扇和湖泊综合沉积环境反映；②2230~2780m 为 SQ3-1(南屯组下段)，自然伽马曲线箱形，岩屑录井显示发育灰-灰黑色泥岩夹杂色砂砾岩，地震相上表现为弱振中频低连亚平行反射和强振中频高连平行反射，是扇三角洲沉积环境的反映。

(3) 2780m 至未穿为 SQ2，对应海拉尔盆地铜钵庙组上部。自然伽马曲线锯齿形，为灰黑色泥岩与薄层砂砾岩互层。地震剖面上显示为低频中振低连反射，是扇三角洲前缘沉积环境的反映。

4. 塔南中次凹南洼槽 T38 井

T38 井位于塔南凹陷中次凹南洼槽区，完钻井深 3225m，铜钵庙组 SQ2 未钻穿，该井目标层位共钻遇 SQ4、SQ3、SQ23 个三级层序(图 3-14)。

(1) 1800~2246m 为 SQ4，对应海拉尔盆地大磨拐河组。T38 井该层序低位域发育不完整，在体系域划分上分为高位域和湖侵+低位体系域。在四级旋回划分中：①1800~1955m 为 SQ4-3(大磨拐河组上段)，自然伽马曲线齿状箱形，地震剖面上对应强振、中频、高连到中连、平行到亚平行一套反射序列，岩屑录井显示为灰色泥岩黑色泥岩与薄层粉砂岩互层，是三角洲前缘沉积环境；②1955~2120m 为 SQ4-2(大磨拐河组中段)，自然伽马和电测曲线齿状箱形，地震剖面上对应中振、中频、中连、亚平行反射序列，岩屑录井显示为灰色泥岩黑色泥岩与薄层粉砂岩互层，是三角洲前缘沉积环境；③2120~2246m 为 SQ4-1(大磨拐河组下段)，自然伽马和电测曲线齿状箱形，地震剖面上对应强振、中频、高连到中连、平行到亚平行一套反射序列。岩屑录井显示为灰色泥岩与薄层粉砂岩互层，为三角洲前缘沉积环境。

(2) 2246~2810m 为 SQ3，对应海拉尔盆地南屯组。在体系域划分上分为高位、湖侵和低位体系域。在四级旋回划分中：①2246~2400m 为 SQ3-3(南屯组上段)，自然电位曲线平直，自然伽马曲线齿化漏斗状，发育灰色泥岩夹薄层粉砂岩或粉砂质泥岩，在地震剖面上显示为一套弱振中频中连亚平行反射，是滨浅湖沉积环境；②2400~2650m 为 SQ3-2

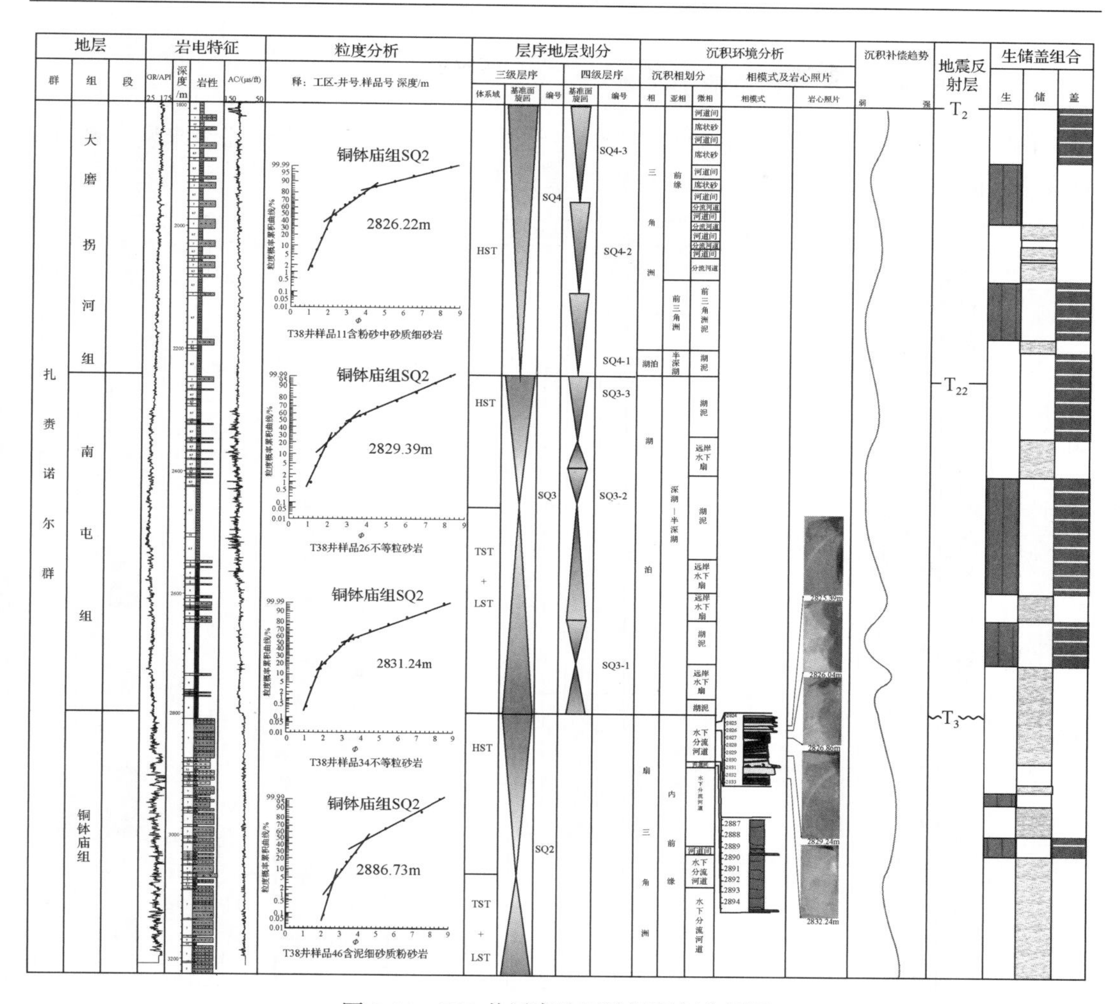

图 3-14　T38 井层序地层及沉积相分析图

(南屯组中段)，自然电位曲线平直，自然伽马曲线齿化指状和漏斗状，岩屑录井显示发育灰色泥岩黑色泥岩夹薄层粉砂岩或粉砂质泥岩和向上变粗的反旋回沉积序列(反旋回沉积序列中有油气显示)，地震相上表现为弱振中频低连亚平行反射和强振中频高连平行两套反射序列，暗示发育滨浅湖到半深湖和远岸水下扇扇端沉积环境，这一套远岸水下扇砂体中有油气显示；③2650~2810m 为 SQ3-1(南屯组下段)，自然电位曲线平直，自然伽马曲线齿化指状和漏斗状，层序底部自然电位值略有降低且齿化，速度和电测曲线略有抬升，岩屑录井显示发育灰色泥岩黑色泥岩夹薄层粉砂岩或粉砂质泥岩和向上变粗的反旋回沉积序列(层序中部反旋回沉积序列中有油气显示)，地震剖面上显示为近空白反射序列，是深湖半深湖和远岸水下扇扇端及扇中沉积环境。

(3)2810~3225m 为 SQ2(未钻穿)，对应海拉尔盆地铜钵庙组。自然伽马曲线漏斗形，自然电位指状或漏斗形，速度高值，从测井曲线上可看出明显的反旋回准层序组。岩屑录井显示为中厚层凝灰质细砂岩夹泥岩。地震剖面上显示为低频中振中连亚平行反射，揭示扇三角洲前缘沉积环境。

5. 塔南西部潜山断裂构造带 T98 井

T98 井位于塔南西部潜山断裂构造带，完钻井深 2440m。该井铜钵庙组未发育 SQ1，故该井目标层位共钻遇 SQ4、SQ3、SQ2 和基底(图 3-15)。

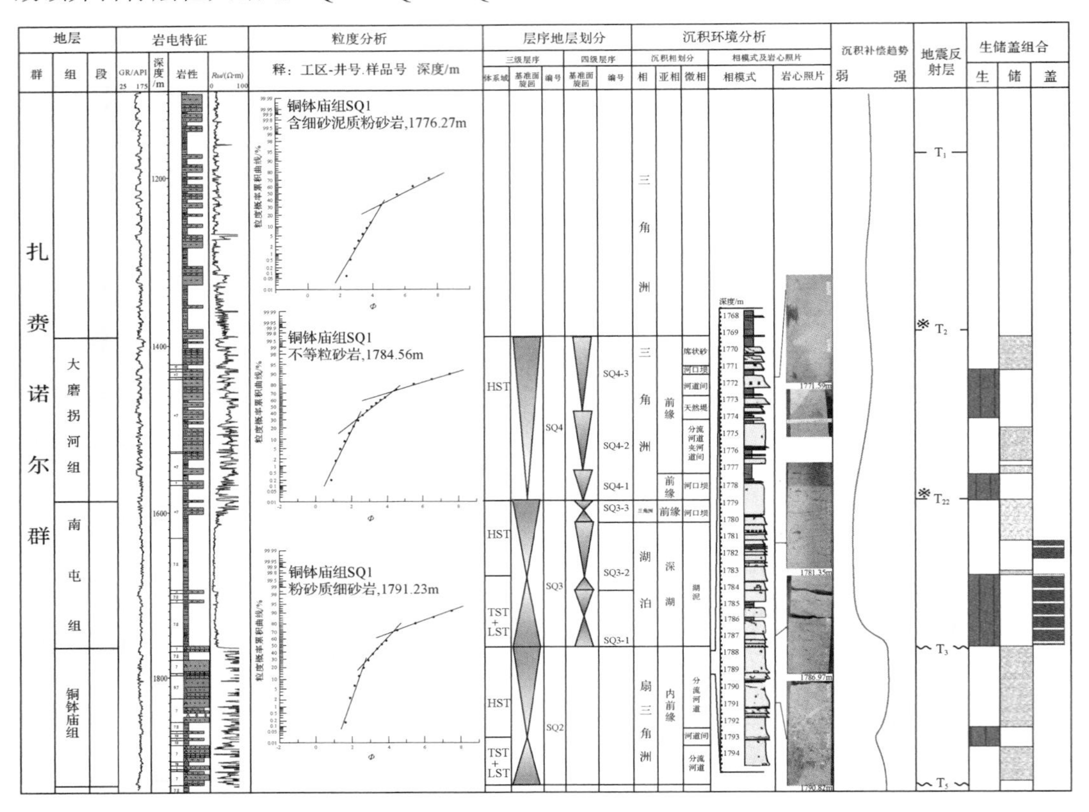

图 3-15　T98 井层序地层及沉积相分析图

(1) 1390~1584m 为 SQ4，对应海拉尔盆地大磨拐河组。该层序由于西北方向强烈物源推进，由两套反旋回准层序组和顶积层准层序组组成，故低位域不发育，在体系域划分上分为高位域和湖侵+低位体系域。地震剖面上整体显示为中振中频中连平行反射序列，整体来说是三角洲、扇三角洲前缘相。在四级旋回划分中：①1390~1477m 为 SQ4-3(大磨拐河组上段)，自然电位曲线齿化，自然伽马曲线指状，发育灰色泥岩、粉砂质泥岩、粉砂岩互层，是三角洲前缘席状砂；②1477~1540m 为 SQ4-2(大磨拐河组中段)，自然电位曲线齿化，自然伽马曲线漏斗状，岩屑录井显示为深灰色泥岩与薄层粉砂岩互层，是三角洲前缘沉积环境；③1540~1584m 为 SQ4-1(大磨拐河组下段)，自然电位曲线齿化，自然伽马呈漏斗状、箱形和指状叠加，整体上是一套向上变粗的准层序组，岩屑录井显示为灰色泥岩与薄层粉砂岩互层，揭示三角洲前缘席状砂和河口坝沉积环境。

(2) 1584~1762m 为 SQ3，对应海拉尔盆地南屯组。在体系域划分上分为高位、湖侵和低位体系域。岩屑录井显示为灰黑色、黑色泥岩和粉砂质泥岩互层；在地震剖面上高位域和湖侵域为半深湖相近空白反射，低位域由于粉砂质泥岩增多引起的一套局部的中振低频中连亚平行反射。T98 井 SQ3 为半深湖深湖相泥夹扇三角洲前缘沉积。在四级旋回划分中：①1584~1632m 为 SQ3-3(南屯组上段)，自然电位曲线平直微齿化，自然伽马曲线齿化漏斗状，发育灰黑色泥岩夹薄层粉砂质泥岩，在地震剖面上显示为一套近空白反射，是半深湖沉积环境；②1632~1680m 为 SQ3-2(南屯组中段)，自然电位曲线平直微齿化，外形呈钟形箱形，该段发育黑色泥岩夹粉砂质泥岩，在地震剖面上地震同向轴表现为中振、低频、中连亚平行反射特征，揭示半深湖沉积环境。

T98 井位于西部潜山断裂构造带，SQ3-1(南屯组下段)在该井东侧上超尖灭，故 19-43 井未发育 SQ3-1。

(3) 1762~1925m 为 SQ2，对应海拉尔盆地铜钵庙组上段。铜钵庙组末期由于断层活动剧烈，西部潜山断裂构造带地层遭受强烈剥蚀，SQ2(铜钵庙组上端)被剥蚀掉。T_3 在此处表现为削截地震反射特征。

从测井曲线显示来看，自然电位曲线平直微齿化，自然伽马曲线呈漏斗形和钟形。岩屑录井显示主要为凝灰质细砂岩与深灰色泥岩互层，地震上为中振中频低连近杂乱反射，为扇三角洲前缘相，以水下分流河道微相为主。SQ2 上部细砂岩有油气显示。

6. 塔南西部潜山断裂构造带 T21 井

T21 井位于塔南东次凹北洼槽，完钻井深 3306m。共钻遇目标层位 SQ4、SQ3、SQ2、SQ1 和基底(图 3-16)。

(1) 1820~2175m 为 SQ4，对应海拉尔盆地大磨拐河组。在体系域划分上分为高位域、湖侵和低位体系域。在四级旋回划分中：①1820~1920m 为 SQ4-3(大磨拐河组上段)，自然电位、自然伽马曲线指型齿化，发育灰色泥岩夹薄层砂岩，偶见煤层，地震剖面上显示为一套强振中低频高连平行的反射序列，为滨浅湖相沉积；②1920~1975m 为 SQ4-2(大磨拐河组中段)，自然电位、自然伽马曲线指型微齿化，发育灰色泥岩夹薄层粉砂岩，见煤层，地震剖面上显示为一套强振中高频高连平行的反射序列，为滨浅湖相沉积；③1975~2175m 为 SQ4-1(大磨拐河组下段)，自然电位曲线、电测曲线齿化，发育深灰色泥岩，地震剖面上显示为弱振中频中连亚平行的反射序列，为滨浅湖相。

(2) 2175~2927m 为 SQ3，对应海拉尔盆地南屯组。在体系域上划分为高位域、低位元-湖侵体系域。在四级旋回划分中：①2175~2225m 为 SQ3-3(南屯组上段)，自然电位曲线、电测曲线平直微齿化，发育深灰色泥岩，地震剖面上显示为一套弱振中频近空白反射，为半深湖相沉积；②2225~2575m 为 SQ3-2(南屯组中段)，四级旋回上部自然伽马曲线和电测曲线在层序上部平直微齿化，发育厚层深灰色泥岩夹薄层砂岩(见荧光显示)，地震剖面上为强振低频高连平行的反射序列，为深湖半深湖沉积；SQ3-2 中下部发育中厚层砂岩、砂砾岩与泥岩互层的沉积序列，自然伽马曲线和电测曲线变为箱形齿化、钟形齿化和指状齿化，可分成数个向上变粗的准层序组，地震剖面上显示为中振中频中连亚平行反射特征，前积特征明显，判断为扇三角洲前缘相；③2575~2927m 为 SQ3-1(南屯组下段)，发育含凝灰质砂岩和深灰色泥岩互层，自然伽马曲线上可区分出若干个箱形和钟形的向上变粗的准层序组，地震剖面上显示为中振低频中连亚平行的反射，可见前积现象，判断为扇三角洲前缘相。

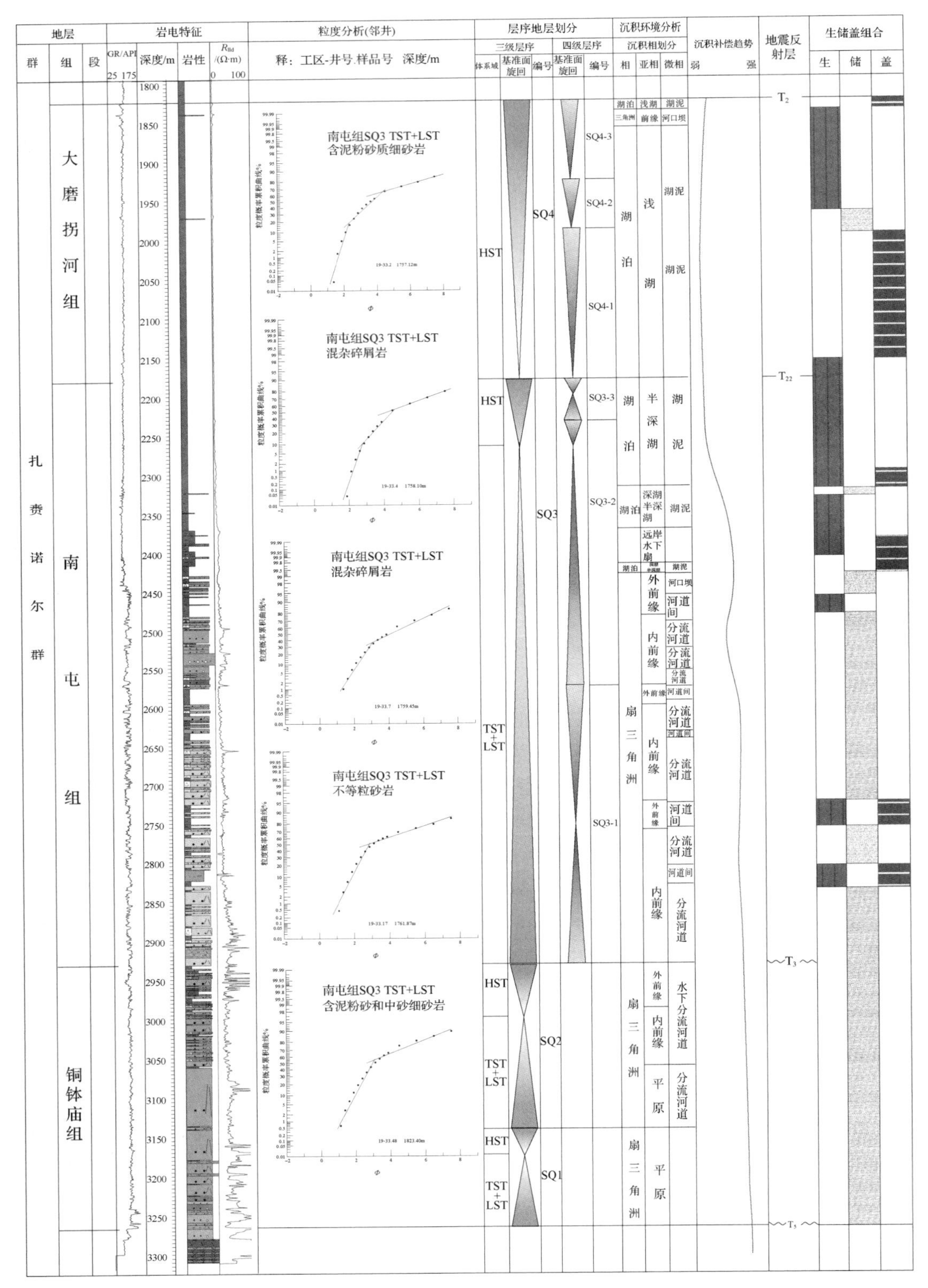

图 3-16　T21 井层序地层及沉积相分析图

(3) 2927~3260m 为 SQ2，对应海拉尔盆地铜钵庙组上段。塔南凹陷东次凹 SQ1 主要受调节断层控制，T21 井处未发育 SQ1。

从自然伽马曲线显示来看，SQ2 上部发育钟形沉积序列，下部呈现指状微齿化型特征。从岩屑录井显示上看，层序上部主要为凝灰质粗砂岩与深灰色泥岩互层，下部为厚层凝灰质粗砂岩夹薄层灰色泥岩。地震上表现为中强振低频低连近杂乱反射，判断为扇三角洲平原相，以分流河道微相为主。

3260m 处自然伽马曲线迅速降低，电测曲线迅速升高。地震剖面上对应 T_5，是一个高角度不整合面，同时也是两种地震相分界：上部地震同向轴表现为中强振、低频、低连近杂乱反射特征，下部基底显示为弱振中频中连亚平行反射。3260~3306m 岩屑录井显示为紫色安山岩。

二、连井层序地层识别与特征

在单井层序地层学分析的基础上，结合地震数据、测井数据及地质数据等进行井间层序剖面对比，通过追踪三级层序边界、四级旋回边界等时间地质单元，完成对全区的层序划分和对比，从而建立起层序骨干剖面。在研究中我们共选取了 22 条过井的主测线和联络测线进行井间层序地层学分析。本次重点选取其中三条进行详细说明。

1. 南贝尔过 N43 井—N44 井—N50 井连井剖面

该剖面为一条近东西向的主测线，分别经过南贝尔西次凹西部斜坡带、南贝尔西次凹北部洼槽带、南贝尔低隆(苏德尔特隆起南部延伸)、南贝尔东次凹北部洼槽带、南贝尔东次凹东部断裂带五个三级构造带(图 3-17)。

在该沉积断面中，西次凹北洼槽只发育铜钵庙组上部地层，且以冲积扇-河流相沉积体系为主；东次凹北洼槽发育的沉积体系类型则丰富得多，其构造活动较为复杂，通过仔细分析对比研究，认为在南屯组末期，该洼槽经历了强烈的构造反转作用，受东次凹西部大断裂的重力滑脱作用、东部基底隆升的挤压双重作用，南屯组下部老地层沿岩石脆裂面发生断裂，形成多个同向断块，翘倾部位遭受剥蚀，下倾部位由于沉积中心与沉降中心的逐渐吻合使靠近大断裂根部水体迅速加深，而形成一系列大规模退积的近岸水下扇扇体堆积，在与该沉积断面相对应的地震剖面上可以很容易识别出该类现象，并且非常典型。

2. 塔南过 T142 井—T98 井—T20 井—T31 井连井剖面

该剖面为一条东西向主测线，分别经过塔南西次凹、塔南西部潜山断裂构造带、塔南中次凹、塔南中部潜山断裂构造带、塔南东次凹和塔南东部断鼻带。由地震剖面上可知，T_5 在西次凹、西部潜山断裂构造带和东次凹南洼槽均为高角度不整合；中次凹 T_5 为上下两种截然不同地震相分界：上部为弱振中频低连近空白反射，下部为强振中连中频近杂乱地震相。T20 井处于中次凹，T_5 在该井标定 2366m 处，认为是铜钵庙组底。此处上下岩屑录井显示均为灰色含凝灰质粉砂质泥岩，但自然伽马曲线、电测曲线、密度曲线和声波时差曲线均为一台阶式明显拐点。故结合地震反射特征可以判断 T_5 在东次凹亦为不整合面。西次凹发育厚层 SQ1，而西部潜山断裂构造带由于构造位置影响部分缺

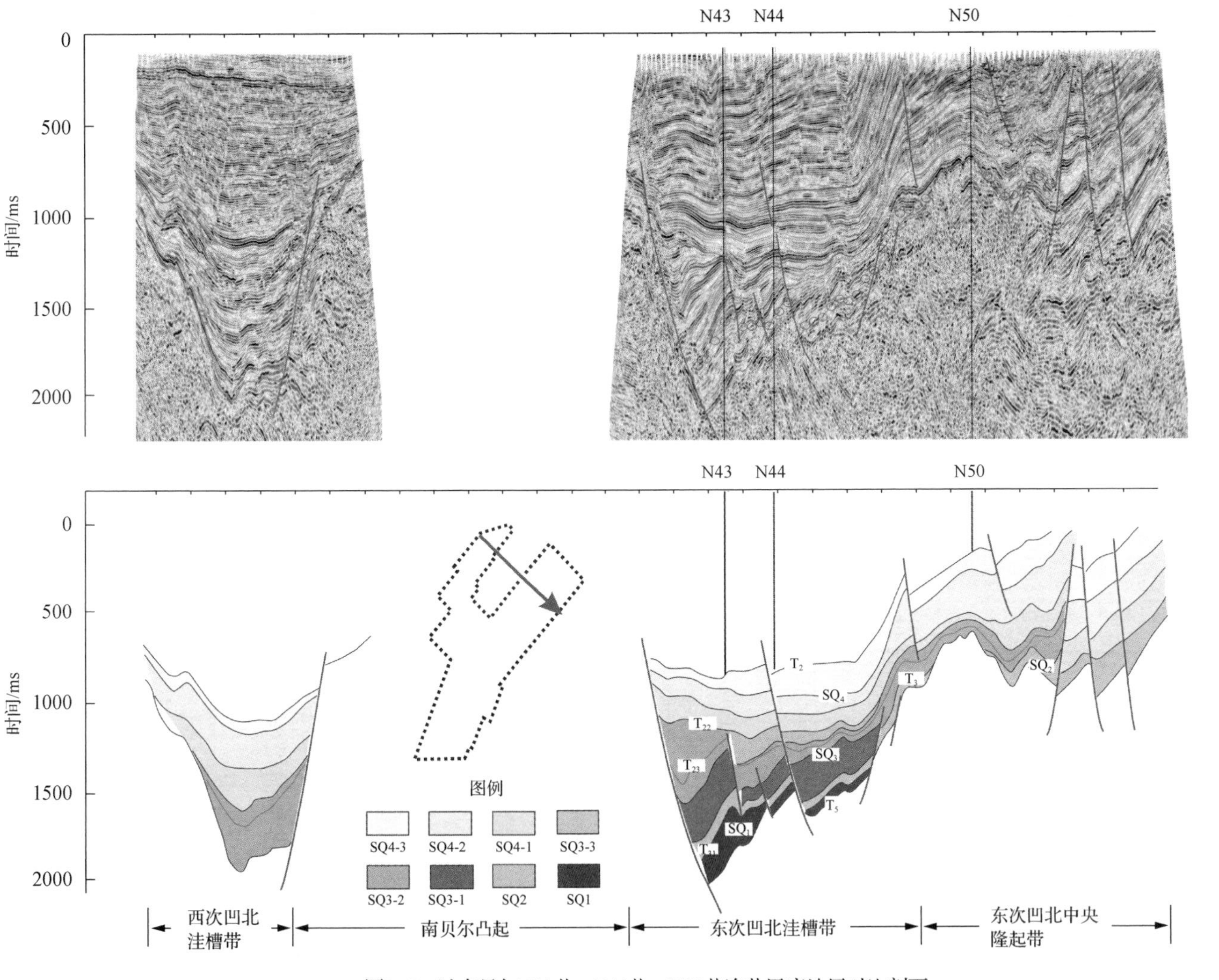

图3-17　过南贝尔N43井—N44井—N50井连井层序地层对比剖面

失 SQ1，再往东包括中次凹和东次凹南洼槽均不发育 SQ1。

SQ2 对应铜钵庙组上部。在西次凹发育较厚层的 SQ2 地层，并遭受剥蚀，向西部构造高部位尖灭，在此处地震反射特征分异：中强振低频中连楔形沉积体叠合在中振中高频高连平行反射体之上。SQ2 在西部潜山断裂构造带和中次凹厚度稳定，地震反射特征单一。在此处 T_{31}(SQ2 底部界面)是上下两种不同地震相分界：上部为 SQ2 一套稳定的强振中频高连平行反射，下部为弱振高频低连近杂乱反射。在东次凹南洼槽发育较薄的 SQ2 地层，地震反射特征近空白。

由地震剖面可知，SQ1 和 SQ2 发现地震相变化剧烈，说明盆地在铜钵庙组(SQ1+SQ2)进入裂陷初始期和裂谷高峰初始期，呈现多物源的沉积特征。

由地震剖面可知，T_3 在次凹和西部潜山断裂构造带为剥蚀面，同时，T_3 上部 SQ3 呈弱振中低频近空白反射，与下部 SQ2 地震相差异显著。在中次凹，SQ3 地震呈现中弱振中低频中连的反射特征，且下超在 T_3 之上，故此处 T_3 为下超式的层序界面。由地震地质解释剖面可知，中次凹 SQ3 下部主要发育滨浅湖相，向上过渡为半深湖相。在东次凹南洼槽，T_3 是两种不同地震相转换面。由地震剖面可知，SQ3 低位域发育由东向西的一套中强振中频中连前积反射体，地质解释为扇三角洲前缘相。湖侵域近空白反射带中一套强振稳定的同相轴反射地质解释为密集段(condensed section，CS)。最大湖泛面以上是近空白反射带，在 T20 井处标定为一套厚层深黑色泥岩，地质解释为深湖相沉积。

SQ4 在西部斜坡带、西部潜山断裂构造带及中次凹出现由西北向东南方向有强烈物源。单井上 SQ4 由若干个反旋回准层序组组成，发育灰色泥岩、粉砂岩或砂岩互层，测井曲线呈指状漏斗状，地震剖面上整体显示为中振中频中连平行反射序列，暗示发育三角洲平原和前缘相。由于连井剖面是与物源方向垂直的，主测线方向在地震剖面上没有明显的前积式反射特征，可见透镜状反射序列，且地层厚度变化比较频繁。在此剖面的西部斜坡带、西部潜山断裂构造带及中次凹 SQ4 底界 T_{22} 可见下超，顶界 T_2 则看不到明显的超覆和剥蚀的现象。由于强物源的推进，前积现象明显，在地震解释中闭合了主要前积体的顶底包络面，这样 SQ4 在强物源区按照划分出的底积层、前积层和顶积层分成了三个四级旋回。东次凹南洼槽处于强物源区之外，地震剖面上显示为中频中振中连亚平行反射序列，地层厚度较稳定。这条剖面上 T_2 和 T_{22} 反射界面在东次凹南洼槽没有明显超覆和剥蚀现象，尤其 T_{22} 反射层在此处呈弱反射，说明界面上下岩性差异不大。从 T31 井看，SQ4 地层厚度为 1512~1732m，主要发育灰色泥岩和薄层粉砂岩、泥质粉砂岩互层，为滨浅湖亚相沉积。

3. 塔南过 T11 井—T13 井—T21 井连井剖面

该剖面为一条东西向主测线，过塔南西部斜坡带、塔南西次凹、塔南西部潜山断裂构造带、塔南中次凹、塔南中部潜山断裂构造带、塔南东次凹北洼槽和塔南东部断鼻带(图 3-18，图 3-19)。

由地震剖面可知，T_5 除在西洼北部构造坡折带为下超界面外，在西次凹、西部潜山断裂构造带、东次凹北洼槽和东部断鼻带均为高角度不整合。东次凹北洼槽 T21 井钻遇 T_5，深度为 3260m，在岩屑录井上，T_5 界面之上为一套杂色砾岩夹凝灰质粉砂岩，界面

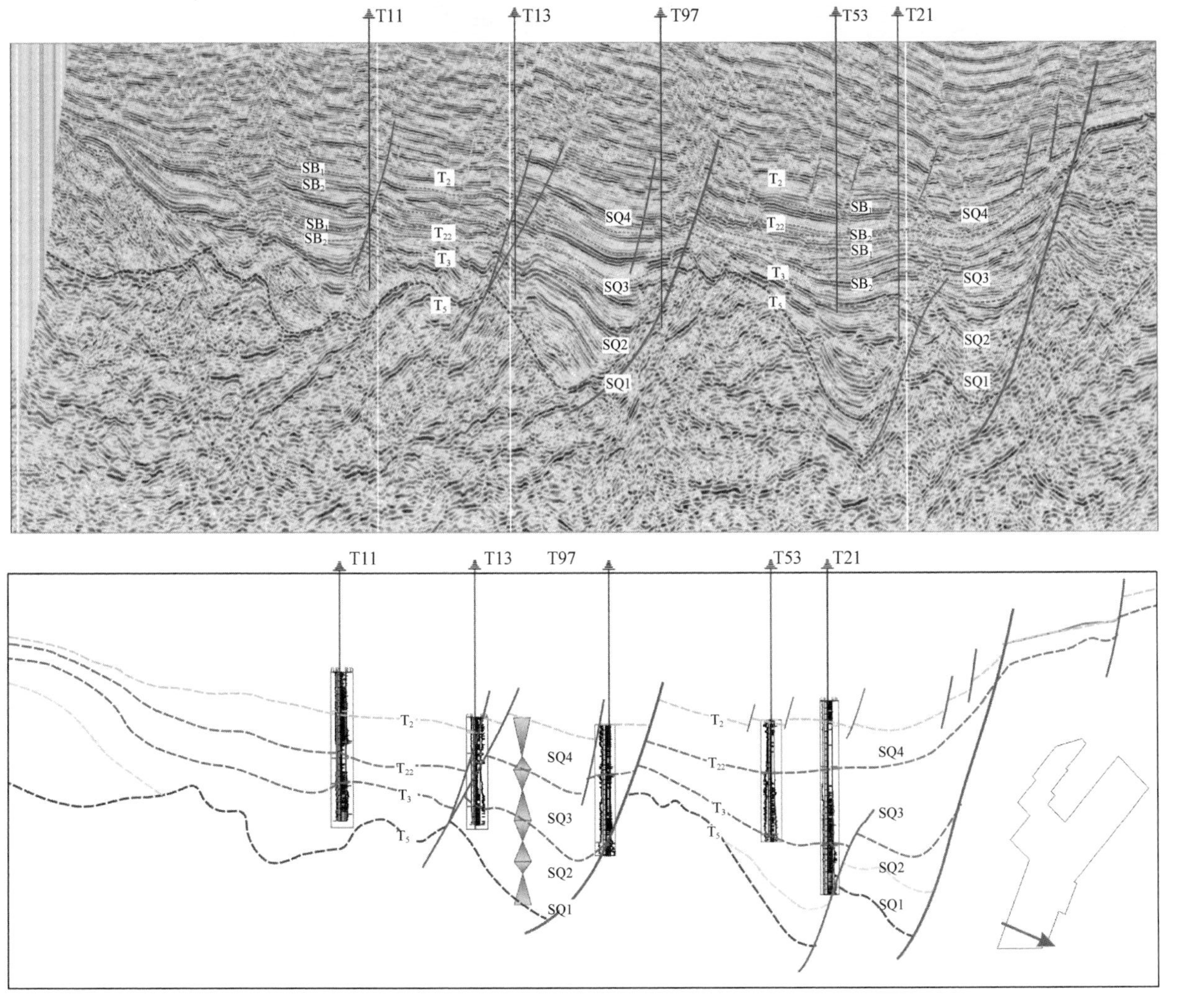

图3-18　过塔南T11井—T13井—T21井连井层序地层对比剖面

之下为紫色安山岩。在自然伽马曲线上，T_5之上曲线形态为箱形，T_5之下自然伽马曲线呈台阶式突降。

由于铜钵庙初期西次凹、西部潜山断裂构造带断裂较发育，从剖面上看西次凹、西部潜山断裂构造带发育厚层SQ1，可以分辨出若干加积式准层序组，说明可容纳空间增加迅速，物源充足。西次凹、西部潜山断裂构造带发育厚度较为均一的SQ1地层呈中振中频中连亚平行反射。东次凹北洼槽SQ1反射特征为中振中频中连亚平行，层序模式为简单箕状，东次凹北洼槽和东部断鼻带厚度较大，在东次凹北洼槽和东部断鼻带高部位上超尖灭。从T21井上看SQ1发育灰色凝灰质粗砂岩，底部为杂色砾岩。

SQ2对应铜钵庙组上部，在西次凹、西部潜山断裂构造带发育强物源前积，并且地震相由中振中低频中连平行反射相变为中强振中低频中连亚平行反射，地质解释为扇三角洲平原相过渡到前缘相。层序顶界T_3为明显顶超面。沿剖面向东，中次凹发育厚度均匀的强振中频高连平行反射序列，地质解释为深湖半深湖沉积。东次凹北洼槽和东部断鼻带显示为杂乱近空白反射，向西过渡成层性逐渐变好。层序顶界T_3为强烈稳定反射同相轴，是上下不同地震相的界面。T21井SQ2发育厚度为2927~3260m，底部3057~3136m发育厚层含凝灰质砾岩，之上发育含凝灰质粗砂岩和细砂岩互层，测井曲线齿化钟形，含油。从沉积相平面分布特征看，东次凹北洼槽和东部断鼻带发育扇三角洲平原，向西相变为扇三角洲前缘之后变为半深湖相。

SQ3对应南屯组。南屯组沉积时期，由于西部潜山断裂构造带断裂活动减弱，东部控盆断裂急剧活动，导致可容纳空间急剧增大。随着东部断层和中央断裂的剧烈活动，整个盆地成双箕状的构造样式，即中次凹和东次凹两个简单箕状断凹。SQ3中次凹主要发育深湖半深湖相，层序底部发育北部T71井区湖底扇扇端沉积，在剖面上呈透镜状反射。T11井和T13井均有钻遇：T11井SQ3为1956~2155m，上部为厚层黑色泥岩，下部为厚层黑色泥岩夹薄层粉砂岩；T13井SQ3为1980~2502m，为黑色泥岩和灰色泥岩夹薄层间或厚层粉泥和泥粉。东次凹和东部断鼻带发育扇三角洲前缘相，向西为湖相。地震反射为强振中频高连平行反射序列。层序顶部界面T_{22}发育顶超。T21井2175~2927m为南屯组地层，底部为若干套黑色泥岩到含凝灰质粗砂岩序列，顶部为厚层黑色泥岩。

SQ4对应大磨拐河组，盆地在这一时期向拗陷期过渡。东部控盆断层活动基本停止，全区地层厚度变化不大，但由于西部同生断裂活动，西部地层厚度略大于东部。物源方面，西部有强物源注入，底界T_{22}可见强烈下超，层序顶部界面T_2也可见顶超。由于盆地沉降速度较慢，物源充足，形成多个准层序组，最大湖泛面位于层序下部，这种强物源型湖泊层序的湖平面变化与可容纳空间的关系在下一章将展开讨论。强物源推进到东次凹和东部断鼻带逐渐减弱，并且由于陡坡带消失使得东次凹主要发育滨浅湖相沉积。

强物源区T11井、T13井均有钻遇。T11井1589~1956m，层序下部为黑色泥岩到灰色砂砾岩的一套反旋回沉积序列，之上为2~3套粉砂岩与泥岩互层。测井曲线指状齿化。T13井1788~2055m，发育三套由黑色泥岩向上递变为灰色粉砂岩的进积式准层序组。判断强物源区发育三角洲平原和前缘相沉积。

剖面上东部T21井大磨拐河组地层深度为1820~2175m，岩屑录井显示为灰色泥岩，中间夹有少量薄层粉砂岩。是典型滨浅湖相沉积。

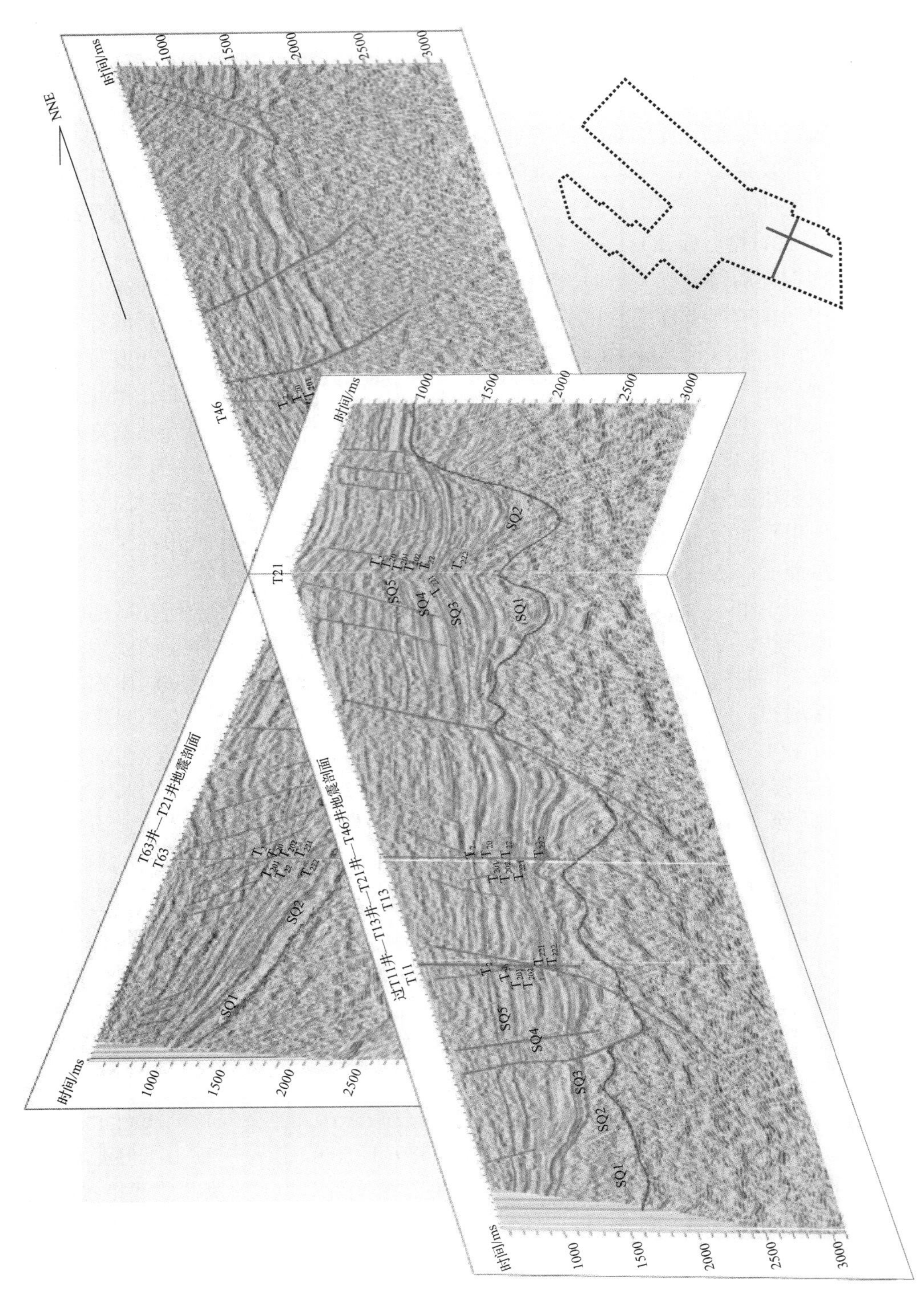

图3-19　过塔南-南贝尔凹陷塔南部分十字交叉地震解释闭合剖面

第四章　塔南-南贝尔凹陷层序形成机制及发育模式

Exxon 公司 Vail 等（1977）的经典层序地层学理论把层序形成的原因归结为海平面的升降旋回。Jervey（1992）根据实验模拟提出可容纳空间的概念（accommodation space），其核心理论认为：可容纳空间（A）是盆地基底沉降（T）、基准面变化（B）和沉积物供给（S）的函数：$A=f(T, B, S)$。经典层序理论根据被动大陆边缘盆地建立层序地层学概念及模式，并划分为五个级别：一级海平面变化旋回，成因与超大陆的联合和裂解有关，时限为 250~300Ma；二级海平面变化旋回，成因与洋中脊体积变化和海洋中脊扩张速率有关，时限为 10~80Ma；三级海平面变化旋回，成因与大陆冰盖的消融增长、板内幕式平面应力场的周期变化有关，时限为 1~10Ma；四级和五级海平面变化旋回，成因与米兰科维奇周期的天文事件有关，时限为 0.01~0.02Ma，按照这个海平面变化级别，把层序划分为巨层序（macrosequence）、超层序组（supersequence and suersequence set）、层序（sequence）和高频层序（high frequence sequence）。当把这套理论与层序划分方法引入到陆相断陷湖盆层序时，就需要考虑到两者层序发育背景的巨大差异。这种差异主要表现在陆相湖盆远离海洋、水体容量小、沉积物供给不稳定、气候变化频繁、沉积基准面变化复杂等，造就了陆相断陷湖盆层序形成机制的复杂性（Hobbs，1906；Jin et al.，1985；Imbrie，1985；stuart et al.,1988；Stanmore and Johnstore，1988；Keay and Olsen，1993；Jackson et al.，2005；Hooke，2008）。

第一节　层序形成机制与主控因素

塔南-南贝尔凹陷在早白垩世裂陷期地层的叠合样式及分布明显受到盆地的构造运动、气候旋回、物源供给速率等因素的综合影响，通过综合分析认为，湖盆内部主要发育几个主要的不整合面，如铜钵庙组与南屯组之间、南屯组与大磨拐河组之间及伊敏组与大磨拐河组之间区域不整合面，以及存在于盆地边部大量的局部不整合及其湖盆内部与之相当的整合面。这与盆地的沉积充填、构造演化及古气候旋回变化特点有直接关系。笔者认为构造演化控制着构造层序及其界面的发育；构造幕及气候旋回控制着三级层序及其界面的发育；气候旋回及物源供给速率控制着高频层序的发育和发展（Wood and Hopkins，1989，1992；Sonnenberg，1987；Shu and Finlayson，1993；Mather，1993；Mertz and Hubert，1990；Winn et al.，1993；Willis，1993；Rogers，1994；Viseras and Fernandez，1994；Srivastava et al.，1994；Voris，2000；Sanders et al.，2014）。

一、构造因素

1. 构造对层序序列的控制作用

对于塔南-南贝尔凹陷发育于陆相断陷湖盆背景的沉积凹陷而言，不同级别的盆地幕式构造活动都会引起不同级别、不同规模不整合和沉积间断面的形成，这是划分层序级别的重要依据。这些不同级别的构造运动的动力学机制主要来源于两方面：一是由于地幔的隆升而引起地壳减薄(主动大陆边缘层序模式)、伸展及伴随的沉积重力均衡沉降和构造沉降；二是区域构造事件如板块碰撞、俯冲等因素造成区域应力场的改变产生的湖盆伸展、压缩及伴随的隆升与剥蚀。这个周期为30~40Ma，相当于Haq等(1987)二级海平面变化旋回，即超周期组的超层序组级别。湖盆的每个裂陷幕与区域应力状态、地幔柱的热隆冷却沉降的状态有关，相当于超周期的超层序级别，这种明显受区域构造控制的层序，称为构造层序。整个湖盆的充填过程代表一个构造层序或代表一个超层序组，是一个原形盆地形成倒消亡的过程。裂陷湖盆底部的不整合是热隆及板块碰撞褶皱作用产生的，而顶部不整合是裂后地幔柱冷却沉降及挤压作用形成的(Plint et al.，1986，1993；Räsänen et al.，1987，1992；Muwais and Smith，1990；Plint，1990；Mitchum and van Wagoner，1991)。这些不整合最容易形成区域角度不整合。裂后拗陷期可发育另外一个构造层序。

裂陷的每个构造幕控制的沉积组合代表一个层序组或超层序，其层序边界就是湖盆大部分范围可以追踪对比的不整合，且是一个古构造运动面，具有角度或微角度不整合接触关系，在湖盆边部可发育大规模下切谷沉积。三级层序是由湖盆内部湖平面的变及构造主导的层序形成机制，其可形成湖盆边缘不整合及对应湖盆中央的整合。构造活动主要是盆缘断裂、构造反转等其他构造活动样式(Nilsen，1968，1985；Steel et al.，1977；Royden et al.，1983；Saleeby，1983；Ouchi，1985；Sanford et al.，1985；Stockrnal et al.，1986；Morningstar，1987)。湖盆的高频层序(四、五级层序)主要与湖盆大地构造背景的稳定程度及沉积物供给速率大小有关，低的构造沉降速率和高的沉积物供给速率是产生四级及以下低级别的层序的必要条件。

2. 构造对三级层序的控制作用

三级层序与超层序及更高级别的相比，湖盆层序的体系域构成不仅受控于构造，而且还与沉积物供给速率、气候变化有关，形成原因相当复杂。构造活动的期次及发育特点控制着可容纳空间的大小、湖平面的升降和古地貌的特征(Trifonov，1978；Tang，1982；Abrahams and Chadwick，1994；Yoshida et al.,1996)。

1)构造对可容纳空间的控制

可容纳空间是指湖平面与湖底面之间可供沉积物潜在堆积的空间。根据湖平面与沉积表面的组合关系的不同，可分别形成剥蚀、过路不留、沉积间断和沉积作用。这种湖平面与沉积表面的关系因不同的沉积环境而表现有所不同。在河流环境里，基准面(相当于湖平面)受控于河流的递降水流剖面；湖泊环境则是湖平面的升降；滨海或海洋环境基本上是海平面，即海平面的升降直接控制可容纳空间的大小(Blair，1987；Abdullatif，1989；Belsy and Fielding，1989；Aitken and Flint，1995)。根据前面章节的总结成果，陆相断陷湖盆的三级层序主要受构造沉降、湖平面、沉积物供给、古气候及可容纳空间的综合影响。构造沉降和断陷拉张可产生新增可容纳空间，而构造反转和构造抬升会引起可容纳空间的减小。

根据Strecker等(1999)陆相断陷湖盆构造活动对可容纳空间与湖平面的演化模型，认为陆相断陷湖盆与海盆相比湖水是有限的，是假定湖盆水体变化不大为前提的一种模型，笔者以此为基础，以南贝尔部分东次凹构造反转带为研究对象，对模型进行了适当的修改和扩展。这个模式是以图 4-1(a)为研究起点，随着构造断陷活动的持续增强+强烈的基底隆升作用，缓坡带湖面下降，陡坡带湖面相对上升，形成局部的强制性湖退。所谓的强制性湖退就是湖面的下降与沉积物的充填无关，只单纯与构造因素有关的一类湖平面下降形成的湖退(Frostick and Reid，1989；Belsy and Fielding，1989；Cloyd et al.，1990；Dalrymple et al.，1994；Hampton and Horton，2007；Ghinassi et al.，2009)。这样，在陡坡带一侧形成了具有湖侵性质的退积准层序组，在缓坡带形成了进积式准层序组，形成了南屯组 SQ3 层序的低位沉积体系域层序地层发育模式[图 4-1(b)]，还有一种情况是当基底隆升时，会形成水平方向的分力，形成局部的挤压应力效应，从而形成构造反转作用模式[图 4-1(c)]。

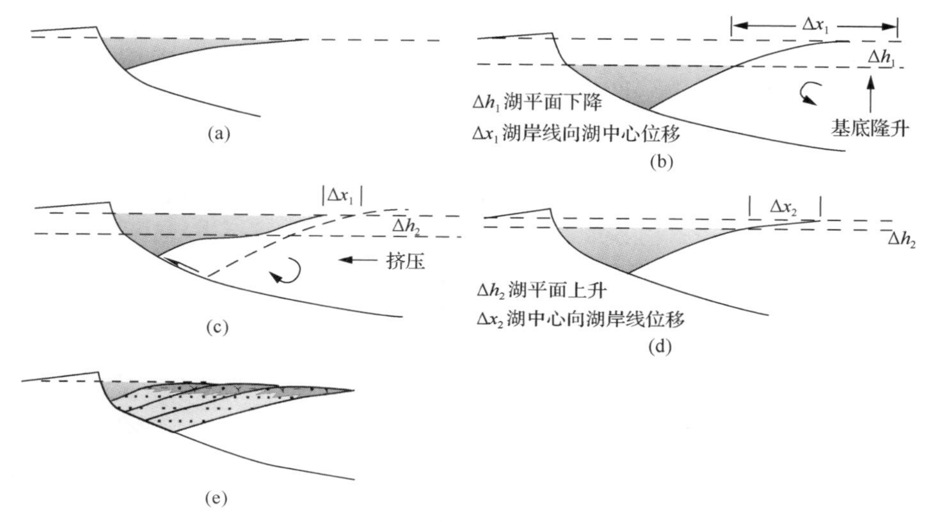

图 4-1　箕状断陷控陷断裂活动对可容纳空间与湖平面的变化模式图

(a)湖平面＝基准面；(b)强制性湖退(南屯组早期)；(c)构造反转(南屯组)；(d)湖泊扩张(南屯组早期)；(e)高位三角洲前积(大磨拐河组)

所谓的构造反转，Hayward 等(1989)和 Mitra(1993)曾给出明确的定义，构造反转分正反转和负反转构造。正反转构造是指早期拉张后期挤压，是下降盘的运动方向改变向相反方向运动的构造称为正反转构造；而负反转构造是指早期挤压后期拉张，从而造成上升盘反向运动形成个的一类构造。一般情况下提到的反转构造都是正反转构造。在这种反转构造模式的控制下，陡坡带相对湖平面下降，缓坡带湖平面不明显，这样，陡坡带的沉积层序向湖盆中央进积，缓坡带则形成加积式准层序组叠合模式(Dewey，1977，1982；Hamilton，1979；Eyles，1993)。图 4-1(d)是一种受构造影响小的正常湖泊扩张层序发育模式，形成湖泊扩张体系域的退积式准层序组地层发育模式。随着断陷作用的减弱，湖盆在大磨拐河组沉积期开始拗陷型湖盆转化，长轴方向的物源不断向湖盆中央推进，最后直至湖盆消亡进入裂后沉降阶段的伊敏组河流层序[图 4-1(e)]。

这种构造作用下引起的可容纳空间的快速增长造成的强制性湖退，可形成层序界面和低位体系域。构造反转作用可使陡坡带形成高位体系域。当湖泊扩展时，可形成湖泊扩张体系域。当可容纳空间增加趋于零时，由于沉积物的强烈进积造成湖平面的缓慢下降，形成高位体系域(Hamilton and Galloway，1989；Hamilton and Tadros，1994)。

2) 构造对古地貌、构造转换带、层序样式及砂体分散体系的控制

对于塔南-南贝尔所处的断陷湖盆而言，不同构造带内的构造活动的期次和强弱存在明显的差异，这样就形成了各式各样的古地貌单元。

Jackson (2005) 通过对红海裂谷系的 Suez 裂谷渐新统到中新统 Hammam Faraun 断块的研究，总结出一套断陷湖盆从初始裂陷阶段到主裂陷阶段断层演化与裂谷层序演化的关系，笔者受到该理论的启发，把它引入塔南-南贝尔凹陷东部北洼槽，并建立了断裂演化与沉积层序响应的概念模式(图 4-2) (Klein，1987；Klein and Willard，1989；Maizels，1989，1993；Kirschbaum and Mccabe，1992；MacDonald and Halland，1993；Hans et al.，2002)。在

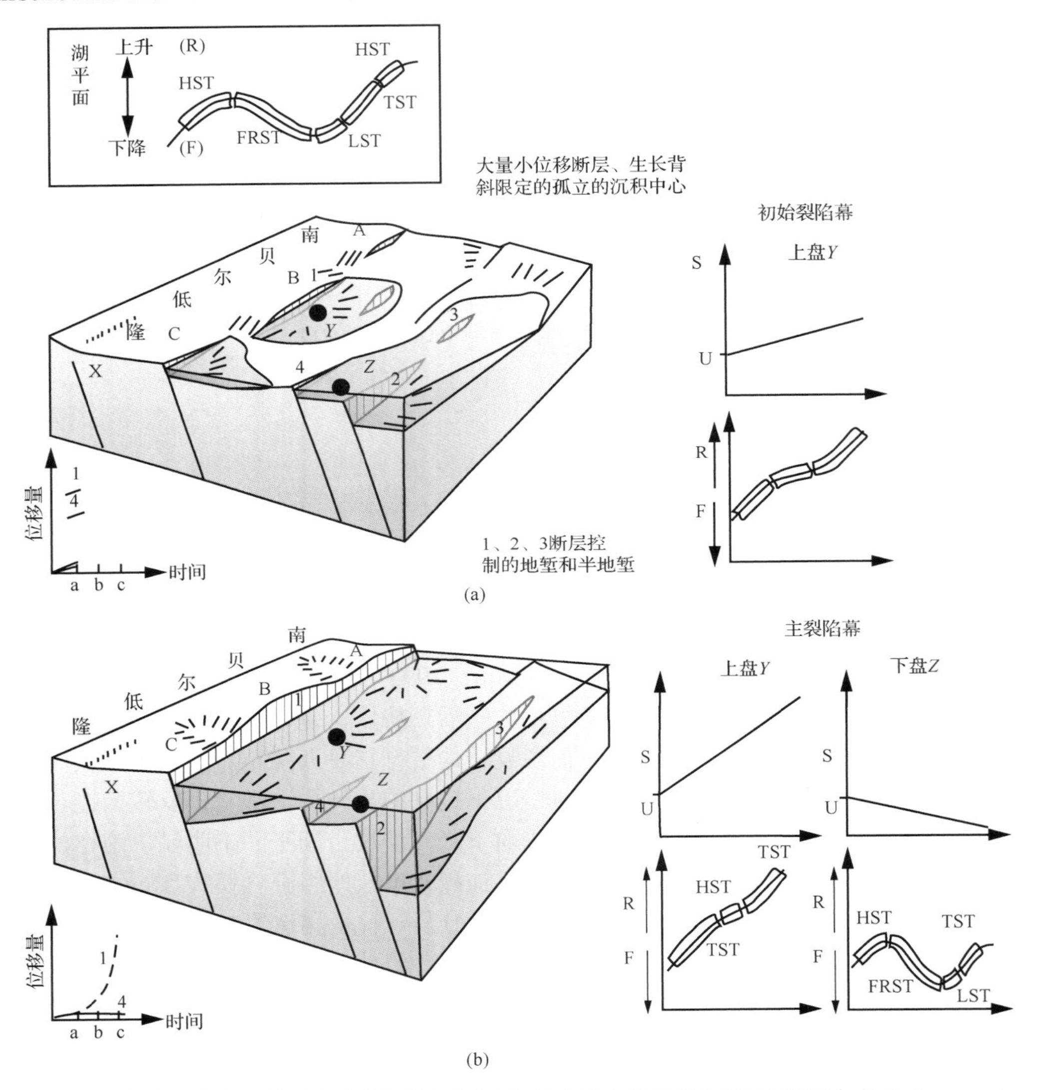

图 4-2　塔南-南贝尔东部构造带北部洼槽断层演化影响同裂谷层序的概念图解(参考 Jackson et al.，2005；单敬福修改，2010)

(a) 初始裂陷幕；(b) 主裂陷幕；S.构造沉降；U.构造抬升；R.湖平面上升；F.湖平面下降；FRST.强制性湖退体系域；A、B、C、X 分别表示不同的构造位置

初始裂陷阶段(rift-initiation)，断裂系统分散，沉积速率低，小位移断层分布广泛[图4-2(a)]，位于上盘的 Y 点沉降速率大于区域湖平面下降速率，不能产生强制性湖退体系域和低位体系域。而在断层下盘的 Z 点构造相对湖平面下降被增强，能够发育强制性湖退体系域和低位体系域。在主裂陷阶段(rift-climax)，构造沉降速率普遍高，1、2、3 号断裂彼此分别连通为一个主断裂，形成了受断裂控制的半地堑或地堑构造格局，断裂坡折带发育，初始裂陷期的调节带开始发育成沟谷。有些在初始裂谷期活动的断裂带(如 4 号断裂)到主裂陷期活动停止，是 Z 点相对湖平面下降被增强的主要原因。而有些是湖平面下降被抑制，如在 1 号断裂附近，只发育湖侵和高位体系域。

任建业等(2004)通过对由调节带和断阶带构成的陡坡和发育断阶带的缓坡构成的地堑半地堑湖盆综合研究，提出一套多因素控制的层序发育模式。笔者研究发现，这个陡坡带层序发育模式与塔南-南贝尔东部北洼槽发育模式有着高度的相似性，进而套用这种模式对这一构造带的层序发育模式进行总结，取得了很好的效果。

发育在不同构造部位沉降速率与沉积物供给速率、古构造和古构造背景的差异，是形成各种不同层序叠合样式的主要原因(图 4-3)(Mckenzie，1978；Moore et al.，1986；Marriott and Wright，1993；Törnqvist et al.，1993a，1993b；Törnqvist，1993，1994)。在 N29 井区附近，物源供给充分，构造沉降速率高，表现为相对湖平面的持续上升，在断裂坡折带之上没有明显的不整合，低位、湖侵和高位发育的厚度都比较大。在构造转换带的 N24 井附近，其是主要河流入湖部位，该处的构造沉降速率虽然相对 N29 井区要小，但物源供给充分，因此，这种高物源供给，低沉降速率最终导致低的可容纳空间增长速率，与之相匹配的是：低位位于构造坡折带下并发育近岸水下扇，坡折之上可发育蚀河道。湖侵体系域和高位体系域坡折上下都有发育，层序在坡折之上可见不整合，坡折之下为整合

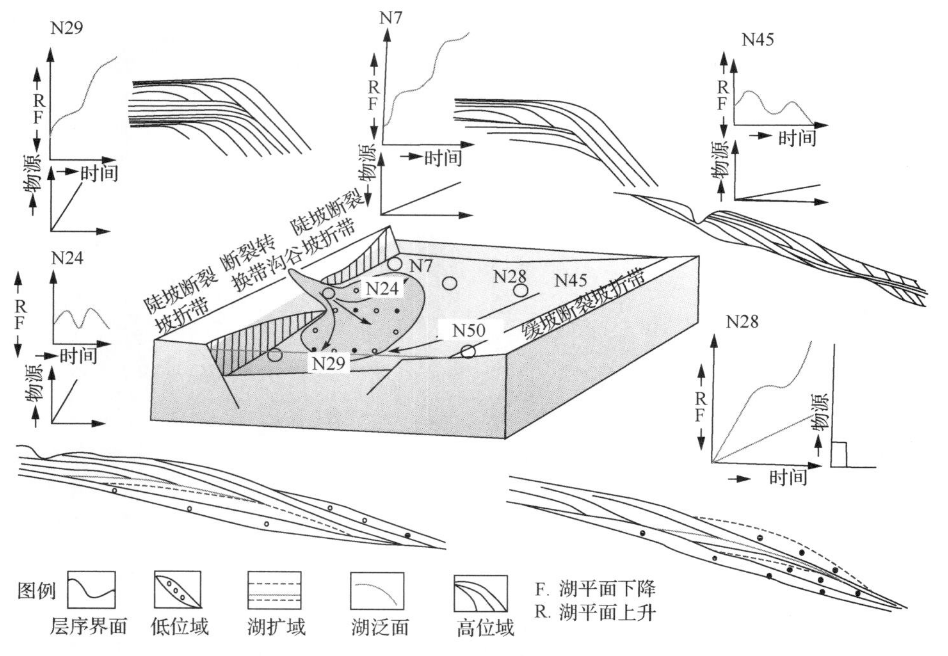

图 4-3　塔南-南贝尔断陷湖盆不同构造部位的层序样式(据任建业，2004，略有修改)

(van Houten，1973；Smith，1974；Walker，1976，1984；Walker and James，1992；Zaleha，1997)。在N7井区附近，由于构造沉降速率远大于沉积物供给速率，且相对湖平面没有下降，只能发育湖侵和高位体系域。在N28井区，由于构造沉降速率远大于沉积物供给速率，在湖平面相对下降阶段，只能发育低位体系域。在N45井区附近，无构造坡折和沉积坡折，其形成的层序是典型的缓坡层序，在相对湖平面下降期间，早期形成的层序被下切充填，形成Ⅰ型层序不整合边界(Stanley and Wayne，1972；Stanley，1976)。

土耳其境内的背驮式后陆盆地，沿盆地的长轴方向，在盆地内部Cemmalettin组充填了一定厚度的河流沉积地层(Janbu et al.，2007；Leren et al.，2007)。前人研究结果显示，河流发育受同生构造控制明显，如图4-4(a)所示，构造运动使盆地逐渐收窄。Cemmalettin

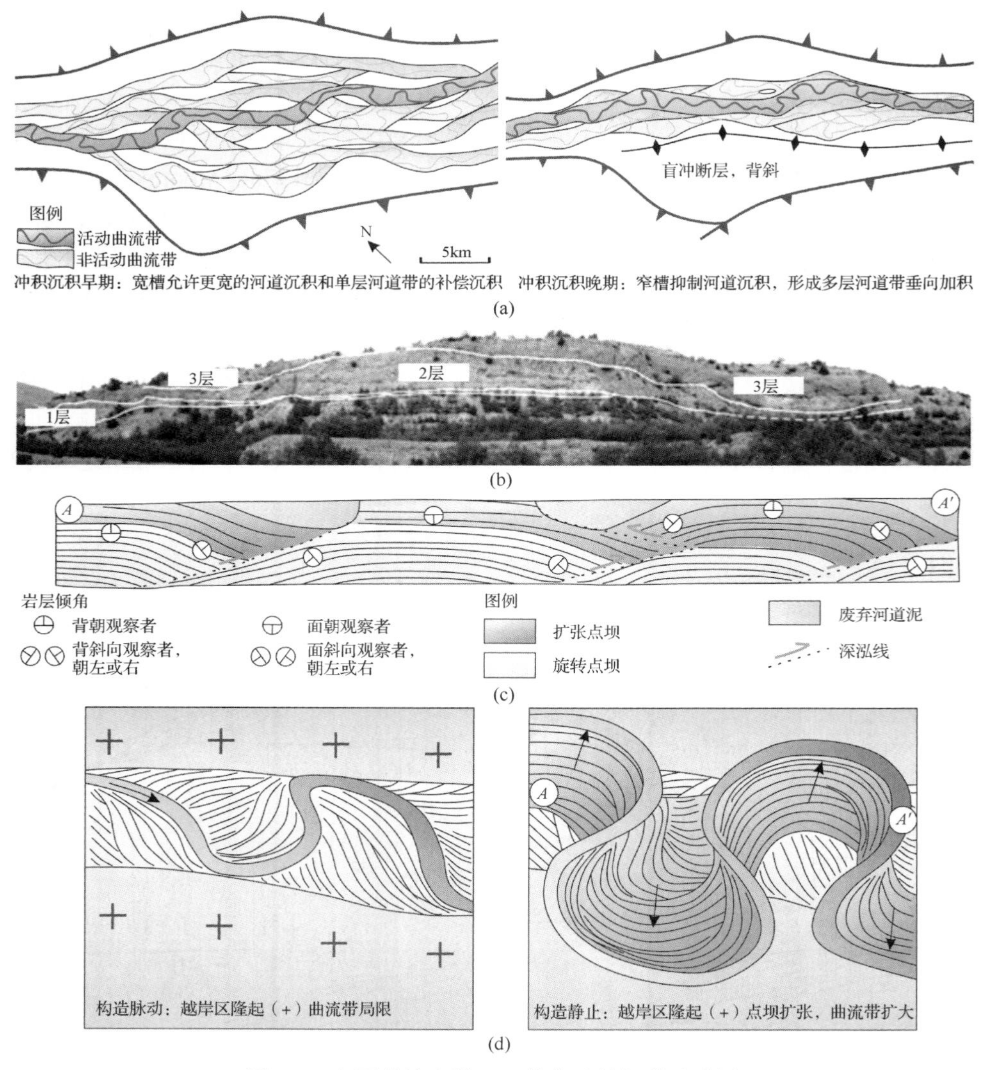

图4-4　土耳其境内博亚巴德盆地始新世地质图

(a)背驮式博亚巴德盆地的构造演化，盆地的不断变窄导致河道垂向多期叠置；(b)沿盆地轴向多期河道垂向叠加露头剖面；(c)平行河道带点坝结构剖面草图(古水流朝向左侧)；(d)构造对点坝形态演化的控制：顺流迁移型点坝转变为扩张型点坝(据Ghinassi et al.，2016)

组下部主要为曲流河沉积，充填了200m厚的砂泥互层，向上过渡到300m厚的砾石质辫状河沉积。河道带完全嵌入在下伏不断增长的向斜谷地中。露头的方向主要平行于谷地延伸方向，显示为多期叠加的河道带[图4-4(b)]，内部嵌套了多期多层次点坝，随着曲流点坝演化由局限型地貌环境向非局限型地貌环境转变，曲流点坝的形态演化表现横向扩张模式，且曲率不断增加[图4-4(c)]。最下部地层单元受脉动构造形变，导致局限型地貌环境的形成具有周期性，同时，在构造活动相对静止期，扩张型点坝开始发育，点坝表现为横向迁移扩张，增加曲流带的宽度，揭示地貌动力学环境与曲流带形态演化回应的同步性[图4-4(d)](Schlumberger，1970；Riba，1976；Putnam et al.，1980；Putnam，1982a，1982b，1993；Teng，1990；Reinfelds and Nanson，1993)。显然，构造作用形成的局限型地貌环境，有利于顺流迁移型点坝的发育，而构造作用形成的非局限型地貌环境，则有利于扩张型点坝的发育。

上述分析表明，陆相断陷湖盆其构造发展阶段和同一发展阶段的不同构造部位的构造沉降速率和沉积物供给速率有很大的不同，从而造成相对湖平面的上升和下降以及形成不同的古地貌和古环境，这就为形成不同的层序样式创造了条件(Krumbein，1934；Jopling，1963；Kocurek，1988；Leeder，1975，1982，1988；Kleinspehn，1985；Kocurek and Hunter，1986；Leeder and Alexander，1987；Leeder et al.，1991；Leeder and Jackson，1993)。

3. 构造对三级层序形成的典型实例分析

塔南-南贝尔凹陷属于陆相断陷—拗陷的过渡型盆地，沉积受构造作用的制约和控制。其中，南贝尔凹陷处于断陷期时，湖盆局部表现为箕状，其沉积特征表现为陡侧沉积厚度大，水体深，为湖盆的沉降中心；缓侧沉积厚度薄，水体浅，地层整体为向缓坡逐渐减薄的楔形体(Inman，1949，1952；Hopkins，1981，1985；Hopkins et al.，1982，1991；Liu，1986；Lash，1990；Johnson and Pashtgard，2014)。而凹陷逐渐进入拗陷期时，沉积沉降中心位于湖盆中央，其沉积特征表现为由盆地边缘向湖盆中心，岩性由粗变细，沉积厚度由薄变厚。在早白垩世铜钵庙组—大磨拐河组沉积时期，南贝尔凹陷构造作用是沉积沉降中心不断迁移的主控因素。构造沉降引起的相对湖平面上升造成了可容纳空间的增大，需要沉积物将之填平，以达到一个动态平衡，所以对于断陷型湖盆来讲，一个时期沉积物最厚的地区往往是沉降中心，可以通过参考各层序残余地层等厚图将沉降中心迁移的整个过程恢复出来(Denny，1967；Glennie，1970，1972；Collinson，1971a，1971b；Collinson and Lewin，1983；Ethridge et al.，1987；Fielding，2006；Eilertsen and Hansen，2008)。

SQ1+ SQ2时期为裂谷初期，西次凹南洼槽、东次凹南北洼槽最先开始形成，其中，东次凹北洼槽裂陷的规模最大，沉积范围也最广，各个次凹由多个分散沉降中心组成，每个沉降中心规模较小，自成体系。如在东次凹北洼槽分化形成了三个沉降中心，分别是N29井、N21井及N7井区的三个次级沉降中心，并对物源分散体系起到汇聚作用。层序SQ3(LST+TST)为裂谷高峰早中期，盆地可容纳空间急剧增大，沉积物厚度较大，湖侵体系域时湖水较深，形成了全区的湖水大连通，沉降中心开始逐渐合并联合成统一的沉降中心，主要集中在N81井、N83井、N53井、N65井及N21井等井区。层序SQ3(HST)为裂谷高峰期，沉降中心进一步联合，规模扩大，东次凹北洼槽沉降中心沿控陷大断裂一线呈长条带状展布，南洼槽陡带一侧靠近 N72 井、N53 井区大范围展布，西次凹南洼槽沉降中心发生了迁移，由 N81 井区向塔 19-39 井区迁移的趋势。层序 SQ4 为断拗转换期，全区可容纳空间较为均匀，西次凹南洼槽西南方向强物源向沉积中心大规模推进，造成该区长轴物源极为发育，在东次凹北洼槽该处沉降中心的存在，使贝中方向的物源体系向此汇聚。在南贝尔凹陷，由于距离物源区较远的缘故，该处只发育三角洲前缘部分，粒度偏细。

盆地基底沉降初期是均匀的，后来逐渐停止活动。在气候允许的条件下淡水持续不断注入，使湖水充满到盆地基准面，由于盆地湖平面不断上升，相对湖平面也不断上升，当构造沉降减弱至微弱沉降时，湖盆的性质开始发生根本性的改变，由断陷湖盆向拗陷湖盆转化(Blissenbach，1954；Burbank and Raynolds，1984；Burbank et al.，1988a，1988b，1992；Burbank and Beck，1991；Blum，1992；Burbank，1992；Ashton，1992；Blum and Price，1994)。值得注意的是，虽然到了大磨拐河组沉积期，构造沉降减弱很明显，但古水深仍然较大，从大部分录井、岩心上看到了大段灰-黑灰色泥岩而得到了证实。沉积物供给速率与盆地基底沉降速率差值越大，则古水深越深，尽管湖平面依然微弱的上升(图 4-5)。由此可见，从二级层序来讲，其是一个缺少下降半旋回的不完整超层序。

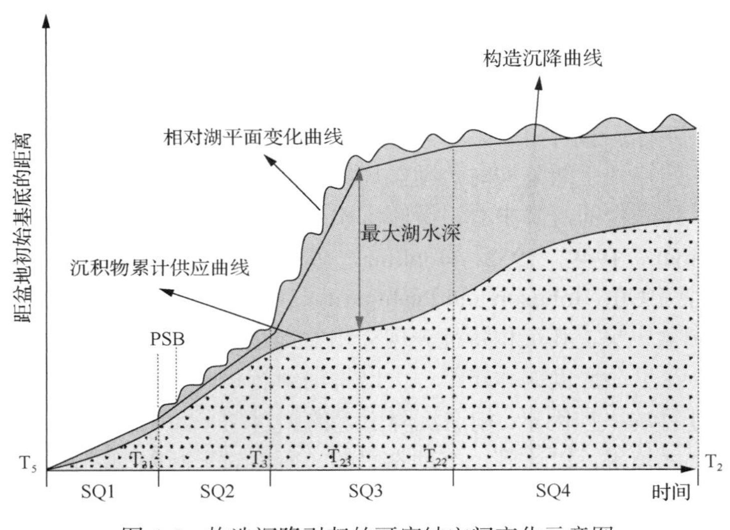

图 4-5　构造沉降引起的可容纳空间变化示意图

二、古气候对层序形成的影响

湖泊对气候的变化很敏感，由于湖泊相对于海洋来说是很微小的，气候的变化对湖泊的影响要远比海洋大。湖泊的淡水补给量与蒸发量和地下渗流量决定着湖盆内部水体容量的多少，这种此消彼长的作用与气候干湿变化有直接关系，而这种干湿周期性的变化与气候的变化周期有关，气候变化周期又受米兰科维奇周期控制，这种层层控制作用最后都归结为天文事件的周期性变化。前已述及，米兰科维奇气候变化是产生四、五级高频的层序的主要原因(Dott and Bourgeois，1982；Dott et al.，1986；Devine and Wheeler，

1989；De Boer and Smith，1994；Ghinassi et al.，2009）。

层序地层学、沉积学、沉积地球化学、古生物及区域编图等方法综合研究表明，早白垩世以来可能存在多次短暂的湖泛事件。在铜钵庙组、南屯组上、下及大磨拐河组存在着不同生物种属的分异现象（张长俊和龙永文，1995）。在铜钵庙组地层中，孢粉化石类 *Abietineaepollenites*（单束松粉相组合带）和动植物化石 *Darwania* sp. 种属集中发育，这些集中发育的动植物化石都具有良好的地层指示意义。由于钻穿铜钵庙地层的井非常少，动植物化石数据相对单一；而其上覆的南屯组地层相对而言则要丰富得多，如植物化石 *Dicksonia concinna*，*Brachyphyllum* sp. *Ferganococha sibrica* 种属、孢粉化石 *Paleoconiferus*（古松柏类组合带）在南屯组地层横向分布稳定；大磨拐河组地层生物的繁盛度又上了一个新台阶，特别是大磨拐河组下部地层，各类动植物化石组合非常丰富，如叶肢介：*Neimongolesthera cf. guyanaensis*，双壳：*Ferganococha sibrica*，植物化石：*Coniopteris bureijensis*，*C. nympharum*，*Cladophlebis dentioulata* 组合，孢粉化石：*Oicatricosisporites*（无突肋纹孢组合带）、*Lygodiumsporites Inaperturopollenites*（光面海金砂孢—无口器粉组合带）（图 4-6），这几类组合一般都成群成带分布，对于层序的划分都具有很好的参考价值，研究还发现，各类种属的丰度高值总是与湖泛伴生，即每一次湖泛都会是一次动植物繁盛期，这也很好地印证了气候越温暖湿润，就越有利于动植物的生长发育（Crowell，1978；Parrish and Barron，1986；Ceeil，1990；De Boer et al.，1991；Huggett，1991；Mack and James，1994），所以，孢粉含量或有机质丰度都具有很好的湖泛指示意义。这种古生物与湖泛的同步响应恰恰为前述大磨拐河组地层只发育高位体系域提供了有力的佐证。

三、物源供给对断陷湖盆层序的影响

断陷湖盆在不同的构造发育阶段，物源的性质也会随之改变，同一构造发育阶段的不同构造位置物源性质也会存在差异，如在断陷高峰期的陡坡带，一般多见近物源堆积的扇三角洲和近岸水下扇集中发育，缓坡带则以辫状河三角洲和河控三角洲为主（Pitman 1978，1986；Howard and Knutson，1984；Flores et al.，1985；Cosgrove，1987）。多向物源的沉积物又可在汇集处叠置、交叉、切割，形成极为复杂的古沉积面貌。

塔南-南贝尔凹陷的南屯组陡坡带，低位湖侵多发育近岸水下扇沉积，高位多发育扇三角洲沉积，缓坡带多发育辫状河三角洲，大磨拐河组则在长轴方向和缓坡带发育大型河流三角洲的层序构成模式。沉积物的充填和构造沉降引起沉积中心有规律迁移，也可引起层序地层厚度有规律的迁移，从而造成低位体系域和高位体系域扇体朵叶在横向上有规律地叠置和迁移（Titheridge，1876；Nanz，1954；Pelletier，1958；Singh and Kumar，1974；Retallack，1984，1986；Rogala et al.，2007）。

四、湖平面的变化控制层序的形成

不同的层序地层学理论对“湖平面”的理解和定义存在着差异，如 Cross 等（1990）的高分辨率层序地层学不提湖平面的变化，而只提基准面的变化（Cloetingh et al.，1985；Chappell and shackleton，1986；Heckel，1986；Kraus and Middleton，1987；Numnedal et al.，1987；Kominz and Bond，1991；Melvin，1993；Tandon and Gibling，1994；Martinsen et al.，1999）。进一步研究结果表明湖平面的变化与基准面的变化在控制层序的形成机理上有很多相似的特点，因此，对内陆大型断陷湖盆而言，湖平面被近似看做基准面。构造和气候变化的综合效应可以近似的用湖平面的变化来表现，并用湖平面的变化来解释层序形成的机理和过程(Wolman and Leopold，1957，1996；Smith and Putnam，1980；Smith，1986；Wizevich，1993；Zonneveld et al.，2001)。因此本章利用受构造运动、气候变化控制的湖面的变化来解释塔南-南贝尔凹陷层序的形成机理和过程(图 4-7)。

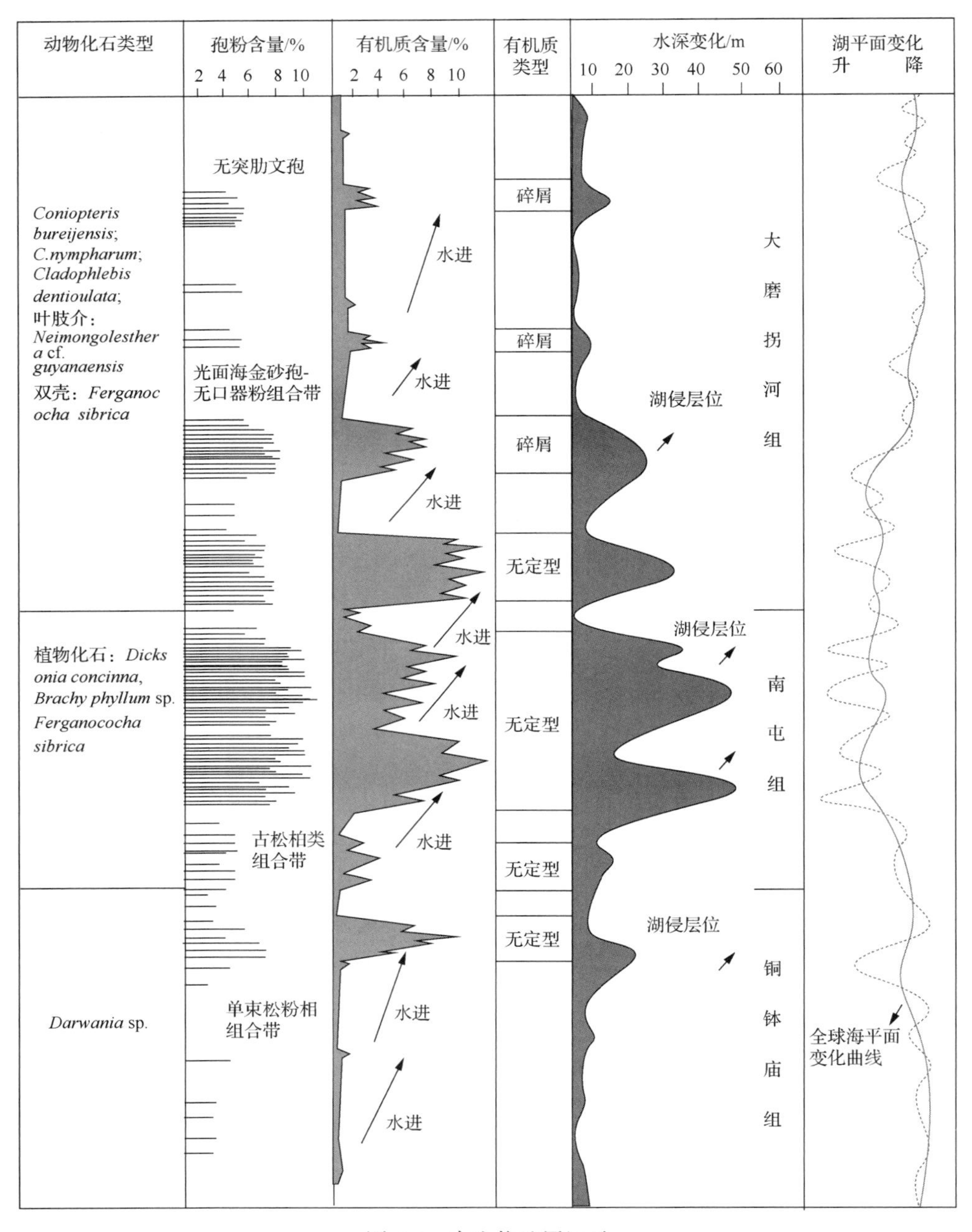

图 4-6　古生物地层记录

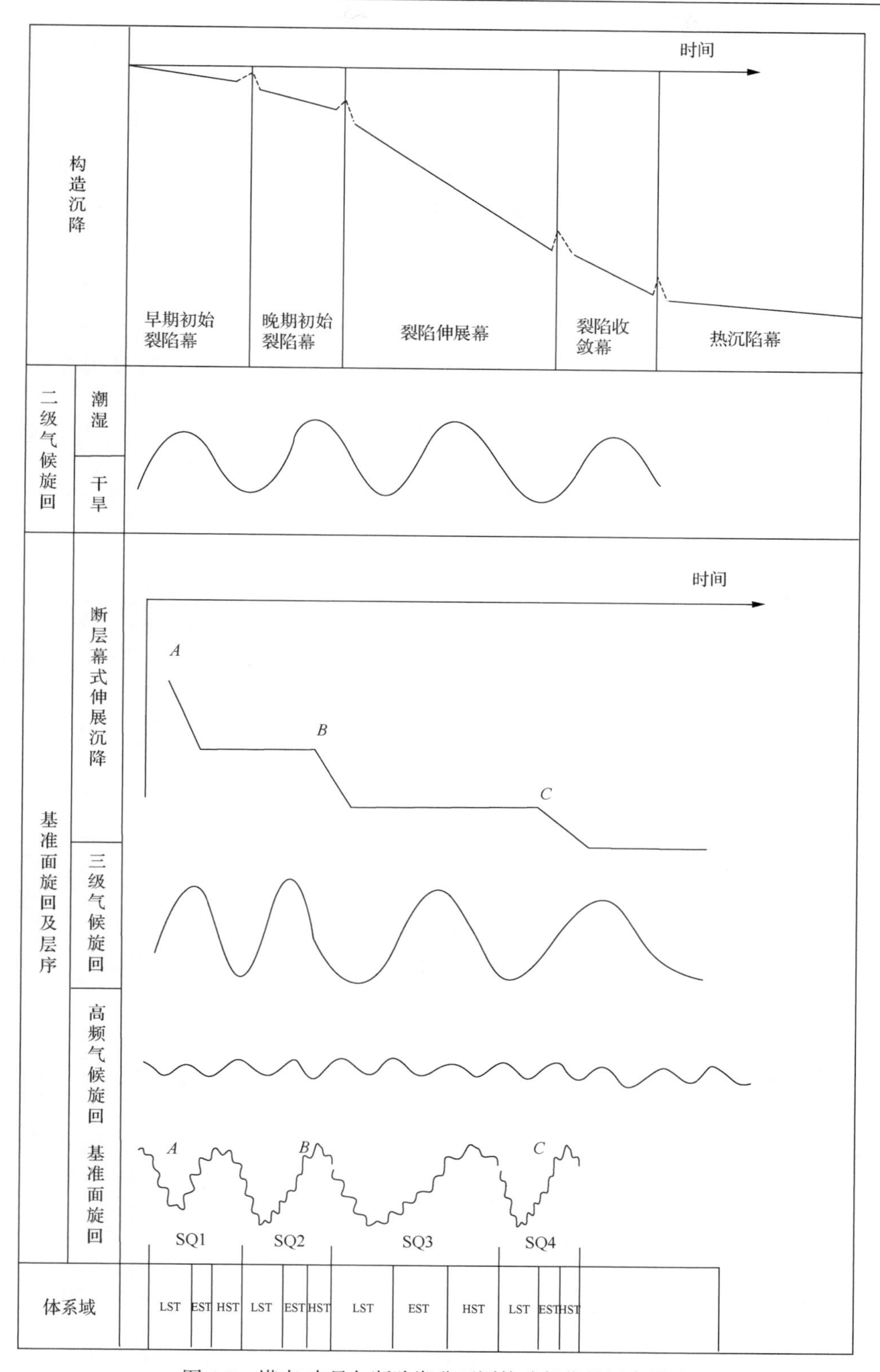

图 4-7　塔南-南贝尔断陷湖盆不同构造部位的层序样式

在低位期，谷地河流充填的结构较为简单(图 4-8)，在湖侵期，河口或湖相泥岩快

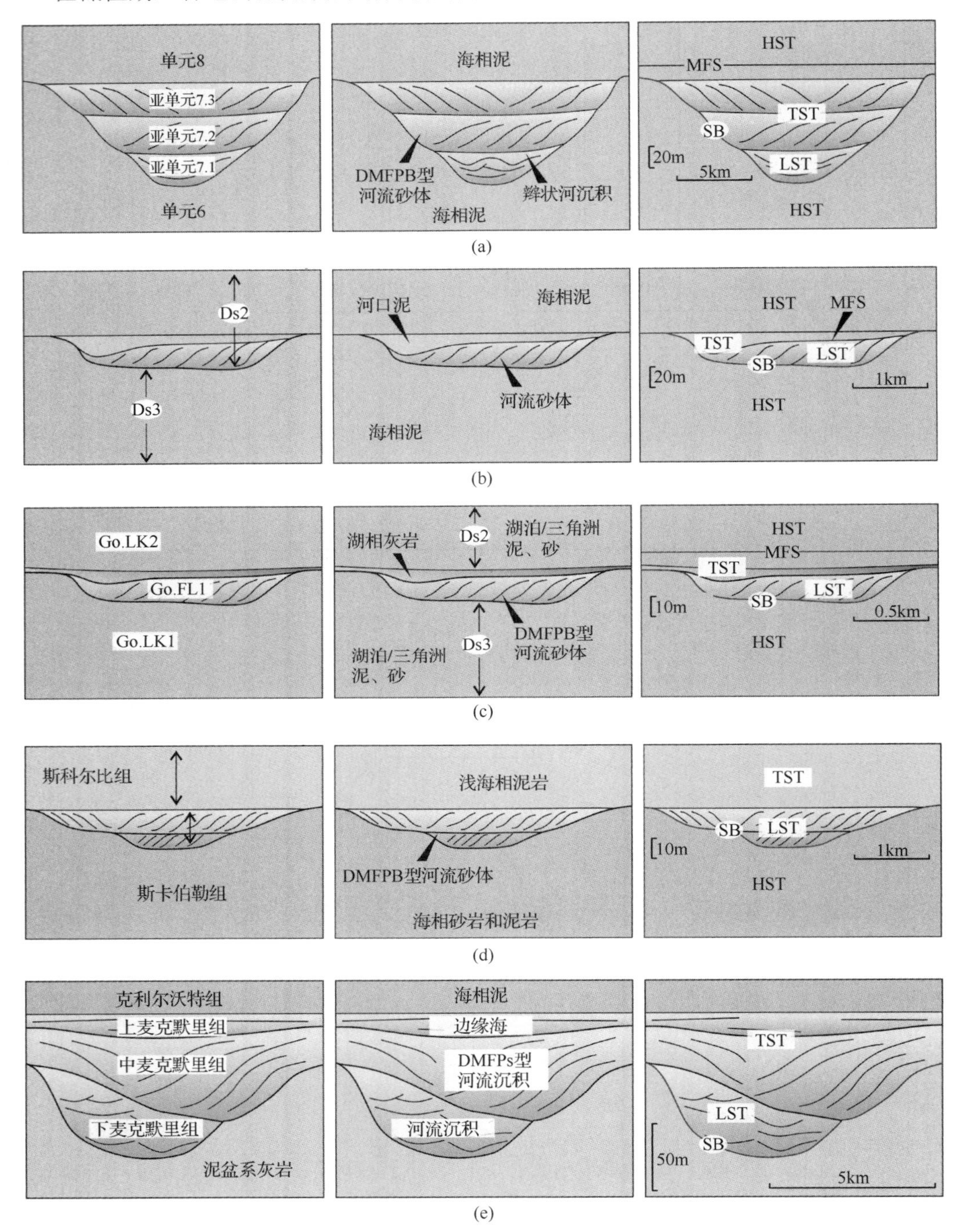

图 4-8 不同谷地充填的河流层序结构(包含顺流迁移型点坝)(据 Ghinassi et al.，2016)

(a)更新世马来盆地，巽他陆架(Alqahtani et al.，2015)；(b)更新世泰国湾，巽他陆架(Reijenstein et al.，2011)；(c)更新世 Dandiero 盆地，厄立特里亚(Reijenstein et al.，2011)；(d)侏罗纪斯科尔比组，英国(Ielpi and Ghinassi，2014)；(e)白垩纪麦克默里组，加拿大(Mossop and Flach，1983)；DMFPB 型指顺流迁移型点坝；DMFPs 型指顺流迁移型点坝砂体

速覆盖在低位河流沉积之上，如 Pattai 盆地的 Aalat 组的更新世河流沉积；侏罗系斯科尔比组也揭示了相似的结构(图 4-8)，然而稍有不同的是低位期发育了两套河流沉积(Ielpi et al.，2014)，下部以顺流迁移型点坝为主；更加复杂的河流沉积结构位于马来盆地的晚更新世(Alqahtani et al.，2015)及白垩系的麦克默里组的河流沉积地层，这些河流垂向层序都包含了三套层序地层单元(图 4-8)，在这些案例中，最下部地层单元大部分由低位域(lowstand system tract，LST)辫状河沉积单元组成，而上部则由受潮汐影响的沉积单元组成。

一个理想的顺流迁移型点坝的模式如图 4-9 所示，不同的河流地貌环境，对应不同的河流沉积类型，在低位早期河流沉积以加积为主，充填在河谷的最深部位，有限的空间利于顺流迁移型点坝的形成和发育，同时也限制了越岸沉积的发育和保存(图 4-9 中的阶段 1)；在低位晚期河流沉积以加积为主，如 Pattai 盆地的更新世河流沉积地层中，持续在更加开阔的河谷低部位加积，使河流沉积累积厚度达到一定宽度(图 4-9 中的阶段 2)；随着基准面的持续上升，曲流带横向扩展到更加开阔的河谷地带，扩张型点坝发育的频率显著增加(图 4-9 中的阶段 3)，同时增加了曲流带决口和越岸沉积保存潜力(Dana，1862；Reade，1884；Hickin and Nanson，1975；Mukerji，1976；Leckie et al.，1989；Hickin，1993；Leckie，1994；Ielpi et al.，2014)。

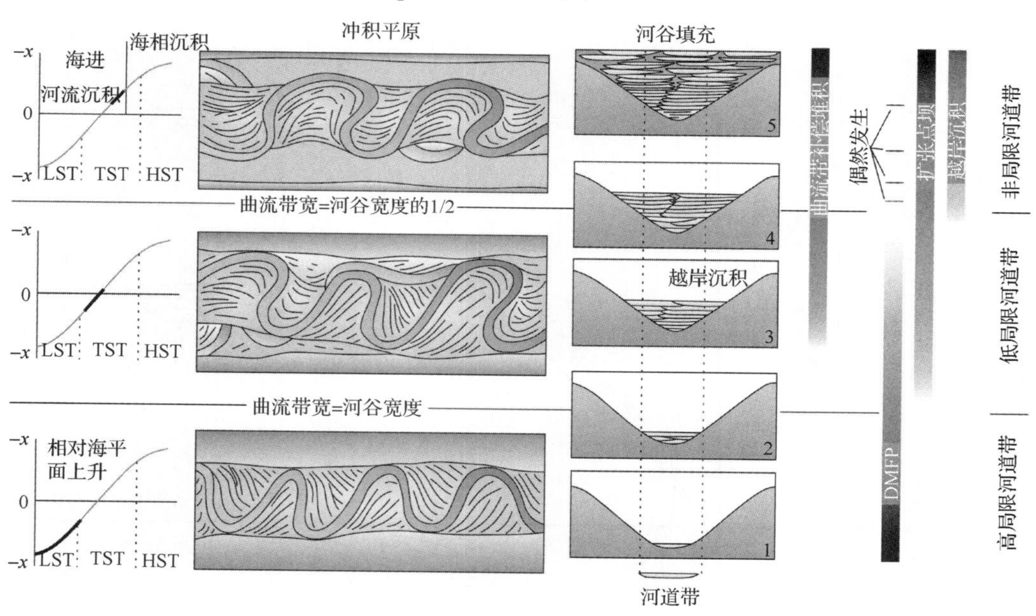

图 4-9 基准面升降对曲流带在下切谷中平面演化的控制(据 Ghinassi et al.，2016)

在近海河流冲积平原，尽管海岸线迁移受基准面上升与沉积物供给控制(Catuneanu，2006)，在低位晚期至湖侵(transgressive system tract，TST)早期，潮流对河流的沉积产生一定的影响，潮流的存在，消减了水流能量，并降低了对岸的侧向侵蚀能力，河道点坝侧向迁移受限，最终导致河道广泛发育顺流迁移型点坝或者河道曲率变低；在湖侵晚期至高位(highstand system tract，HST)早期，曲流带在河谷中持续扩张和加积达到一个地貌临界值，该值一般为河谷宽度的 1/2 左右(图 4-9 中的阶段 4)，在这个阶段，垂向加积速率减慢，而侧积能力则变强，使曲流带逐渐向洪泛平原地带拓展(Flint and Dryant，1993)；在高位期，横向迁移能力达到最强，河道化作用变得几乎不可能，在这种地貌动力学环境下，顺流迁移型点坝不发育(图 4-9 中的阶段 5)(Fischer et al.，1967；Fischer，1986)。

Shanley 等(1994)关于可容纳空间增长与沉积物供给速率图解表明：可容纳空间的变化与沉积物供给速率共同决定了陆相湖盆层序的形成和发展。当可容纳空间增长速率大于沉积物供给速率时，形成退积式准层序组(A)；当可容纳空间增长速率等于沉积物供给速率时形成加积式准层序组(B)；当可容纳空间增长速率小于沉积物供给速率时，形成进积式准层序组(C)；当可容纳空间增长速率等于零(D)时，则形成沉积物过路不留和沉积间断面得产生；当可容纳空间增长为负时，即可容纳空间在减小时，形成区域侵蚀并形成层序界面(E)(图 4-10)。

这样，A~E 受可容纳空间增长速率与沉积物供给速率比值控制的旋回变化就产生了一个层序。

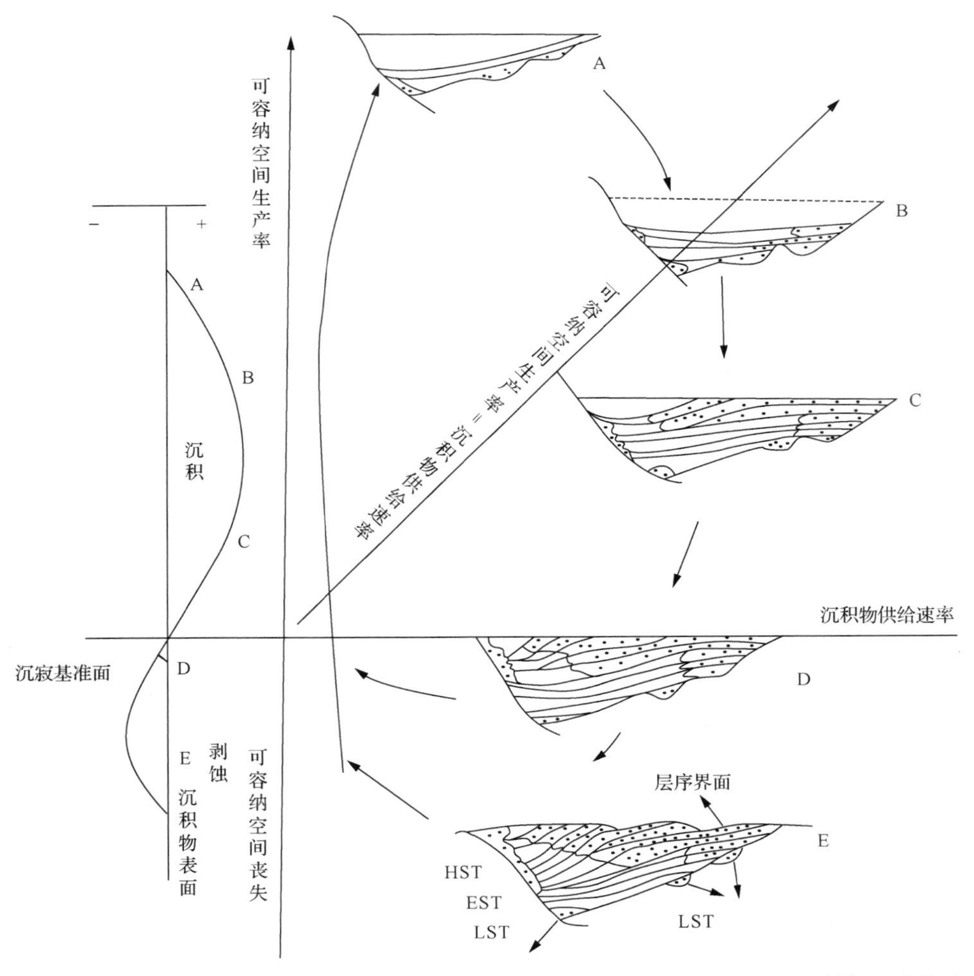

图 4-10　塔南-南贝尔断陷湖盆不同构造部位的层序样式(Shanley et al.，1994；单敬福略修改)

第二节　塔南-南贝尔凹陷层序发育模式

从早白垩系铜钵庙组到大磨拐河组沉积时期，塔南-南贝尔凹陷经历了一系列复杂的构造沉积演化史，造就了多个洼-凸相间的古构造格局，并且每个时期有每个时期的特色，如在铜钵庙组发育期，主要表现为多个次级沉降构造单元，自成体系，因此各个小洼槽是彼此分隔独立的，多以双断或多断模式为主(Crowell，1978；Brenner et al.，1985；Carling and Glaister，1987；Carling，1990；Brierley，1991；Autin，1992；Brierley et al.，1993)。通过地层回剥技术(未考虑压实、剥蚀量恢复等)分析，认为差异缓慢加速沉降仍然是该时期最主要特色，且表现为多物源呈裙带状向沉积中心汇聚为特征(Church and Ryder，1972；Bloomer，1977；Church and Rood，1983；Wright，1986，1990；Cross，1990；Dolson et al.，1991；Le Raux，1992；Wright and Marriott，1993)。此时期物源供给非常充分，其构造地形变化大，使铜钵庙组地层发育期古地貌特征复杂，既有陡坡带，也有缓坡带、洼槽带、隆起带等次级构造单元。相对而言，在东次凹北洼槽保留的沉积地层记录要完整些，东次凹南洼槽局部地区缺铜钵庙组；南屯组地层发育期便进入了相对快速沉降阶段，可容纳空间增加迅速，但物源供给非常不充分，形成了南屯组特色的欠补偿沉积(Jackson，1834；Drew，1873；Hallam，1963，1984；Gradzinskl et al.，1979，2003；Flint 1985；Legarreta and Gulisano，1989；Gurnis，1990，1992；Evans，1991；Evans and Terry，1994；Feng，2000)，饥饿沉积在全湖盆广泛存在，因为在南屯组地层发育期，中间有个大的南贝尔低隆存在，阻隔了西部物源的东进，而使物源在西次凹赋存或绕向南部南贝尔凹陷沉积，这在钻井已得到了部分揭示(如 N83 井)，而南贝尔低隆(北部苏德尔特隆起南部延伸)为东次凹陡带提供少量物源，形成的扇体也是小型的陡崖扇。因此南屯组地层的层序发育模式是一个以饥饿沉积为特色的双断、后期反转的双断演变为双箕断陷模式。发育了早期简单斜坡，后期差异沉降等层序发育样式；大磨拐河组层序发育模式相对简单得多，主要为以拗陷型长轴物源为特色的层序发育模式，局部可以见到小型的单箕状断陷模式。在已经建立起的层序框架下对塔南-南贝尔凹陷的层序发育控制因素进行讨论，研究认为其主要受构造沉降、物源供给、湖平面及古地貌四种因素控制，下面对层序类型的划分、控制因素及较为复杂的层序模式、多样的层序类型进行分析(Wright，1959；Simons and Richardson，1961；Nascimento et al.，1982；Ruddiman et al.，1989；Ruddiman and Kutzbach，1990；Platt and Keller，1992；Platt and Wright，1992)。

一、初始裂谷期湖泊层序

初始裂谷期湖泊层序发育的层位主要对应铜钵庙组 SQ1、SQ2 层序，底界面为 T_5 反射界面，顶界面为 T_3 反射层，内部两个三级层序的分界面是 T_{31} 地震反射界面。经过地震合成记录标定，T_5 在单井上对应铜钵庙组底界，T_3 对应是铜钵庙顶部一界面。从地震剖面上看，T_5 之下区域地层削截明显，为高角度不整合面，区域为早期基底风化壳顶面，T_5 是一区域不整合面，同时也是一个二级层序界面。发育低位体系域、湖侵体系域和高位体系域。SQ1、SQ2 层序以冲积扇-河流-扇三角洲沉积体系为主。

初始裂谷期在塔南和南贝尔两构造单元主要形成了两种层序发育模式，一个是全湖盆普遍发育的简单箕状斜坡模式，另一个是在塔南凹陷发育的西部斜坡反向正断层序模式(Von Zittel，1901；Twenhofel，1932；Wright，1977；Tüysüz，1999)。

1. 简单斜坡模式

在湖盆发育初期，由于盆地内部断层活动尚不太剧烈，在层序 SQ1 时期的整个塔南-南贝尔凹陷和层序 SQ2 时期区域为不对称单断陷湖盆沉积。层序发育模式为简单箕状斜坡模式。层序 SQ1 时期塔南凹陷沉积中心主要在西次凹北部，主要发育扇三角洲沉积和滨浅湖相沉积。北部断层活动较早沉积受物源影响大，主要在次凹低部位，有一定厚度但不连续。南部构造运动不强烈，沉积较稳定、连续性好延伸距离较远，沉积厚度由西部向盆地中心逐渐减薄。层序 SQ2 时期沉积则更为广泛且更稳定，按构造可分为陡坡带和缓坡带，厚度由陡坡带向缓坡带逐渐减薄(图 4-11)。

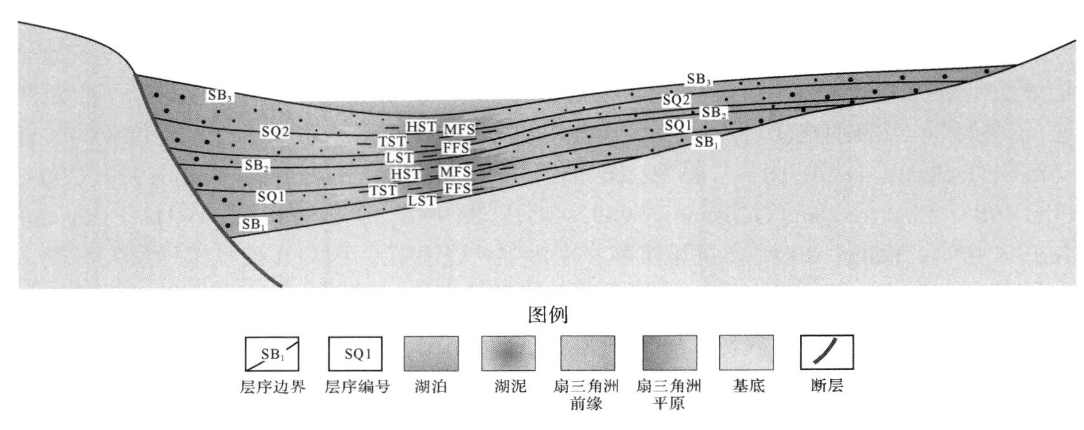

图 4-11　简单箕状斜坡层序发育模式(据纪友亮等，2009)

FFS 表示初始湖泛面(first flooding surface)

层序底界面上超和顶界面顶超明显，易形成上倾尖灭油气藏和地层不整合遮挡油气藏。在盆地陡坡带，低位、湖侵和高位体系域都发育，沉积环境主要是扇三角洲平原和前缘相，亦形成断层遮挡型构造岩性油气藏。在高位体系域的顶部，若上部遮挡条件良好，易形成地层不整合遮挡型油气藏。

2. 斜坡反向正断层序模式

在湖盆初期塔南西部最开始裂陷，产生箕状斜坡填充，SQ2 开始后，东部控盆断层开始剧烈活动，引起盆地急剧沉降，在东部形成陡坡带，形成箕状斜坡层序并延伸到西部斜坡逐渐尖灭。由于 SQ1 之后产生一系列与东洼控盆断层同向同性质的调节断层，这些断层在中次凹与斜坡带反向，形成反向正断层序模式。这种模式主要发育在席次凹北部，为扇三角洲平原、前缘相和滨浅湖相沉积(图 4-12)。

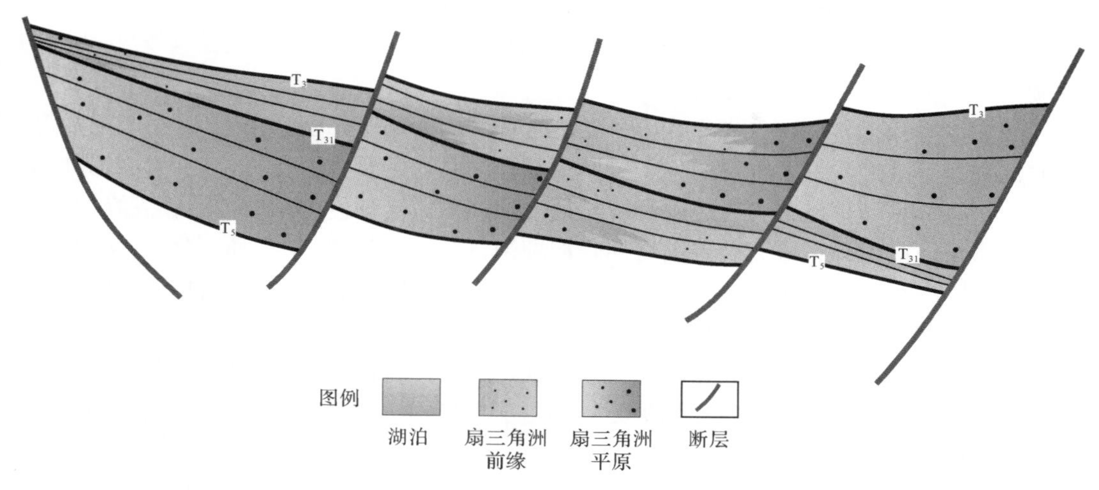

图 4-12 斜坡反向正断层序模式(据纪友亮，2008)

层序模式的特点：SQ1 地层厚度由斜坡向洼陷内部逐渐减薄，SQ2 由斜坡向洼陷内部逐渐变厚；层序底部底超顶部上超明显；由一组反向正断层分割成若干断块，若上部地层遮挡条件良好，易形成断块油气藏，是一种斜坡带反向正断成藏模式。

二、裂谷高峰早期湖泊层序

裂谷高峰早期湖泊体系域，相当于 SQ3 层序低位体系域，下超在 SQ2 之上。由于断层开始剧烈活动，可容纳空间迅速增大，同时断陷短轴方向多物源推进，导致沉降速率也加大，底界面为 T_3 反射界面，顶界面为初始湖泛面。经过地震合成记录标定，T_3 在单井上对应南屯组底界。从地震剖面上看，T_3 界面上下地震相有明显差异，T_3 界面下在东次凹东部断阶、断裂带、西次凹西斜坡带有明显削截现象。

从沉积特征角度分析，该层序主要为扇三角洲-近岸水下扇-湖泊沉积体系，为一套灰色含凝灰质砂岩、砂砾岩与绿灰色凝灰质含砾泥岩，灰色凝灰质泥岩，杂色块状角砾岩、砾岩及火山岩呈不等厚互层。从单井层序上看，该层段电测曲线变为尖峰状高阻值，在南贝尔构造带，这段沉积地层俗称“弹簧段”，砂泥频繁薄互层，表明沉积物的供给比铜钵庙组弱了很多，而且向沉积欠补偿阶段转化。

三、裂谷高峰中晚期湖泊层序

SQ3 湖侵体系域+高位体系域为裂谷高峰期晚期湖泊体系域。底界面为初始湖泛面，顶界面为 T_{22} 反射层。经过地震合成记录标定，T_{22} 在井上对应大磨拐河组底界面。从地震剖面上看，内部 T_{23} 反射轴为高波阻抗波峰，大部分区域上下地层地震相差别较大，上部有下超、下部有顶超。从剖面上看，T_{22} 在凹陷边缘波阻抗上下界面差异明显，之上为强反射，之下为弱反射，而到了凹陷沉积中心，上下地层地震相特征变化不明显，说明该层序界面在凹陷中央为整合面。

从单井层序上来看，T_{23} 界面对应单井上高阻泥岩段的顶部，下部湖侵体系域为高阻泥岩+灰白色凝灰质中细砂岩，为一较明显的岩性界面，界面之上是灰黑色泥岩+凝灰质粉细砂岩薄层，在电性特征上该层段声波时差曲线增大。T_{22}界面之下是一套岩性变细的反旋回为特征的进积式准层序组。

从层序特征上看，SQ2 结束后基底线性沉降，可容纳空间迅速加大，之后凹陷回返，基底沉降速率减慢，最大湖泛面位于层序中部，油叶岩主要集中在 T_{23} 地震反射界面处发育。低位体系域可以认为是裂谷高峰早期湖泊体系域、湖侵体系域是裂谷高峰期中期湖泊体系域、高位体系域为裂谷高峰期晚期湖泊体系域。初次湖泛到最大湖泛期间以退积为主，这在东次凹北洼槽 N43 井区尤为典型。裂谷高峰晚期，全凹陷总体上地层厚度变化平缓，构造对沉积的控制作用明显减弱。

在裂谷高峰期，随着断裂活动的持续增强，层序发育模式越来越受到构造旋回的期次和强度的影响，形成比裂谷早期更为复杂的层序模式，如早期简单斜坡，后期差异沉降模式(图 4-13)。

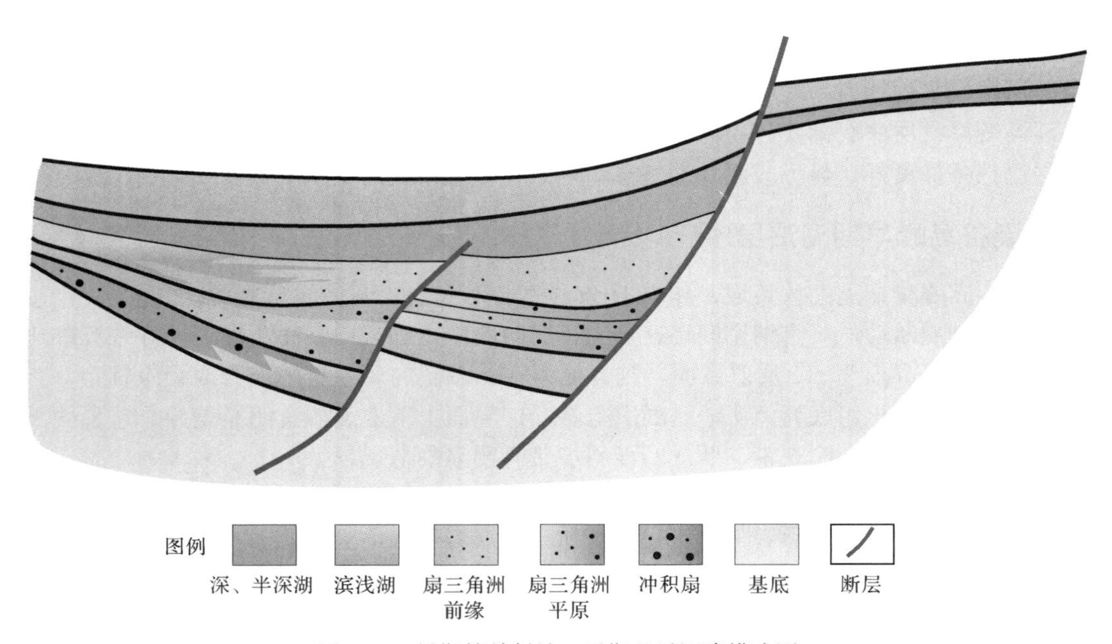

图 4-13　早期简单斜坡，后期差异沉降模式图

在塔南东次凹地区中部，铜钵庙组沉积早期，为简单斜坡断陷，形成了裂谷初期湖泊层序。沉积厚度不大，主要为扇三角洲沉积。SQ2 开始后到 SQ3 末期即南屯组末期，断层活动剧烈，引起盆地急剧沉降，并且由于盆地的差异活动，形成了二台阶，在高部位遭受剥蚀与上覆地层不整合接触。铜钵庙末期和南屯组在断层下盘发育厚层的扇三角洲平原和前缘相沉积，南屯组则末期层序主要发育湖泊。在断层上盘这些层序均遭受剥蚀，仅保留薄层的铜钵庙组沉积，故整个南屯组在断层上盘缺失。SQ4 开始后盆地开始进入凹陷期，沉积物覆盖了断层上下盘，从地震剖面上看不到明显的剥蚀不整合。

在阶梯断块活动过程中，在下降盘层序和沉积有以下特点：层序发育较为完整；主要以扇三角洲平原和前缘相为主，南屯组中后期发育湖泊相沉积。层序底界面和顶界面均可看到超覆现象，易形成上倾尖灭油气藏和断层遮挡的构造岩性油气藏。上升盘由于强烈剥蚀，仅保留薄层的铜钵庙组沉积，由于尚没有钻井，故无法判断沉积物的岩性组合及上部地层遮挡情况。

四、裂谷后期过渡层序

SQ4 是裂谷后期由断陷向拗陷过渡期层序，这个时期凹陷边界断层活动停止，断层面两边的差异沉降作用也停止，区域沉降速率降低。凹陷开始进入收缩期，性质由断陷逐渐转为拗陷。底界面为 T_{22} 反射界面，顶界面为 T_2 反射界面。经过地震合成记录标定，T_2 界面单井上对应大磨拐河组顶界面。从地震剖面上看，T_{22} 在大部分区域为连续同相轴，在沉积中心为变振反射，在中央隆起带的局部有削截现象。T_2 为区域不整合面，是一个三级层序边界。从地震特征上看，特别是在西次凹南洼槽 N83 井区，存在大型轴向前积体，内部可识别出明显的三套反韵律沉积旋回，分别对应三套缺失低位湖侵的四级层序，标志着湖盆开始向以长轴物源为特征的拗陷型层序转化。

单井层序内部特征较为明显：由两到三套向上变粗的准层序组组成，SQ4 之上地层发育大面积河流相沉积。

在塔南 T46 井区，在层序 SQ1、SQ2、SQ3 发育时期，由于中部潜山断裂构造带的存在，把凹陷分为中次凹和东次凹两个不对称单断陷洼槽，每个单断次凹的层序特点和成藏模式与简单箕状斜坡模式相同。在层序 SQ4 发育期中央隆起带不再控制沉积，形成简单斜坡盆地。低位域不发育，最大湖泛面位于层序下部，主要发育辫状河三角洲前缘和平原相。层序内部发育三期大规模前积层，其中又可分为数个小规模前积。在单井上显示为数个反旋回准层序组。T46 井以东前积逐渐消失，变为滨浅湖相(图 4-14)。

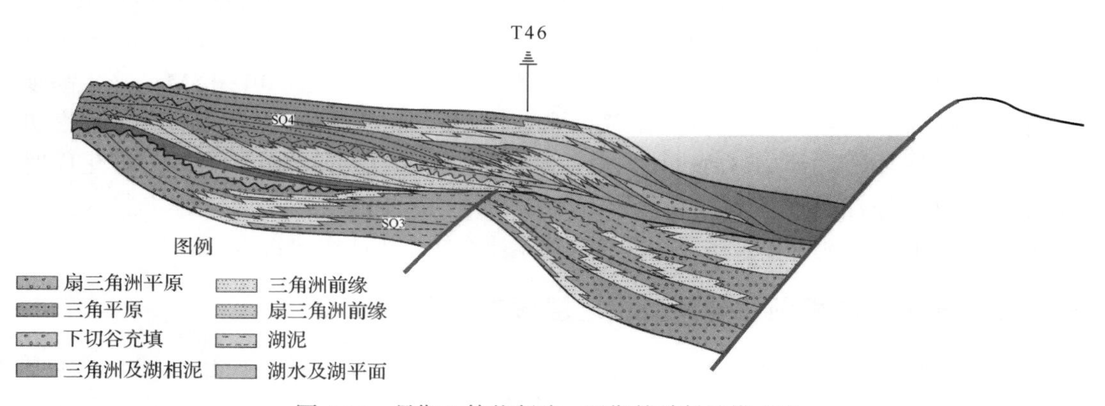

图 4-14　早期双箕状断陷，后期简单斜坡模式图

SQ3 发育期，由于水位较高，中央隆起带虽然分割凹陷，但始终没有出露水面，故没有向周围提供物源。T46 井区以北 T71 井区在南屯组低位体系域位于构造高部位，出露水面遭受剥蚀，向周围提供物源，在 T46 井区剖面上显示为透镜体状北部来的轴向物源。

第五章　高频层序地层研究及方法探讨

随着层序地层学研究精度不断提高，应用对象不断细化，地层研究已进入了运用层序地层学原理进行储层预测阶段。此种用于储层预测的层序地层学是在三级层序的格架内，进一步细化研究四级，五级以上的高频层序，称之为高频层序地层学，其任务就是研究储层单砂体或砂组层等时对比性和物性变化特征。

第一节　高频层序地层理论和研究方法

高频层序地层在层序地层学理论里的定义是：在三级层序地层格架内，划分出的四级、五级以下的高频层序地层单元。但是，笔者认为，高频层序之所以能称为层序，它的形成是有条件的，即：①具备稳定的大地构造背景，湖盆或海盆的整体沉降速率很低；②较高的沉积物供给速率或沉积物供给速率远远大于可容纳空间增加速率。如果不符合上述两个条件，则只能称为“旋回”，不能定位“层序”了，这种旋回可以对应准层序组、准层序或岩层组。

目前，在高频层序研究领域中存在两个学派，一个是以 Exxon 石油公司 van Wagoner 为代表的高频层序地层学；另一个就是以美国科罗拉多矿业学院 Cross 教授为代表的高分辨率层序地层学。本章节主要基于 van Wagoner 提出的高频层序地层学理论对高频层序地层学的理论和研究方法进行探讨。高频层序地层学（high frequency sequence stratigraphy）的概念最初由 van Wagoner 等（1990）提出的，它是来源于海相地层四级及其以下（four order cycle）海平面变化旋回产生的沉积相应。这种变化旋回的周期一般为 0.1~0.5Ma，产生高频层序的机制是米兰科维奇气候旋回，米兰科维奇气候旋回与三种地球轨道周期性变化密切相关：①地球轨道偏心率（0.1Ma，0.41Ma）周期的改变；②地球自转轴倾斜度变化周期（0.041Ma）；③倾斜地球轴扫过的锥形体（0.021Ma）周期产生的岁差。这种气候旋回及其产生的高频海平面变化旋回已被深海钻探氧同位素研究成果所证实（Allen，1992）。

一、高频层序在陆相湖盆与河流相地层形成机理

关于高频层序四级旋回分类，第三章已做了详细说明（Wagoner et al.，1990），主要划分“A”型四级旋回和“B”型四级旋回。在上述分类基础上，笔者把这种高频层序划分理论引入陆相断陷湖盆和河流相地层中，并加以扩展，形成了陆相断陷湖盆高频层序形成过程理论和陆相河流相高频层序形成过程理论（图 5-1~图 5-3）。陆相断陷湖盆中，当构造沉降速率小于 15cm/ka 时，沉积物供给充足，形成的四级层序模式与海相湖盆总结的模式相当；当构造沉降速率大于或等于 15cm/ka，沉积物供给速率小于可容纳空间增长速率时，无论湖平面上升还是下降，都不能形成四级层序，只能形成四级准层序。一般情况下，五级层序都只能形成五级准层序。

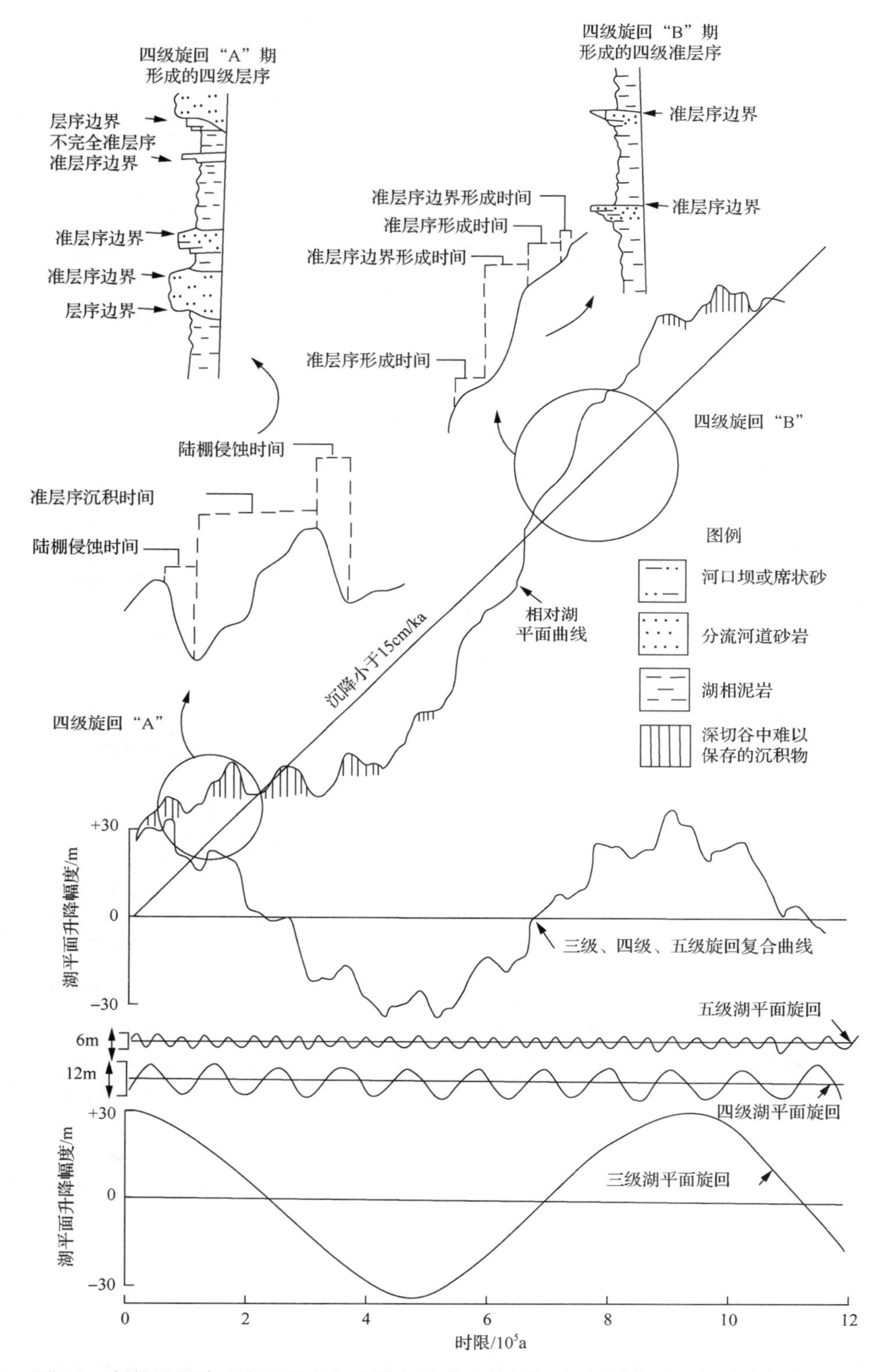

图 5-1 低构造沉降速率的层序与准层序形成过程中湖平面升降与盆地沉降之间的关系
（据 van Wagoner et al.，1990；单敬福修改，2010）

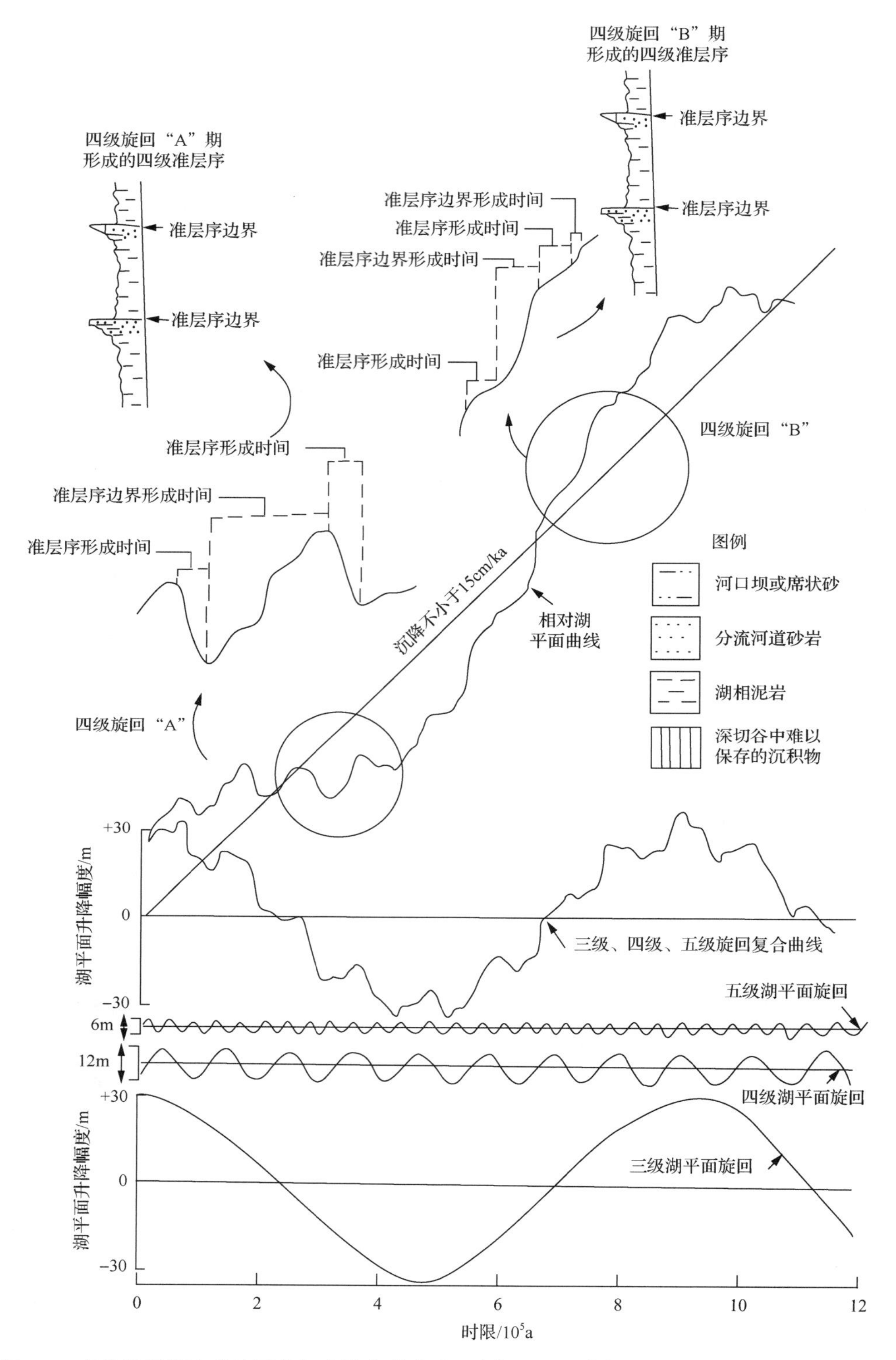

图 5-2　高构造沉降速率的层序与准层序形成过程中湖平面升降与盆地沉降之间的关系(据 van Wagoner et al.，1990；单敬福修改，2010)

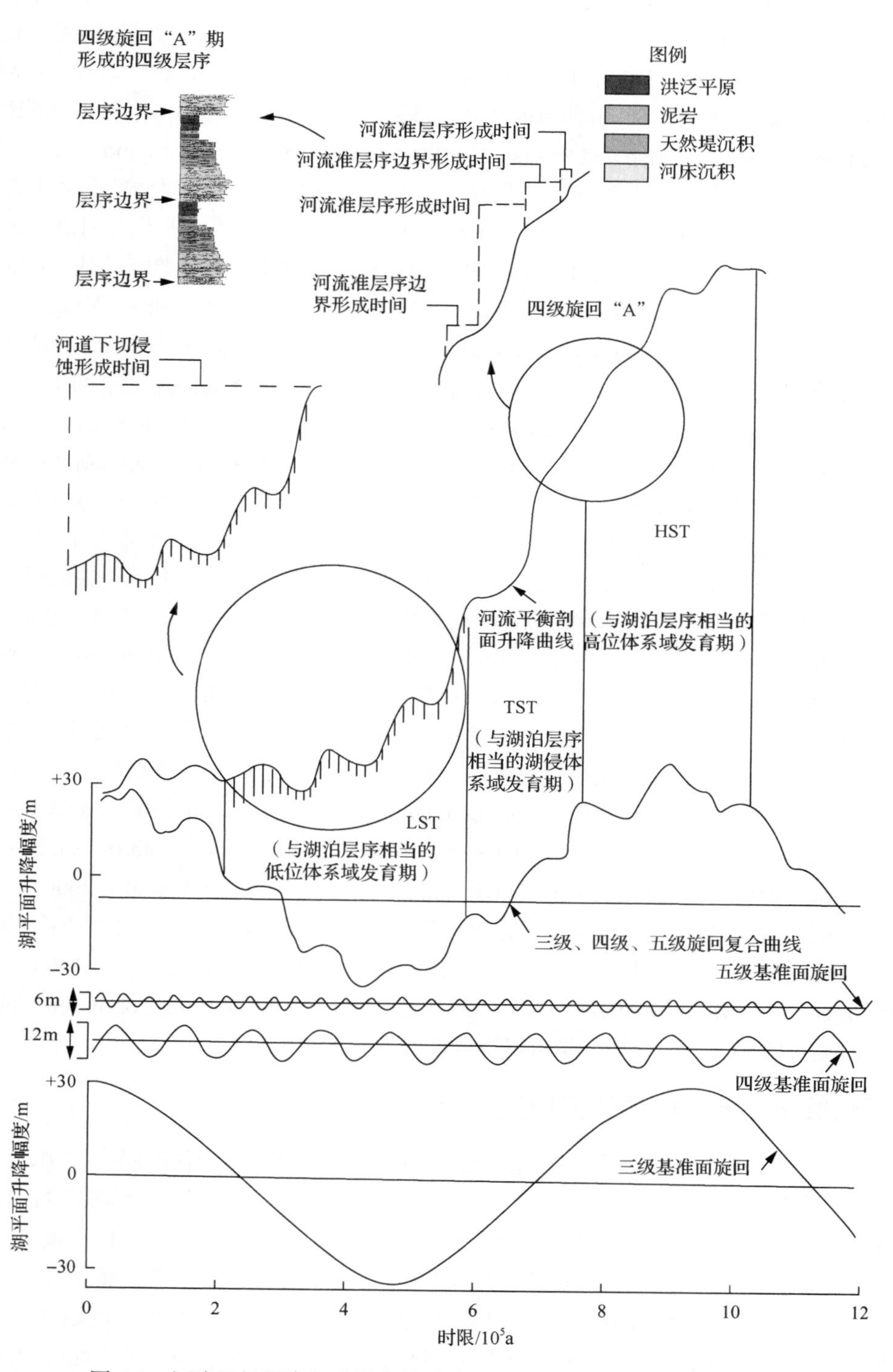

图 5-3　河流四级层序与准层序的形成于河流平衡剖面升降之间的关系

对于河流相地层，却不能直接把海相的高频层序地层理论直接引入陆相的河流沉积体系，因为河流沉积体系的沉积旋回基本与湖平面变化无关，只与河流平衡剖面(或河流的均衡面)的升降有关(Tolman，1909；Blackwelder，1928；Mckee，1938，1939，1957；Mckee et al.，1967；Mckenzie，1978；Bachman et al.，1983；Mc Caslin，1983；Neidell and Beard，1985；Reading，1986；Parrish and Peterson，1988；Serra，1989；Sinclair and Allen，1992；Okay et al.，1994)，而河流平衡剖面的升降受基准面升降控制，即湖平面的升降也会影响河流平衡剖面的升降，与湖平面的升降呈正相关关系，湖盆的湖平面变化与河流平衡剖面的变化基本协调一致，从而为河流相与断陷湖盆的高频层序对比及划分奠定了基础(Russell，1954；Wadman et al.，1979；Vos and Tankard，1981；Ziegler，1982，1988；Yang and Nio，1989；Prett et al.，1993；Strong and Pada，2008)。这种同步性在于湖平面上升会造成河流沉积相域地下水位的上升，容易造成河流泛滥，水流不畅，从而抬高河流横剖面位置(Knoll et al.，1944；Morgan et al.，1959；Middleton，1973；Mc Donnell，1978；Nemec et al.，1988；Hutchison，1989；Jolley et al.，1990；Lang，1993；Le Raux，1994)。而断陷湖盆的基底构造沉降位置因为远离河流相区，对河流相影响较小，所以河流相的高频层序与断陷湖盆发育特点会存在明显的差别，即在相当于湖盆的低位体系域沉积期，河流基本受下切(一般冲积平原的坡度要小于湖盆边缘坡度，尤其对断陷湖盆而言)作用，也就为下切谷的形成奠定了基础。根据物质守恒和体积分异原理，下切的物质会被流水带到湖盆中沉积，也就是说，在低位期为地层记录间断期，无四级层序形成(Mckee et al.，1983；Martini and Chesworth，1992；Martinsen et al.，1993)为当处于湖侵或湖泊扩张体系域(因陆相湖盆不存在海侵，固一般称湖泊扩张和收缩)发育期，随着河流均衡面的上升，河道砂体会开始堆积，这便是四级层序主要发育阶段。因为河流相地层无法保存下降半旋回准层序，且地层的记录都是以每次河道下切为新的准层序开始(Farshori and Hopkins，1989；Hanneman and Wideman，1991；Fraser and DeCelles，1992；Hanneman et al.，1994；Hoffman，1991；Holbrook and Dunbar，1992；Hoffman and Grotzinger，1993；Doyle and Sweet，1995；Gilvear et al.，2000)，所以，侵蚀面和湖泛面会重合在一起。由上述分析，在湖泊扩张期，湖平面的下降到下降(相当于河流平衡剖面下降到下降)周期为四级层序的界面旋回(Kerr，1990；Cowan，1993；Crews and Ethridge，1993；Marple and Talwani，1993；Busby and Ingersoll，1995；Jorgensen Fielding，1996)。河流相地层在大多数情况是可以形成四级层序的(图 5-3)。

二、高频层序在陆相储层研究中的划分对比方法

林畅松(2002)以 Vail 经典层序地层学理论为基础，结合各类湖盆的研究实例，提出了一套完整的适合高频层序地层的划分方案，并进一步讨论了该方案在细分储层砂体研究中的作用。受到前人研究成果的启发，笔者又进一步对河流相层序建立了一套高频层序地层划分对比方案(图 5-4，图 5-5)，为进行河流相地层划分对比提供了参考。高频层序地层单元的划分主要指的是三级、四级、五级甚至更高级别旋回的划分。但是，在划分对比时，区域地质必须具备形成高频层序地层的条件，这是划分的基础和前提。毕竟地层记录中的沉积旋回是基准面变化的物质体现，沉积基准面的上升会引起水进，导致沉积体向岸边推进；基准面下降会引起水退，导致沉积物向湖中心推进，甚至在盆缘部分遭受剥蚀和冲刷

（Kindle，1911，1917；Lawson，1913；King，1916；Lees，1955；Johnson and Vondra，1972；Johnson，1977；Horne et al.，1978；Heath，1989；Garrison and Chancellor，1991）。由此可见，湖盆内部垂向序列存在旋回性是划分地层高频单元的依据和必要条件。沉积旋回的变化主要表现在：①沉积相带和沉积边界有规律的迁移；②古水深的变化；③古生物组合和古生态的变化；④沉积层的接触关系等。

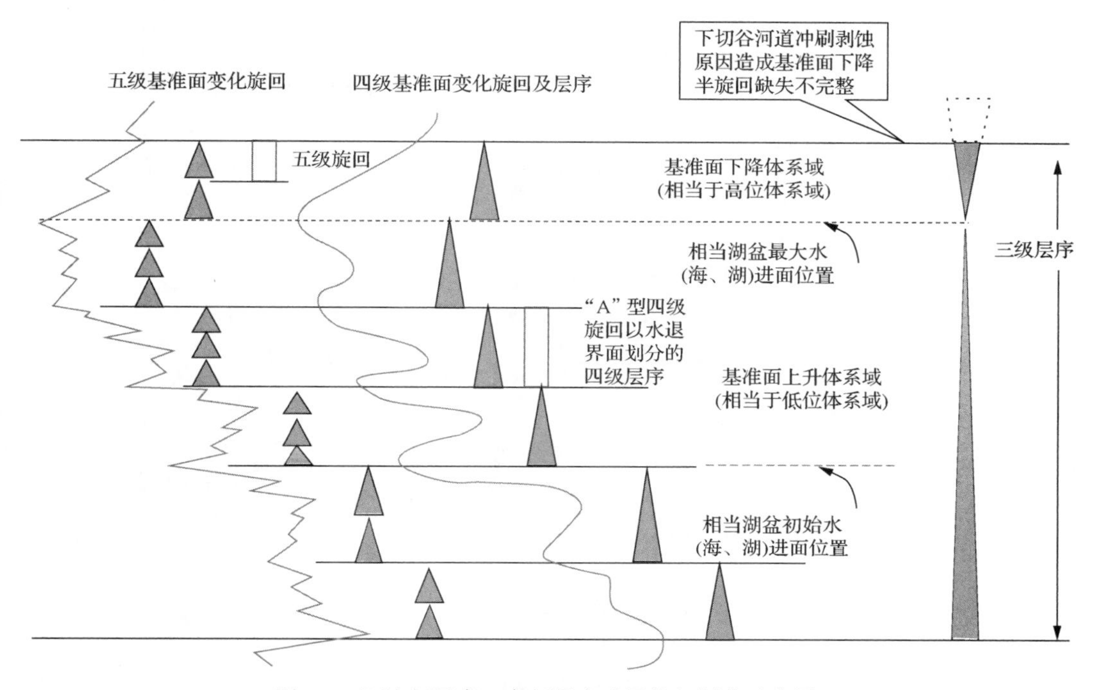

图 5-4　河流相层序、高频层序地层格架划分示意图

四级层序是高频层序中最主要的格架单元，其界面是湖的四级湖平面和沉积基准面变化旋回的水进或水退面，其中河流相地层以基准面变化旋回的水退面为界（Fenneman，1906；Epry，1913；DeCelles et al.，1987；Dubiel et al.，1991；Colombera et al.，2013），湖盆在低位，附加条件是能够发育四级层序，以水退面为界，其他位置则以水进面作为沉积旋回边界。更准确地说，湖盆中对于“四级层序”而言，能否称为层序是有严格的条件的，不仅构造沉积速率要极低，而且物源供给要充分，这就决定了其分布的局限性。

我国陆相湖盆和大陆边缘海盆沉积层序研究成果表明，四级旋回的水进面在盆地范围内或盆地的大部分地区是可以连续追踪对比的，这是建立高频层序地层格架的关键。在 Vail 经典层序地层学理论中，三级层序以不整个及其对应的整合面所限定的地层单元为界，它被当做基本的地层对比单元，理论上在三级层序内部不再存在明显的不整合。因此，三级层序格架内的高频层序就应该以容易追踪对比的特别是在地震上容易追踪对比的水进面为界为好。实践证明，水进面是高频层序最为可靠的追踪对比界面。在河流层序中，四级层序就是水退面或沉积间断面。四级旋回主要以湖泛面为界，而五级或更低级别旋回以湖泛面为界的准层序或准层序组。

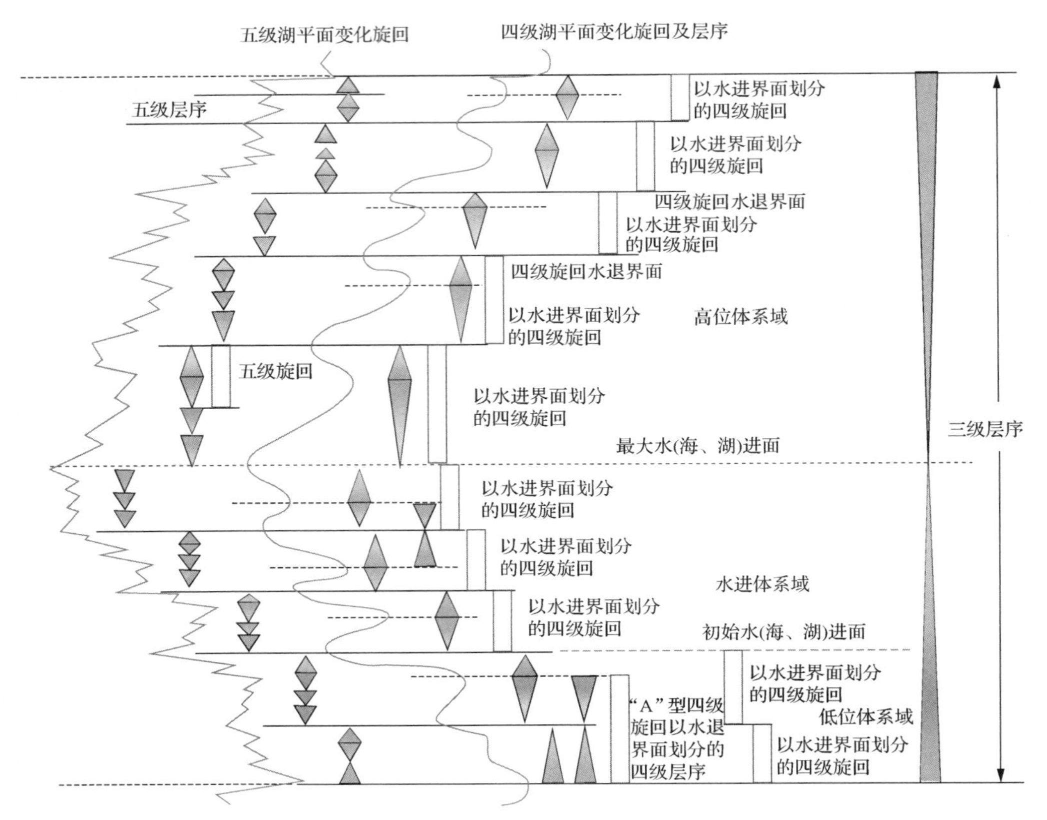

图 5-5　湖盆层序、高频层序地层格架划分示意图

第二节　高频层序对比方法和分析

一、高频层序对比方法

陆相河流层序和湖盆层序是受控于两种不同成因机制的层序，前者主要受河流平衡剖面或基准面控制，后者主要受湖平面升降控制(Hersch，1987；Cluzel et al.，1990；Fulthorpe，1991；Hampton and Horton，2007)。很多情况下，层序地层学研究还分别局限在湖盆内或河流冲积地层单独割裂开进行识别和对比，两者同期地层对比还只局限在沉积间三级层序边界和最大湖泛面的陆、湖延伸对比方面。鉴于此，笔者参考赵翰卿(2005)提出的旋回对比方法(图 5-6)，提出建立河流冲积地层和陆相湖盆地层的一套包括更小尺度的低级别层序等时对比模式(图 5-7)。

准层序升降旋回对称程度随地理和地层位置的改变而改变，是沉积物体积分配原理的地层响应。

由河流相向湖泊-三角洲相层序转变过程中，准层序遵循如下的变化规律，即河流仅发育向上变粗的完整正旋回准层序，而地层记录的单个旋回厚度变小，频率增加，特别是到了三角洲分流平原位置，准层序底座的下降半旋回开始出现，根据沃尔索相率，如果河流相距离三角洲分流平原位置较近，则垂向上随基准面的升高会增加向湖方向地层的信

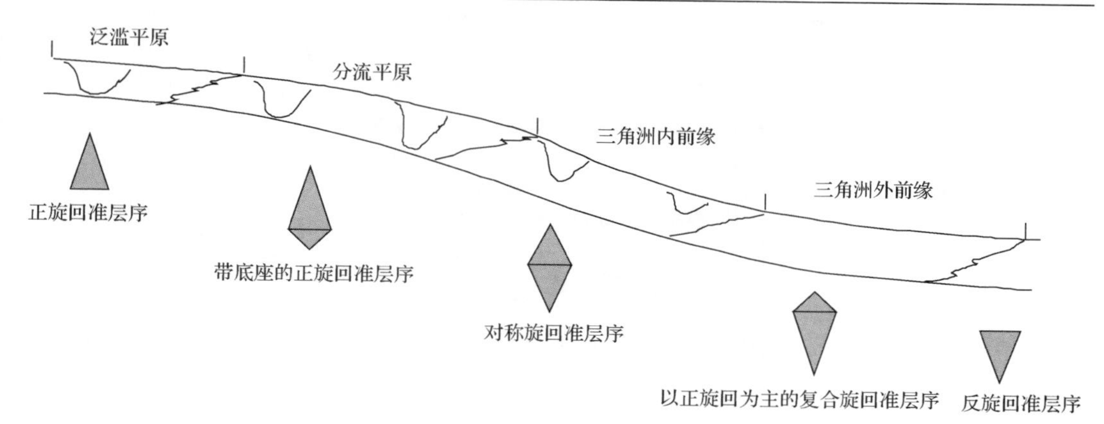

图 5-6　陆相层序对比模式图(据赵翰卿，2005；单敬福略有修改，2010)

息，即随着向湖盆方向前进，底座下降半旋回的地层累积厚度会逐渐放大增厚，直到三角洲内前缘，开始出现上下对称旋回(Jamieson，1860；McGee，1897；Jefferson，1902；Kennedy，1963；Heward，1978；Lucchitta and Suneson，1981；Mathisen and Vondra，1983；Langford and Brachen，1987；McPherson et al.，1987；Ikeda，1989；Molnar and England，1990；Muftoz et al.，1992)，再往前到三角洲外前缘又开始出现以反旋回为主的复合旋回，到了三角洲前端湖相则由于湖侵冲刷作用出现完整的反旋回准层序。

二、塔南-南贝尔凹陷高频层序分析

1. 南贝尔东次凹陷南屯组与大磨拐河组高频层序地层分析

连井测网 N60 井—N57 井—N47 井—N43 井—N29 井—N24 井—N16 井高频层序对比剖面分别经过南贝尔西部断鼻带—构造反转带—东次凹北洼槽一系列构造带，很好地揭示了高频层序单元在垂向、横向展布特征。层序发育模式遵循断陷湖盆高频层序发育对比模式。真正四级层序只发育在南屯组低位域沉积期，能够在湖盆边部形成局部的不整合，而其他层位包括大磨拐河组都只发育四级旋回的准层序或准层序组，即以湖平面上升到上升为旋回界限。大磨拐河组基本缺失低位。根据上述界面对比结果来看，在 SQ4-1 及以下高频单元，各构造单元发育情况是不均衡的，其特点是洼槽边部地层累积厚度薄，在洼槽中心累积厚，并且在四级旋回顶部局部出现剥缺现象，这可能是由区域褶皱构造旋回局部上隆造成的(图 5-8)。

2. 塔南中次凹及西部潜山断裂带南屯组与大磨拐河组高频层序地层分析

连井测网 T38 井—T32 井—T27 井—T156 井—T23 井—T18 井—T98 井—T12 井—T11 井高频层序对比剖面分别经过塔南西部中次凹南洼槽带和西部潜山断裂带。高频层序在塔南区域由于构造沉降速率相对偏高，沉积物供给欠充分，造成在南屯组低位不发育四级层序，从而得出如下结论：南屯组—大磨拐河组整个沉积期只发育四级旋回的准层序或准层序组。塔南高频层序单元分别穿越了可容纳空间存在很大差异的洼槽和潜山批覆断裂带，这样会造成地层累积厚度存在差异。在 T27 井和 T23 井两井处，出现了 SQ3-1、SQ3-2 两个四级旋回超覆缺失现象，这与基底局部隆升剥蚀作用有关(图 5-9)。

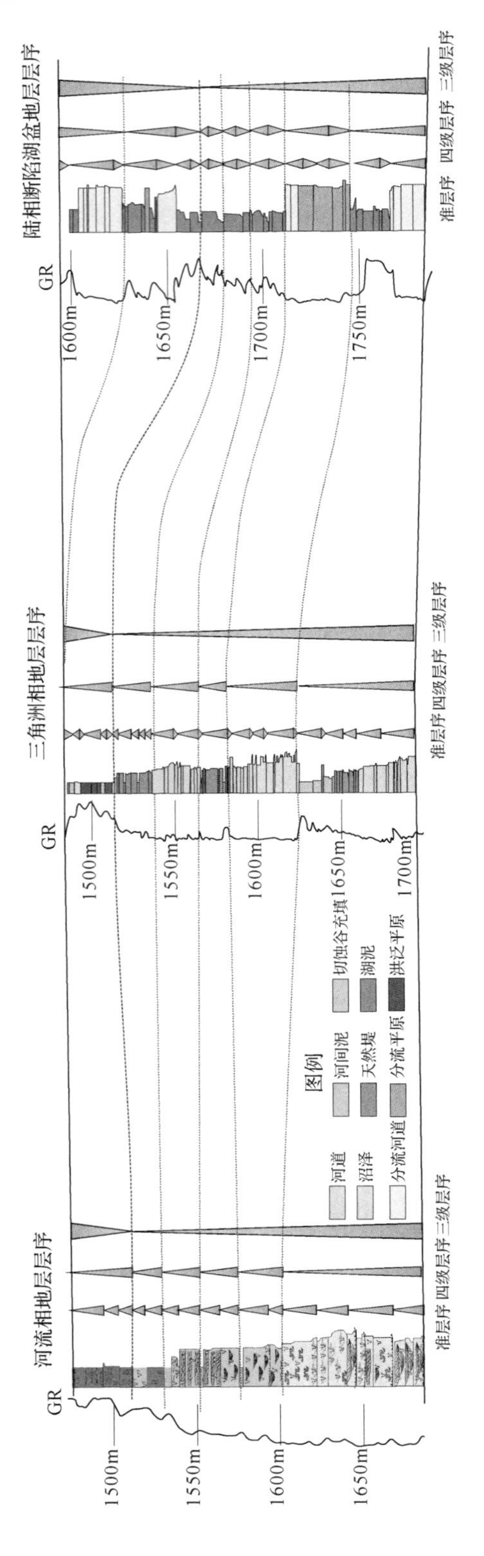

图5-7　陆相河流—三角洲—湖盆层序、高频层序地层格架对比示意图

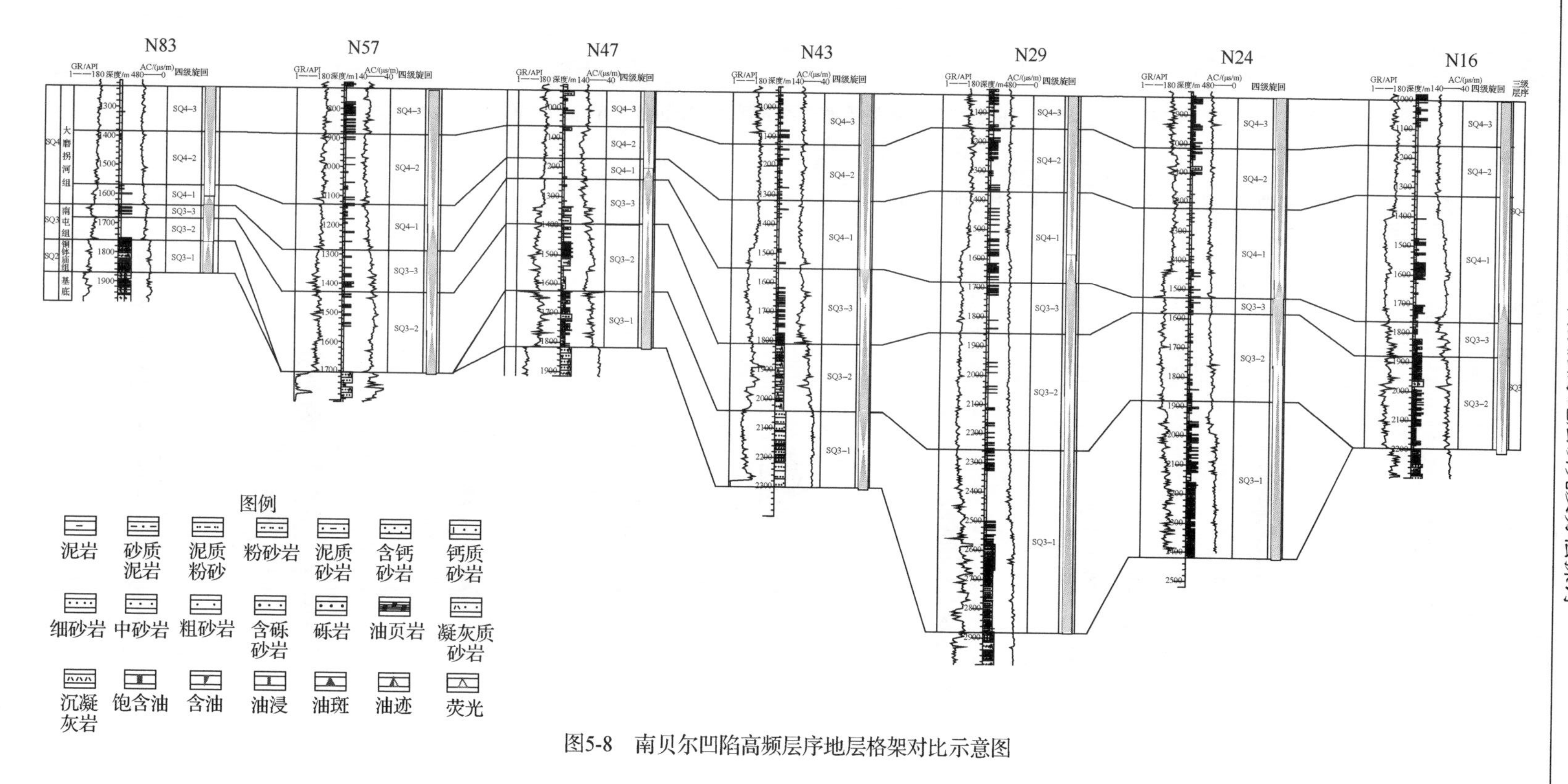

图5-8　南贝尔凹陷高频层序地层格架对比示意图

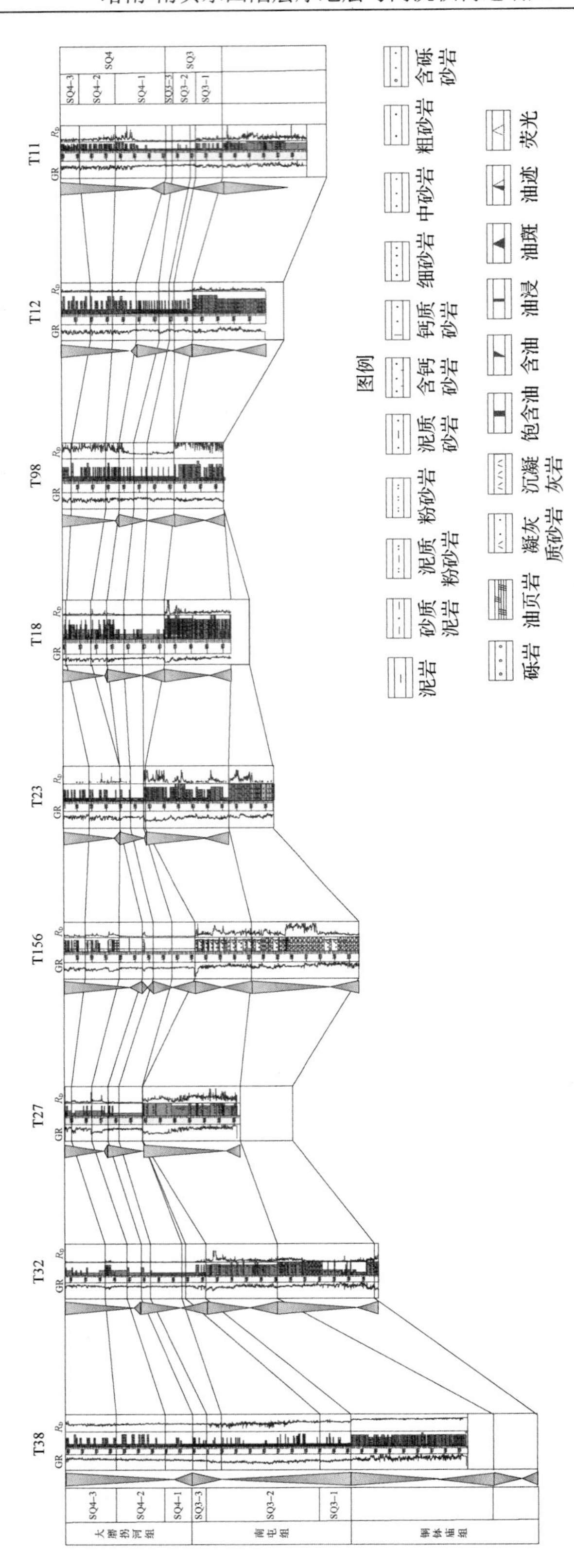

图5-9　南贝尔凹陷高频层序地层格架对比示意图

第六章　沉积体系综合分析

根据测井曲线形态、岩心观察描述、地震相特征及岩相组合分析，结合薄片镜下观察、微量元素及重矿物等资料的综合研究，本章在白垩系下统共识别出了六大沉积体系：冲积扇体系、扇三角洲体系、近岸水下扇体系、湖底扇体系、湖泊相体系和(正常)三角洲体系。

第一节　沉积体系类型划分

一、沉积体类型

20 世纪 60 年代，Fisher 等(1969)提出了沉积体系(depositional system)这一概念，并做了如下定义：现代的沉积体系是相关相、环境及伴随的过程组合，古代的沉积体系是成因上被沉积环境和沉积过程联系起来的相的三维组合(Friedman，1971；Frostick and Reid，1977；Flores，1983；Geehan et al.，1986；Folk，1966)。这种定义比 20 世纪 50 年代更为进步，这体现在其认为沉积体系和相都是沉积体，同时沉积体系分析注意到沉积体系形成的古环境、堆积的几何形态及相互组合关系等。这种沉积体系分析方法在石油地质领域更具有针对性和实效性。Fisher 等(1972)总结并划分出了九种沉积体系，分别是：①河流体系；②三角洲体系；③障壁坝-海岸平原体系；④潟湖-海湾、河口湾和潮坪体系；⑤大陆克拉通内陆架体系；⑥大陆和克拉通内斜坡和盆地体系；⑦风化沉积体系；⑧湖泊沉积体系；⑨冲积扇和扇三角洲体系。对于寻找和研究石油、天然气和煤等找资源型地质领域来说，这类研究课题已取得了丰硕的成果，并有大量著作的发表。如从 20 世纪 90 年代以来，许多国内外学者纷纷发表沉积体系学术论著，进一步推动了沉积学向更高水平迈进(Wards，1988；Wise et al.，1991；Walker and James，1992；Zarza et al.，1992；Wescott，1993；张震等，2009)。

二、沉积体系划分

在本章沉积体系部分，重点介绍陆相断陷盆地中最为常见的沉积体系类型，主要包括冲积扇、近岸水下扇、扇三角洲、三角洲、河流-湖泊沉积体系，并把这几类沉积体系进一步了细分，见表 6-1。

值得注意的是，当代层序地层学的研究体系已把相和沉积体系完全纳入了一个体系，其研究技术核心是首先建立精确的等时地层格架单元(Yang，1985；Wells and Dorr，1987；Wang and Coward，1993；Trewin，1993；Vandenberghe et al.，1994)，并在此基础上深入研究内部的沉积体系和相的三维空间组合(薛培华，1991；单敬福等，2015a，2015b，2015c，2015d)，这是确定有利储集相带的基础。相的分析方法已比较成熟，地质上包括岩石成因标志、砂体形态、垂向韵律和横向展布特征等方法；地球物理方法主要包括测井相分

表 6-1　南贝尔凹陷白垩系铜钵庙组—大磨拐河组沉积相分类表

<table>
<tr><th>相</th><th colspan="2">亚相</th><th>微相</th><th>主要分布层位</th></tr>
<tr><td rowspan="3">洪(冲)积扇</td><td colspan="2">扇根</td><td></td><td rowspan="3">铜钵庙组</td></tr>
<tr><td colspan="2">扇中</td><td></td></tr>
<tr><td colspan="2">扇端</td><td></td></tr>
<tr><td rowspan="3">近岸水下扇</td><td colspan="2">扇根</td><td>主沟道、辫状沟道、河道间</td><td rowspan="3">铜钵庙组
南屯组</td></tr>
<tr><td colspan="2">扇中</td><td>辫状沟道、河道间</td></tr>
<tr><td colspan="2">扇端</td><td>沟道末梢</td></tr>
<tr><td rowspan="3">湖底扇</td><td colspan="2">内扇</td><td>主沟道、辫状沟道、河道间</td><td rowspan="3">南屯组</td></tr>
<tr><td colspan="2">中扇</td><td>辫状沟道、辫状沟道侧翼、河道间</td></tr>
<tr><td colspan="2">外扇</td><td>漫流、片流沉积、沟道末端</td></tr>
<tr><td rowspan="4">扇三角洲</td><td colspan="2">扇三角洲平原</td><td>水上分流河道、分流河道间</td><td rowspan="4">铜钵庙组
南屯组</td></tr>
<tr><td rowspan="2">扇三角洲前缘</td><td>内前缘</td><td>水下分流河道、水下分流河道间、河口坝</td></tr>
<tr><td>外前缘</td><td>席状砂、远岸水下扇、湖泥</td></tr>
<tr><td colspan="2">前扇三角洲</td><td>湖泥、滑塌浊积扇</td></tr>
<tr><td rowspan="3">三角洲</td><td colspan="2">三角洲平原</td><td>水上分流河道、河道间</td><td rowspan="3">大磨拐河组</td></tr>
<tr><td colspan="2">三角洲前缘</td><td>水下分流河道、水下分流河道间、河口坝、湖泥</td></tr>
<tr><td colspan="2">前三角洲</td><td>湖泥、滑塌浊积扇</td></tr>
<tr><td>湖泊</td><td colspan="2">滨浅湖</td><td>滩、坝、席状砂、湖泥</td><td>铜钵庙组
南屯组
大磨拐河组</td></tr>
</table>

析和地震相分析等。在相的分析基础上，现代地质学家和沉积学家通过考察大量的现代沉积，运用将今论古方法，建立和恢复古代各种相模式，这在实际应用中具有一定的作用。但实际研究成果表明，根据这种将今论古方法建立起来的相模式只能是借鉴，实际上古代的沉积环境完全不能用今天的思维逻辑去简单套用，地质的进程是不可逆的，是一直向前发展的，古代的河流的宽度和规模可能远远超乎了人们的想象。比如说，古代常见到陆表海环境，而现在却没有或极少见，那么在那样一种地理环境下，沉积体系的发育特点就只能靠现在的人们去模拟和推测。油田生产实践证明，很多实际遇到的类型与典型沉积模式存在较大差异或存在用经典理论模式难以解释的情况，这就只能通过实践逐渐的摸索了。

根据地震相、测井相、岩心相及相组合分析，结合镜下、地球化学等数据进行综合研究(冯增昭，1992，1994；杜启振等，1999)，本章在塔南-南贝尔凹陷下白垩统地层共识别出了六大沉积体系，笔者就其识别标志与特征分别进行了分析和论证(单敬福等，2013a，2013b)。

第二节　沉积体系识别与特征

一、冲积扇体系

冲积扇又称洪积扇(alluvial fan)，是河流出山口处的扇形堆积体(图 6-1)。当河流流出谷口时，摆脱了侧向约束，其携带物质便铺散沉积下来(Chawner，1935；Larsen and Steel，1978；Wells and Harvey，1987；Hubert and Filipov，1989；Baltzer and Purser，1990；

Rachocki and Church，1990；Ridgway and DeCelles，1993）。冲积扇平面上呈扇形，扇顶伸向谷口；立体上大致呈半埋藏的锥形。其在多种气候条件下都可形成，在加拿大的北极地区、瑞典的拉普兰(Lappland)区、日本、阿尔卑斯山、喜马拉雅山以及其他温暖至湿润的地区均可见到，而在干旱、半干旱地区发育最好，由暴发性洪流形成，在一些山间盆地区尤为突出，通常被视为荒漠地形的特征。冲积扇有几种重要的类似物，例如河流三角洲，不同之处是后者在河流入海或其他水体处的水下形成；再如深水海底扇，形成于洋底，由通过海底峡谷搬运的沉积物堆积而成。研究现代冲积扇，以便辨认古冲积扇，从而为研究地质历史提供线索。

图 6-1　典型现代冲积扇卫星遥感照片(据 Google Earth，2008)

冲积扇对人类有实际经济意义，尤其在干旱与半干旱区，它是用于农业灌溉和维持生命的主要地下水水源。有些城市，例如洛杉矶，整个都建在冲积扇上。冲积扇规模及大小，主要与沉积物供给量、气候因素、物质来源区及堆积区的地形条件有关。在温带或湿润地区，降雨和洪流频率高，侵蚀作用阻碍了冲积扇的增长，湿润区统贯冲积扇的水流把沉积物多半都搬运到冲积扇范围以外去，也阻碍了大冲积扇的发育。冲积扇上有各种类型的水流，从较清的水流到泥石流等。清水与其他环境中的清水类似，具有同样的物理与水力学规律，对沉积物进行同样良好的分选，只是水系形态有差别。在山区是各支流汇入主流，而在冲积扇上则倒置为主河流入补给自由分岔的支流。当山地物质来源区有大量细粒物质时，加上强烈暴雨，可形成高稠度的泥石流，其中巨砾的重量可比在水中减轻 60%，因此搬运能力很大。

研究区内冲积扇沉积体系主要分布在盆地发育初期的铜钵庙组沉积早期，特别是在铜钵庙组的下部层序 SQ1 沉积时期，盆地内部接受沉积的区域面积较小且分散，火山活动较为频繁，盆地主要发育冲积扇沉积体系，沉积物以凝灰质砾岩、角砾岩、凝灰岩等岩性为主。

在塔南-南贝尔凹陷中，由于火山物质对沉积体系物源的影响较大，火山灰等物质对沉积体系沉积物的颜色影响较为明显，所以本区的冲积扇中的沉积物可能以角砾岩、砾岩和灰色、灰白色泥岩、凝灰岩为主。截至目前，该区所有钻井资料中的大部分岩心岩屑数据均没有揭示表征冲积扇特征红色、棕色砂岩、砾岩等岩性信息，仅有极少数井揭示了铜钵庙组下部发育的红色泥岩层及砂砾岩层。在地震相特征中，冲积扇沉积体系一般表现为杂乱的地震反射波组，其外形一般受到后期构造运动、剥蚀等影响，无典型的丘状、楔状外形。

二、扇三角洲体系

扇三角洲(fan delta)，是冲积扇推进到海或湖泊中形成的三角洲沉积(图 6-2)。McGowen(1971)最早对扇三角洲进行了研究，Galloway 等(1983)很早就对扇三角洲沉积发育史进行了系统描述，并强调了其与正常经过河流搬运三角洲形成机理的差异性。国内有学者解习农和程守田(1992)通过对阜新、霍林河等湖盆扇三角洲精细研究，提出把扇三角洲按三角洲划分方法分别划分出平原和前缘部分。

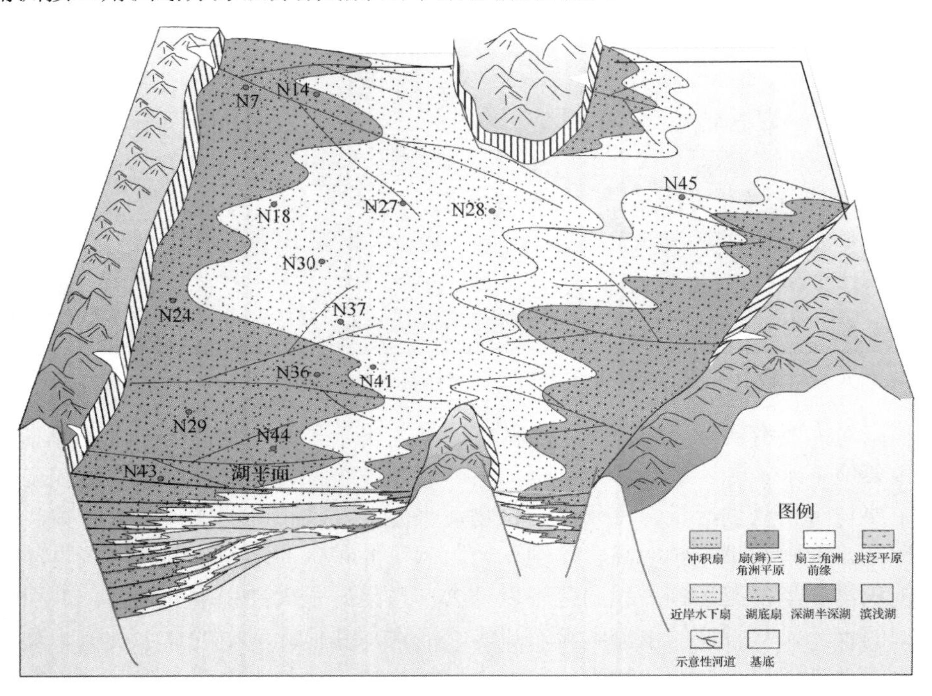

图 6-2　扇三角洲沉积模式图

经过对国内外大量扇三角洲研究实例及研究成果，总结出其沉积发育特征：①扇三角洲经常发育在断陷湖盆的陡坡带一侧，其近端部分紧邻盆缘控陷断裂的根部，由于断裂两侧古地貌的巨大差异，扇三角洲沉积物粗、分选差，并以重力流占主导地位，近端以泥石流、筛状沉积和远程片流、漫流及浊流沉积等位特征，这是与河流成因三角洲发育模式最重要区别；②多数扇三角洲都有水上、水下部分，并以水下为主，如果缺失水上部分，则称为近岸水下扇，并且粒度可能偏粗、分选、磨圆度更差，具有水下部分是与冲积扇最为显著的区别，如果属于潮湿型扇三角洲，在平原部分易形成煤层；③扇三角洲平原及前缘均发育有粗粒充填的水上分流河道沉积，在前缘则有大面积席状砂体；④扇三角洲发育的多为扇状，这人们常说的陡坡扇形、缓坡朵叶、长轴鸟足的观点基本一致，也就是说恰恰因为陡坡经常发育扇三角洲，才表现为扇形(于断陷湖盆而言)，河流体系入湖所形成的鸟足状却很少见于扇三角洲沉积环境。

目前研究认为，扇三角洲多发育在湖泊短轴方向上，具有距湖盆水体与物源区近、高差大、物源丰富等特征。扇三角洲可以发育在盆地的高水位期，也可以发育在湖平面收缩期和低位期。扇三角洲沉积体系是本区最为发育的一种沉积类型，其主要发育在铜钵庙组沉积期，集中分布在东次凹南北次洼槽陡带一侧，如在东次凹南洼槽带N59井、N71井区、北洼槽N43井区有着广泛的分布；而在南屯组末期陡带也有所发育，主要局限在东次凹陡带一侧，如在N29井区等都有所分布。铜钵庙组和南屯组沉积时期，两者均处于气候湿润、湖泊发育的沉积环境中(前者为局部深水，后者为广域深水)，周缘物源沉积体系很快进入湖泊，形成广泛分布的扇三角洲沉积体系类型。受古构造、古地形、水动力条件等不同因素的控制，不同扇三角洲的分布范围、形态等表现出不同情况。扇三角洲各种亚相(平原、前缘、前扇三角洲等)的识别标志较多，各种标志的综合应用，可以较为准确的识别出扇三角洲沉积体系类型。

1. 沉积背景和形成条件

扇三角洲发育的基本条件是物源区地势高、坡降陡，这样由碎屑流和辫状河携带的碎屑物质易进入浅水环境而形成扇三角洲沉积。

2. 主要相标志

所谓相标志(facies marker)是指反应沉积相的一些标志，它是相分析及岩相古地理研究的基础。可归纳为岩性、古生物、地球化学和地球物理四种相标志类型(Davis，1899，1900；Hahmann，1912；Karges，1962；Bluck，1967；Dalrymple，1984；Crook，1989；Langford，1989；Cuevas et al.，2010)。沉积岩特征(包括岩性特征、古生物特征及地球化学和地球物理特征)的这些要素是相应各种环境条件的物质记录，通常称为相标志。

1)反映浅水环境的岩性特征

扇三角洲是浅水环境中沉积的砂体，其岩性特征主要由浅紫红色凝灰质泥岩、绿灰色泥岩、浅灰色泥岩夹粉细砂岩、粗砂岩和含砾砂岩组成(图 6-3)，仅在扇三角洲前缘和前三角洲有灰色泥岩沉积。这种岩性特征能反映浅水氧化环境，以N59井铜钵庙组地

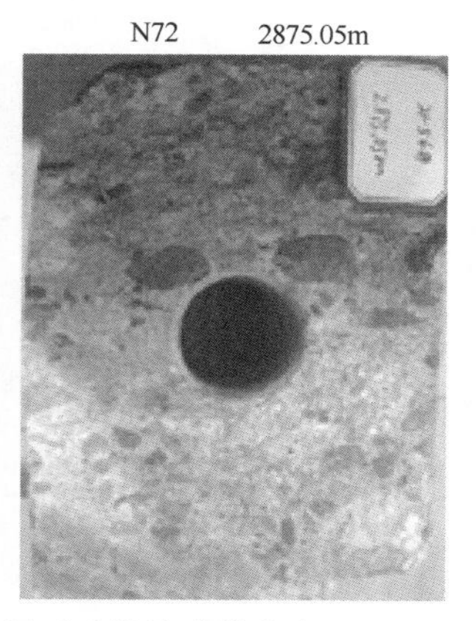

图 6-3　N72 井铜钵庙组地层反映结构成熟度岩心图

层 1750~2100m 层段为例，岩性组合为大套粗碎屑沉积夹薄层代表浅水环境的泥质沉积，代表浅水快速堆积的产物。

2）成分和结构成熟度特征

由于形成扇三角洲的山区河流流程短，所以河流携带的大量碎屑物质得不到充分的分选而很快堆积下来，使得扇三角洲沉积物较粗，成熟度较低。但本区铜钵庙组发育大型扇三角洲粗碎屑沉积体，碎屑物质搬运距离较长，并经过强水流作用的分选和磨蚀，存在中等的分选性和磨圆度，成熟度中等。

3）反映以牵引流搬运机制为主的粒度特征

根据不同构造单元的 C-M 图分析(图 6-4)，大部分以重力流沉积和牵引流过渡方式为主，代表了近岸快速堆积地层发育模式。在粒度表现上，以 N44 井、N59 井为例，粒度概率曲线基本以两段式为主(图 6-5)，缺少滚动组分，其中一类跳跃组分含量较低，基本小于 50%，岩性为粉砂岩和泥质粉砂岩，跳跃斜率较陡，表明分选程度中等，大致为扇三角洲前缘水下分流河道间沉积，另一类跳跃组分含量较高，宽区间，斜率低，表明分选程度较差，对应的岩性为细砂岩，反映水流能量较强的扇三角洲前缘水下分流河道沉积。

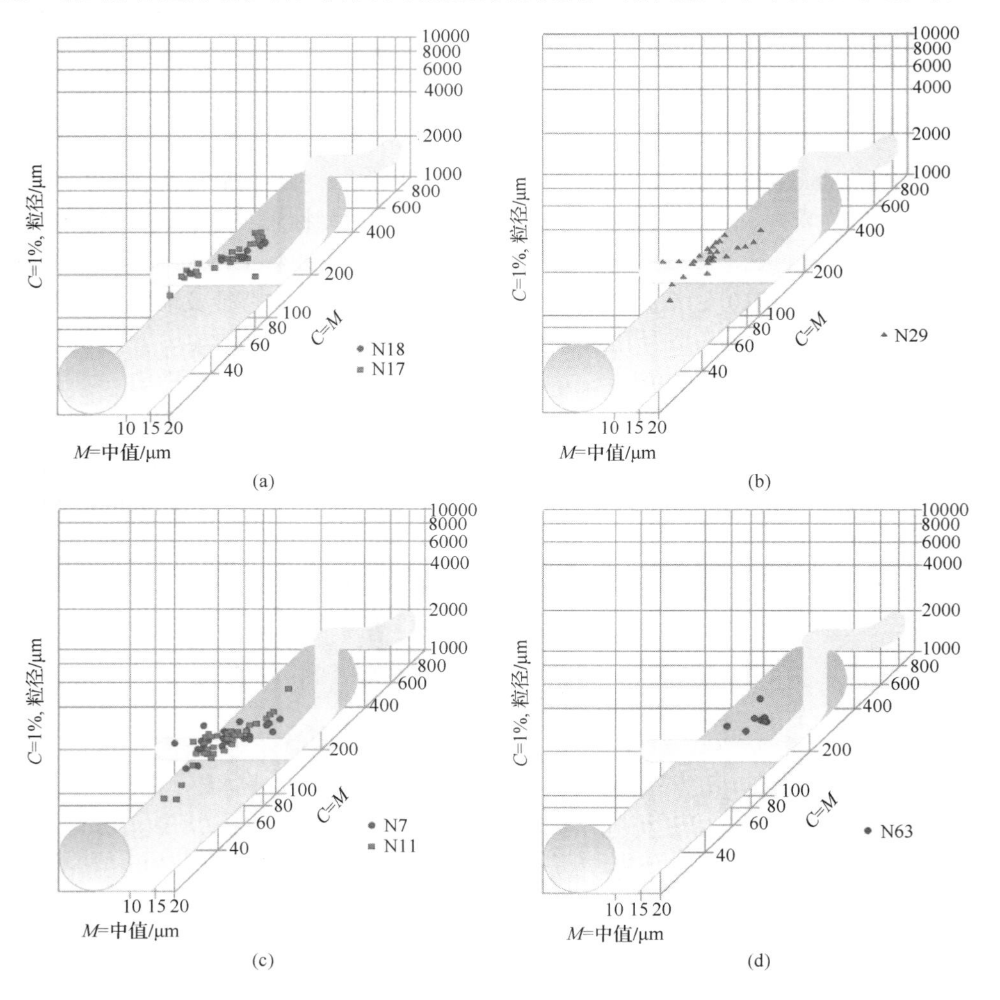

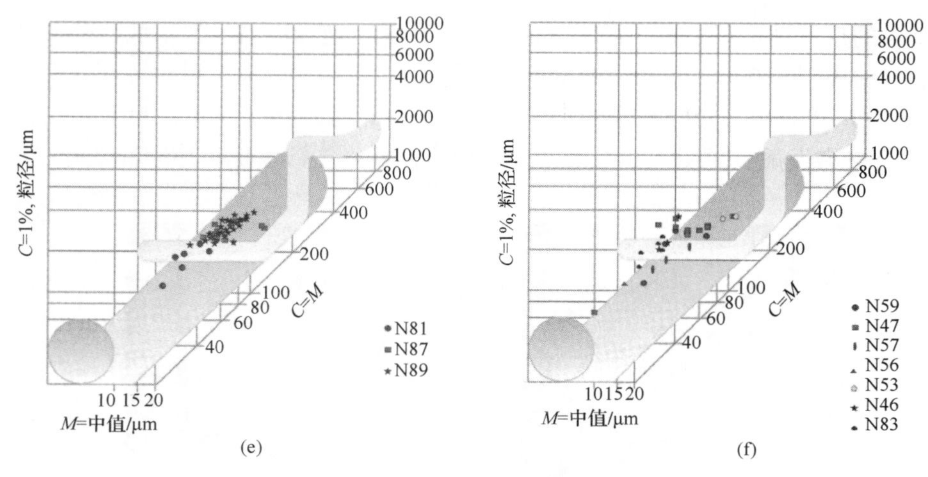

图 6-4　不同井区 C-M 图粒度特征

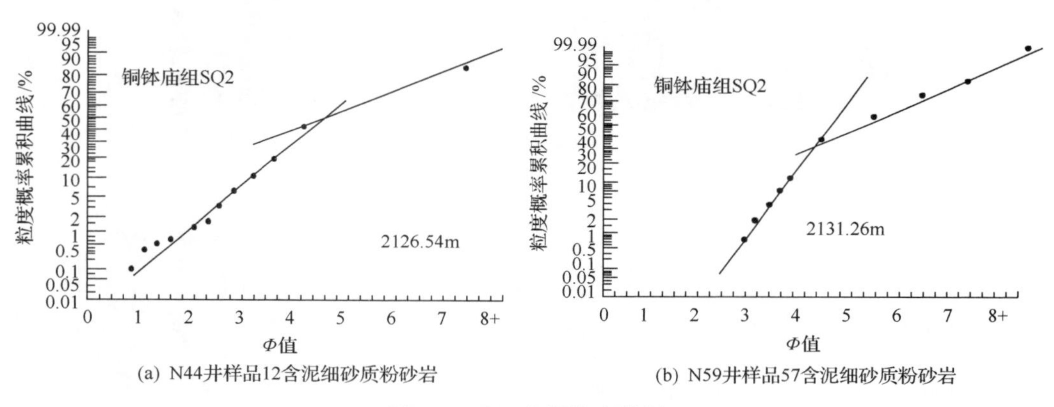

图 6-5　扇三角洲粒度特征

4)反映以牵引流搬运机制为主的粒度特征

扇三角洲发育各种沉积构造，但以牵引流形成的沉积构造为主，伴有重力流成因的沉积构造。通过南贝尔岩心观察描述，很多井如 N29 井南屯组一段地层以近岸水下扇沉积为主，在该井点处恰好钻遇辫状主河道沉积，通过岩心观察(图 6-6)描述，见砾石呈叠瓦状定向排列，内也可多见底砾冲刷面，反映牵引流成因机制的河道砂砾沉积(Pettijohn，1949，1957；Oomkens and Terwindt，1960；Levorsen，1967；Mclean，1977；McDougall，1989；Morgan，1993；Nadon，1994；Miall，2014)。当湖浪作用较强、物源供给不很充分时，形成交错层理细砂岩相或斜层理、波状层理粉(细)砂岩相。当物质供给充分时，形成厚层的以块状层理或平行层理为主的粉(细)砂岩相。并且发育凹凸不平的冲刷充填构造，这些都反映了牵引流成因的搬运方式(Luttrell，1933；Johansson，1963；Higham，1963；Forgotson and Stark，1972；Gustavson，1974；Hempton and Dunne，1984；Klicman et al.，1988；Mack et al.，1993；King，2015)。

5)地震反射特征

扇三角洲的地震反射特征主要由其砂体规模、空间展布和地形起伏大小所决定。扇三角洲平原的反射结构不稳定，从平行成层到无反射，连续性差，振幅低，外形是向盆地边缘加厚的楔形，例如，在塔南 Line1609 测线南屯组地层，地震反射特征为楔状前积反射(图 6-7)，代表扇三角洲沉积特征。扇三角洲前缘和前扇三角洲的反射结构多变，平行-亚平行、微发散或倾斜前积反射，向盆地方向反射层数增加，连续性变好。

图 6-6　南贝尔凹陷 N29 井南屯组地层反映牵引流成因机制的岩心图

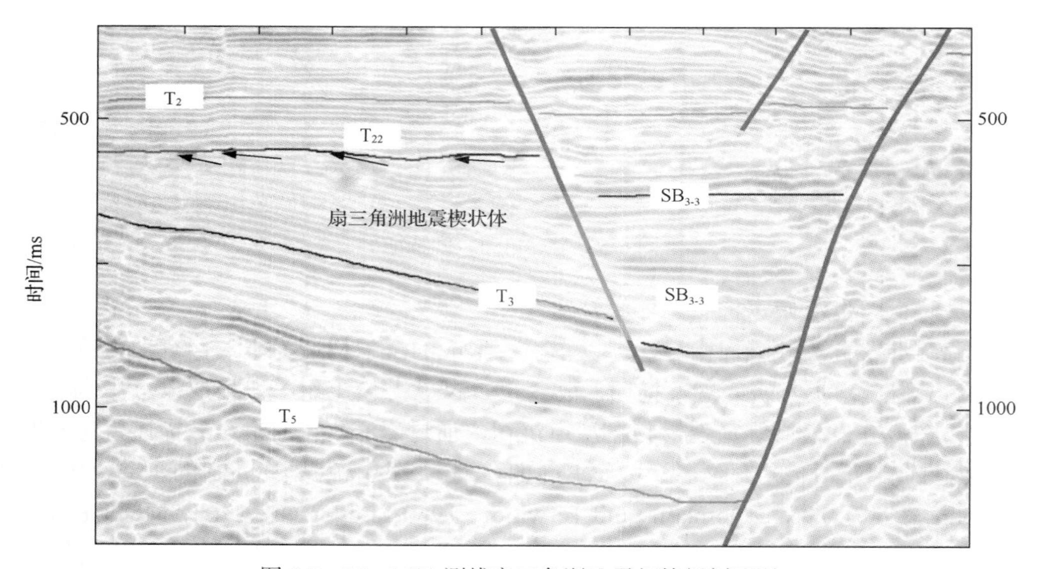

图 6-7　Line1609 测线扇三角洲地震相特征剖面图

6) 电性特征

典型的扇三角洲电性曲线特征：水上分流河道的自然电位曲线为中高幅、顶底突变的箱形或钟形(图 6-8)；水下分流河道间的自然电位曲线特征为中低幅齿化曲线(图 6-9)；前缘席状砂的自然电位曲线形态为不规则钟形、指状和漏斗状负异常组合；前三角洲的自然电位曲线为平直的基线。

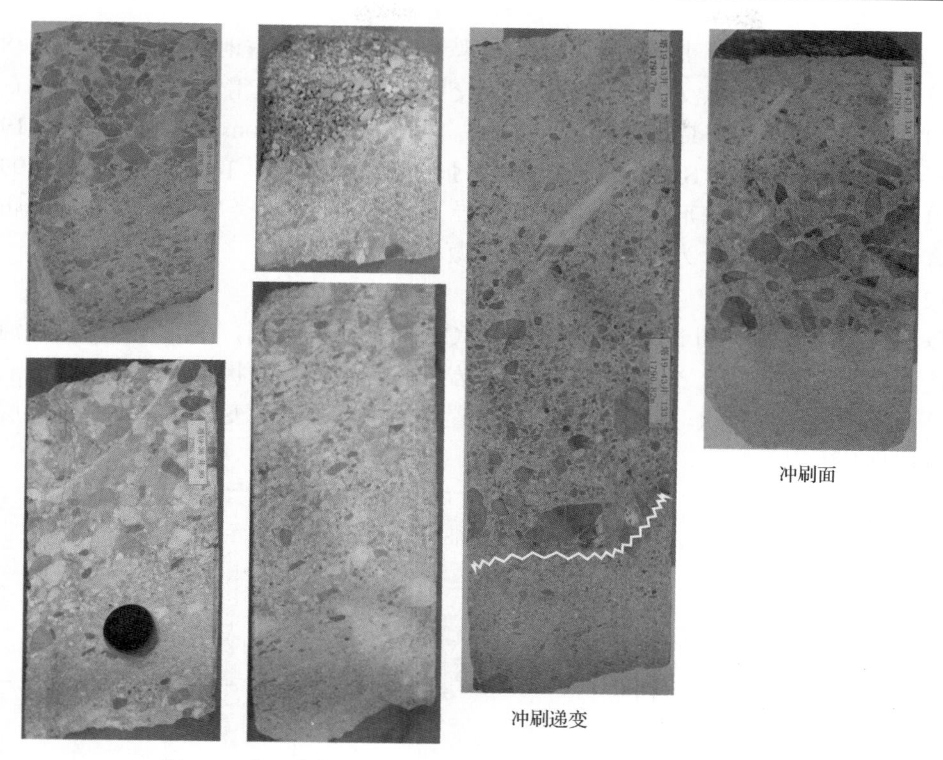

图 6-8　扇三角洲平原河道底部冲刷沉积构造特征岩心照片

3. 扇三角洲亚相单元的识别与划分

根据岩相组合、测井相及地震相特征，将扇三角洲划分为扇三角洲平原、扇三角洲前缘和前扇三角洲三个亚相，细化研究时还进一步把扇三角洲前缘细分为扇三角洲内前缘和外前缘，内外前缘的划分以是否分布水下分流河道为划分依据，把水下分流河道、河口坝定为内前缘亚相，而席状砂和远砂坝则定为外前缘亚相(表 6-1)。

1) 扇三角洲平原亚相

扇三角洲平原亚相分布在断陷湖盆同生断层根部，如在塔南-南贝尔东次凹陡带一侧，如在 N59 井、N43 井、N29 井等井区集中分布；其次是小型断陷湖盆的缓侧。其岩性由大套的杂色砾岩、砂砾岩、砂岩所组成，有明显的正韵律。成分成熟度、结构成熟度均低，自然电位表现为齿化箱形与钟形组合，按其沉积特征可细分为辫状河道、河道间、河间洼地微相(表 6-1)。由于物源供给充足，该区扇三角洲不断向湖中推进，纵向演化上具明显的前扇三角洲-扇三角洲前缘-扇三角洲平原的进积旋回(图 6-8，图 6-9)(Stapp，1967；Conaghan and Jones；1975；Wilson，1975；Statham，1976；Aitken，1978；Visser，1980；Wightman et al.，1981；Burchfiel and Royden；1982；Benkhelil，1982；Berg，1986；Berne et al.，1988；Dueholm and Olsen，1993；Ahmad et al.，1993；Best and Bristow，1993)。

(1) 水上分分流河道微相。

岩性为块状厚层中粗砾岩、砂质细砾岩、含砾砂岩。砂砾岩单层厚度大，一般为 5～

15m。在剖面上具有下厚上薄和下粗上细的特点，砂砾厚度占地层厚度的40%～80%。主要发育块状层理、板状交错层理、不规则交错层理，局部见滑塌变形层理和砾石定向排列(Tolman，1909；Udden，1914；Visher，1964；Summerson，1976；Jones，1977；Visser and Dukas，1979；Swift et al.，1987；张红薇等，1998；Todd and Went，1991)。自然电位曲线为不规则箱形、钟形和指状负异常组合，该微相类型在N59井铜钵庙组地层发育大段杂色砂砾岩，为典型的河道沉积微相类型。

(2)河道间微相。

以N67井、N72井和N76井铜钵庙组(SQ2)目的层段为例，在剖面上与辫状河道微相砂砾岩呈不等厚互层。岩性为浅灰绿色泥岩、含砾不等粒块状砂质泥岩、夹砂质砾岩条带。分选差，呈棱角状。以小型正韵律叠置层为主，顶部渐变，偶见不规则斜层理和透镜状层理(图6-9)。

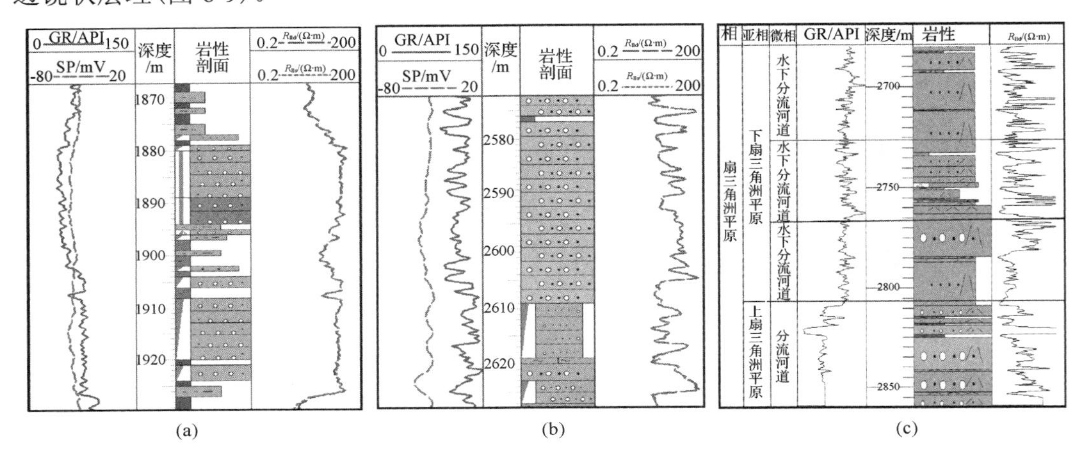

图6-9　N67井、N72井和N76井扇三角洲平原河道微相沉积特征

(a)N67井(SQ2 1870~1928m)；(b)N72井(SQ2 1870~1928m)；(c)N76井(SQ1 2682~2808m)

2)扇三角洲前缘亚相

扇三角洲前缘亚相是冲积扇入湖以后的水下部分，分布范围广，且集中分布在铜钵庙组地层及南屯组上部的东次凹南北洼槽陡带一侧。主要发育水下分流河道、分流河道间和席状砂微相(表6-1)。

(1)水下分流河道微相。

以南贝尔凹陷东次凹北洼槽塔N44井1890~2210m铜钵庙组目的层段为例，水下分流河道微相为水上分流河道在水下的延伸部分，沉积物受水流和波浪的双重影响(Trowbridge，1911；Geddes，1960；Woodland and Evans，1964；Franklin and Clifton，1971；Wopfner et al.，1974；van Overmeeren and Staal，1976；Klimetz，1983；Jones and Rust，1983；Iwaniw，1984；Hamlin and Cameron，1987；Ingersoll，1988；Titheridge，1993；Rhee et al.，1993；Morozova and Simth，2003)。岩性主要为杂色块状砂岩及含砾砂岩，夹薄层灰及深灰色泥岩。为下粗上细的正韵律叠置层，底部有冲刷充填构造，呈向上变细的层序，层序厚度一般为1~5m，顶部可见生物扰动构造和倾斜潜穴。发育大、中型板状交错层理、楔状交错层理及平行层理。自然电位曲线为中高幅箱形或钟形负异常组合(图6-10，图6-11)。

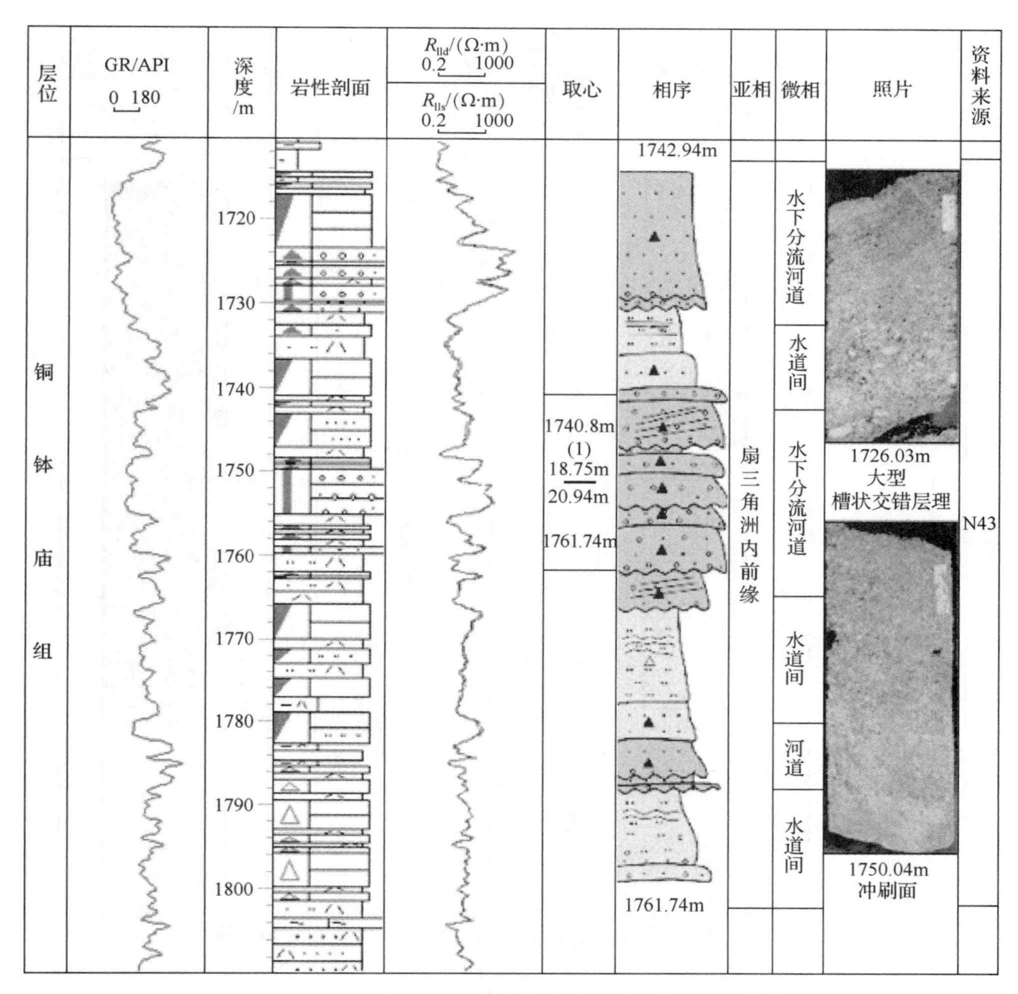

图 6-10 N24 井扇三角洲前缘河道与河道间微相沉积特征

(2) 水下分流河道间微相。

水下分流河道间微相主要由泥质粉砂岩、粉砂质泥岩及少量粉砂岩组成。泥岩及粉砂岩的颜色为紫红色、灰绿色及浅灰色。分选一般较差，有漂浮结构及似斑状结构，这是洪水期间沉积物从分流河道中溢到分流河道间沉积所致。主要层理构造为断续波状及波状层理，次有小型交错层理、透镜状层理等。自然电位曲线为中低幅齿形。概率曲线由 4~5 个总体构成，跳跃总体由不同斜率的直线段构成，反映了波浪的淘洗作用，如在 N24 井铜钵庙组地层中，砂泥频繁互层，以泥质含量高为特征(图 6-12)。

(3) 席状砂微相。

以南贝尔东次凹北洼槽 N18 井 2150-2310m 及塔南 N24 井 1930~1980m 铜钵庙组目的层段为例(图 6-11，图 6-13)，席状砂微相分布在扇三角洲前缘亚相的最前部，水动力条件明显减弱。主要为粉砂、泥质粉砂沉积，夹有灰色、绿灰色泥岩。砂岩分选中等-较好，块状、平行波状层理是该亚相的主要沉积构造类型，层厚为 1~4m。自然电位为小型不规则钟形、漏斗形或指形负异常组合。

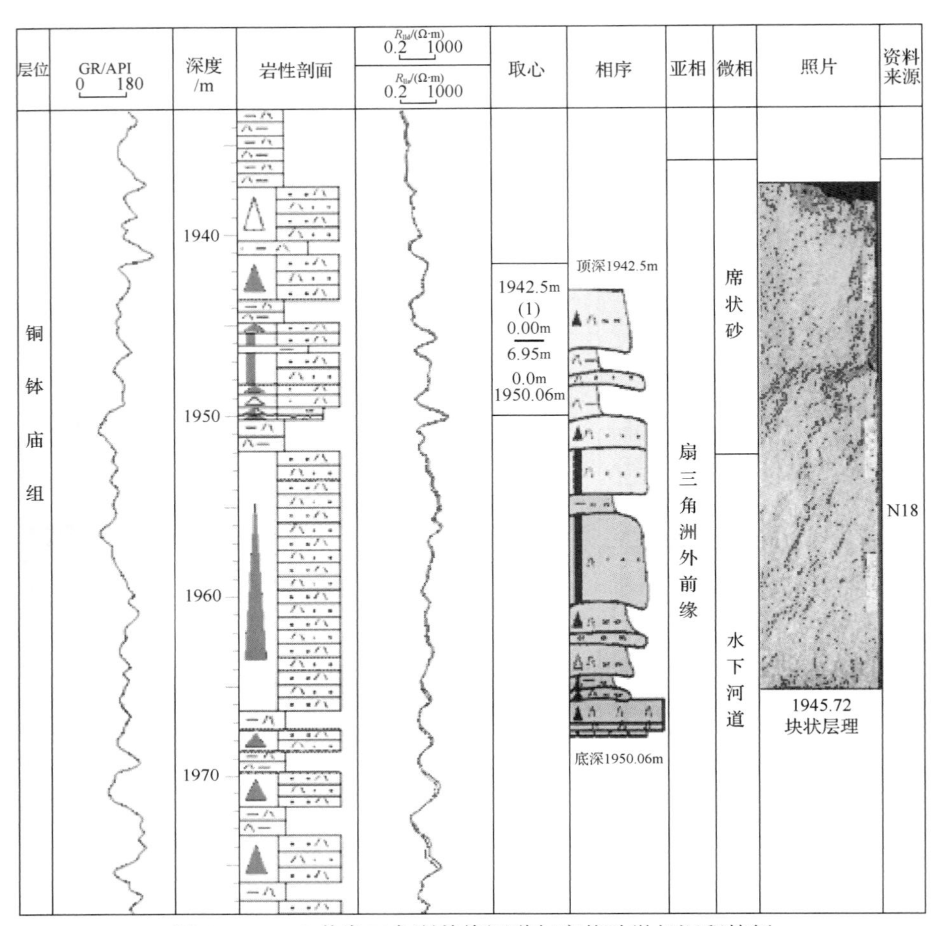

图 6-11　N18 井扇三角洲前缘河道与席状砂微相沉积特征

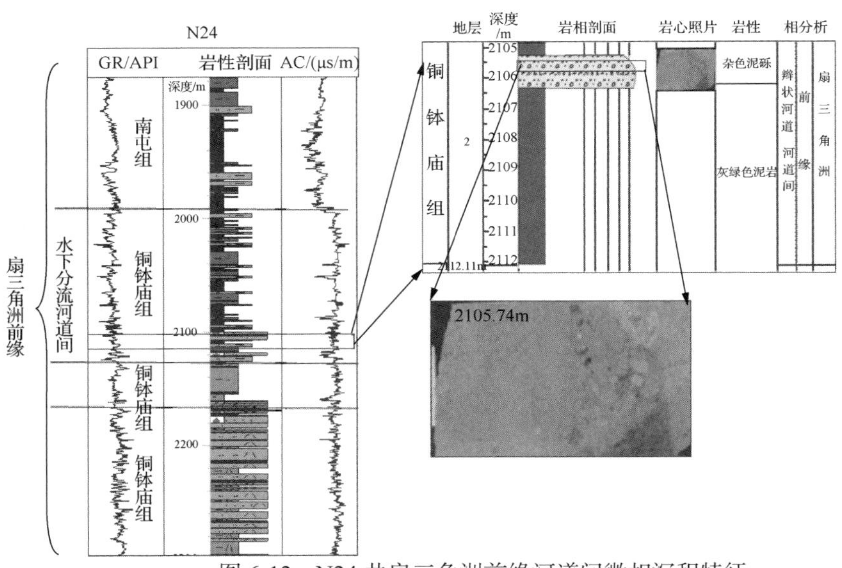

图 6-12　N24 井扇三角洲前缘河道间微相沉积特征

N24 井，2015. 74m 铜体庙组，灰白色中砂岩含砾，内见泥砾

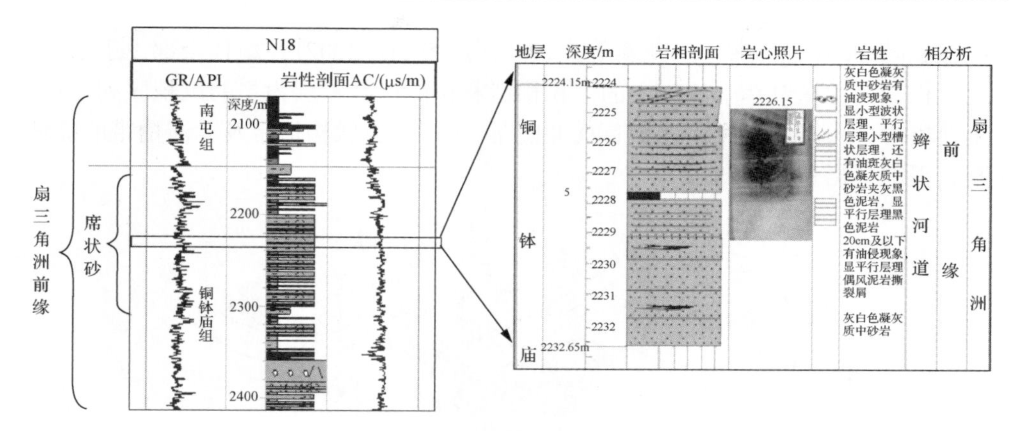

图 6-13　N18 井扇三角洲前缘席状砂微相沉积特征

N18 井，2016.13m 南屯组，灰白色中砂岩，含凝灰质，见波状层理；2374.07m 铜钵庙组，杂色砾岩，呈叠瓦状排列

扇三角洲形成的沉积构造背景决定了它的岩性岩相特征、微相类型及其空间分布规律。根据沉积特征、砂体分布及其纵向演化规律，总结出研究区的扇三角洲相模式：本区扇三角洲在陡岸沟口呈扇形分布，辫状河道为主要微相，其他微相很不发育。且由于陡坡带断层活动性较强，对沉积控制作用明显，使得陡坡带地形范围狭窄，不利于扇三角洲向前延伸，因此扇三角洲前缘席状砂以及前扇三角洲很不发育，只能形成沿大断裂方向展布的窄扇三角洲砂体。

3）前扇三角洲亚相

前扇三角洲一般为深湖、半深湖泥岩沉积，可以发育远岸水下扇（滑塌浊积扇等）等砂体。其自然伽马曲线一般为低幅平直形态，若发育远岸水下扇等砂体则可表现为钟形等曲线形态。

三、近岸水下扇体系

近岸水下扇在海相地层研究常被定义为斜坡扇和盆底扇。而在陆相断陷湖盆中，由于湖盆面积小，入湖的扇体相对湖盆而言要大得多，常可从斜坡延至湖底，在扇三角洲相没被单独定义前，常把这类扇体统称为湖底扇。目前，沉积学界已明确给近岸水下扇下了定义：所谓近岸水下扇，是指扇体整体均匀形成于水下而没有陆上部分，其物源是通过水下河道或水下峡谷将沉积物带到湖底形成的。近年来，通过大量的层序地层学研究发现，在断陷湖盆中，半地堑的陡坡和缓坡均有形成近岸水下扇体的条件，但大多数见于陡坡带。隋风贵（1996）在对东营凹陷永北地区沉积层序研究过程中，总结了一套成熟的水下扇沉积模式（图 6-14）。

1. 沉积背景和形成条件

近岸水下扇是大量粗碎屑物质在山间洪水的携带下，直接堆积在湖盆边缘稳定水体中的扇形体（Chamberlin and Salisbury，1909；Ore，1964；Carlston，1965；Jopling，1965；Martin，1966；Jopling and Walker，1968；Kluth and Coney，1981；Casshyap and Tewari，1982；Lee，1982；Burnett and Schumm，1983；Simlote et al.，1985；Dickinson et al.，

1988；DeLuca et al.，1989；穆龙新等，1998；唐黎明，2002）。扇体全部没于水下，缺少水上沉积物，存在以牵引流为主的沉积构造和正韵律叠置层为主的沉积序列，在本研究区主要集中分布在西次凹南洼槽N81井陡带、东次凹鼻状构造带及北洼槽带的陡坡带，沿大断裂根部呈裙带状展布。

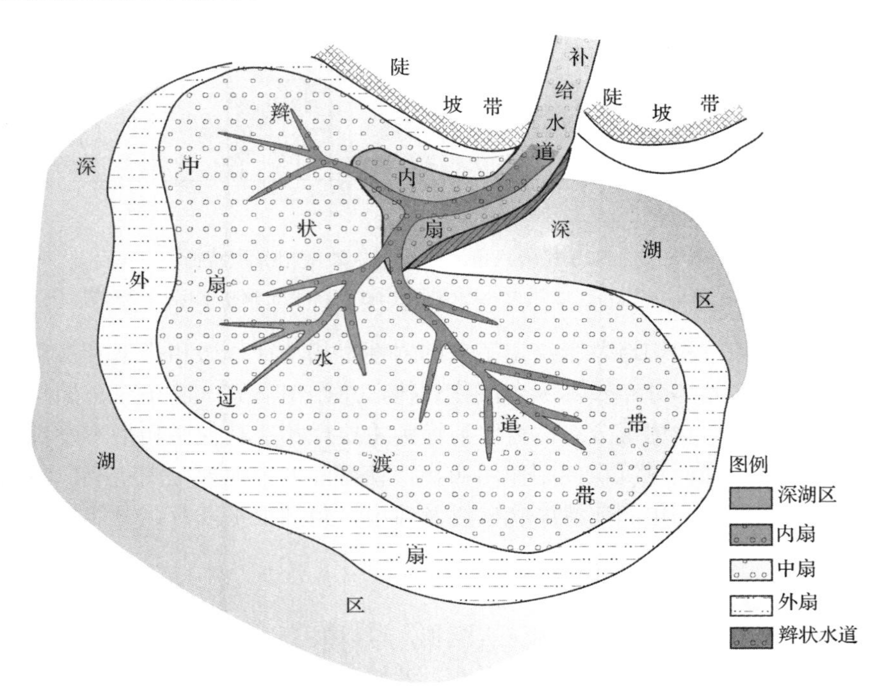

图 6-14　近岸水下沉积扇模式

2. 主要相标志

1) 反应较深水环境的岩性、岩相特征

该区近岸水下扇主要发育在南屯组早期，且集中发育在南贝尔凸起东次凹靠近陡带一侧展布，现以N87井、N89井、N32井和N72井为例，通过对岩心的观察描述，岩心特征大部分体现了重力流成因机制的岩相特点，而N32井则体现了牵引流成因机制特点，结合前面的*C-M*图分析，综合分析认为这恰恰反映了近岸水下扇混合成因机制的特点，其岩性特征主要表现为黑色泥岩夹薄层砂岩，测井相特征表现为典型曲线为弹簧状，岩心相特征以鲍马序列AB段为主，内见泥岩撕裂屑，由块状砂砾岩与浅灰色泥岩不等厚互层，顶部为深灰色泥岩，可见水平纹层理，未见红色泥岩和绿色泥岩(图 6-15)。

2) 以正韵律叠置层为主的正旋回层序

主要表现为多个下粗上细的正韵律准层序叠置层，底部冲刷，向上渐变为深灰色泥岩；反韵律层较少，下部为灰色泥岩，向上逐渐变为粉细砂岩，顶部与灰色泥岩呈突变接触。相应的，自然电位曲线在该工区主要以指状为主，反映了以重力流+牵引流成因机制为主的扇体堆积，如在塔南T50井区，主要是薄层砂岩与黑色泥岩互层沉积序列，与 Walk(1996)提出的经典模式非常类似(图 6-16)。

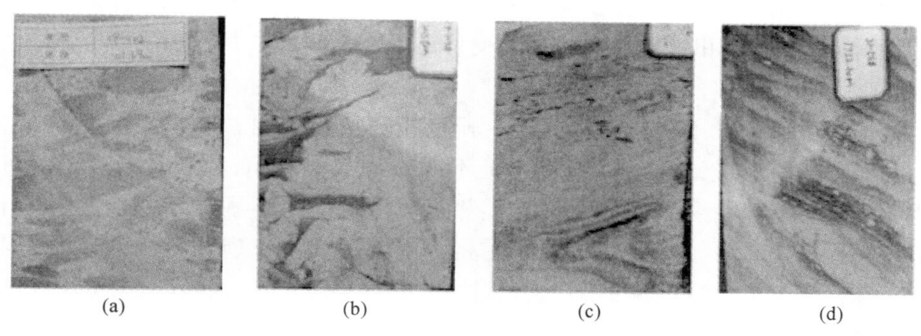

图 6-15　N87 井、N89 井、N32 井和 N72 井岩心分析图

(a)N87 井 1801.69m 南屯组杂色块状含砾粗砂岩，砾石分选差，次圆状，代表近岸滑塌堆积；(b)N89 井 2015.80m 大磨拐河组外扇浊积岩微相中的泥岩撕裂屑及灉滑塌变形；(c)N32 井 1731.16m 铜钵庙组棕灰色油迹含砾精砂岩，大型交错层埋发育，为河道沉积；(d)N72 井 1722.40m 南屯组波状复合层理，内见砂球构造，为扇三角洲前缘-外前缘环境受湖能改造产物

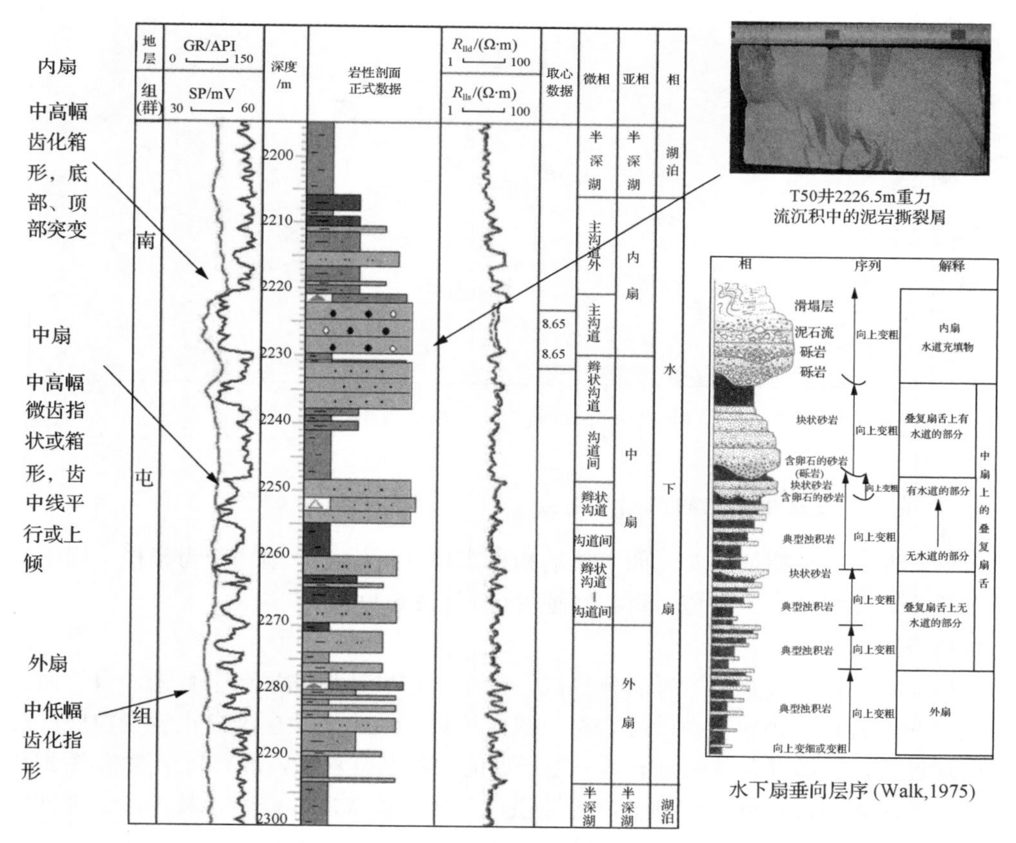

图 6-16　T50 井近岸水下扇垂向相模式与经典水下扇垂向模式对比图

3) 中等成分成熟度和结构成熟度

该区水下扇相的岩石类型主要为凝灰质中细砂岩。分选性和磨圆度中等，并自扇根到扇端具有成分成熟度和结构成熟度逐渐变好的趋势。

4) 地震反射特征

近岸水下扇的地震相主要有楔状相、丘状相和透镜状相。在本工区近岸水下扇因沉积欠补偿作用而造成地震反射结构特征不明显，如在 Line1149 测线的地震剖面中(图 6-17)，除在控陷断层根部有杂乱地震相，对应近岸水下扇体沉积外，沉积中心部位则对应的是强震、高频高连亚平行地震相，说明近岸水下扇的扇体分布很局限，所以目前钻遇的井揭示的岩性偏细与此有很大关系(Shultz，1982；张德林，1995；张军华等，2002)。

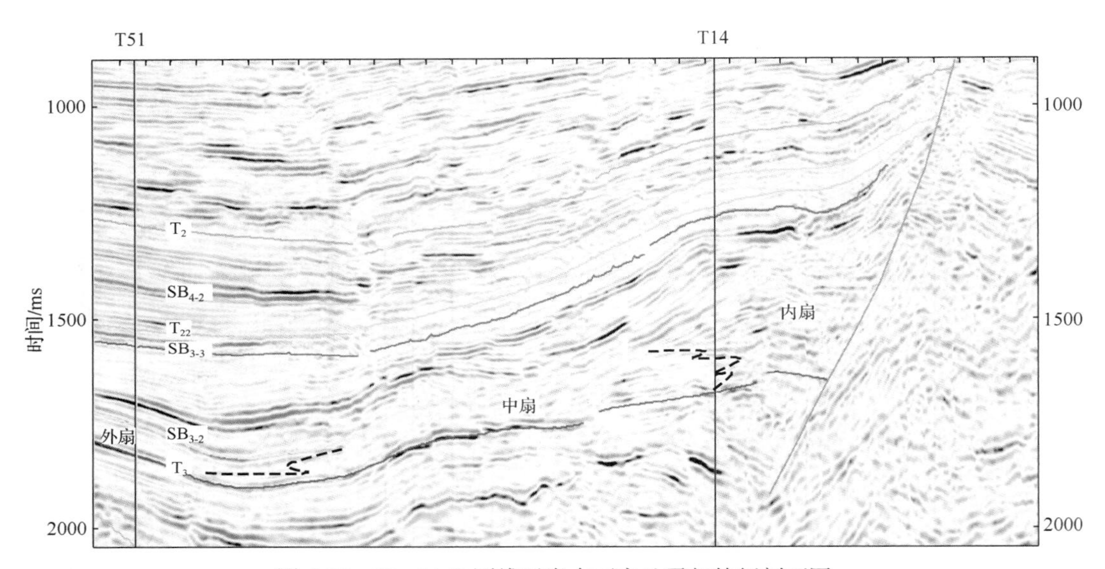

图 6-17　Line1149 测线近岸水下扇地震相特征剖面图

3. 近岸水下扇亚相单元的识别与划分

依据岩性、电性特征以及上面所述的相标志特征近岸水下扇相分为扇根、扇中和扇端三个亚相，并细分为主水道、辫状水道等微相(表 6-1)。

1) 扇根亚相

扇根亚相由连续叠置的砂砾岩体构成，单个水道砂体厚几米至十数米，自下而上由杂基支撑的砾岩相→颗粒支撑砂砾岩相组成，沉积构造由块状层理向正递变粒序层理和平行层理过渡，底部富杂基粗砾岩，呈无层理的块状杂乱堆积，常夹有半深湖-深湖相泥岩。其距物源区最近，分布范围小，岩性粗，主要为凝灰质砂砾岩、凝灰质含砾砂岩夹灰色、浅灰泥岩组成的灰粗剖面。磨圆分选均较差，层理不发育，主要见块状层理、不规则交错层理和滑塌变形层理，此类亚相仅发育在南贝尔凹陷西次凹南洼槽 N83 井区。

2）扇中亚相

碎屑流顺沟谷下泻至变缓的斜坡或沟谷底部的坡洼过渡带，迅速减速并以指状散开呈浊流沿湖盆低洼部位的轴向作惯性流动和同时发生强烈的沉积物卸载作用。扇中亚相可进一步划分为辫状水道、辫状水道侧翼、水道间和水道前缘砂，包括辫状水道、水道前缘等微相。其中辫状水道微相的水动力条件较强，形成一套由厚层浅灰色块状凝灰质砂砾岩、凝灰质含砾砂岩夹薄层粉砂岩及灰色泥岩组成的正旋回剖面。自然电位曲线为钟形和低幅箱形负异常组合。扇中亚相发育板状交错层理、平行层理和槽状交错层理。

扇中的水道前缘微相位于水道能量减弱趋于消失的部位，岩性较细，主要为细砂、粉细砂岩、泥质砂岩与灰色、深灰色泥岩不等厚互层，自然电位曲线呈钟形、漏斗形负异常组合。正韵律，底部弱冲刷，发育板状交错层理、变形层理和波状交错层理。

3）扇端亚相

扇端亚相处于扇体最前端，地形较平坦，水动力条件最弱。岩性为大段深灰色凝灰质泥岩夹薄层粉砂岩、凝灰质泥质粉砂岩和凝灰质粉砂质细砂岩。自然电位曲线呈低幅指状和波状负异常组合。砂岩底突变、顶渐变，发育小型交错层理和波状交错层理，此类亚相类型在南贝尔凹陷一般与扇中亚相难以分开，大多数情况下把扇中和扇端亚相放在一起加以分析和描述。

四、湖底扇体系

湖底扇又称远岸滑塌扇、远岸水下扇，其沉积体系是断陷湖盆中一种重要的沉积体系，因为其主要发育在深湖、半深湖沉积环境中，且通常为暗色泥岩所包围，成藏条件较好，因此通常被作为储层研究的重点。在钻井数据中湖底扇最显著的特点就是砾岩、含砾砂岩、粉砂岩等岩性夹在暗色泥岩中，并且一般比前述碎屑岩的分选较差。研究区内南屯组发育时期湖底扇较为发育，湖底扇砂岩一般包含在湖泊相泥岩中，在地球物理数据和岩心数据上可以较为明显的识别，如在测井数据中，湖底扇浊积岩一般夹在大套的湖相泥岩中，自然伽马测井曲线一般表现为钟形等形态特征；在岩心中，一般表现为递变层理（图6-18）。湖底扇一般分为内扇、中扇和外扇，形成机理类似近岸水下扇，这里不再赘述。

本工区整体的沉积环境有利于水下扇的形成，其有利条件主要有两方面：①湖泊水体长期处于相对深水环境，铜钵庙组处于小盆（局部）深水，南屯组处于大盆（整体）深水，为水下扇的形成提供了水体环境；②工区内断裂系统发育，不同期次不同规模的断层相互交错，为水下扇的形成提供了断洼砂体输送通道和断洼砂体卸载空间。利用各种技术手段恢复不同地史时期的精细断裂展布图、残余地层厚度图及精细古地貌平面图等可以进行水下扇及其他沉积体系的精细研究，为储层预测提供精度更高的地质模型。

1. 岩性特征

识别出的湖底扇内扇很少，为深灰色泥岩夹细砂岩及砂砾岩。中扇为深灰色泥岩夹粉砂岩，发育同生变形构造。外扇为大段深灰色泥岩夹粉砂岩薄层。

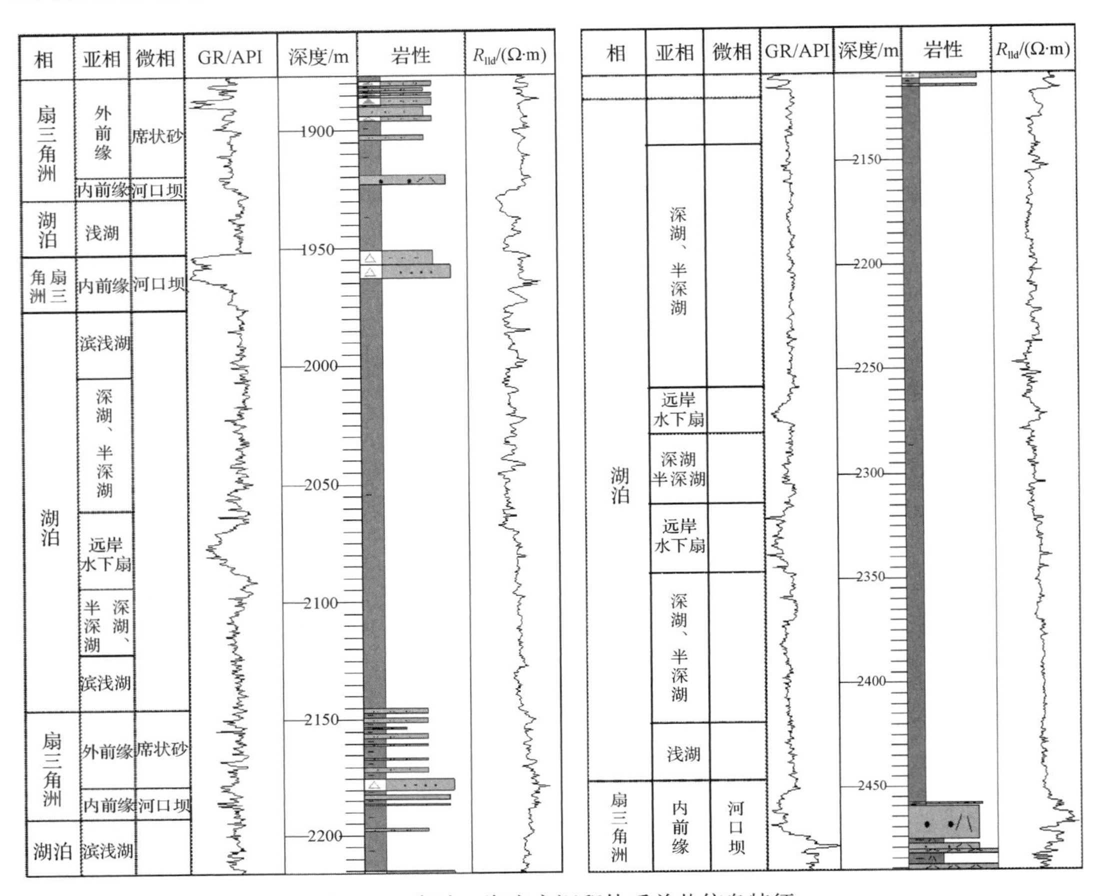

图 6-18　湖泊、湖底扇沉积体系单井信息特征

(a) T85 井 SQ3(1879～2215m)单井相分析；(b) T114 井 SQ3(2108～2488m)单井相分析

2. 测井回应

湖底扇主要是重力流成因机制，所以一般以薄层泥岩与砂岩的频繁互层为特征，泥岩一般以不规则形状居多，如泥岩撕裂屑、火焰构造等，所以电阻率曲线多呈“指形”。

3. 地震特征

湖底扇一般其外形为透镜状，内部反射为波状-杂乱、中-高频、多出现在较深湖范围之中。

五、湖泊相体系

1. 沉积背景和形成条件

在塔南-南贝尔凹陷的铜钵庙组上部至大磨拐河组，湖泊相均有发育，其中在铜钵庙组上部和大磨拐河组主要发育浅湖、半深湖等湖泊亚相单元，在南屯组主要发育深湖、半深湖等湖泊亚相单元。在湖泊相中，滨浅湖亚相带可以发育席状砂、滩坝砂等砂体类型。在深湖半深湖区域，可以发育浊积砂等砂体(图 6-18)。

在凹陷内部，断层相对发育，特别是近北东向的控陷断层，在盆地的发育过程中对整个凹陷的古地理格局产生较为明显的控制作用，如断层的不同发育阶段，在正断层的上盘和下盘发生深湖、半深湖及浅湖等沉积环境的相互转化，对应形成的沉积地层特征也就发生相应的变化，同时水下隆起区的变化也增加了湖泊相各种亚相的变化的复杂性，这样就导致了研究区不同构造部位的湖泊相沉积环境的复杂性。在构造分析的基础之上，分区带对沉积体系的发育特征的总结，可以相对高精度的分析层序格架内沉积体系的发育规律。

2. 湖泊相沉积环境特征

1) 沉积作用严格受构造环境制约

塔南-南贝尔凹陷属于陆相断陷型湖盆，其沉积作用受构造作用的制约和控制。由于强烈的断陷作用，湖盆多为不对称箕状，其沉积特征表现为陡侧沉积厚度大、水体深，为湖盆的沉积中心；缓侧沉积厚度薄、水体浅。地层整体为向缓坡逐层减薄的楔状体。而凹陷位于拗陷期时，由于拗陷式构造活动特点，沉积中心与沉降中心位于湖盆中央，其沉积特征表现为由盆地边缘向湖盆中心，岩性由粗变细，颜色由红变黑，沉积厚度由薄变厚。

2) 受河流影响较大

由于湖泊的四周被陆地包围，地形起伏大，河流相很发育，其所携带的大量碎屑物质对湖泊的沉积作用及砂体分布都具有直接的影响。

3. 湖泊亚相单元的识别与划分

湖泊相进一步分为滨湖亚相、浅湖亚相、半深湖亚相和深湖亚相。

1) 滨浅湖亚相

滨浅湖亚相是指枯水期最高水位线至浪基面之间的地带，其分布范围和规模严格受湖盆结构和演化阶段控制。

(1) 剖面特征。

由岩性特征分析可知，主要由凝灰质灰绿、浅灰、深灰色泥岩与砂岩互层夹油叶岩、泥灰岩和紫红色泥岩组成。

(2) 沉积构造。

滨浅湖亚相由于水动力条件复杂，湖浪等的冲刷筛选作用强烈，其沉积构造也复杂多样。砂质沉积中常见各种类型的中、小型交错层理、波状、水平层理、透镜状层理和波痕等。

(3) 地震相特征。

地震相多表现为楔形、发散状，内部结构为亚平行-平行、弱-中振幅、中高频反射结构，并以底超、顶超为重要标志。

2) 较深湖亚相

较深湖亚相位于浪基面以下水体较为安静的部位，处于弱还原-还原环境，沉积物主要受湖流作用。该研究区分布范围有限，主要在南屯组下部南贝尔东次凹南洼槽沉积中心，特别是在 N60 井区比较典型。

(1) 剖面特征。

较深湖亚相岩性主要为深灰、黑灰色凝灰质泥岩、叶岩及油叶岩，偶夹薄层灰、泥灰岩和泥质粉砂岩。

(2) 沉积构造。

较深湖亚相水体安静平稳，沉积构造相对单一。主要发育水平层理、块状层理以及差异压实形成的变形层理。

(3) 地震相特征。

较深湖亚相发育在稳定沉积阶段，并位于湖盆沉积中心，地形平缓宽阔，成层性好，因此地震反射特征为平行、亚平行、弱-中振幅、中高频、高连续席状相和板状相。

六、(正常)三角洲体系

三角洲沉积体系是工区内大磨拐河组主要的沉积体系类型，无论是通过分辨率较低的地震剖面资料还是精度较高的钻井数据，均可以较为明显地识别出三角洲沉积体系的特征。在地震剖面中，可以较为明显地识别出规模较大的三期前积反射波组，代表着三角洲沉积体系的三次大规模的建设性发育期次，并且后期发育的三角洲进积范围要比前一期的平面展布范围大(图 6-19)。目前从地震剖面上获得的信息为前两期主要在工区的西次凹和中次凹分布。在单井数据中，工区内部的大部分钻井均揭示出了三期反粒序沉积旋回，自然伽马曲线表现为典型的三期或者两期漏斗形特征，与三角洲沉积体系的三期建设性发育期次相对应(图 6-20)。

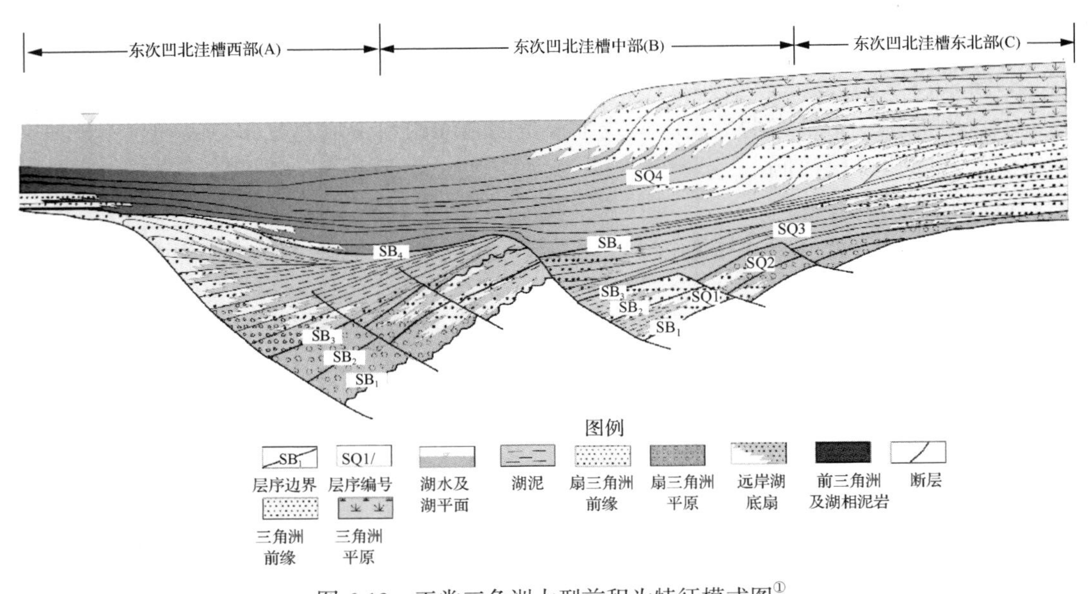

图 6-19　正常三角洲大型前积为特征模式图[①]

① 纪友亮. 2009. 海拉尔-塔木察格盆地层序地层格架与沉积充填演化研究. 大庆：大庆油田勘探开发研究院.

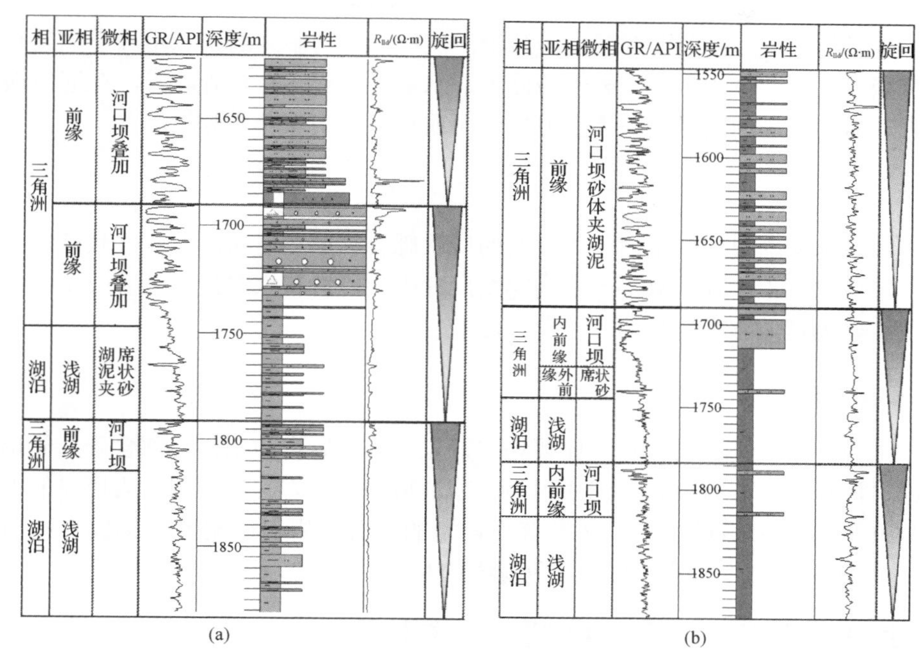

图 6-20　三角洲沉积体系单井综合信息特征

(a) T9 井 SQ4（1621~1882m）单井相分析；(b) T85 井 SQ4（1548~1879m）单井相分析

三角洲沉积体系从单井信息上可以明显地识别出三角洲平原亚相、三角洲前缘亚相和前三角洲亚相等三个亚相单元。在三角洲前缘亚相单元中，可以识别出河口坝、席状砂及浅湖泥等微相沉积单元，其中河口坝微相砂体是工区内最为有利的油气储集层之一。

第三节　浅谈扇三角洲、近岸水下扇与远岸水下扇区别

在陆相沉积体系研究中，最难区分的两种相类型分别是扇三角洲与近岸水下扇相。近源粗碎屑堆积，是两种相类型最为显著的共同点，无论从岩性、粒度、测井相还是地震相进行区分，难度都相当大。许多研究人员主要利用平原相的氧化情况进行扇三角洲的确定，如红色砂泥岩、碳屑层、砾石氧化圈等特征区分；还有人提出近岸水下扇不存在或很少存在暴露地表的地质证据，即使有也是短暂的，但这样的解释令人质疑。

笔者在总结前人研究成果基础上，通过对塔南-南贝尔凹陷沉积体系，尤其是近源沉积体系类型进行深入的研究和分析，尝试通过岩性组合、原生构造类型（层面、层理、生物遗迹、结核等）、结构（粒度、分选、磨圆、结构成熟度-基质含量等）、沉积微相、粒度分析、测井相及地震相等方面的细微差别来建立两种相类型的识别标准，其识别标准主要有如下几方面。

一、岩性组合

1. 扇三角洲

扇三角洲岩性粗杂，颜色红灰相间，平原亚相主要为厚层碎屑支撑的砾岩及砾状砂

岩，发育少量的黏土与细砂薄互层的漫滩沼泽沉积，在潮湿区的扇三角洲平原具有辫状河流的沉积特征；前缘相主要为砂岩粉砂岩，水下分流河道有含砾砂岩，在河口坝处夹薄层泥岩，前扇三角洲由互层灰黑色泥岩、泥质粉砂岩、油叶岩等组成。

2. 近岸水下扇

近岸水下扇的扇根处自上而下为混杂的块状砾岩和递变层状砾岩或砾状砂岩；扇中水下网状河道的沉积序列，从下而上由递变层理砾状砂岩和水平纹理砂岩或块状砂岩组成；扇端主要为具似鲍马序列的“古典”浊积岩。

3. 远岸水下扇

总的来说，该类扇体岩性相对比较均匀，以中、细砂岩为主，局部含砾，储层物性一般较好，浊积扇主要岩性为含泥质很多、分选很差的砾岩。内扇水道为巨厚的混杂砾岩和砾岩和砂岩；中扇辫状水道区发育很典型的叠合砂岩，中扇前端则发育鲍马序列CDE段；外扇为薄层粉细砂岩与深灰色泥岩的互层。

二、原生构造(层面、层理、生物遗迹、结核等)

1. 扇三角洲

扇三角洲常见冲刷-充填构造、递变层理、平行层理、板状和槽状交错层理、波状层理及水平层理，可见干裂、雨痕、足迹及波痕等层面构造(主要从岩心上进行进行鉴别)。

2. 近岸水下扇

近岸水下扇主要以粒序层理、块状层理和变形层理等为主。

3. 远岸水下扇

远岸水下扇常见板状交错层理、粒序韵律层理、递变层理及波状层理。

三、结构(粒度、分选、磨圆、结构成熟度-基质含量等)

1. 扇三角洲

扇三角洲平原亚相砂砾岩结构和成分成熟度低，分选差，岩石由泥质胶结，岩屑含量可达45%，颗粒形态不规则棱角-次圆状，并呈跌瓦状排列，到前缘亚相分选逐渐变好，粒度变细。

2. 近岸水下扇

近岸水下扇岩性粗，分选磨圆差。内扇砂砾岩成分复杂，包括颗粒支撑的砾岩和砂砾岩，及基质支撑的混杂砾岩，大小不均，砾石排列杂乱，有的直立，有的略显叠瓦状排列；向外扇粒度总体上变细，泥岩比例变大，内部发育多期鲍马序列。

3. 远岸水下扇

远岸水下扇岩性由粗到细，较近岸浊积扇稍细。内扇水道砾岩混杂或颗粒支撑，天然堤沉积可见鲍马序列；中扇叠合砂岩分选中等，具有正递变层理；中扇前端及外扇为较细的沉积物，中扇前端可见经典浊积岩 CDE 组合。

四、沉积微相

1. 扇三角洲

扇三角洲水上部分(平原相)为冲积扇组成部分的片流、碎屑流与辫状河道互层沉积，底部为砾岩向上粒度变细分选差-中等，具有冲刷面、大型或小型交错层理、波状层理、水平层理及爬升层理。扇间沼泽微相为粉砂岩与泥岩交互，具有块状或水平纹层状层理夹少量交错纹理和干裂构造，常见植物根系和生物扰动构造。水下的前缘相主要发育水下分流河道，由含砾砂岩和砂岩组成，砂岩颜色变暗，分选中等，其层理类型与分流河道类似，发育小型交错层理；水下河道间沉积由灰黄、灰绿色的细砂、粉砂和泥岩的互层组成，有较多的生物潜穴，发育水平层理、波状层理、透镜状层理、压扁层理以及包卷层理；限定性差的分流河口坝微相含砂量高，粒度以分选好的粉砂-中砂为主，沉积粒序主要为反粒序，发育小型交错层理、水平层理、平行层理、压扁层理、透镜层理，偶见板状交错层理，在较细的粉砂质泥岩中，可见由滑动或生物扰动作用形成的变形构造；前缘席状砂较为发育，分选好，成熟度高，岩性较细，砂泥互层，反韵律，可见波状层理、小型交错层理及变形层理；宽阔陆棚上的前三角洲沉积主要为临滨-远滨的粉砂和泥质沉积，发育水平层理及揉皱构造，与陆棚泥岩呈互层产出。

2. 近岸水下扇

近岸水下扇扇根处迅速卸载，形成反应泥石流特点的砂砾岩冲蚀湖底形成水下河道，具有正递变层理和混杂构造，顶底夹层泥岩颜色有深灰、暗灰绿至灰绿色；扇中坡度变缓，扇中洪水水流分散，快速堆积了反映颗粒流特征的块状、正递变层理和粗糙平行层理的砂砾岩冲蚀湖底形成水下辫状水道，偶见大型交错层理，水道间沉积粒度较水道沉积的细，泥质夹层增多，正、反递变层理均有；在扇中前缘和扇端处为含有大量悬浮物质的强搅动洪水流，形成了反映低密度浊流沉积似鲍马序列浊积岩，不具备冲蚀湖底的能力。扇中的前缘平坦区为中层砂岩与深灰色泥岩的互层，常见正递变层理、小型交错层理、变形层理、泥岩撕裂片及水平虫孔发育等，扇端为深灰色泥岩夹薄层粉砂岩，正递变或粒序不清，常见小型交错层理、水平层理、变形层理及负荷构造等。

3. 远岸水下扇

远岸水下扇内扇由一条或几条较深水道和天然堤组成，见鲍马序列不完整 AE、AB、BC 和 DE 段等组合，为经典浊积岩；中扇发育典型的辫状水道叠合砂砾岩，单一层序由砾岩-砂砾岩-砂岩的正粒序组成，主要以砂砾质高密度浊流沉积为主，中扇前端为砂泥互层粒度变细，以发育具有鲍马序列的经典浊积岩为主；外扇为薄层粉细砂岩和深色泥岩的互层，以低密度浊流沉积层序为主。

五、粒度特征

1. 概率累积曲线

扇三角洲：扇根粒度分布宽，斜率小，细截点较粗，以两段为主；扇中水下分流河道为二段式或三段式，斜率较水上分流河道大，河口坝与席状砂为四段式，具双跳跃组分，反映了河流与湖泊的双重作用，斜率大粒度分布较窄；扇缘无滚动段，斜率大，粒度分布窄。

近岸水下扇：粒度分布反映了洪水浊流的特点，密度流为主兼有牵引流的组合；扇中沉积的概率曲线以悬浮总体为主，但含有一定数量的跳跃和滚动总体；扇端沉积的概率曲线表现出浊流型的较细粒悬浮沉积图式。

远岸水下扇：粒度概率图主要呈上凸折线型。

2. *C-M* 图

扇三角洲：QR 段(递变悬浮沉积)为主，RS 段(悬浮沉积)少量分布。

近岸水下扇：扇中沉积的 *C-M* 图为急流型的牵引流沉积图式，而在扇中前缘和扇端部分则显示了浅水浊流沉积的 *C-M* 图。

远岸水下扇：*C-M* 图表现出平行于 *C*=*M* 的基线，反映出悬浮总体含量高和快速沉积的特点沉积特征明显不同于三角洲前缘的滑塌浊积砂体。

六、测井曲线(以自然电位曲线为例)

1. 扇三角洲

扇三角洲平原的辫状河道测井曲线呈箱状，河道间为低幅锯齿状；扇三角洲前缘的前缘河道呈漏斗形、复合形或钟形，河口坝和席状砂沉积在测井曲线上通常呈现漏斗状和指状，前扇三角洲测井曲线为低幅齿状。

2. 近岸水下扇

内扇为中低幅的齿形，中扇则变为微齿化的漏斗形、钟形或箱形，外扇为低幅指状或齿形。

3. 远岸水下扇

曲线由内扇水道杂乱粗碎屑的高幅、大套齿化箱形渐变为中扇辫状水道冲刷充填为主的中-高幅箱形、钟形曲线组合，再经中扇前缘的中-低幅漏斗形、指形曲线变为外扇薄层的低幅指形、齿形及分散的指形、微齿化曲线。

七、地震相

1. 扇三角洲

扇三角洲在地震剖面上具有明显的前积反射结构，表现为中振幅中连续的“S”形或叠瓦状反射，向湖盆方向收敛。

2. 近岸水下扇

近岸水下扇成层分布且连续性好，一般表现为楔状前积反射结构，剖面上呈丘形及楔形，地震剖面以沿控盆断裂的退积反射结构为主，或具有小型前积结构。

3. 远岸水下扇

远岸浊积扇在平行-亚平行反射结构背景中呈透镜状、丘状及扇状杂乱反射的内部结构。在速度剖面上则表现为平行或亚平行的低速层中出现局部高速区域。

综上所述，扇三角洲与近岸水下扇的主要区别首先在于二者的流动体制有本质区别，前者以前引流为主、后者则以重力流为主，所以形成的砂体特征有显著不同。其次，前者兼具冲积扇和三角洲的相标志，后者则是浊积扇的相标志，即扇三角洲由三角洲平原相的水上沉积部分和水下三角洲的前缘带的多种特征得综合，而近岸水下扇基本上无水上沉积部分，扇体末端部分有(似)鲍马序列。两者很难区分，也没有很明显的标志，目前大多认为扇三角洲为反粒序，具有三角洲性质，水下扇为正粒序，具有冲积扇性质，但具体分析起来难度较大。

第七章　塔南-南贝尔凹陷沉积演化与充填模式

塔南-南贝尔凹陷在铜钵庙组至大磨拐河组沉积时期，整体处于拗拉槽的构造背景下，经历了断陷初期、强烈断陷期及断-拗转化期三个较为明显的沉积阶段，气候变化经历了干旱-半干旱至湿润潮湿阶段(单敬福等，2011b，2013a，2013b)。对应沉积了铜钵庙组以扇三角洲、近岸水下扇、滨浅湖相较粗沉积地层；南屯组以深湖—半深湖、扇三角洲及远岸水下扇等细粒沉积地层；大磨拐河组以正常三角洲、浅湖及半深湖等中粗粒沉积地层的层序地层沉积。同时由于拗拉槽的构造活动的强烈作用，火山作用较为明显，在铜钵庙组地层和南屯组中下部地层沉积时，火山灰、凝灰岩等火山影响较为明显。

第一节　物 源 分 析

一、物源分析证据

物源分析是层序格架内沉积体系分析的基础，在本次研究中，南贝尔凹陷的铜钵庙组地层至大磨拐河组地层共分为五个沉积体系研究单元，它们分别是铜钵庙下部(SQ1)、铜钵庙上部(SQ2)、南屯组下部(SQ3LST)、南屯组中部(SQ3TST)、南屯组上部(SQ3HST)和大磨拐河组(SQ4)。根据目前工区内的实际资料情况，物源分析采用的方法主要有以下六种：①砂岩百分含量法：主要是根据钻井资料的目的层段的砂岩厚度统计，利用其与地层厚度的比值的变化趋势，如由砂地比高值区指向砂地比低值区指示物源的大致走向，从而判断物源(Shultz，1984；Genik，1993；钟筱春等，1988；郭秋麟和倪丙荣，1990；吴朝荣和杜春彦，2001；Abbate et al.，2004；王世瑞等，2005；单敬福等，2006a，2006b，2006c，2006d；张巨星等，2007)；②地震反射波组形态分析法：主要是根据地震波组外形组合特征及内部反射轴的在振幅、频率连续性的变化特征上对物源进行初步的预测，如楔形地震反射结构通常指示物源的方向；③地震属性分析法：利用 landmark 把各井点某一层位内的地震属性值提取出来，在分析前要对资料进行归一化处理，然后进行砂岩与属性相关性分析，确定相关度大的属性进行预测物源，实践经验表明，一般振幅类与砂体的对应关系较好；④重矿物百分含量分析法：根据不同重矿物组合中每种重矿物含量的变化趋势，来预测物源大致分布和走向，一般的，来源于同一个物源区的重矿物有着相似的组合，并且随着远离物源区，抗风化、耐磨蚀的重矿物越易保存下来，从而在重矿物中比值越高，依据这一原则，最终对物源体系的平面分布进行初步预测(图 7-1)(Ben-Avraham and Emery，1973；Biddle and Christie-Blick，1985；Buller et al.，1990；Scholz et al.，1990；Bromley，1991；Chen and Duan，2006；单敬福等，2007a，2007b，2007c，2007d，2011a)；⑤砂砾岩的组构分析法：根据薄片鉴定、粒度分析等资料，确定砂砾岩的组成，结构特征来分析物源来源方向，一般情况下，湖盆边缘粒度粗，岩屑成分含量高，磨圆度等相对差，向湖中心方向，粒度会变细，岩屑成分含量少，磨圆度变好等(Tanner，1955；Shetton，1967；Vincent et al.，1977；

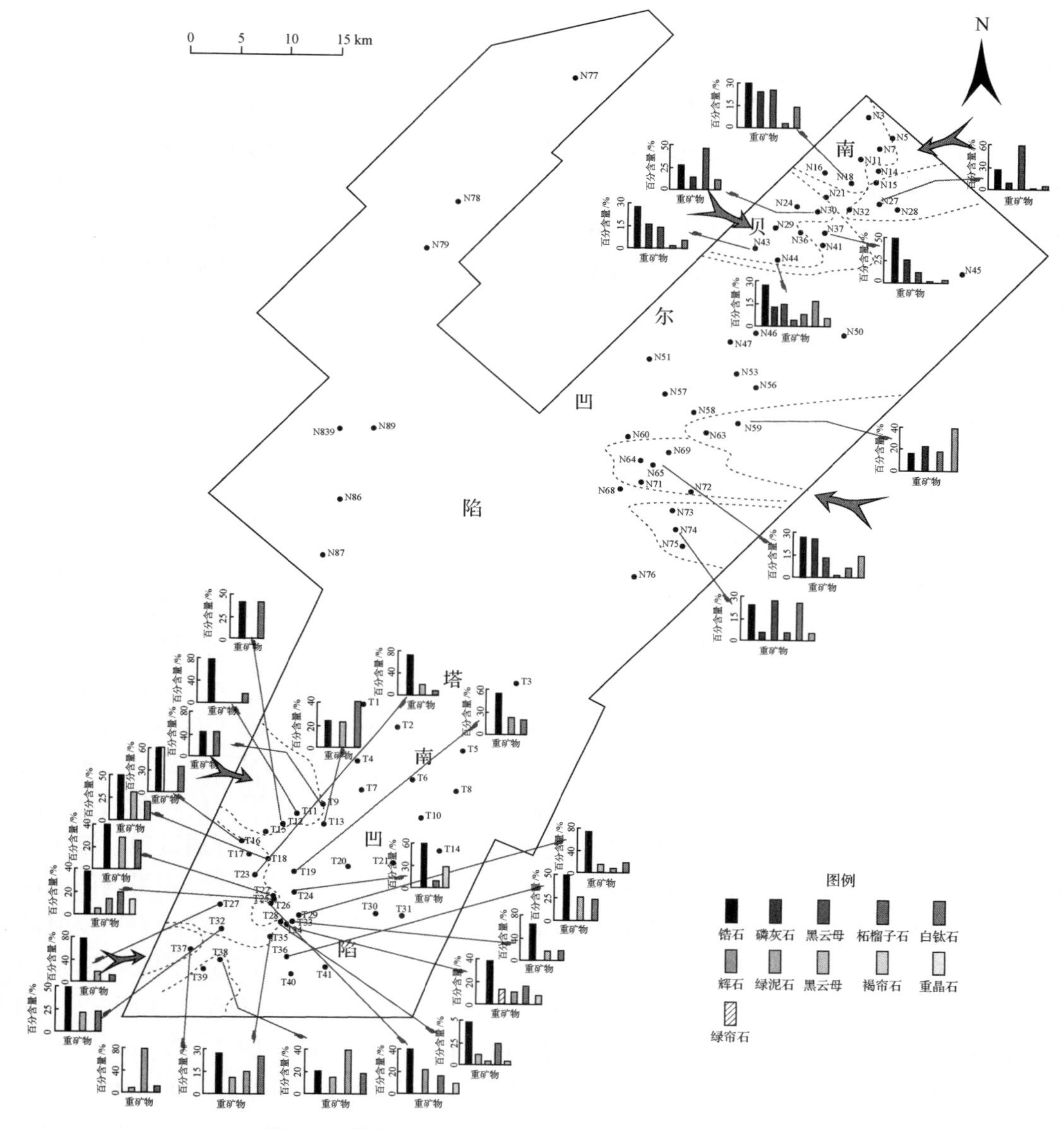

图 7-1　塔南 SQ1 层序顶部利用重矿物组合分析物源

Turner，1980；Tankard et al.，1982；顾家裕，1986；Shaui et al.，1988；郭建华等，1996；金振奎等，2002a，2002b；郭峰等，2005；纪友亮等，2009；单敬福和杨文龙，2012；Shan et al.，2015），利用上述分析的结果最终预测物源；⑥倾角测井分析法：该区倾角测井数据也较丰富，通过红、蓝、绿不同组合模式可以对古水流流向进行识别从而判断古物源方向，因此利用倾角数据分析古水流是最重要的方法。有两种方法确定古水流：一是利用沉积倾角处理成果图，用全方位频率统计法，统计目的层段内所有纹层的倾向，取方位频率图主要方向代表古水流方向；二是统计目的层段内所有蓝模式向量的方向，一般水流层理和顺流加积常表现为蓝色模式，即倾向大体一致、倾角随深度增加而减小的一组向量，取其主要方向代表古水流方向。红色模式的向量方向通常指示河道加厚方向，考虑到测量时的误差及其他因素，本次研究主要采用后一种方法。以东次凹北洼槽N14井倾角测井分析为例，根据图7-2N14井2002~2037m段(SQ1层序上部)倾角测井资料分析，物源大致主要呈由南东到北西方向展布。但是，利用倾角测井数据进行古水流向恢复是有局限性的，一般只对河道或河道边部有效(Weimer，1960；Davies，1966；Withrow，1968；Southard et al.，1980；Turner，1983；Hunter and Richmond，1988；Aubry，1989；Brierley，1989，1991；Darby et al.，1990；Clemmensen and Tirsgaard，1990；Davies et al.，1991；Clemente and Perez-Arlucea，1993；Sinha and Friend，1994；Singerland and Smith，2004)，因此，在南贝尔凹陷做倾角测井分析时，因为河道砂较发育层段主要位于铜钵庙组、南一段及南二段局部，通过倾角测井分析能够很好预测物源体系在平面上的展布。

二、物源体系特征

1. SQ1(铜钵庙组下部)物源体系

该区内钻遇SQ1地层的钻井相对较少，且主要集中在各个次级洼槽内，分布很局限，况且沉积地层后期改造强烈，同时该套地层大都以低频低连弱反射或杂乱反射地震相为主，带有明显前积的地震相特征不够典型，所以给确定物源带来很大的困难，只能依靠局部的微弱前积地震反射波组特征来确定物源发育的走向，同时根据断陷早期物源前后有继承性的特点(Eugster and Hardie，1975；Derksen and Mclean-Hodgson，1988；Cavazza et al.，1989；Embry，1990；Dument and Fournier，1994；Cattaneo and Steel，2003；Deschamps et al.，2012)，初步确定铜钵庙组下部物源体系发育的规模与大体的分布。从自西向东过南贝尔主测线方向的地震剖面上可以看到SQ1地层相对于下伏地层的前积充填反射波组，说明在SQ1地层沉积时期，西次凹的物源方向以西向东为主。同样通过地震波组分析方法，可以分析出东次凹内SQ1沉积时，其物源方向以自东向西为主。在塔南凹陷西次凹，从自西向东的地震剖面上可以看到SQ1地层相对于下伏地层的前积充填反射波组，初步确定物源大致方向为由东向西。由于该时期的断洼为分散分布，因此该时期的物源方向多表现为围绕洼陷四周分散分布为主，沉积体系规模一般较小(Reineck and Wunderlich，1968；Waters and Rice，1975；Molnar and Tapponnier，1975；Payton，1977；White，1980，1988；Seeber and Gornitz，1983；Soeparjad et al.，1986；Schumm et al.，1987；Thalcur，1991；Theriault and Desrochers，1993；Pazzoglia，1993；Stephens，1994；Kranzler，1996；Hunter，1996；Stevaux and Souza，2004)。

2. SQ2(铜钵庙组上部)物源体系

铜钵庙组上部地层(SQ2)沉积时期，塔南-南贝尔两凹陷内的分散断洼已经开始合并，逐渐形成一个统一的沉积中心，湖泊相沉积环境开始规模性发育，凹陷周缘的物源沉积体系开始规模性发育。根据加密的地震资料的地震相分析、倾角资料分析(图7-2，图7-3)、重矿物分析结果(图7-1)及地震属性的波形聚类分析等数据，对物源体系进行综合分析表明，SQ2层序发育期物源基本上呈裙带状沿湖盆周缘展布，物源体系众多。大致方向基本上由湖盆边沿指向湖盆中央。

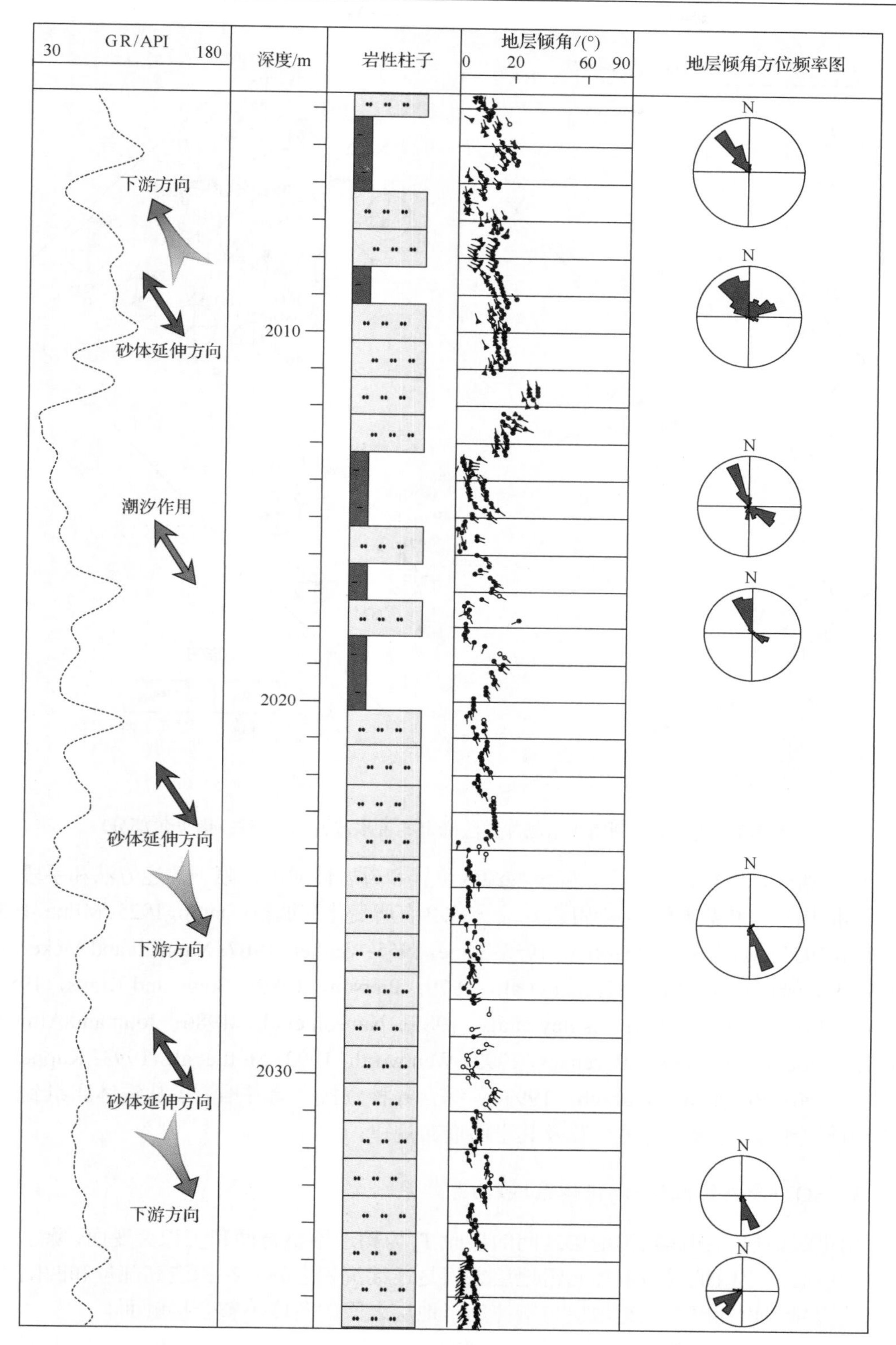

图 7-2　南贝尔 N14 井 SQ1 层序顶部利用倾角测井分析物源

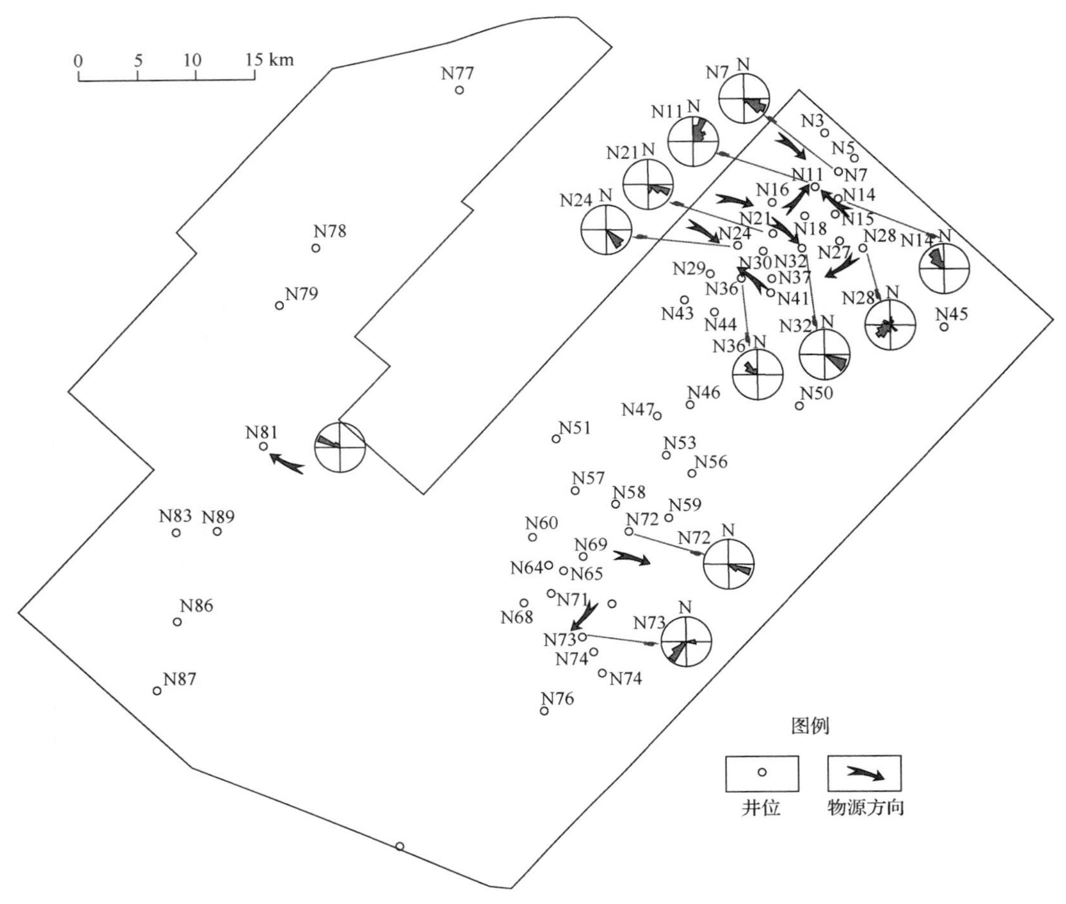

图 7-3　SQ2 层序利用倾角测井方法确定的古水流方向示意图(南贝尔部分)

综合所述，恢复物源方向，确定物源区位置和母岩性质不仅限于上述方法和手段，而且不同的构造带和数据的丰富程度，组合方式会有所变化和调整(Stamp，1925；Milne，1935；Mackin，1937；Mackay，1945；Rieu，1953；Lane，1955；Walker，1967；Mitchell and Mckerrow，1975；Ramsbottom，1979；Kuenzi et al.，1979；Pierson，1980；Bown and Kraus，1981；Smoot，1983；Link，1984；Ashley et al.，1985；Nanson et al.，1986；John and Almond，1987；Wanless et al.，1988；Rivenaes，1992；Wentworth，1992；Stott et al.，1993；Kappelman et al.，1996；Piegay and Gurnell，1997)。综合各种资料，笔者推测了从铜钵庙组到大磨拐河组每个阶段物源发育的个数及其平面展布规律。

3. SQ3(南屯组低位+湖侵体系域)物源体系

南屯组地层与铜钵庙组地层之间的界面 T_3 为构造不整合面和沉积突变面，除了在凹陷沉积中心南屯组地层与铜钵庙组地层之间是连续沉积之外，在构造高部位和凹陷边缘可以较明显地识别出南屯组地层与铜钵庙组地层之间的角度不整合接触面。

利用物源综合分析法分析表明，在低位体系域充填期，塔南-南贝尔凹陷主要发育 16 大物源体系(南贝尔凹陷 12 个、塔南凹陷有 4 个)，若干小规模的物源体系，盆缘短轴物源基本呈东西向展布，而来自南部潜山进入塔南凹陷的物源则呈北东向展布，南贝尔东次凹南洼槽N59井区和过N72井区物源体系则分别呈北西向和北东向进入各自洼槽沉积中心。

4. SQ3(南屯组高位体系域)物源体系

构造运动活动旋回控制着古地貌特征，古地貌反过来又会影响物源体系的分布及再分配(Sahu，1964；Hoyt and Henry，1967；Hubert et al.，1976；Nadler and Schumm，1981；Mclean and Wall 1981；Rascoe and Adler，1983；Murty，1983；Gomez，1983；Schermer et al.，1984；Blakey and Gubitosa，1984；Johnson et al.，1985；Goodwin and Anderson，1985；Mebberson，1989；Katz，1990；Blanche，1990；May et al.，1993；Singh et al；1993；Parrish，1993；Kraus and Bown，1993；Mount，1995；Donselaar and Burns，2008；Papini et al.，2014)。当凹陷的构造活动由南屯组中下部的强烈断陷期向南屯组上部的断拗转化期转化时，凹陷也由“窄盆深水”向“广盆浅水”转化。与南屯组中下部SQ3 LST+TST相比，南屯组上部SQ3 HST的地层沉积范围要超过前者，凹陷周缘的沉积体系发育可能更加向物源区后退，在凹陷内以半深湖及浅湖泥地层沉积为主，在凹陷周缘局部分散着碎屑沉积体系。利用物源综合分析法得出两大构造单元总共可能存在至少10大物源体系，其中南贝尔构造单元就占了9个，主要分布在盆缘及湖盆的长轴方向，盆缘周围的物源基本成东西向展布，长轴物源则近南北向展布。

5. SQ4(大磨拐河组)物源体系

大磨拐河组地层发育时期，物源方向相对单一，利用地震反射波组特征信息可以较为明显的识别出自工区东北角向东南方向发育的大型、长距离的前积反射地震反射波组，并且通过识别前积反射的结构层次性，可以区分出下、中、上三层大的前积反射结构。大磨拐河组地震波组虽然前积结构微弱，但仍可以清晰地确认大致的物源方向为近北东向，大磨拐河组下部地层可以辨认出微弱退积地震反射结构，这是由大一段末期水体不断扩张，物源不断向岸边退覆造成的。

第二节 沉积体系平面展布特征

等时层序地层格架的建立为沉积体系的分析提供了控制范围，层序格架内构造-地震相的精细分析及地震相-沉积相之间关系的建立为沉积体系的研究提供了空间内的连续信息，砂岩百分含量平面展布、反演及属性体的空间展布为层序格架内沉积体系的研究提供了较为可靠的参考信息(Hayden，1821；Carey and Keller，1957；Beerbower et al.，1964；Holmes，1965；Harms，1966；Kauffman，1969；Costello et al.，1972；Busch，1974；Costa，1974；Campbell，1976；Hayes and Kana，1977；Behrensmeyer and Tauxe，1982；Blackbourn，1984；Golin Smyth，1986；Beston，1986；Görür，1988；Mitrovica et al.，1989；Badgley and Tauxe，1990；Beer et al.，1990；Johnsson and Basu，1993；Einsele et al.，1994；Brookes，2003；Donselaar and Overeem，2008)，所有钻井的单井层序及沉积体系的分析为层序格架

内沉积体系的研究提供了较为精确的"点"信息，再结合层序格架内的构造及古地貌分析，可以较为客观的建立起层序格架内的"优势沉积体系"，即"优势相"空间展布情况（Grabau，1906，1907，1913，1917；Holmes，1968；Graham et al.，1975；Cairhcross，1980；Beaumont，1981；Biddle et al.，1986；Godin，1991；Gurnell et al.，1994；Hanebuth et al.，2003；单敬福等，2015e，2015f，2015g，2015h，2015i；沈华等，2005；张昌民等，2004；张巨星和蔡国刚，2007）。

一、SQ1（铜钵庙组下部）

层序 SQ1 为铜钵庙组地层的底部沉积，在铜钵庙组地层发育初期，塔南-南贝尔凹陷处于区域的拗拉槽构造运动背景下，凹陷内部部分地区开始在错动拉张的构造应力场作用下出现断洼，形成局部的沉积物卸载区域。该层序沉积体系平面展布图的编图基础主要为构造地震相综合图和较少数的钻井"点"信息。该层序中的地震相特征主要为杂乱反射、弱前积充填反射及局部的中振、中连、亚平行充填反射结构，根据地震相向沉积相转化的一般性经验规律及少量钻井的钻井信息标定，可以获得该层序沉积时期主要发育冲积扇、洪泛平原、小型的扇三角洲及近岸水下扇和局部的湖泊相沉积环境。在层序 SQ1 沉积体系平面展布图中，凹陷西部塔南构造带在该时期已经形成一个较为统一的断凹，而南贝尔构造带断洼却比较分散和孤立。沉积中心此时主要位于塔南凹陷，即塔南湖域面积最大、水体最深，而南贝尔沉积沉降中心则位于东次凹北洼槽一带，水体比较浅，基本为满盆砂。沉积体系类型主要为大面积的洪泛平原、冲积扇、规模不一的扇三角洲沉积体系及滨浅湖沉积体系等（附图 14）。

二、SQ2（铜钵庙组上部）

层序 SQ2 位于铜钵庙组地层的上部，在地层沉积时期，铜钵庙组上部凹陷内的主要断裂系统继续活动，使得凹陷内的断凹面积逐渐扩大并连为一体，同时由于该时期的气候条件逐渐变为潮湿性气候环境，所以湖泊水体的范围也逐渐扩大，深湖、半深湖相的沉积环境可能在断凹较深部位开始发育（附图 15）。层序 SQ2 的数据较为丰富，首先有构造—地震相综合信息图和砂岩百分含量平面图作为沉积体系平面展布分析的基础图件，其次有反演体和属性体进行"线"、"面"沉积体系信息的参考，同时还有较多钻井信息（包括测井、岩心、岩屑等）作为较为精确的"点"信息标定，因此本次获得的沉积体系平面展布图较为客观。

从层序 SQ2 的沉积体系平面展布图可以看出，该时期地层沉积时，塔南与南贝尔凹陷的西次凹已经连为一体，东次凹却依然被凸起相隔，南部的塔南凹陷东西次凹已经表现为一个全区统一的沉积区域，这个凸起持续为塔南凹陷提供物源。南贝尔湖域面积和水体深度已完全超越了塔南凹陷，沉积沉降中心转移到了南贝尔东次凹。由于塔南部分物源供给充分，形成了厚度较大的粗碎屑沉积，而南贝尔的粒度则偏细。湖域面积在铜钵庙组末期沉积物几乎把塔南凹陷填满。在塔南凹陷的西次凹，西部缓坡带和中次凹是凹陷沉积体系较为发育的区域，自凹陷中次凹西侧发育了大规模的扇三角洲沉积体系，这些扇三角洲沉积体系在凹陷西部沿南北方向连续分布，在中次凹的南北沉积中心的转换区带扇三角洲沉积体系向凹陷内进积明显。在中次凹的北部，自缓坡带向西和自 T71 井以北凸起物源区向南分别发育了扇三角洲沉积体系，这两个方向上的扇三角洲沉积体系在凹陷西次凹和中次凹北部形成混源区，这些交叉混源的扇三角洲沉积体系向凹陷内进积，在中次凹北洼槽即 T91 井、T105 井之间的构造坡折带沉积卸载，形成了扇三角洲前缘相带为主的地层沉积。在西次凹北洼槽内，该时期已经开始表现出“窄而深”的断凹特征，在 T1 井附近即该次凹的陡坡带，主要沉积了扇三角洲或者近岸水下扇沉积体系。浅湖、深湖及半深湖等湖泊相沉积环境在中次北洼槽的中央带、南洼槽的南北沉积中心沿中部潜山断裂构造带一线均有发育。在塔南凹陷东次凹，凹陷的主要沉积体系发育方向为自东向西，在东次凹的南洼槽中，扇三角洲沿着陡坡带断层呈“裙状”发育，该区域的碎屑沉积体系呈过补偿沉积状态。在东次凹北洼槽的陡坡带也发育若干规模不一的扇三角洲沉积体系，相对于东次凹南洼槽陡坡带，该区域发育的扇三角洲沉积体系规模要小，向洼陷内延伸展布较近。在东次凹北洼的北部，自 T1 井以北凸起物源区向该洼陷内也发育有扇三角洲沉积体系。南贝尔凹陷扇体规模相对塔南要小得多，多个扇体叠置沿湖盆边缘展布(附图 15)。

推测在铜钵庙组发育期两凹陷层曾经发生跷跷板式的构造运动，支点在潜山披覆带，在 SQ1 层序发育期，向塔南倾斜，造成 SQ1 层序发育的厚度和规模远远大于南贝尔凹陷，而在 SQ2 发育期则向南贝尔倾斜，使南贝尔凹陷成了沉积沉降中心。但为什么在 SQ2 层序发育期南贝尔地层累积厚度较薄？据笔者推测，可能有三方面原因：①在铜钵庙组末期，跷跷板再次向塔南倾斜，南贝尔凹陷发生了构造反转，造成整体大面积抬升，全区广泛剥蚀，这就是为什么 T_3 界面是平行不是角度不整合的缘故。这样的构造运动使南贝尔凹陷损失了厚度较大的大套地层(Langbein et al.，1958；Houbolt，1968；Sagoe and Visher，1977；McClay et al.，1986；Harris，1988；Howell，1989；Langford，1989；Mc Carthy et al.，1992)；②通过钻井揭示，南贝尔区域铜钵庙组地层的泥岩颜色偏深，泥质含量高，说明该时期沉积物供给相对欠充分，造成地层累积厚度薄(Mike，1975；Harris and Fettes，1988)；③铜钵庙组末期南贝尔 SQ2 层序为厚度较大的“泥包砂”，由于古埋藏相对较深，在压实作用下，形成了“砂包泥”，从而使地层变薄。方祖康(1993)曾多次进行过砂泥岩压实模拟实验，结果表明当地层埋深至 2500m 时，由于差异压实的影响，砂岩含量将从最初的 40%增加到 80%。可见，古地层泥岩的压实量是超乎人的想象的。因此在恢复沉积古地理环境及油气地质原理研究中，考虑地层埋深压实过程中砂泥岩含量变化具有重要意义。

三、SQ3(南一段)

南屯组中下部地层沉积时期，凹陷东、西次凹中的物源沉积体系发生了较大的变化，首先在南屯组的下部即 SQ3 的 LST 沉积时期初期，凹陷的湖泊范围曾经缩小至断洼的中央沉积中心位置，在凹陷四周边缘较多的区域出露，形成区域性的剥蚀不整合面，在各次凹的中央沉积区域，南屯组地层可以与下伏的铜钵庙组地层形成连续的沉积。因此在凹陷的缓坡带受到剥蚀形成的碎屑沉积体系在次凹中较低位置的沉积中心沉积下来，形成局部分布的低位元体系域沉积体系，在凹陷东次凹，自凹陷东侧发育的近岸水下沉积体系发育明显，其沉积趋势向东洼内部延伸较远。当湖泊水体扩张时，即层序 SQ3 的

TST 发育时期，自凹陷东侧向东次凹内发育扇三角洲沉积体系在湖泊水体扩张的作用下，也向东次凹东侧边缘呈明显的退积式沉积。退积式的扇三角洲沉积体系很容易受到湖泊水体的改造，在复杂的断层输砂通道作用下，可以在凹陷东次凹及中次凹内形成远岸水下扇等沉积体系。层序 SQ3 LST+TST 时期的沉积体系主要为凹陷东洼中发育的扇三角洲沉积体系，这些扇三角洲沉积体系在凹陷东次凹的陡坡带呈“裙状”连续分布，在湖泊水体的作用可以在扇三角洲沉积体系的前缘形成远岸水下扇等沉积体系（图 7-4，附图 16）。

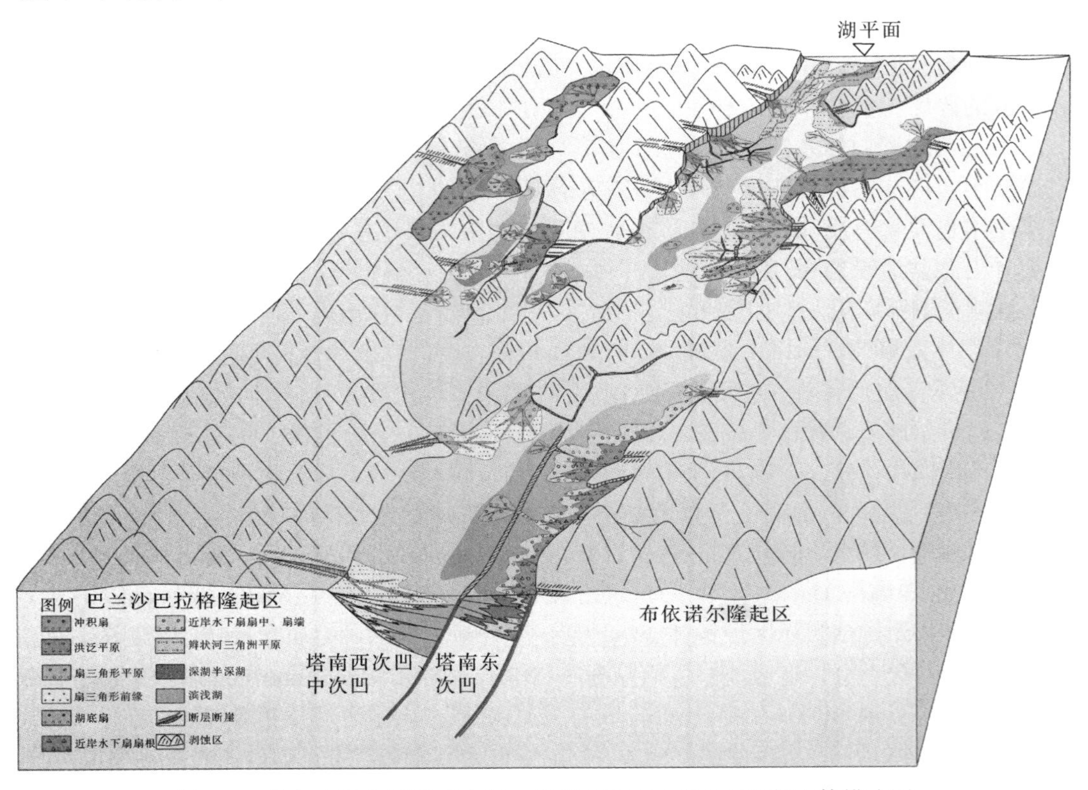

图 7-4　塔南-南贝尔凹陷南屯组一段（SQ3LST+TST）沉积相立体模式图

四、SQ3（南二段）

南屯组二段沉积时期，控陷断层进一步活动沉积了一套较厚的泥岩、泥质粉砂岩局部夹砂砾岩的地层，地层的展布整体上向东侧、南侧隆起区逐渐减薄。南二段末期为一次较明显的构造运动，由于控陷断层拉伸走滑使得南贝尔南二段地层在东次凹西侧及西部南次凹地层增厚，西北侧地层翘倾遭受剥蚀，南二段沉积时期物源方向依然主要来自中部隆起带及凹陷两侧的隆起区。该时期湖体面积广大，整个凹陷形成“广盆浅水”的沉积状态，通过地震相信息、砂岩百分含量信息和钻井信息综合分析，该时期的沉积体系在塔南凹陷相对单一且欠发育，主要发育浅湖相沉积环境，可能在凹陷周缘发育规模不大的扇三角洲沉积体系（附图 17）。

五、SQ4（大磨拐河组）

大磨拐河组沉积时期，控陷断层活动减弱至停止，沉积凹陷由断陷期向拗陷期转化，凹陷内大面积分布长轴方向的正常三角洲沉积体系，整个南贝尔凹陷主要存在三大物源体系，即过 N83 井区的近南北向的物源、过 N59 井的东西向物源和过 N41 井的北东东向物源。大型前积现象明显，从单井上可以明显看到 3 套大型前积体，地震上前积反射结构也非常明显，主要发育河流-三角洲-湖泊沉积体系。在塔南凹陷内则主要发育浅湖相沉积环境，通过地震相信息、砂岩百分含量信息及钻井信息等可以确定其主要的物源发育方向为西北向东南侧，主要的沉积体系类型为三角洲沉积体系（附图 18）。

第三节　沉积体系演化

陆相层序地层学理论认为，层序地层结构发育特征由构造沉降、物源供给、湖平面变化及气候变化等多种因素综合控制，层序格架内的沉积体系是层序地层结构内部的"血与肉"，因此沉积体系的空间演化也受到上述的各种因素的控制（Doeglas，1962；Dury，1964；Gole and Chitale，1996；Dahlstrom et al.，1970；Ebanks and Weker，1982；Diemer and Belt，1991；Bendix，1992；Ekes，1993；Conybeare and Phillips，2014）。

一、SQ1+SQ2（铜钵庙组）

铜钵庙组沉积初期（SQ1），处在断陷盆地的断裂分割期，构造活动强烈，存在多个沉积中心，并且各个次级洼陷彼此分割独立，互不连通。在西次凹洼槽内，主要发育一套陆上的河流-冲积扇体系，湖泊分布比较局限，而南部潜山披覆带在这一时期可能仍然继承中上侏罗世的地貌特征，仍为隆起区，并向四周洼陷提供物源；在东次凹洼槽内，主要发育一套扇三角洲-湖泊沉积体系，并呈现多物源、多沉积中心、扇体叠为特点的沉积体系展布特征。

随着凹陷内断陷活动的继续，铜钵庙组地层初期形成的分散状断洼也逐渐在平面上连通、扩大，形成整个凹陷内较为统一的沉积区域，在铜钵庙组中后期（SQ2）的物源沉积体系主要围绕凹陷断洼周围发育，沉积体系类型主要为扇三角洲沉积体系，随着铜钵庙组地层中后期气候转为潮湿，湖泊水体逐渐扩大，在凹陷内断洼中央部位形成深湖、半深湖相沉积环境，凹陷周缘发育的扇三角洲沉积体系也表现出退积的沉积趋势[图 7-5（a），图 7-5（b），图 7-6（a）]。

二、SQ3（南屯组）

南屯组沉积时期则处在裂谷发育高峰期，全区构造沉降速度加快，造成全区大范围的湖侵，近岸水下扇及扇三角洲近源沉积体系广泛发育，沿深大断裂根部呈"裙带"状分布，深湖区主要分布在东部的次级凹陷带内，并在 N47 井、N65 井及 N27 井区发育一系列湖底扇及一些深水重力流成因的浊积体系。由于三级、四级断裂在东部次级凹陷带内形成了一系列二台阶及多台阶，因此对物源的分布及走向控制作用明显。西部次级凹陷带内，主要发育河流-湖泊-扇三角洲沉积体系，并以湖泊相为主体；南部潜山披覆带主要发育南二段地层，南一段地层发育不完整，并主要发育一套三角洲-湖泊沉积体系。凹陷整体表现为“广盆、浅盆、浅水”的沉积水体环境，凹陷东次凹的扇三角洲沉积体系已经开始自凹陷外部边缘向凹陷内呈进积沉积趋势[图 7-5(c)，图 7-5(d)，图 7-6(b)]。

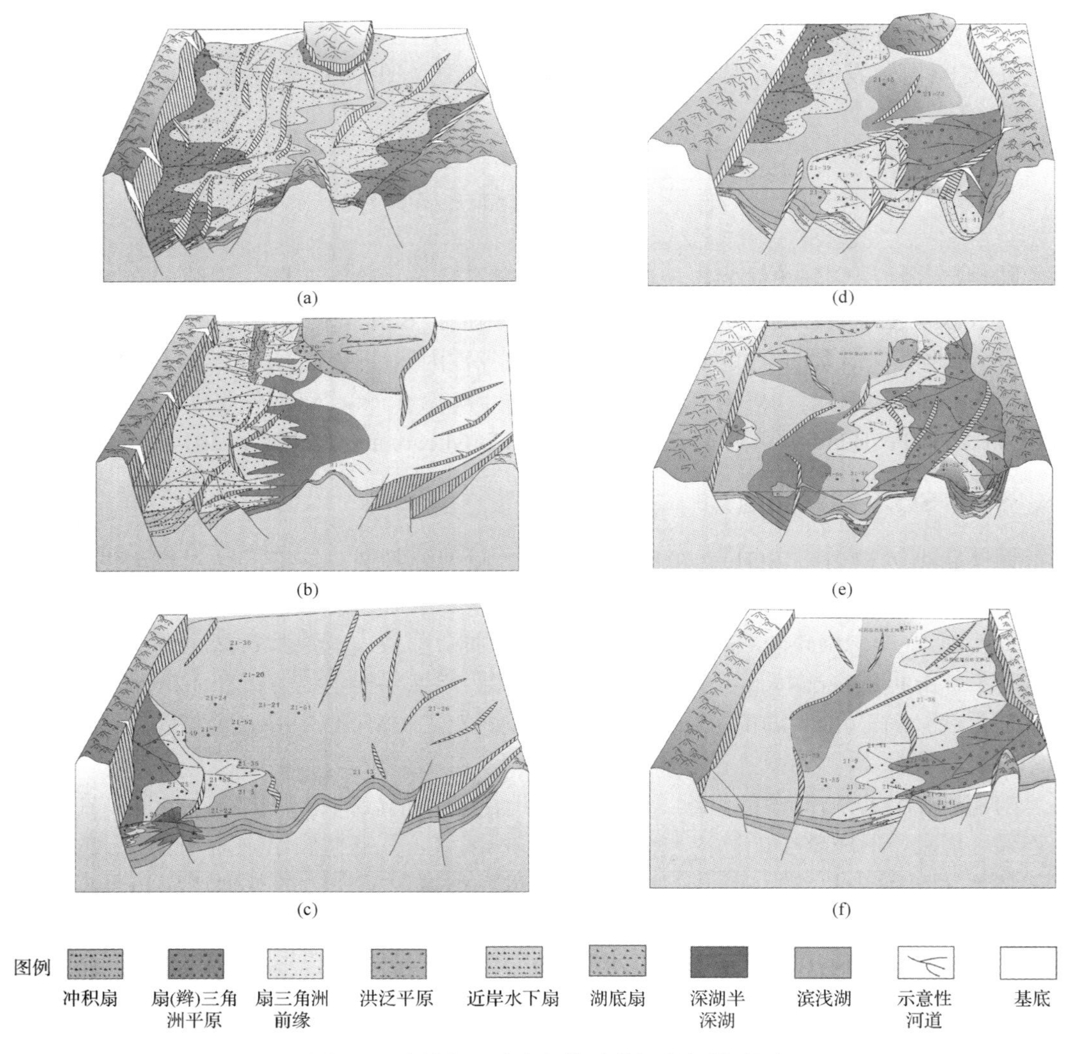

图 7-5　南贝尔凹陷东部构造带沉积相模式图

(a)南贝尔凹陷东次凹北洼槽沉积相立体模式(SQ1+SQ2)；(b)南贝尔凹陷东次凹南洼槽沉积相立体模式(SQ1+SQ2)；(c)南贝尔凹陷东次凹北洼槽沉积相立体模式(SQ3 LST+TST)；(d)南贝尔凹陷东次凹南洼槽沉积相立体模式(SQ3 LST+TST)；(e)南贝尔凹陷东次凹北洼槽沉积相立体模式(SQ3 HST)；(f)南贝尔凹陷东次凹南洼槽沉积相立体模式(SQ3 HST)

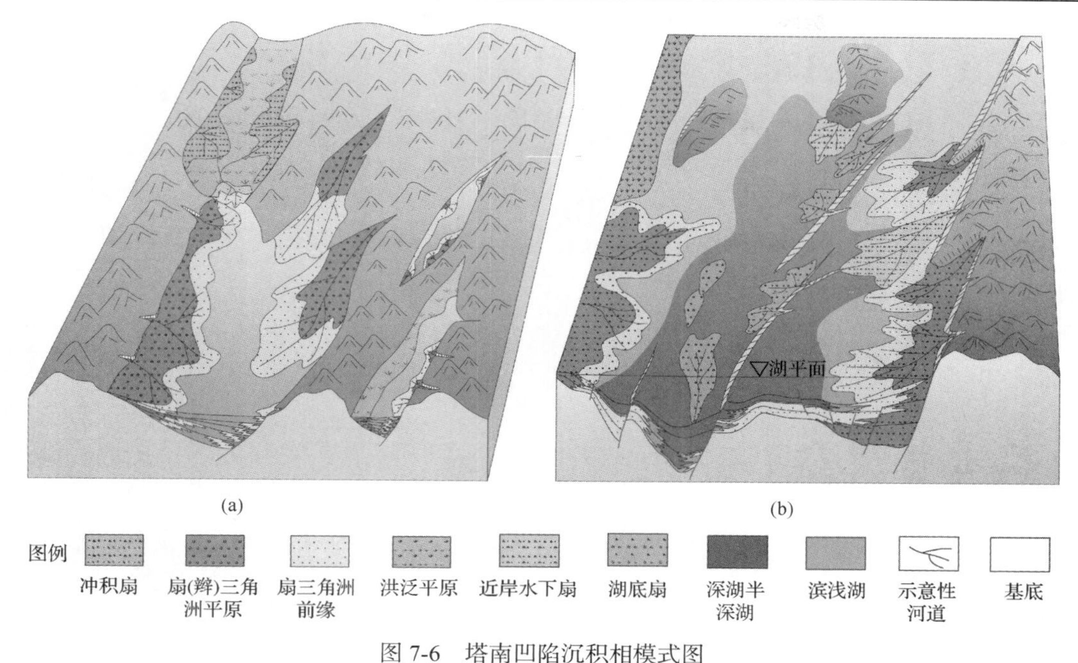

图 7-6　塔南凹陷沉积相模式图

(a)塔南凹陷沉积相立体模式(SQ1+SQ2)；(b)塔南凹陷沉积相立体模式(SQ3 LST+TST)

在层序 SQ3 发育时期，塔南凹陷北部区域的“中次凹—中部潜山断裂构造带—东次凹”的构造-层序响应过程较为典型，下面将该区域的沉积模式的演化过程加以分解讲述：①在 T46 井区域，SQ3 LST 及 TST 初期，在东次凹的东侧发育一系列的扇三角洲、近岸水下扇等沉积体系，该时期盆地基底古地形相对较为平坦，东次凹的沉积体系经过湖水流的改造、搬运，在浊积水道的输送下可以在中次凹靠近中部潜山断裂构造带位形成远岸水下扇沉积体系[图 7-7(a)]；在 SQ3 TST 中后期，中部潜山断裂构造带开始大规模活动，中央分界断层开始大规模旋转，在中部潜山断裂构造带部位的北端形成条带形(水下)“剥蚀区域”，东次凹、西次凹的古地形在中央断阶带的构造影响下开始坡度变大，东次凹东侧的沉积体系在盆地基底的构造旋转作用下形成同生的退积沉积趋势[图 7-7(c)]；在 SQ3 HST 时期，中部潜山断裂构造带构造活动区域平静，在凹陷范围内沉积了层序高位期的沉积体系[图 7-7(e)]。②在 T31 井区，层序 SQ3 沉积过程中也基本经历了中部潜山断裂构造带的活动及其对层序沉积的控制作用过程，与 T46 井区不同之处在于，T31 井区附近的 TST 地层沉积末期没有形成较为明显的沉积间断面，主要表现为东次凹的沉积体系持续的向东次凹东侧退积，在 LST+TST 地层沉积过程中形成了地震表现为强振、高连反射波组特征沉积体系退积面[图 7-7(b)，图 7-7(d)，图 7-7(f)]。

总的来讲，整个南屯组地层发育期间塔南凹陷经历了“深盆浅水”、“深盆深水”再到“广盆、浅盆浅水”的沉积环境的变化，凹陷东次凹东侧陡坡带发育的扇三角洲沉积体系伴随着上述的沉积环境变化，在东次凹内沉积了相应的层序地层。由于东次凹内扇三角洲沉积体系较为发育，同时湖泊水体对扇三角洲沉积体系的改造作用较强，所以在东次凹西侧远离物源区的洼槽部位、中次凹的中央洼槽部位及断层的下降盘部位等沉积物卸载低势区沉积了较多的远岸水下扇、滑塌浊积扇及远砂坝等砂体类型。

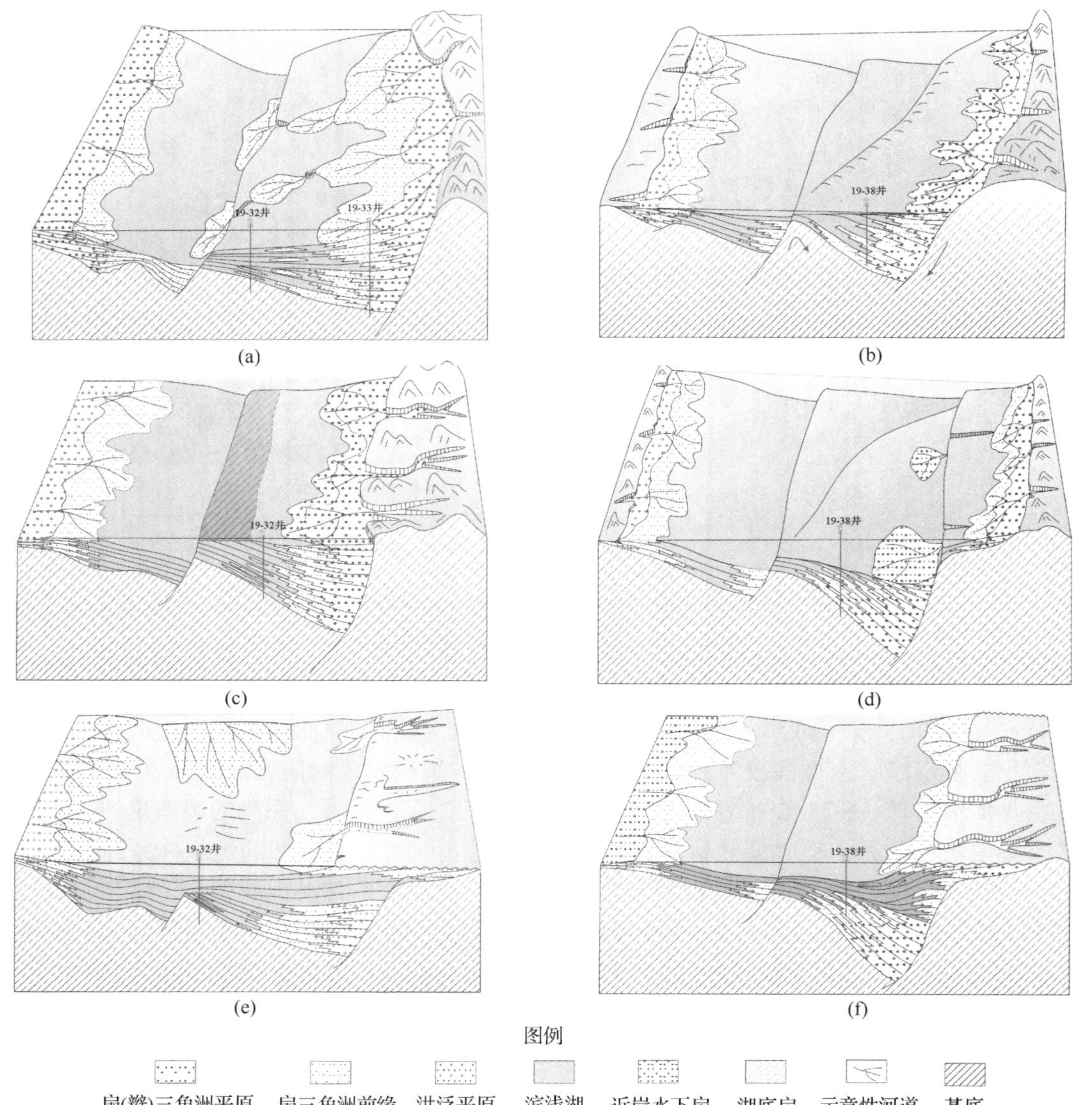

图 7-7　塔南凹陷东部构造带沉积相模式图(据纪友亮，2008)

(a)塔南凹陷东次凹北洼槽 T46 沉积相立体模式(SQ1+SQ2)；(b)塔南凹陷东次凹南洼槽 T31 沉积相立体模式(SQ1+SQ2)；(c)塔南凹陷东次凹北洼槽 T46 沉积相立体模式(SQ3 LST+TST)；(d)塔南凹陷东次凹南洼槽 T31 沉积相立体模式(SQ3 LST+TST)；(e)塔南凹陷东次凹北洼槽 T46 沉积相立体模式(SQ3 HST)；(f)塔南凹陷东次凹南洼槽 T31 沉积相立体模式(SQ3 HST)

三、SQ4(大磨拐河组)

大磨拐河组沉积时期，处在断-拗转换期，正常三角洲-湖泊沉积体系为主体，物源较单一，并以盆地长轴方向物源为主体，沉积物的粒度较细，湖面较为宽缓，前缘砂被水下分流河道搬运的距离较远，造成一系列的大型前积现象(俗称卸车构造)，尤其在 N83 井区较为典型。低位域发育较薄甚至不发育，这与北部贝中凹陷的低位域(大一段)有很好的过渡，即由北向南低位域逐渐减薄并消失在南部潜山披覆带上。在这一时期，凹陷不再东西分割，而成为了一个整体，中间地层的缺失是伊敏组后期构造抬升剥缺造成的。深湖区范围与南屯组相比有很大的缩小，但湖体面积依然较广，并在 N65 井、N57 井等个别井区仍然见有湖底扇等一系列小型扇体展布；南部潜山披覆带以湖泊-正常三角洲沉积体系为主体，地势较为宽缓，少有物源分布。

第八章　塔南-南贝尔过渡带地层与沉积充填

塔南与南贝尔凹陷在勘探早期，一直是分割独立研究的。在两个凹陷拼接地带，地震反射结构差异较大。长期以来，一直没有明确的凹陷之间沉积相是如何过渡衔接的，尤其是两个凹陷在层序地层及构造统一性方面，尚存诸多争议，因此，笔者试图通过提取大量过渡带高精度地震资料，结合钻井数据的标定，最终完成对塔南-南贝尔过渡带地层与沉积充填特征的详细分析和描述。

第一节　塔南-南贝尔地震资料差异分析

塔南和南贝尔凹陷是分属塔木察格盆地两个次级构造单元(图 2-2)，在先期层序划分对比过程中，两个构造单元是分开做的，所以，在后期统一再认识过程中，会存在许多矛盾和不协调现象。因此，两凹陷的地层格架的统一及内部沉积体系综合再认识为塔南-南贝尔凹陷全区后续有利区带预测及油藏精细解剖具有重要意义。

由于三维数据的分期采集，且分期采集的方式和参数有变化，因此给地震数据的拼接带来了难度。数据的质量差异主要体现以下两方面。

一、资料差异

塔南方位角 113.5º，面元 25m×30m，南贝尔方位角 133º，面元 25m×25m。

原始数据质量存在差异，采集参数和处理参数不同，成果数据存在频率波组相位差和系统时间差；拼接区部位存在 30~40ms 的系统时间差(图 8-1，图 8-2)。

二、重叠区不满覆盖且存在边界效应

塔南和南贝尔处理资料是分别处理的两个区块，伸入对方区数据不满覆盖，数据质量变差，成像精度降低，而且边界效应偏移划弧，构造形态失真(图 8-2)。

针对上述差异，采用了合理拼接手段，即重叠区以满覆盖方为准，拼头部位层位差异在 1 个相位之内，认定为层位拼接。

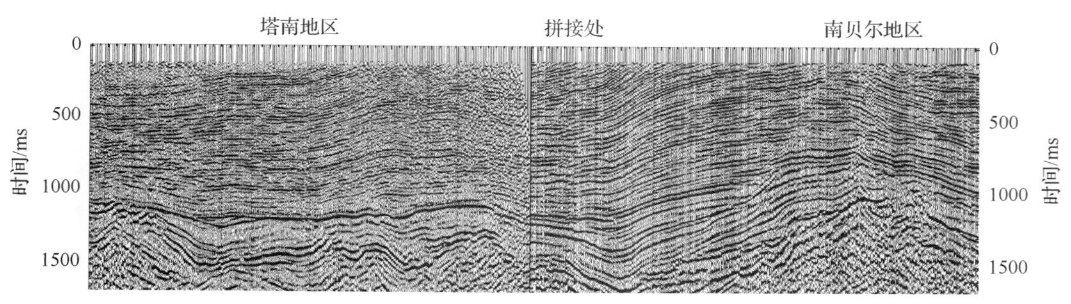

(a)

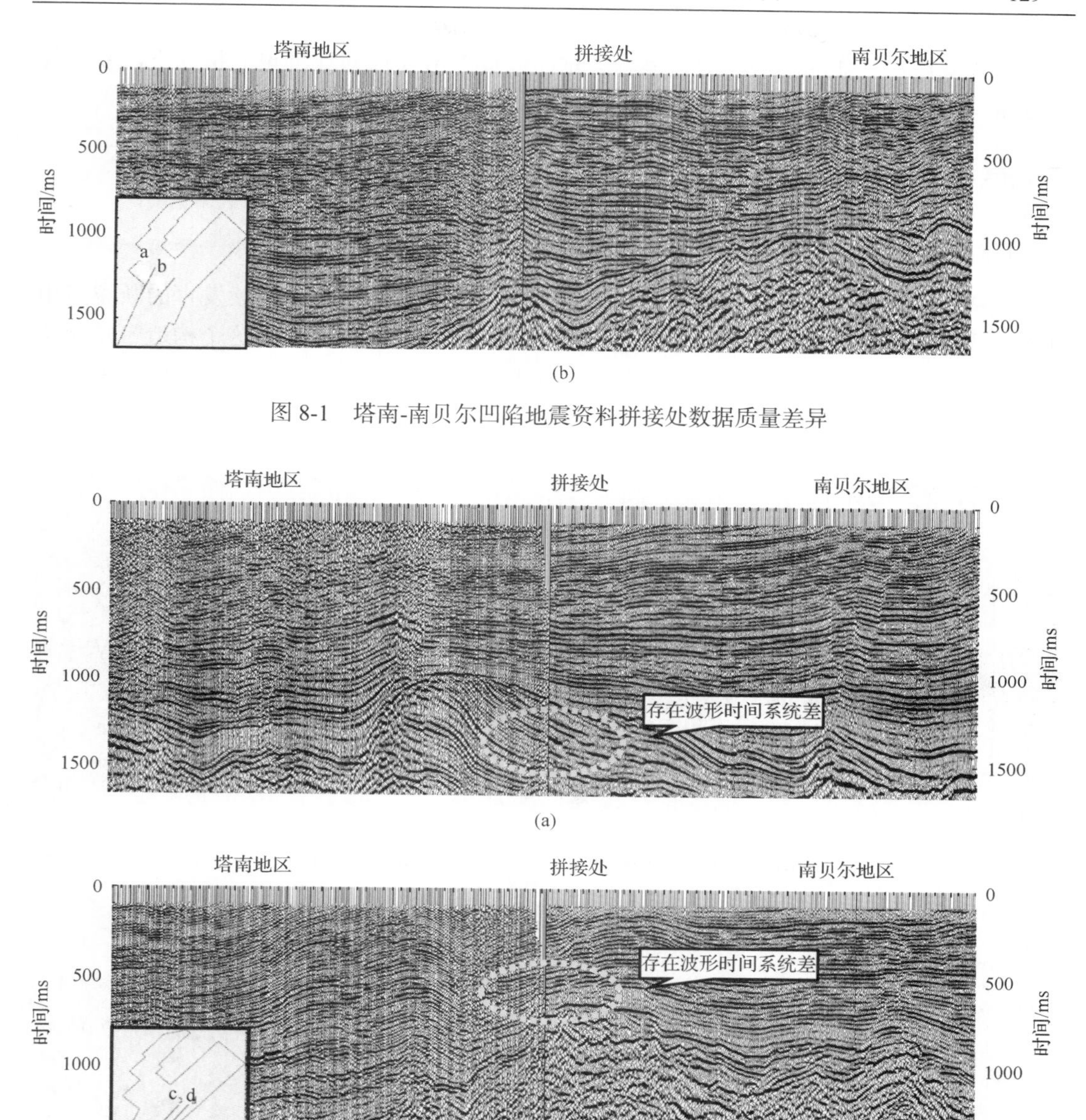

图 8-1　塔南-南贝尔凹陷地震资料拼接处数据质量差异

图 8-2　塔南-南贝尔凹陷地震资料拼接处波形及时间系统差异

第二节　塔南-南贝尔地层格架与沉积充填响应

塔南凹陷系统研究的时间较早，而南贝尔部分相对则晚一些。前期研究过程中，南贝尔部分地层对比是独立进行的，所以对比的结果是，T_3层位南贝尔偏低，塔南偏高，由此造成在两凹陷认识过程中出现了一些矛盾，给沉积体系综合分析带来困难。后期随着地震数据拼接工作的顺利完成，笔者尝试在经典 Vail 层序对比理论的指导下，参考其他专家及学者大量的研究成果，完成了全区的地层格架的统一再认识。

一、塔南-南贝尔东部构造带

1. 塔南-南贝尔东次凹层序地层对比格架

在南贝尔与塔东部构造带拼接处，两构造单元地层被一个早期持续发育的断裂潜山分隔，只有 T_2 地震反射层能够南北连续追踪，剩下的下部其他层位在这个构造带是无法连续追踪的，只能根据钻井及其他资料间接去划分对比，划分对比的结果如图 8-3 和图 8-4 所示(详细位置参考图 8-6)。

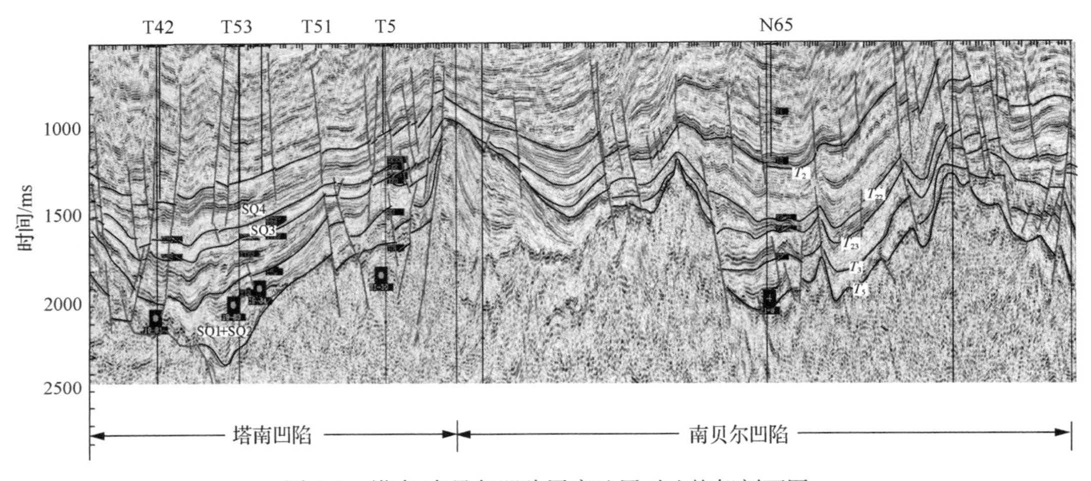

图 8-3　塔南-南贝尔凹陷层序地层对比格架剖面图

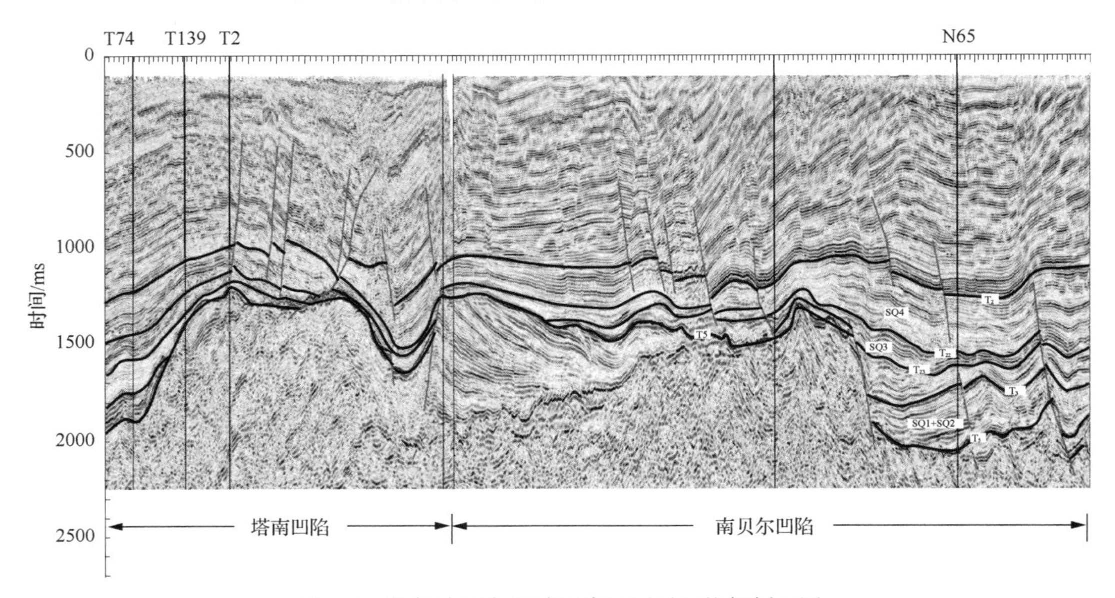

图 8-4　塔南-南贝尔凹陷层序地层对比格架剖面图

通过上述对比分析结果可以看出，塔南与南贝尔两构造带在大二段演化之前，两个凹陷的东部是不连通的，只是到了大二段及之后，两凹陷东部才统一为一个洼槽。但在这一时期，彼此是分属两个不同凹陷单元的。这个中间分隔的古潜山是一个两翼不对称的古潜山，其中在向着南贝尔方向，从地层的逐层超覆现象表明，这个潜山当时是作为古山头的缓坡向北持续为南贝尔凹陷提供物源；向着塔南方向，这个潜山是作为塔南凹陷的陡坡带，以断块山的方式向塔南凹陷提供物源。从上述分析可以看出，不同的古构造格局严格控制着不同构造单元层序地层在三维空间的展布(图 8-5，图 8-6)。

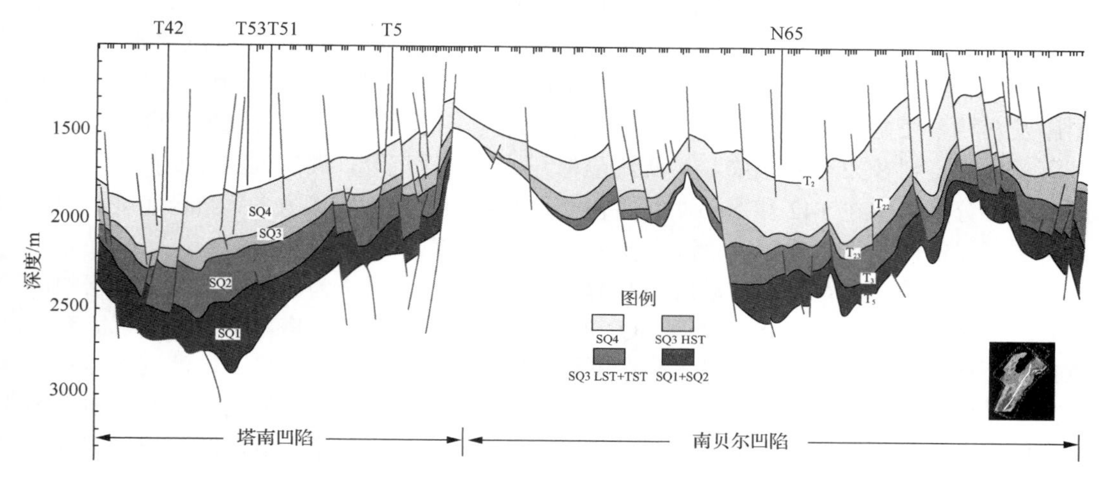

图 8-5　塔南-南贝尔凹陷东部构造带层序地层对比格架解释成果图

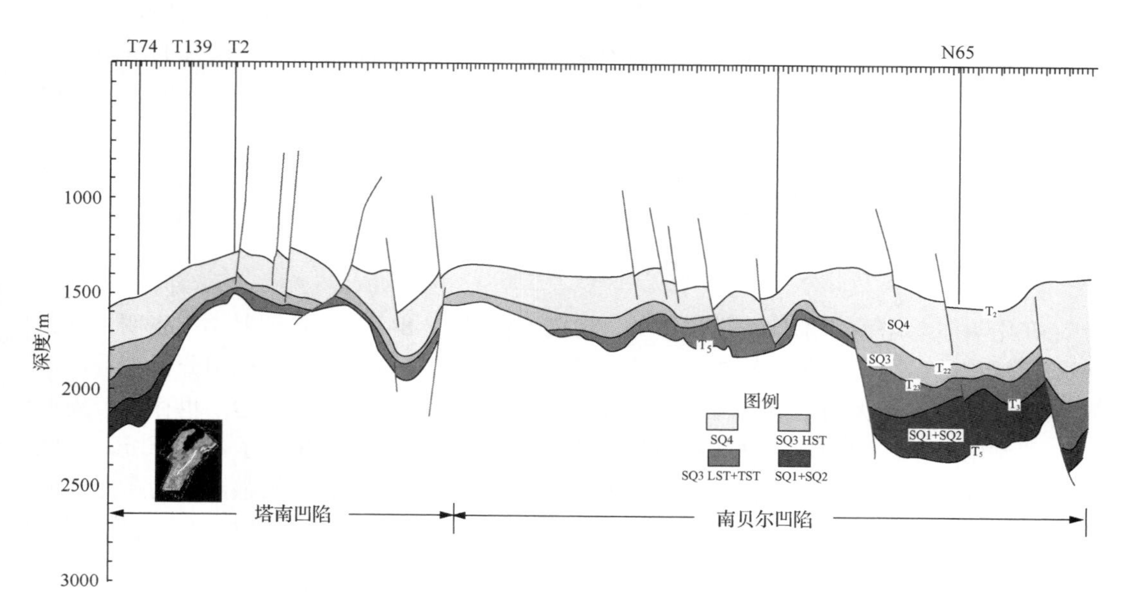

图 8-6　塔南-南贝尔凹陷东部构造带层序地层对比格架解释成果图

2. 构造沉积充填响应

在南贝尔与塔南对接带，由于沉积-构造带复杂多样，沉积相类型横向变化快，"南北分凹，凹中分洼槽，挖槽中分带"的沉积-构造特点，不同构造位置的沉积相具有不同的演化规律。因此，为了研究两凹陷过渡带上的沉积相在横向和垂向上的变化规律，选择关键位置的连井剖面进行了沉积相分析。

在东部构造带的拼接处重点选取了过 T42 井—T53 井—T5 井—N65 井连井剖面，该剖面经过南部塔南凹陷东次凹北洼槽、中部潜山披覆带及北部的南贝尔凹陷东次凹南洼槽这三个构造带，呈南北向展布。通过该剖面可以分析凹陷南部相连续性(图 8-7)。

铜钵庙组沉积时期，南贝尔与塔南两凹陷的沉积环境被中部的古潜山所分隔，在 SQ1 层序发育期，塔南凹陷的沉降量小，发育了大套河流相沉积地层，南贝尔发育了扇三角洲沉积体系。到 SQ2 层序展布期，两凹陷都开始了快速沉降，湖泊范围开始扩大，局部沉积中心分别集中在 T42 和 N65 井区。由于这个剖面是横切物源方向，结合地震剖面可以看到明显的两边超覆现象，物源主要来自东部贝尔布依诺尔隆起区。

在南屯组地层发育时期，以层序 SQ3 的最大湖泛面 MFS 为分界面，上下地层的沉积表现出不同特征。在 MFS 之下即 SQ3 的 LST+TST 发育时期，塔南部分发育了大套的近按水下扇粗碎屑沉积，而南贝尔构造单元依然是继承性的发育着扇三角洲沉积体系，依然是轴向物源。在这一时期，南贝尔东次凹南洼槽来自东部的物源明显减弱，随着湖平面的上升，沉积地层开始形成大规模的退覆现象。此时拼接带附近两凹陷的局部沉积中心在塔南一侧。

在大磨拐河组即层序 SQ4 沉积时期，该剖面的位置处于凹陷的持续沉降阶段，凹陷的水体整体偏深，在南贝尔 N65 井区见有累积厚度较大的湖底扇沉积，南部的塔南该沉积体系欠发育。顶部可见薄层的大型长轴三角洲前缘砂体展布，虽然累积厚度薄，但横向延展范围广，之后便开始了湖盆的整体向下拗陷的演化阶段。

二、塔南-南贝尔西部构造带

1. 塔南-南贝尔东次凹层序地层对比格架

在南贝尔与塔南西部构造带拼接处，地震剖面(图 8-8~图 8-11)解释结果表明，直到南二段沉积期，两凹陷才开始统一，形成统一的西部凹陷带。从地层机构分析来看，地层累积厚度相对较大的地方在古潜山的顶部，说明古潜山的活动升降运动也存在着周期性，即到南二段沉积期，该剖面潜山位置位于褶皱波谷，使基底出现了局部下沉，由此形成了局部的沉积中心所致。在大磨拐河组沉积期，同沉积断裂开始强烈活动，尤其向着南贝尔一侧，形成了大量的新增可容纳空间，因而沉积了巨厚的大磨拐河组沉积地层。这一时期局部沉积沉降中心复又开始偏向南贝尔一侧。

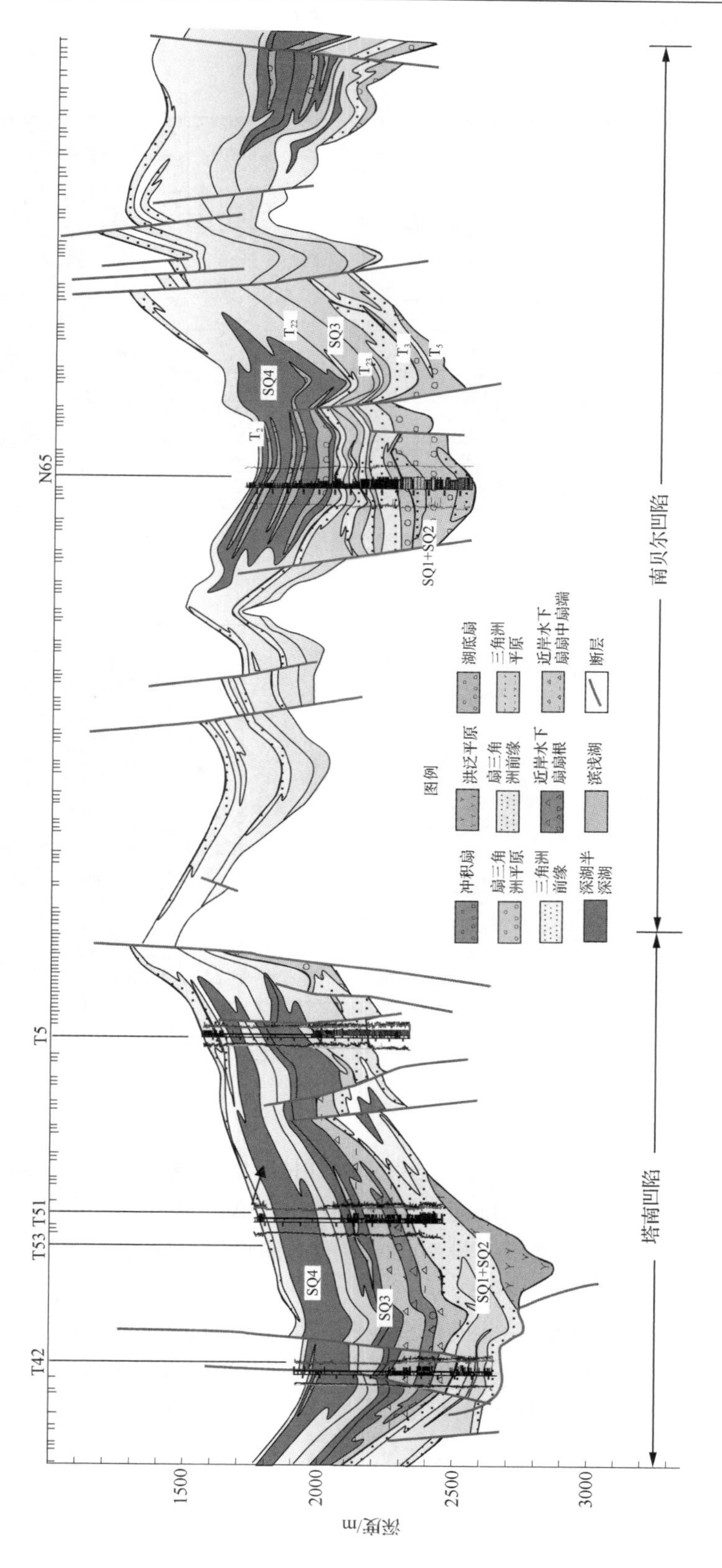

图8-7　塔南-南贝尔凹陷东部拼接带附近联井沉积体系剖面图

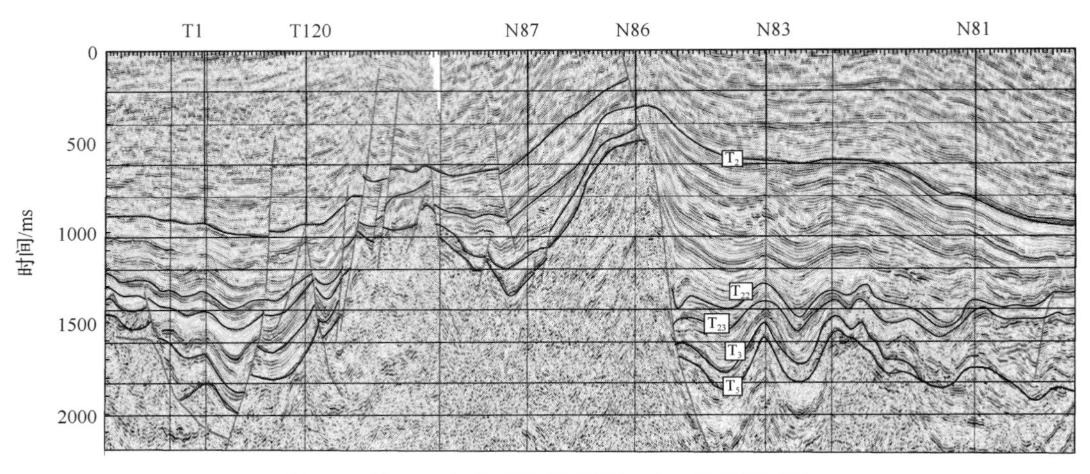

图 8-8　塔南-南贝尔凹陷层序地层对比格架剖面图

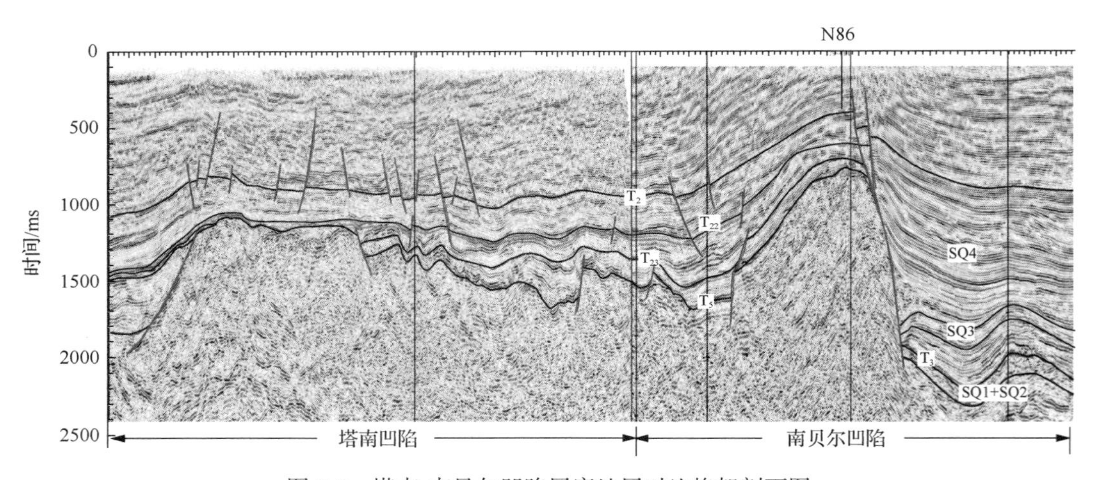

图 8-9　塔南-南贝尔凹陷层序地层对比格架剖面图

2. 构造沉积充填回应

在西部构造带的拼接处重点选取了过 T1 井—T120 井—N87 井—N86 井—N83 井—N81 井连井剖面，该剖面经过南部塔南凹陷西次凹北洼槽、中部潜山披覆带及北部的南贝尔凹陷西次凹南洼槽一线构造带，呈南北向展布，通过该剖面可以分析凹陷南部相连续性(图 8-12)。

铜钵庙组沉积期，两大构造单元的洼槽彼此仍呈现分隔状态，中部的古潜山为断块山，分别向两凹陷的次级洼槽提供物源，在塔南一侧早期沉积了冲积-河流体系，在南贝尔一侧发育了一套湖泊-扇三角洲沉积体系，明显南贝尔西次凹南洼槽水体偏深。

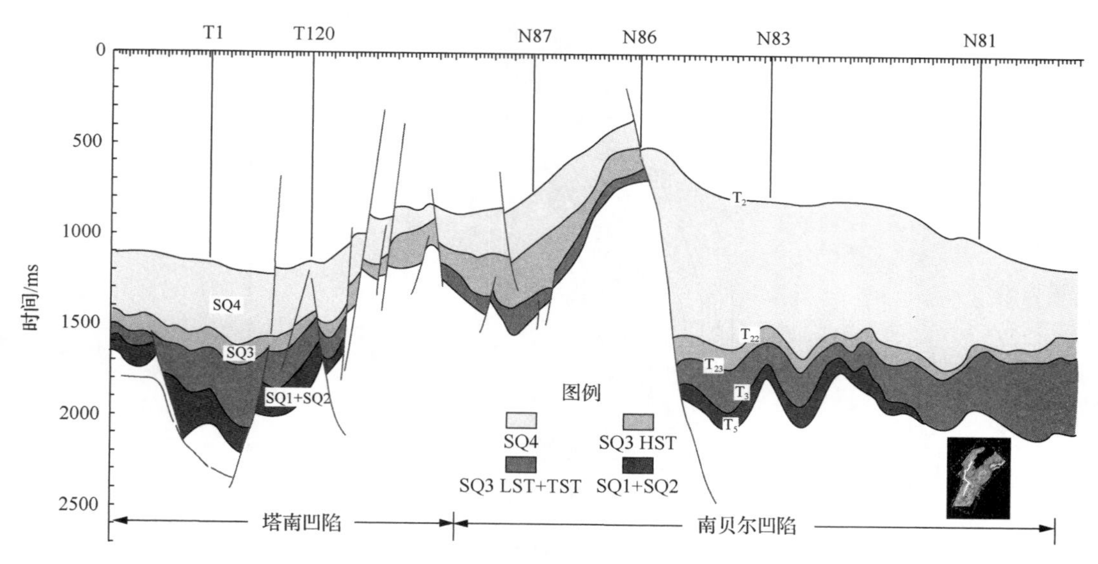

图 8-10　塔南-南贝尔凹陷西部构造带层序地层对比格架解释成果图

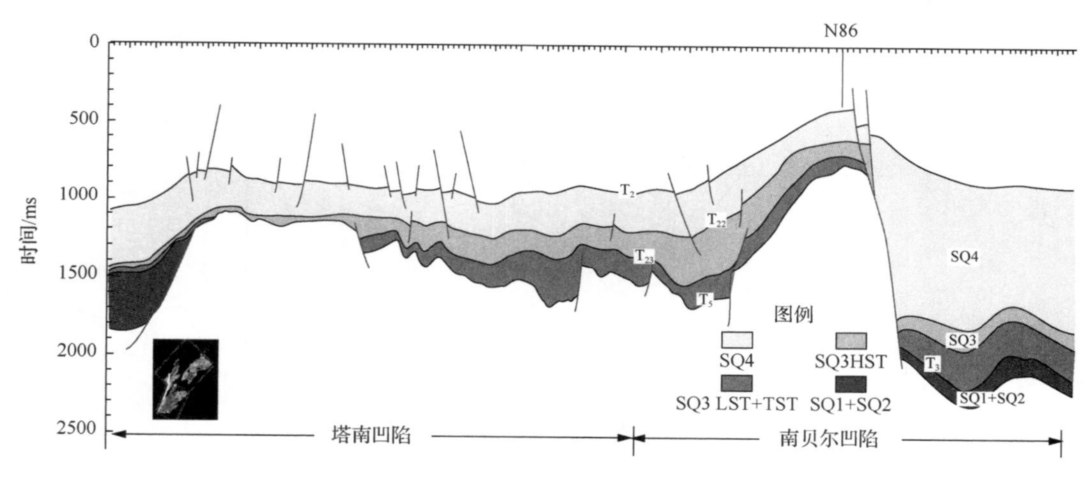

图 8-11　塔南-南贝尔凹陷西部构造带层序地层对比格架解释成果图

在南屯组地层发育期，随着 N86 井附近的同沉积大断裂进入活跃期，下盘的沉降量开始增大，这与大的构造背景湖盆整体进入拗陷期有关，水体的变深及可容纳空间的增大，使 N81 井区附近沉积了 1000 多米厚的黑色泥岩夹灰色砂砾岩的近岸水下扇体堆积，从整个沉积剖面对比来看，南贝尔为此时的局部沉积沉降中心，其相类型主要以近岸水下扇-深水湖泊-扇三角洲组合为主。塔南西次凹北洼槽的水体相对要浅得多，以浅水湖泊沉积体系发育为主。

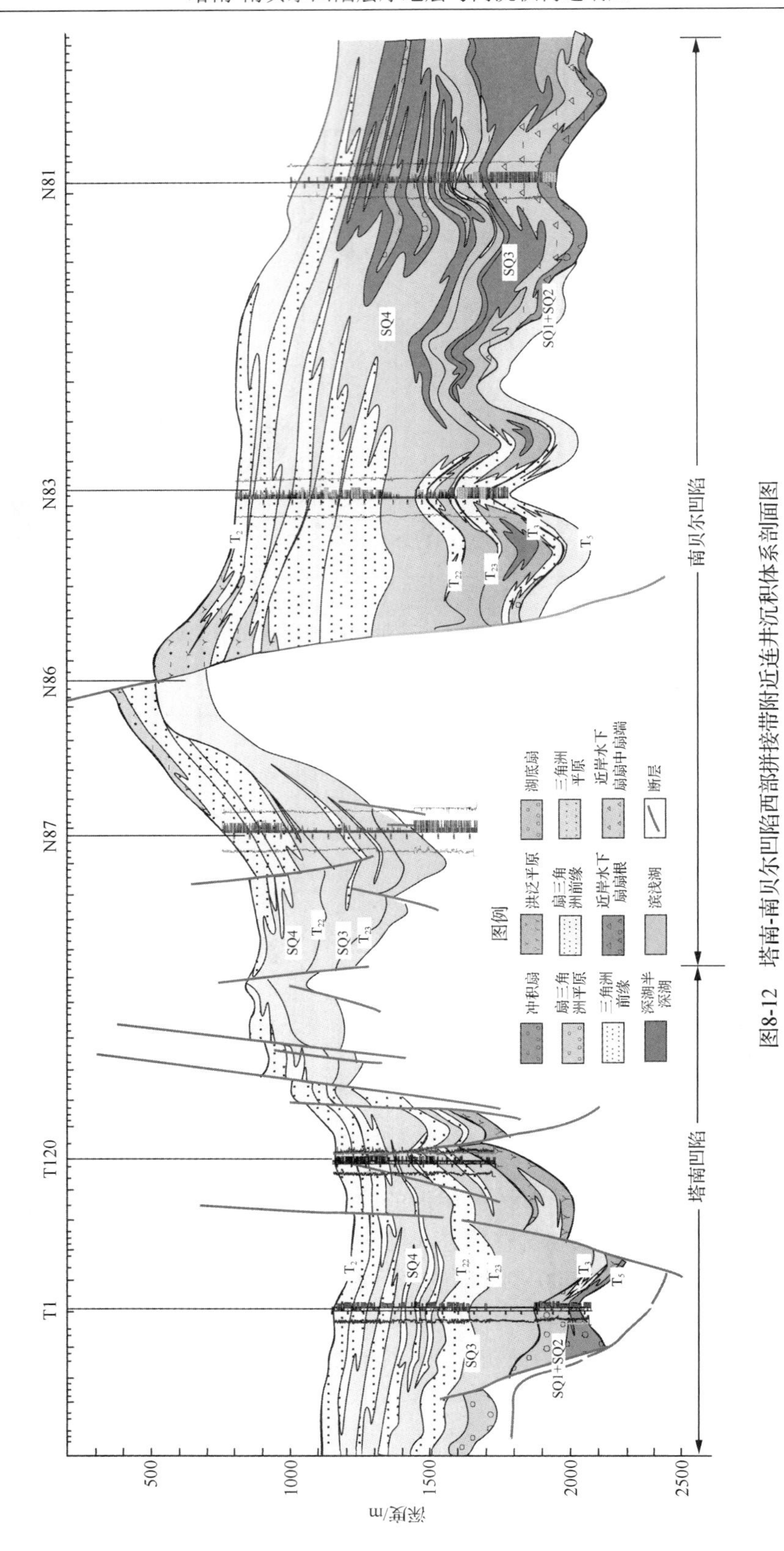

图8-12　塔南-南贝尔凹陷西部拼接带附近连井沉积体系剖面图

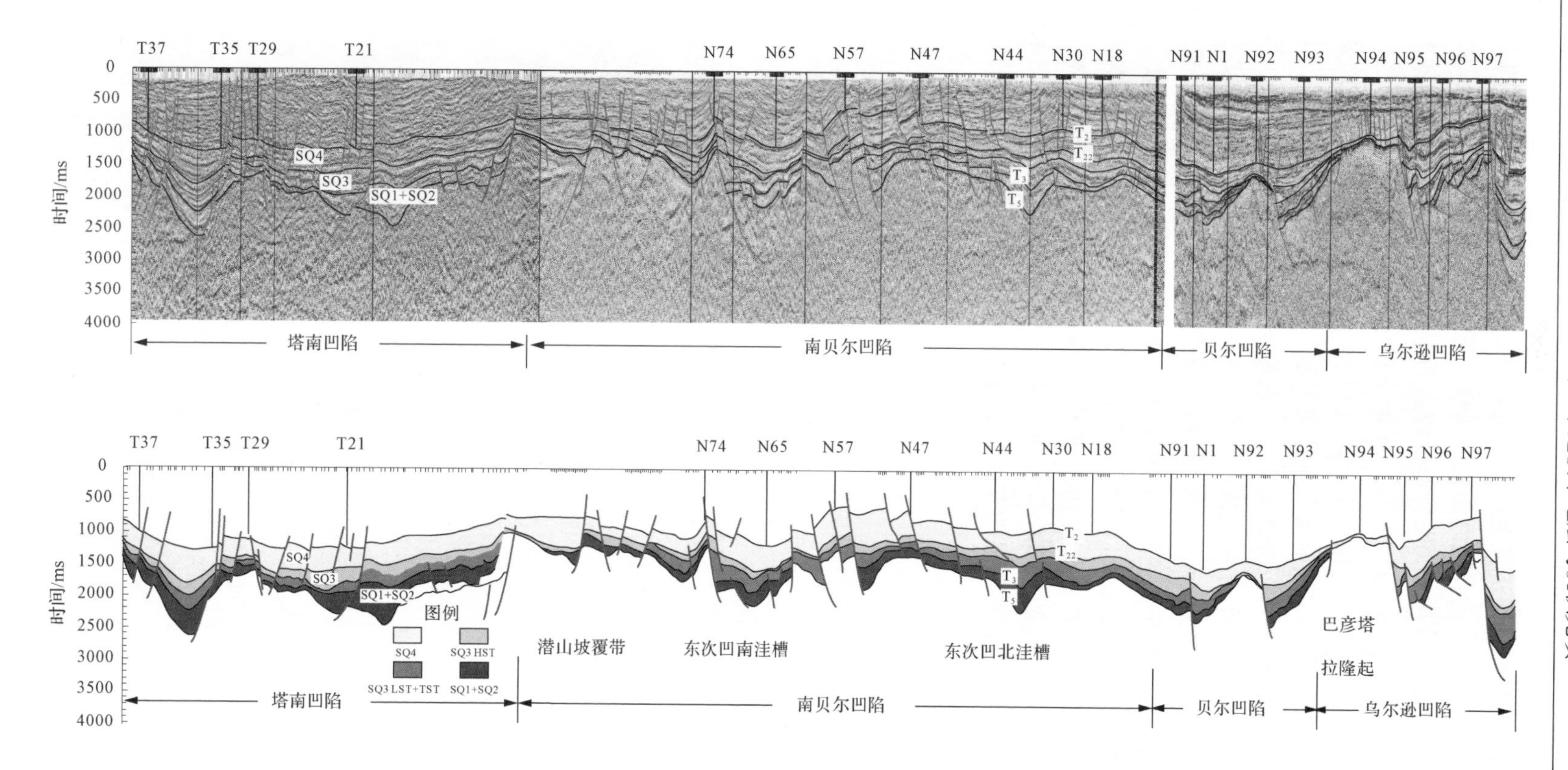

图8-13　塔南-南贝尔-贝尔-乌尔逊凹陷构造带层序地层对比格架解释成果图

在大磨拐河组沉积期，在沉降量巨大的南贝尔一侧下盘，沉积了巨厚的三角洲前缘砂体，形成了三套下细上粗的反旋回前积体组合，这是三角洲强烈前积造成的。在 N81 井区形成了局部的沉积沉降中心，发育厚度较大的深湖半深湖-湖底扇沉积体系组合。塔南依然为继承性的浅水环境，发育湖泊-三角洲沉积体系组合。

综上所述，在从铜钵庙组—南屯组一段沉积期，南贝尔与塔南凹陷彼此分隔独立，中间以古潜山分隔，直到南二段地层发育期南贝尔与塔南西次凹才连通为一体，与区域右旋应力场的作用及区域整体沉降背景有关，正是在这种区域构造背景下，为形成统一的凹陷创造了条件，一起开始了南二段及大磨拐河组及其后期地层的沉积发育史。南贝尔、塔南作为塔木察格盆地的次级构造单元，与周缘凹陷有着相似的构造发育史(图 8-13)，在铜钵庙组—南屯组发育期，各凹陷在同生大断裂强烈活动、湖盆整体处于断陷高峰期，湖盆形成多个沉积沉降中心，从而造成了局部有巨厚的近岸水下扇体沉积，如在南贝尔的 N81 井区附近，沉积了一套 1000 多米厚的黑泥夹垮塌砂砾岩堆积体(单敬福等，2011b，2013a，2013b)，这是局部断裂高生长系数的最明显证据。海拉尔-塔木察格盆地各个湖盆地层累积厚度也存在明显的差异，这可能与各个凹陷的构造活动的期次、强弱存在差异性有关。

第九章　同沉积构造响应模式及其主控因素

早白垩纪的垂向充填演化序列综合研究表明，南屯组早期地层的大规模同生断裂系统组合样式及其分布对断陷湖盆内沉积体系域的发育分布起到重要的控制作用。凹陷内的充填序列和演化反映了幕式断裂作用及湖盆右旋走滑特征对盆内沉积体系演化模式起到至关重要的控制作用。长期活动的同沉积断裂配合构造的右旋走滑运动严格控制古地貌、断裂坡折及断坡带的形成与分布，从而进一步控制着湖盆内碎屑岩沉积体系发育与沉积展布模式。凹陷内部的东次凹北洼槽内的洼陷边缘断裂坡折带常常控制着粗碎屑沉积体系的沉积，特别是低位域近岸水下扇的发育和分布，是盆内寻找砂岩油气藏的最有利区带。塔南-南贝尔凹陷同沉积断裂具有多种组合样式，包括“人”字形或“之”字形等多种组合的断裂系统，造成湖盆内复杂多变的构造古地貌及断裂坡折系统，严格控制着凹陷内砂体分散体系的沉积和堆积模式。揭示同沉积断裂(坡折)带的活动和分布，再造各沉积期次构造古地貌、断坡带的研究是进行沉积体系展布模式和砂体分布预测的关键。

第一节　断陷湖盆坡折带的识别与充填响应

通过对大量钻井、连片三维地震、岩心数据的综合系统研究，认为在断陷期的沉积物分散体系和沉积体系域的发育、分布直接与沉积期的古地貌有关，而同断陷期的古地貌又明显受同生断裂体系的控制；因此，同生断裂系统严格控制着湖盆内的扇体朵叶的分布与走向。

一、断陷湖盆坡折带的识别及其地质意义

研究表明，断陷湖盆坡折带与拗陷湖盆坡折带有着很大的不同，断陷型湖盆的坡折带与断裂活动紧密相关，而拗陷型湖盆的坡折带则与沉积物的堆积及古构造隆升作用有很大关系。众所周知，坡折带这个专有名词是层序地层学理论体系中重要的术语，是识别划分低位体系域与湖侵体系域的重要参考依据(Bryan and Jason，2002；Hans et al.，2002)。在以往断陷湖盆研究过程中，初始湖泛面的识别始终是个难点，这就需要换个角度思维，不能简单套用被动大陆边缘海相湖盆的那套层序地层学理论体系中沉积或隆升作用成因的坡折带识别方法，而应该从同生断裂体系研究入手，把同生断裂发育的期次、位置和类型搞清楚，才能很好地识别断陷湖盆的坡折带，进而很好地预测低位扇的分布和走向(吕晓光等，1997；叶德燎，2005)。如图9-1中过N43井、N44井和N50井连井剖面，可以识别出一系列断裂坡折带，其对坡下的扇体明显起到了分散和调节作用。

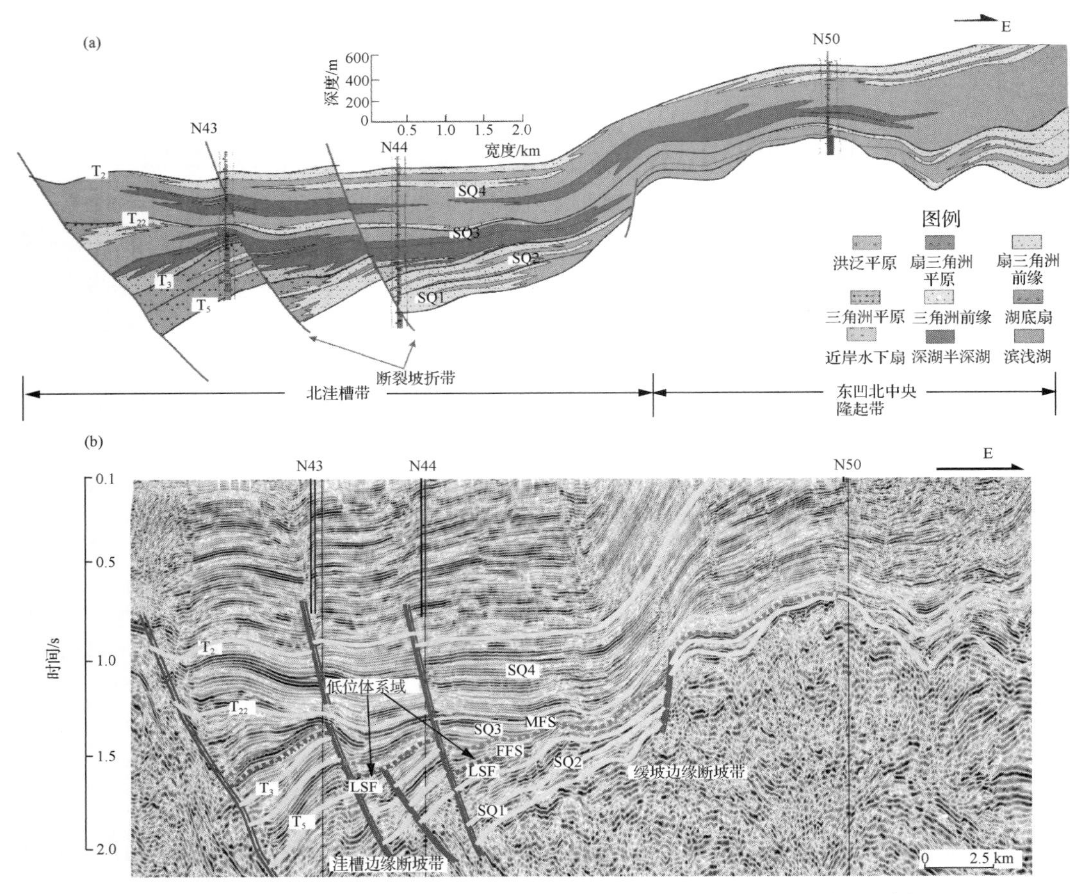

图 9-1　过南贝尔凹陷东次凹北洼槽沉积横断面(a)和与之对应的三维地震剖面(b)

在塔南-南贝尔凹陷内部次级构造单元中的陡坡、洼槽和缓坡带，特别是在南屯组早期的地层中，次级构造单元不同部位都有同生断裂体系分布，并且可划分为不同的同生断裂组合，如雁行式断裂、“之”字形断裂、“人”字形断裂等；不同的断裂组合及其之间的组合关系严格控制着不同构造部位的扇体朵叶的分布与走向。

二、断裂坡折带与扇体朵叶的空间配置及沉积体系充填模式

在早白垩世，研究区南屯组沉积初始期处于断陷Ⅱ幕向断陷Ⅲ幕转化阶段，为构造断裂活动调整期，同沉积构造活动被启动，靠近陡带一侧开始产生大量的阶梯骨牌式断块。在这调整阶段，低位扇体受同生断裂系统的调节，沿着断层根部横向展布，之后，可容纳空间随着断陷活动的持续快速增强，水体迅速加深，所有的包括中央隆起带边缘的构造坡折带全部沉没于水下。由于 $A/S>1$（A 为可容纳空间；S 为沉积物供给），使全区整体处于饥饿沉积阶段，形成大量向陡岸退覆的近岸水下扇体沉积；靠近洼槽带，则会有大量的鲍马序列为特征的深水浊积扇体堆积，通过岩心观察，有重力滑塌、重荷及不完整的鲍马序列等为特征的沉积相类型在洼槽伸展下陷带广泛发育。在洼槽中部发育大量的同生断裂(图 9-2，图 9-3)。

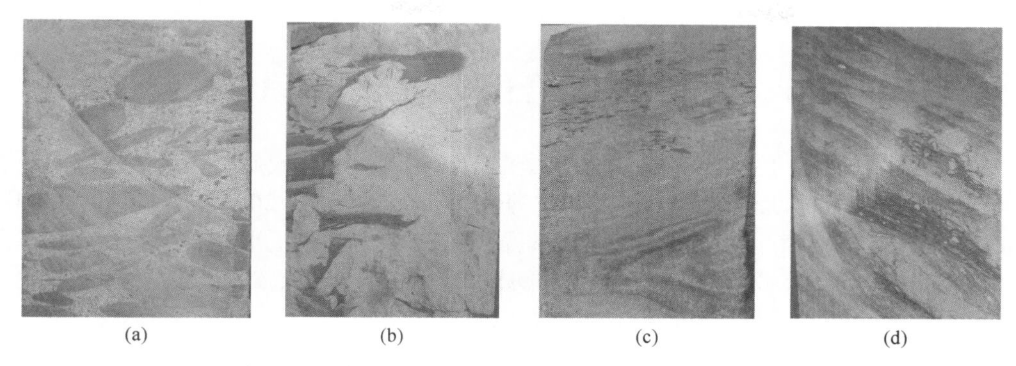

(a)　(b)　(c)　(d)

图 9-2　过南贝尔凹陷洼槽带重力流沉积的岩心相特征

(a) N87 井 1801.69m 南屯组杂色块状含砾粗砂岩，砾石分选差，次圆状，代表近岸滑塌堆积；(b) N89 井 2015.80m 大磨拐河组外扇浊积岩微相中的泥岩撕裂屑及滑塌变形；(c) N32 井 1731.16m 铜钵庙组棕灰色油迹含砾粗砂岩，大型交错层理发育，为河道沉积；(d) N72 井 1722.40m 南屯组波状复合层理，内见砂球构造，为扇三角洲前缘-外前缘环境受湖能改造产物

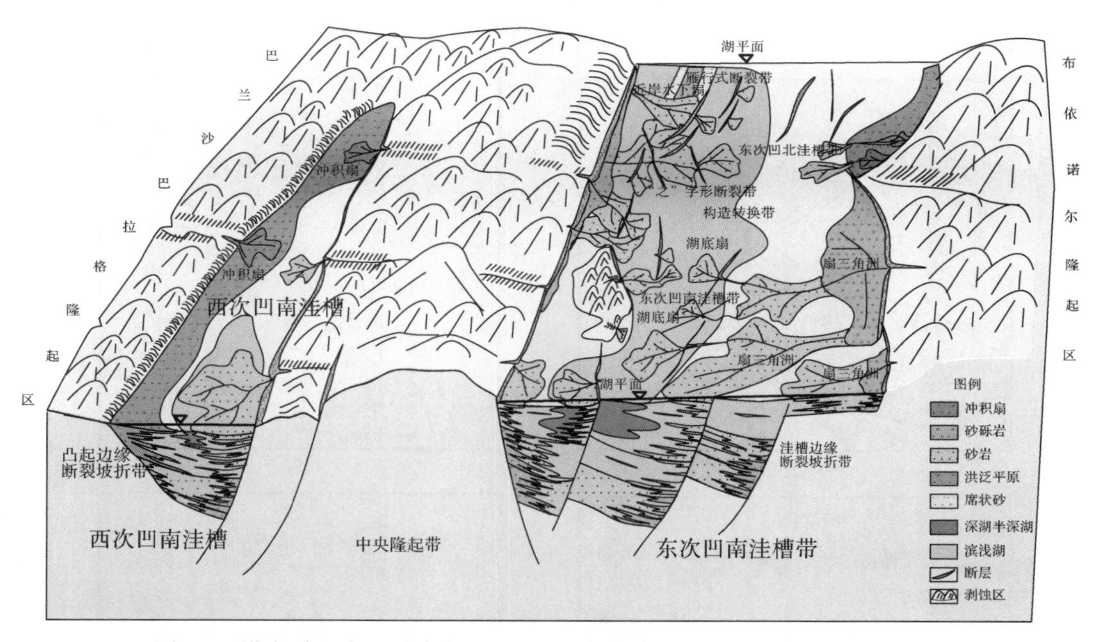

图 9-3　塔南-南贝尔凹陷南屯组一段末期构造古地貌与沉积体系展布模式图

综合研究认为，在凹陷陡坡带同沉积断裂活动形成的多级断裂坡折，在湖盆不同的充填演化阶段严格控制沉积扇体的展布。在凹陷的缓坡带，主要发育辫状河三角洲、滨浅湖沉积等；在缓坡与隆起过渡带之间，发育有规模较小的同沉积断裂或断阶，形成缓坡与凸起边缘的断裂坡折，造成局部的沉积沉降中心；由于差异沉降和脉冲式的断裂活动，在洼槽边缘靠近陡坡带一侧可形成骨牌式的构造坡折带，因此可以在整体上形成较大的可容纳空间和构造古地貌，导致沉积记录在此保持较大的沉积厚度，沉积旋回和砂体层数及厚度也明显的增多；这些次级断槽常常控制着湖盆中部重力流或浊流沉积的分布，特别是来自纵向砂分散体系的堆积(单敬福等，2007b，2010a，2010b，2010c)。

第二节　同生断裂组合样式对沉积体系的控制

湖盆内部的多种同生断裂组合样式，受控于多期次构造幕式旋回作用，不同的断裂组合样式造就了不同的古地貌格局(魏魁生等，1996；林畅松等，2004；张昌民等，2004)。研究结果表明，塔南-南贝尔凹陷东北部在断裂期拉张走滑背景下形成了一系列北北东向的沉积断裂组合模式，为断阶式古地貌的形成创造了条件，从而对砂体分散体系产生了重要影响。形成的同生断裂组合模式主要有以下几种类型。

一、同生断裂系统组合样式

1. 阶梯状同沉积断裂系统

这类断裂系统在东次凹北洼槽带沿陡带一侧很常见，顺着构造带的延展方向，呈台阶式展布，如塔南 T67 井区与南贝尔 N36 井、N41 井区就发育这类构造断裂系统(图 9-4)，

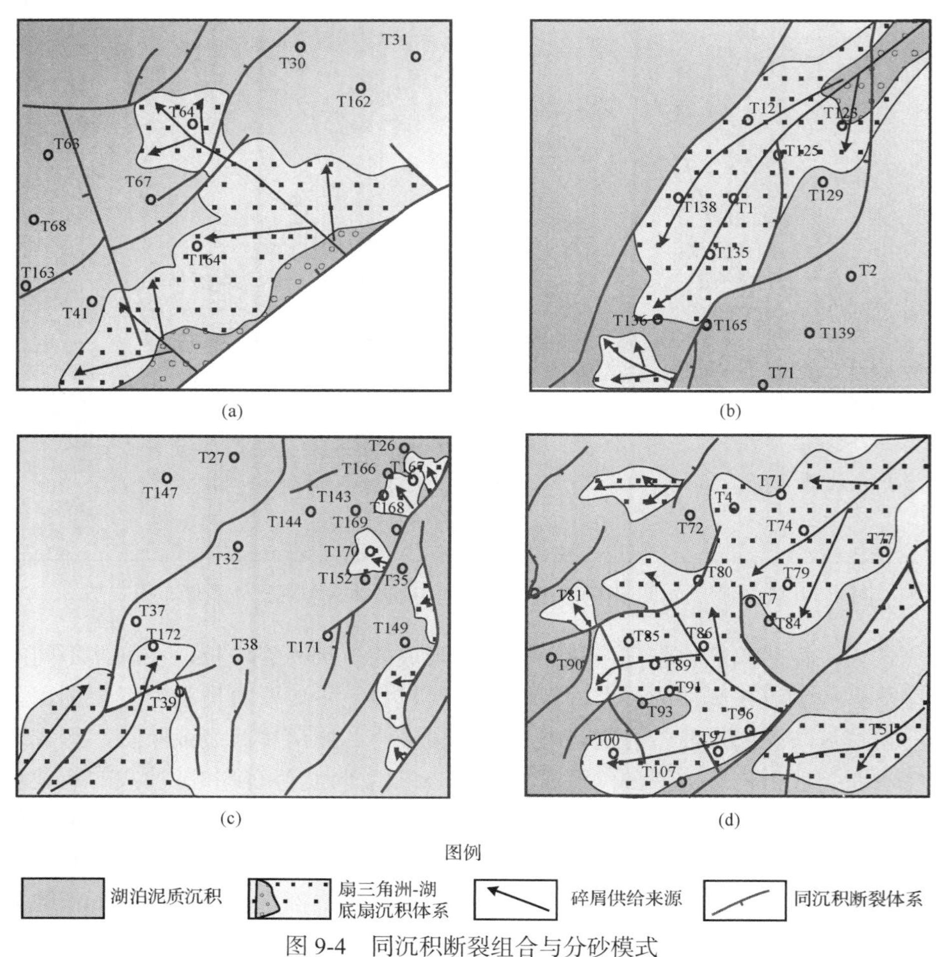

图 9-4　同沉积断裂组合与分砂模式

(a)阶梯状同沉积断裂；(b)八字状同沉积断裂；(c)多帚状同沉积断裂；(d)叉状抛斜同沉积断裂

使近岸水下扇体顺着台阶断层逐渐向前方富集，同时也常常与其他类同生断裂组合控制砂体横向展布范围，这类断裂体系的形成与区域拉张拆离作用有关。在每个拆离式断层的下降盘，底部可以富集 100~200m 厚的砂体，对于这类断裂系统的深入研究将有利于指导油田生产实践。

2. “人”字形同沉积断裂系统

这类断裂系统在塔南 T5 井区与南贝尔 N43 井的左下方一带发育(图 9-5)，其形成可能与区域右旋走滑作用有关。这类断裂常常一支断裂是顺物源的主干断裂，另一支断裂是次级断裂，主要起到控制沉积相域的作用。因此，一般主断裂控制并调节扇体朵叶的分布与走向，另一支断裂则会起到限定物源的分布，起到遮挡作用。

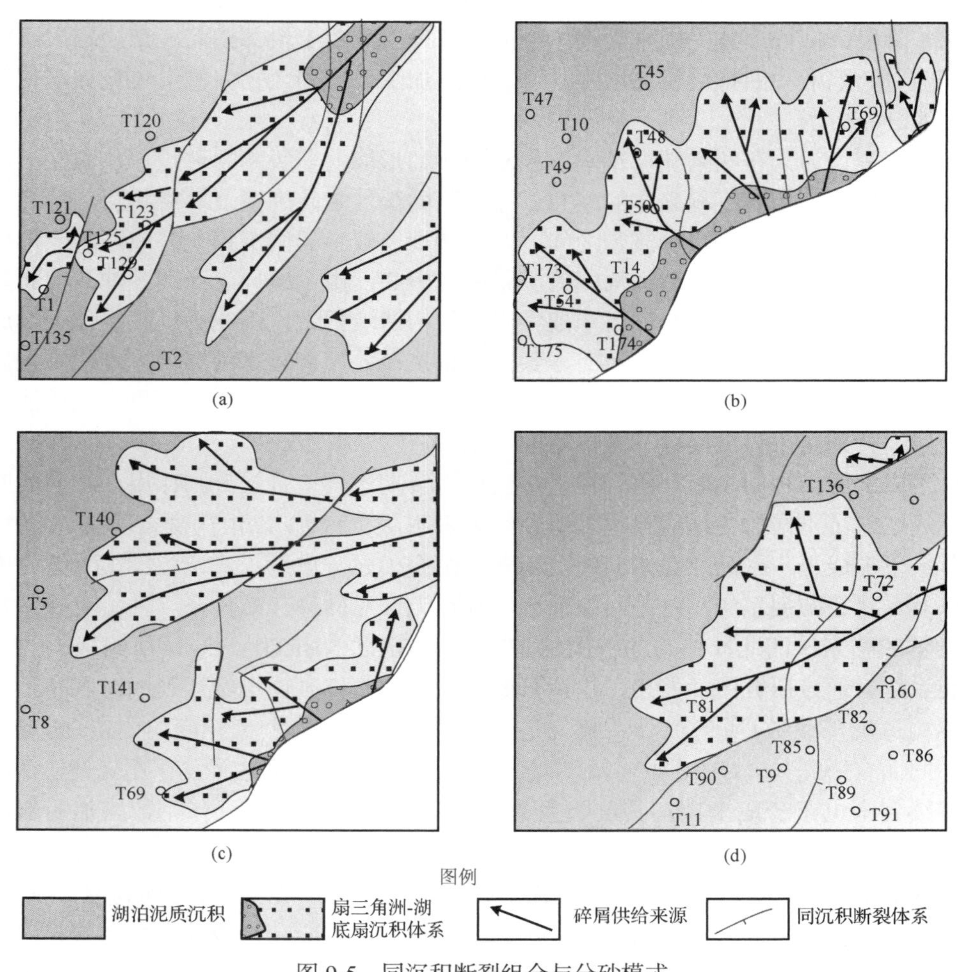

图 9-5　同沉积断裂组合与分砂模式

(a)雁行状同沉积断裂；(b)梳状同沉积断裂；(c)叉状同沉积断裂；(d)帚状同沉积断裂

3. 帚状同沉积断裂系统

帚状断裂系一般是由一条主干断裂向一端发散或分叉成多条规模变小的次级断裂体

系，在平面表现为帚状特征，如在塔南T72井区与南贝尔N59井区的帚状断裂带(图9-5)。帚状断裂常常控制着扇体主体河道的迁移方向，在发散部位易形成构造低部位，常常与厚度较大的“断角”砂体伴生，从而控制着局部的次级沉积中心，便于找到主断裂的方向，这对于找到主河道无疑具有很好指示意义。

二、同生断裂系统特征及对沉积体系的控制

在早白垩纪，南贝尔凹陷控陷断裂系统的持续断陷作用与内部次级断裂系统的匹配，严格控制着凹陷内部次级构造带在三维空间的展布及其内部砂体分散体系的堆积与再分布。值得注意的是，以东次凹北洼槽为例，边界控陷断层与中央隆起带的上隆作用，造成南屯组早期地层局部构造反转作用，使靠近陡带一侧开始产生大量的阶梯骨牌式断块。在这调整阶段，低位扇体受同生断裂系统的调节，沿着断层根部横向展布。之后，可容纳空间随着断陷活动的持续快速增强，水体迅速加深，再加之物源供给欠充分，使洼槽内部湖泥分布广泛。

综合研究认为，在凹陷陡坡带同沉积断裂活动形成的多级断裂坡折，在湖盆不同的充填演化阶段严格控制沉积扇体的展布。在凹陷的缓坡带，主要发育辫状河三角洲、滨浅湖沉积等；在缓坡与隆起过渡带之间，发育有规模较小的同沉积断裂或断阶，形成缓坡与凸起边缘的断裂坡折，造成局部的沉积沉降中心；由于差异沉降和脉冲式的断裂活动，在洼槽边缘靠近陡坡带一侧可形成骨牌式的构造坡折带，因此可以在整体上形成较大的可容纳空间和构造古地貌，从而导致沉积记录在此保持较大的沉积厚度，沉积旋回和砂体层数及厚度也明显的增多，这些次级断槽常也可控制着湖盆中部重力流或浊流沉积的分布，特别是来自纵向砂分散体系的堆积。

湖盆内部的多种同生断裂组合样式，受控于多期次构造幕式旋回作用，不同的断裂组合样式造就了不同的古地貌格局。研究结果表明，在南贝尔凹陷东北部在断裂期拉张走滑背景下形成了一系列北北东向的沉积断裂组合模式，如雁行式、“之”字形、“人”字形以及帚状等断裂系统，这些断裂系统的存在无疑对砂体分散体系产生了重要影响，如南贝尔凹陷东次凹北洼槽带的NBRD17号与NBRD2NBRD1两断层所组成的“人”字断裂系统。通过研究统计发现，这两号断层从铜钵庙组到南屯组活动的时限及不同断裂位置构造沉降系数(所谓沉降系数就是下降盘下降厚度与上盘厚度的比值)随地层年代的不同而有所差异。NBRD17号断层活动时限是从铜钵庙组地层发育期就开始活动，一直持续到南屯组一段末期，其沉降系数逐渐增大，且B点的沉降系数增加明显，由铜钵庙组的1.2增加到了5.1，且与NBRD23再次组成了次级“人”字形断裂系统；而NBRD2NBRD1断层则是相对较年轻的断层，在南一段开始发育一直持续到南二段末期，各断裂位置点沉降由南向北逐渐增大。说明与NBRD17号断层组成的断裂系统只对南一段有效，其形成的“断角”对砂体分散体系进行了局部调节，造成N43井南一段砂体相对偏厚、次级“人”字形断裂系统的存在，造成砂体进一步集中富集(图9-6，图9-7)。综上所述，这种“断角”控砂模式在南贝尔凹陷北洼槽很普遍，是造成砂体平面分布不均衡的主控因素之一。

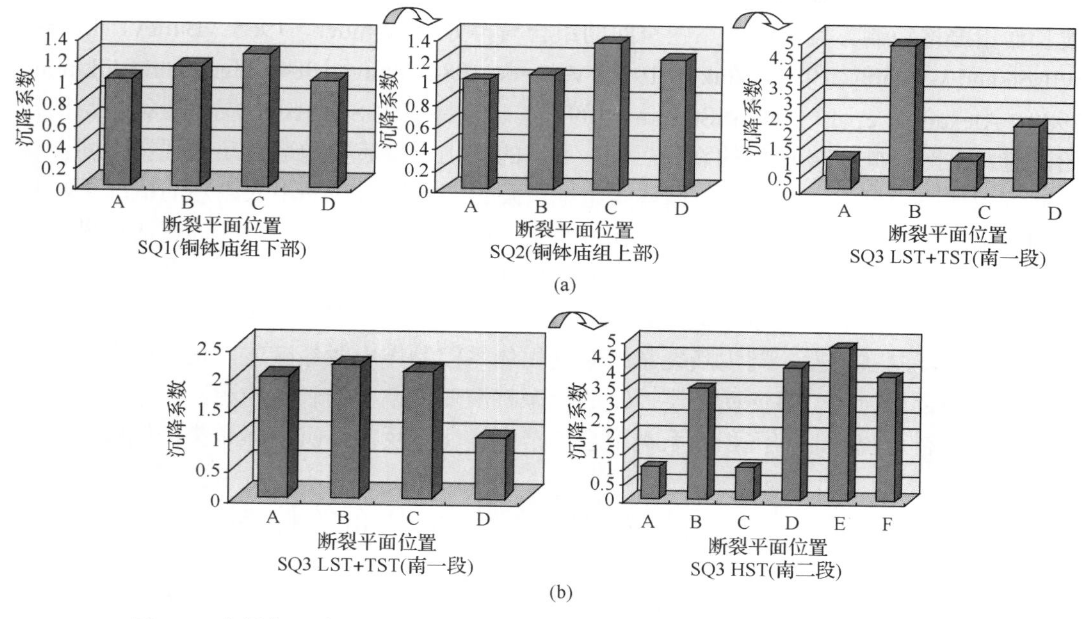

图 9-6　南贝尔凹陷早白垩世 NBRD17 与 NBRD2NBRD1 断层断裂指数直方图

(a)NBRD17；(b)NBRD22

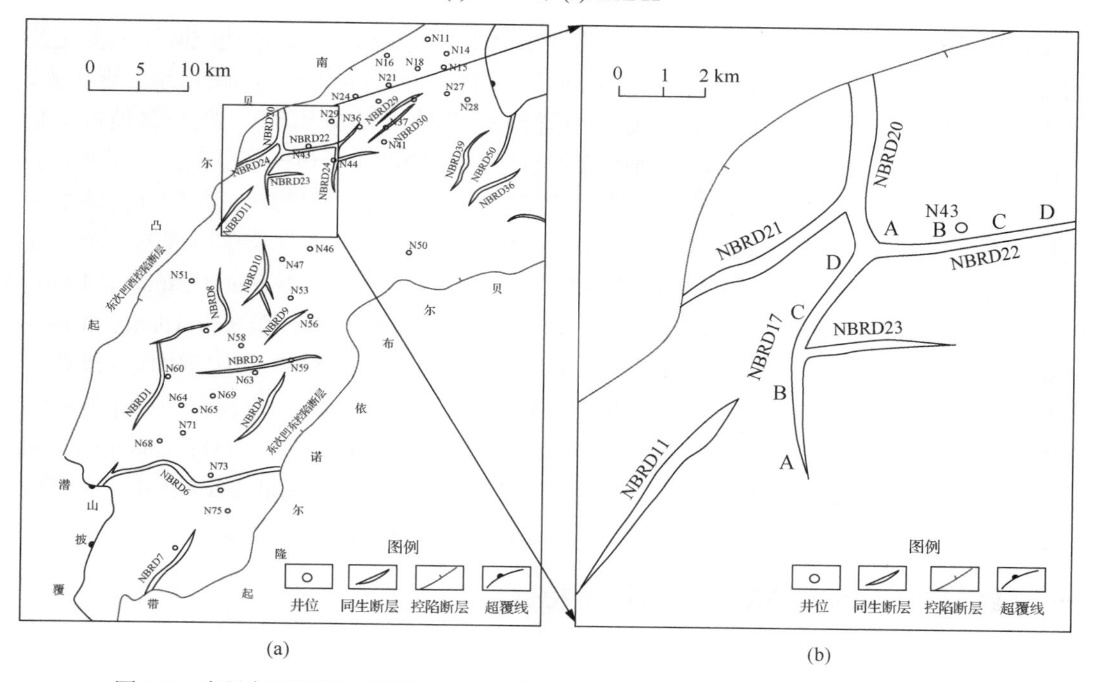

图 9-7　南贝尔凹陷早白垩世 NBRD17 与 NBRD2NBRD1 断层在研究区位置示意图

三、同沉积断裂系统对沉积体系垂向演化的控制

对于断陷型湖盆来讲，同沉积断裂系统对沉积体系的垂向演化起着至关重要的作用，这主要体现在持续的断陷作用将不断产生新的可容纳空间，与沉积物供给之间通过此消

彼长作用严格控制各类沉积体系在空间的组合与再分配(Winder，1965；Bailey，1966；Wilson and Williams，1979；Winker，1982；Veevers，1984；Wing，1984；Algeo and Wilkinon，1988；Alexander et al.，1994；Stolum，1998)。从铜钵庙组 SQ1+SQ2 层序裂谷初始期开始，到大磨拐河组 SQ4 层序的裂谷后期，不同的演化阶段随着构造活动的强弱不同会有不同沉积体系类型与之匹配，如铜钵庙组地层发育期，构造活动不太剧烈的情况下，其控制着扇三角洲沉积体系的规模与扇体三维空间的叠加样式；南屯组的构造活动最为强烈，急剧增加的可容纳空间促使饥饿型的沉积体系类型在南贝尔凹陷广泛发育，近岸水下扇-湖泊-湖底扇等不同沉积体系类型都有所发育；大磨拐河组 SQ4 层序断裂活动减弱或局部停止，湖盆下拗，同生断裂系统对沉积体系控制作用明显减弱，这一时期由于沉积沉降中心合二为一，多向受断层控制的物源将演变为单一的长轴物源，因此可以归结为受同生断裂系统控制的沉积体系类型会丰富多样化，反之，沉积体系类型比较单一。

第三节　古地貌对沉积体系分布的控制

沉积盆地中沉积体系的分布和预测一直是沉积盆地分析的重要内容。在相对稳定的被动大陆边缘盆地研究中发展起来的层序地层学理论，以海平面变化为主控因素解释了盆内沉积体系的分布并对其进行了有效的预测。但在构造活动盆地中，构造作用对盆地充填往往起到更重要的控制作用。盆地构造的阶段性演化或幕式构造作用、构造沉降速率变化及同沉积构造活动对盆地的可容纳空间、沉积速率及沉积物源等都产生深远的影响。近年来，“构造地层学”(Tectonostratigraphy)或“构造沉积学”的研究成为国际上沉积盆地特别是含油气盆地分析的一个热点。尽管盆地构造与沉积作用的结合分析一直受到人们的重视，但结合层序地层分析，从同沉积构造的活动及其配置所产生的古地貌对沉积物分散体系和沉积体系域发育分布控制的角度开展研究，却是近年来国际上构造地层学研究的一个新亮点(Sorby，1852，1859；Steel，1974；Smith and Eriksson，1979；Ryer and Langer，1980；Parker et al.，1982；Parker and Suther land，1990；Stear，1985；Stancliffe and Adams，1986；Posaner and Goldthorpe，1986；Smith，1994)。在我国东部广泛分布的中新生代含煤和含油气盆地中，同沉积构造十分活跃，沉积相变剧烈，沉积层序和体系域发育和分布的控制因素一直受到人们的广泛关注(Sharp and Nobles，1953；Robinson，1981；Shannon and Naylor，1989；Shanley and McCabe，1991；Shanley et al.，1992；Rodriguez et al.，2005)。特别是在沉积相相变快的小型盆地，砂岩岩性油气藏的勘探已占有重要地位。

一、强烈裂陷期的古地貌形态与沉积特征

1. 断层规模和分布特点

南贝尔凹陷的发育受一系列北北东向正断层所控制，这些断层的发育和组合特点也控制着凹陷边界和凹陷内部的结构特点和古地貌形态。东次凹西控陷断裂(图 9-7)，呈北东向雁列式伸展，控制着凹陷陡坡边界的形态特点。NBD1 断层(图 9-7)为东次凹南洼槽一个二级断层，亦为北东向伸展的正断层，由于东次凹西控陷断裂和 NBD1 断层在北

部及南部的活动强度不同(图 9-8)，造成凹陷南部及北部陡坡带的古地貌特征不同。从图 9-6 可以看出，东次凹西控陷断裂在北部活动较强，NBRD1 断层在北部活动不明显，因此在凹陷东次凹南洼槽西部靠南陡坡带的古地貌为陡崖型坡折带。

盆地东次凹中央断层为 NBRD10 断裂，也为北东向伸展的正断层。此断层在凹陷南部和北部的活动强度也不同。从断层指数图可以看出(图 9-8)，在凹陷北部，该断层早期活动强度小，其上升盘和下降盘之间虽然存在落差，但总体较小。在 SQ1 和 SQ2 沉积期，此处的地貌形态为小型低凸起；在 SQ3 沉积早期，北部地区盆内地貌形态为水下盆内坡折；但由于后期断层活动强度加大，上升盘抬升速度加快，且发生强烈反转，在 SQ3 沉积晚期，盆内坡折转化为中央低凸起，把凹陷隔成了东部洼槽和西部洼槽。在凹陷南部，NBRD10 断裂活动弱，其上升盘和下降盘之间落差不大，盆内地貌一直为盆内坡折带。

盆地东次凹北洼槽靠近陡坡带发育 NBRD29 断裂，也为北东向延伸的西倾正断层，发育也较早(图 9-8)，使得西部斜坡复杂化。早期为分散的小断洼，后期成为具反向断阶的斜坡。从南到北，由于断裂活动强度的差异，造成盆地不同部位的结构也有很大差异(图 9-9)。

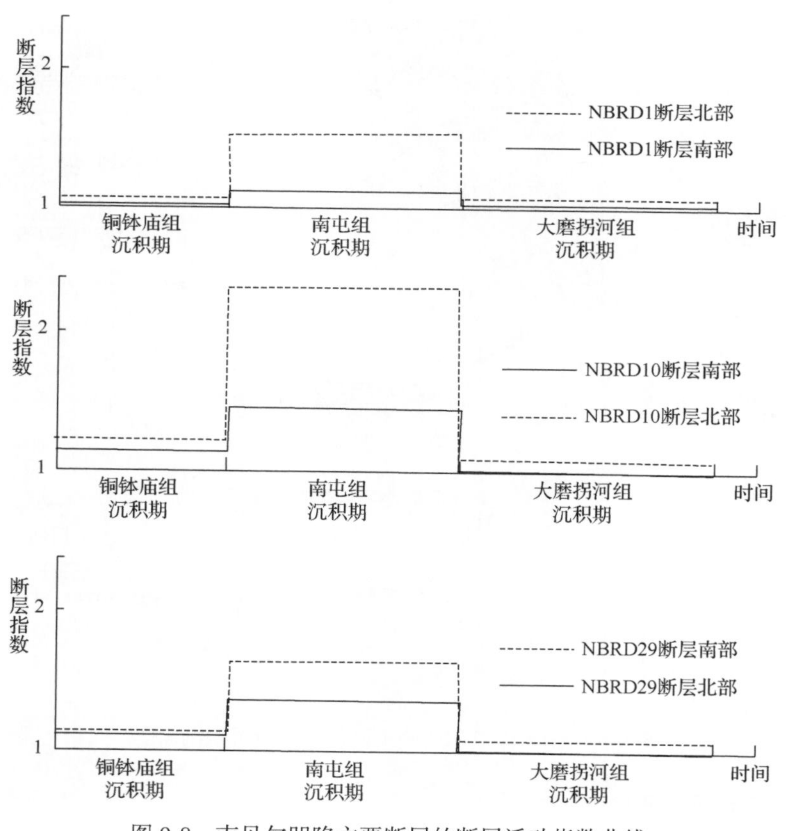

图 9-8　南贝尔凹陷主要断层的断层活动指数曲线

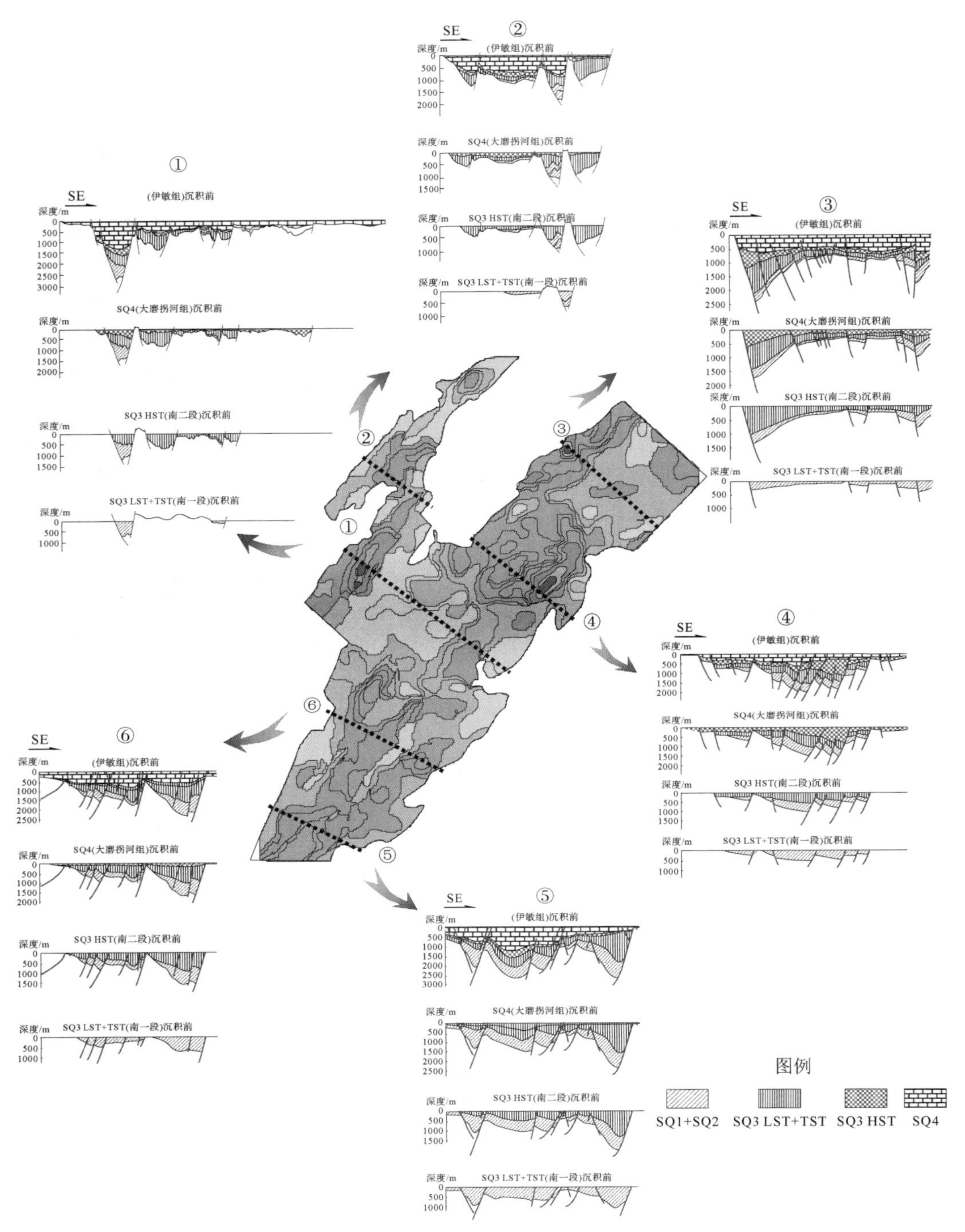

图 9-9　塔南-南贝尔凹陷不同部位构造沉积剖面图

2. 坡折带类型及其特征

南贝尔凹陷在强烈裂陷期的古地貌特点受边界断层和凹陷内部断层活动规模、性质和强度的控制。由于这些断层的活动强度不同，导致其所控制的古地貌也不同。根据地貌的形态特点，可将其划分为 4 种古坡折带类型，即断崖型陡坡坡折带、断阶型陡坡坡折带、断阶型缓坡坡折带和盆内坡折带。在 SQ3 沉积期，断层强烈活动，基底强烈沉降，虽然整个凹陷内湖水面积总体扩张，但凹陷不同部位的古地貌形态有差异，所发育的沉积体系的类型与分布也有差异(图 9-9，图 9-10)。一般来说，断崖型陡坡坡折带地形陡峻，湖水深，常发育近岸水下扇沉积体系，但沉积体规模小，沉积相带窄；断阶型陡坡坡折带地形也较陡，在近岸的一台阶上，常发育水下扇或扇三角洲沉积体系(图 9-9，图 9-10)，在离岸较远的二台阶上，常发育远岸湖底扇沉积体系，断阶型缓坡坡折带地形较缓，主要分布在西坡，物源体系较单一，但沉积体系规模较大，可形成扇三角洲、水下扇等沉积体系；盆内坡折带是在盆地中央走向正断层(NBRD10 断层)活动形成的盆内的古地貌背景，由于断层两盘沉降的差异，造成盆地内部地形坡度突变而形成的盆内坡折，在盆内坡折的下部常发育远岸湖底扇沉积(图 9-10)。

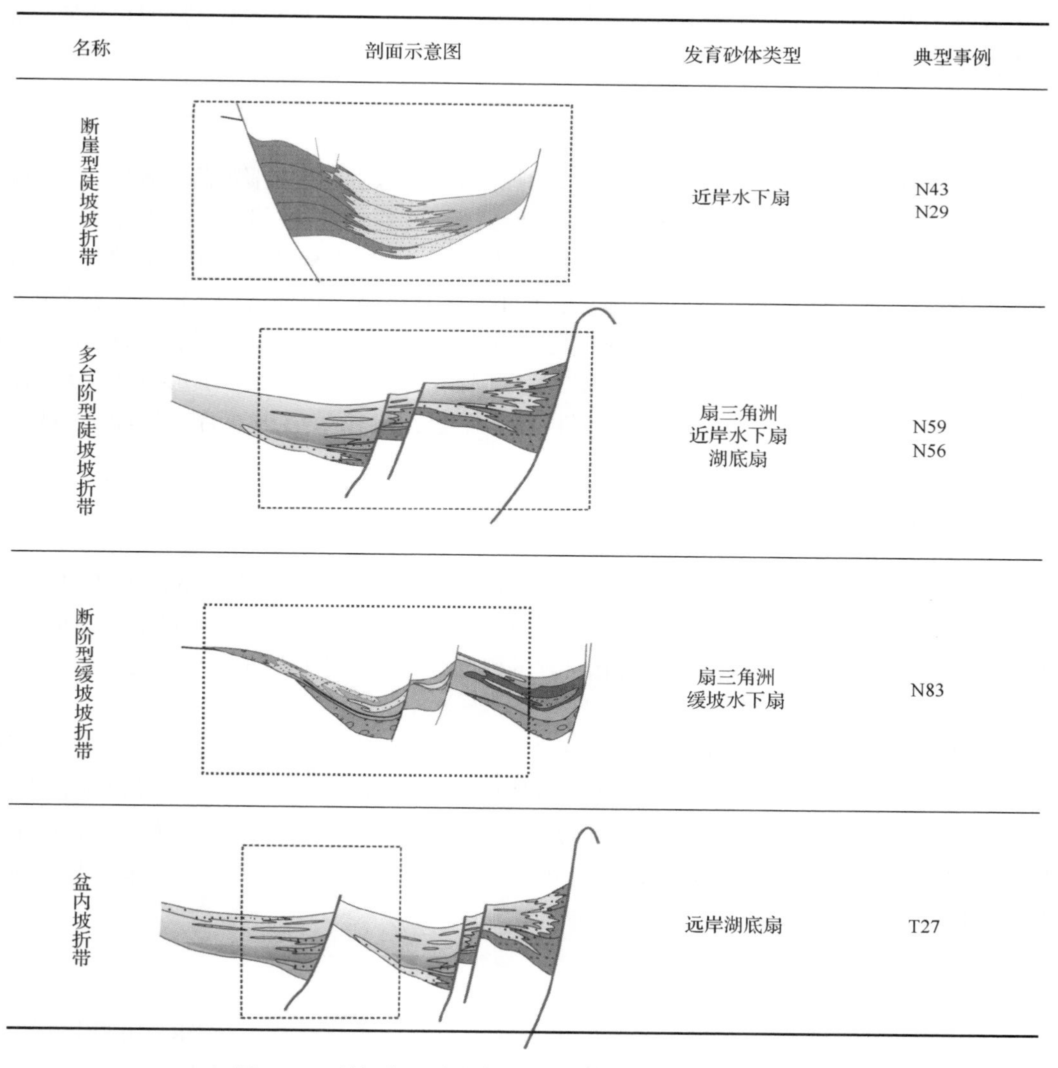

图 9-10　裂谷盆地裂陷期坡折带类型与沉积体系模式图

3. 断崖型陡坡坡折带与近岸水下扇

断崖型陡坡坡折带分布于南贝尔凹陷北部，位于东部凸起的西侧，其形成受形成时间较早、长期活动且规模较大的东次凹西控陷断层(基底断裂)和 NBRD1 断层控制。由于断面较陡，断层与湖区构成陡岸地貌。凹陷沉降中心与沉积中心靠近凸起一侧，凸起前缘直接为深水湖区，为湖盆可容纳空间最大发育区。受断层长期活动的影响，凸起上缺失铜钵庙组及南屯组的沉积，成为凹陷物源补给区。来自凸起上的水系所携带的沉积物入湖后直接在凹陷内堆积，形成近岸水下扇沉积体系。在控陷断层(东次凹西控陷断层)的下降盘发育的近岸水下扇体在剖面上呈楔形，靠近断层厚度大，单层厚度可达 30m，向洼槽方向，厚度明显减薄。其中 N43 井近岸水下扇特征最明显。在垂直物源方向的地震剖面上，近岸水下扇表现为楔形杂乱反射；而在平行于物源方向的地震剖面上，则表现为底平顶凸反射。形成扇体面积约 2.3km^2，但厚度大，可达 800m，反应边界断层活动强烈，可容纳空间产生速率大。

4. 断阶型陡坡坡折带与近岸水下扇、扇三角洲和远岸湖底扇

在南贝尔凹陷的南部区域，由于东部的控陷断层(东次凹西控陷断裂)派生的二级断层(NBRD1 断层)的存在，形成断阶型陡坡坡折带。靠近主断层部位发育近岸水下扇和扇三角洲沉积体系，而在二台阶下部常发育远岸湖底扇(图 9-9，图 9-10)。最典型的 N43 井区及 N29 井区位于一台阶上，在南屯组下部层段发育扇三角洲沉积，由于一台阶的不断反转，该扇三角洲在剖面上表现为明显的退积型的楔状体。在其东部的二台阶上，N44 井在南屯组下部钻遇远岸湖底扇，该远岸湖底扇在剖面上成透镜状，岩心描述显示为深湖相黑色泥岩夹具鲍马序列的含砾砂岩，其中暗色泥岩撕裂屑很发育。平面上为位于 NBRD1 断层下降盘的小型扇体。

5. 断阶型缓坡坡折带与扇三角洲沉积体系

断阶型缓坡坡折带常出现在南贝尔凹陷西部较缓坡的一侧，主要受 NBRD29 断层控制，斜坡背景上多发育平行于斜坡走向且呈阶梯状分布的2~3级次级断裂(图9-9，图9-10)。断阶的存在使凸起与凹陷之间呈缓坡相接，沉积可容纳空间相对较小，易形成斜坡背景下的水下扇或扇三角洲体系。

这类沉积体系主要发育在西部凸起的东侧，由凸起提供物源的水下扇或扇三角洲体系沿斜坡向下进入湖区。阶梯状分布的断裂为水下扇的推进增加了动力，使沉积物沿斜坡向下搬运一定的距离，形成多个次级扇体朵叶体堆积(Popov，1965；McDonald and Lewis，1973；Peterson，1984；Middleton and Southard，1984；Morley，1986；Poag and Sevon，1989；Peper et al.，1992)。

6. 盆内坡折带与远岸湖底扇

盆内坡折带的形成与南贝尔凹陷中央长轴方向伸展的基底断裂(NBRD10 断层)的活动有关。由于断层两盘沉降和沉积速率都有差异，从而造成盆地内部地形坡度突变而形

成盆内坡折，在下降盘形成更深的深水洼槽。该深水洼槽距离陡坡带物源较远，在低水位期，从陡坡带水下扇滑塌过来的重力流在此沉积形成远岸湖底扇。

由于中央 NBRD10 断层南、北段的活动强度不同，其盆内坡折带的发展历史也不同。在南贝尔凹陷的北部，该盆内断层活动很强，由于上升盘(断垒)的翘倾，后期形成分隔东西凹槽的中央低凸起带(图 9-9，图 9-10)。但在南贝尔凹陷的南部，该盆内 NBRD10 基底断裂活动强度较小，没有发生明显的翘倾，从而形成盆内坡折带。来自于东部陡坡的扇三角洲或近岸水下扇不断堆积，坡度增加后又发生滑塌作用，越过盆内断阶形成远岸盆底扇或水下浊积扇(图 9-9，图 9-10)。最典型的为 N53 井钻遇的远岸湖底扇，该远岸湖底扇在剖面上也呈透镜状，岩心描述显示为深湖相黑色泥岩夹具鲍马序列的砂岩，见暗色泥岩撕裂屑。平面上为位于 NBRD10 断层下降盘的小型扇体，从南到北发育四个扇体，这四个扇体总体上位于凹陷的中央部位。

二、拗陷期与长轴方向大型河流-三角洲

南贝尔凹陷大磨拐河组沉积时期，断陷向拗陷盆地转化，由于盆地充填作用增强，沉积古地形渐趋平缓，沉积物粒度变细，但沉积体系规模增大。此时，凸起逐渐消失，且大部分区域已由盆地主要物源补给区转化为沉积接受区。由于该时期来自凹陷外源水系的补给作用显著增大，并多沿凹陷近于长轴入口处进入盆地，形成大型河流三角洲体系，构成凹陷最大物源区。

南贝尔凹陷大磨拐河组沉积时期，边界断层活动减弱，区域湖平面开始下降，沉积充填作用明显增强，湖水逐渐变浅，凹陷东北方向长轴入口处发育大型河流三角洲。从地震剖面上表现为三角洲和河流三角洲体系向湖区的多期推进，形成大型前积反射结构，砂体粒度细，小型波状层理发育。该三角洲面积最大，分布面积可达 220km^2。

第四节　断陷湖盆沉积充填动力学响应过程及砂岩油气藏预测

一、构造沉降史与充填演化

通过构造沉降回剥法，对塔南-南贝尔凹陷剖面及部分钻井的构造沉降史进行分析，揭示了盆地构造沉降对湖盆沉积物充填演化起到的控制作用。经过去压实、沉积物重力均衡沉降及古水深等校正后恢复出研究区的沉降曲线，从曲线上可看出(图 9-11)，研究时窗内经历了三个沉降阶段，分别为早白垩世早期的缓慢加速沉降阶段、早白垩世中期的快速沉降阶段和早白垩世晚期的快速—缓慢沉降阶段。其中第一阶段构造沉降平均速率约为 160m/Ma，在古新世的缓慢加速沉降阶段，发育厚度较大的、同构造活动期的扇三角洲粗碎屑沉积。第二阶段的构造沉降平均速率约为 205m/Ma，盆地开始进入快速的沉降阶段，可容纳空间急剧增加，在凹陷的陡带形成 600 多米厚的粗细碎屑组合的湖泊—扇三角洲—近岸水下扇沉积体系。第三阶段的构造沉降平均速率约为 120m/Ma，值得注意的是，在进入第三阶段过程中出现了一次构造快速沉降的过程调整期，并且这类快速沉降的性质与先期的由断裂活动造成的快速沉降有着本质的区别，即早白垩世晚期开始

时的快速沉降是由于地幔柱冷却拗陷下拗造成的，且把原来的拗陷型盆地转化为一个具有统一的沉降构造单元—拗陷型盆地，所以这一时期的快速沉降位置主要发生在湖盆的沉积、沉降中心，从而在湖盆中央形成了厚度较大的沉积地层单元。

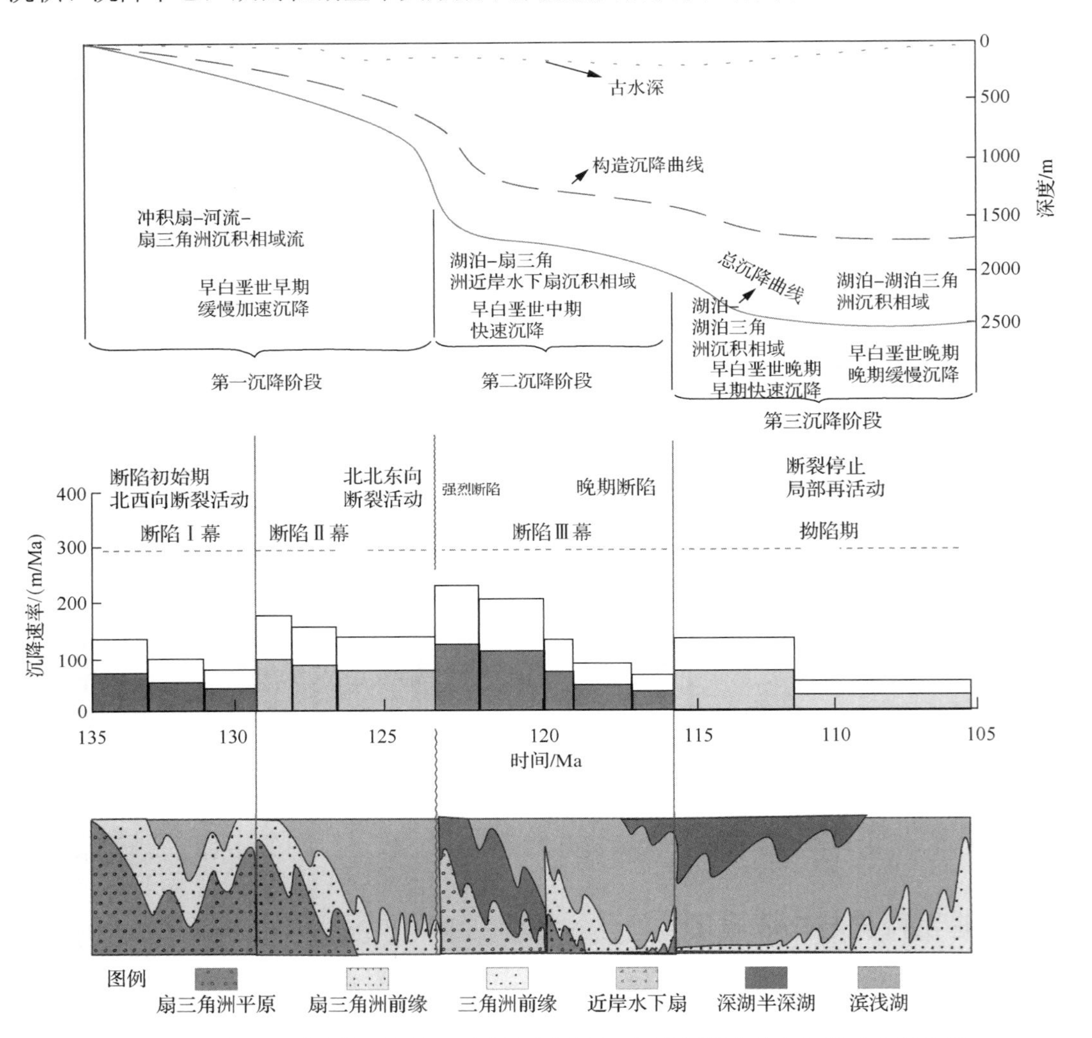

图 9-11　应用回剥法恢复的塔南-南贝尔凹陷早白垩世沉降曲线和沉积速率变化图

二、湖盆沉积充填动力学响应过程

塔南-南贝尔凹陷整体显示出一套从水进到水退的二级旋回，这种变化趋势显然与陆内断陷、拗陷构造变化引起的构造沉降速率变化密切相关。上述三套沉积体系代表了不同构造演化阶段的产物，第一沉降阶段早期强烈的断陷分割作用导致陡峻山麓，在邻近湖盆的沿山前入湖阶段发育了巨厚的扇三角洲凝灰质砂砾岩沉积体系。随后，当黏弹性均衡沉降逐渐达到极限时并辅以地幔柱的冷却，拗陷则坍缩为一个具有统一沉积沉降中心的湖盆，从而完成了从断陷湖盆到拗陷湖盆的转化(魏魁生等，1996；林畅松等，2004；

辛仁臣等，2004；张昌民等，2004）。

三、同沉积断坡带构造背景下的砂岩油气藏预测

长期活动的同沉积断裂或断裂坡折带是有利的油气聚集带，尤其在靠近陡坡带一侧与洼槽毗邻的断坡带是最为有利的勘探方向。如在东次凹南洼槽N72井、N53井区存在多级构造坡折（图9-12），多级构造坡折不仅调节砂体分散体系的堆积模式，也改善储层的储集性能，同时还成为烃源岩与储集层的运移通道，成为聚集成藏重要因素。这主要是因为：首先，毗邻的深湖半深湖泥岩是很好的烃源岩，南屯组一段的泥岩埋藏深度适宜，生油条件优越；其次，上覆南二段地层发育大面积的泥岩盖层，盖层条件优良，为形成油气圈闭创造最为有利的条件；再次，同生断裂系统的开启与封闭时机适宜，完成油气的二次运移，特别是为局部厚度较大的“断角”砂岩储集油气创造有利的条件；最后，在伊敏组后期的区域挤压作用，在这些同生断裂系统附近是应力集中的地方，易形成反转背斜带或反转强化背斜带，使油气聚集成藏。

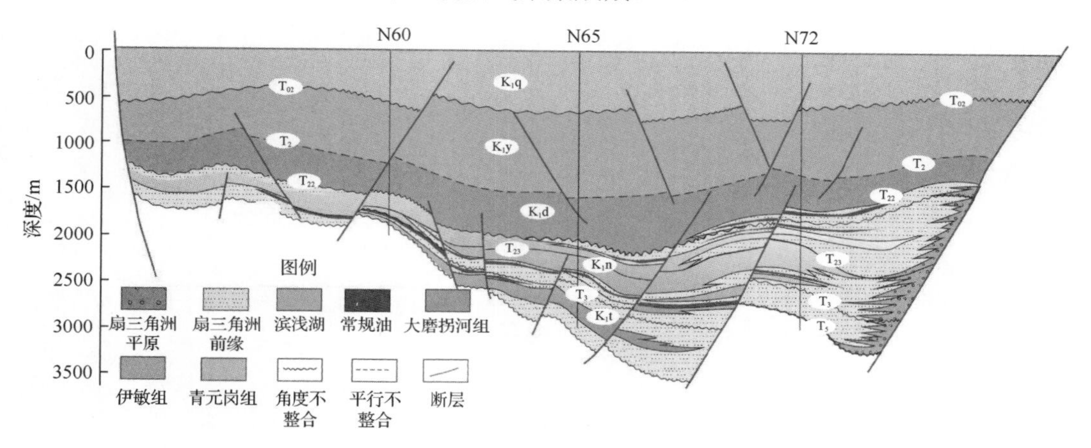

图9-12　南贝尔凹陷早白垩世南洼槽过N60井—N65井—N72井油藏剖面图

显然，湖平面升降、沉积物的供给、构造沉降、古气候及古地貌是控制层序地层沉积和剥蚀作用的主控因素。其中湖平面的升降与构造沉降的配合，会影响到古水深，构造沉降同时也会影响或重构古地貌。因此，当湖平面下降时，在同生断裂的配合下，砂体会向沉积中心推进。当推进的砂体遇到湖盆内部台阶断层时，将再次遭受调节和控制，使砂体在同生断层根部或断角处堆积，形成砂体的局部富集。通过上述分析，可以得出下列结论。

（1）同沉积断裂在我国中新生代盆地具有普遍性，尤其是在断陷湖盆中，这种同生断裂活动所产生的湖盆内的水下古地貌-构造破折决定着湖盆沉积充填响应模式。不同的同生断裂组合方式又会疏导和界定砂体分散体系在湖盆中分布。

（2）塔南-南贝尔凹陷在南屯组沉积期断陷幕次的控制下，配合区域右旋拉张走滑应力场作用，在东次凹北洼槽带内产生了一系列同生断裂体系，并在凹陷内部造就了许多断裂坡折带，为远岸湖底扇的发育创造了有利条件，同时也为寻找有利的岩性油气藏提供了信心和理论依据。

(3)同生断裂组合方式对砂体的分布与再富集起到了至关重要的作用，有些同生断裂系统组合如帚状断裂系统不仅调节了砂体分散体系的空间分布，还指明了主河道迁移路径；同生断裂系统的存在，为划分和识别断陷湖盆的初始湖泛面提供重要线索。“断角”砂体的富集往往是优良的储集层，这将为油田布置新井、提高布井成功率提供重要的理论参考依据。

第十章　塔南-南贝尔凹陷有利区带优选及目标预测

前面已论述了盆地铜钵庙组、南屯组、大磨拐河组和伊敏组的沉积体系类型，沉积特征，成因机理以及他们在平面上的分布规律，其目的是在油气勘探中寻找有利相带中的有利砂体，下面拟从储层成因，砂体类型和特征以及物性特征来讨论有利砂体，并从钻井揭示的含油气相带讨论油气与沉积体系之间的关系，最后对有利的沉积相带和目标进行预测。

第一节　基本石油地质特征

一、塔南-南贝尔凹陷储层与含油气性综述

塔南-南贝尔凹陷两构造单元经历了四期主要构造变形，南屯组残留断陷控制了主力烃源岩分布和油气聚集；中部断陷带组残留断陷与伊敏组走滑盆地叠置关系良好，形成很好的生储盖配置关系；相对开阔的复式箕状断陷，凹中隆起带与斜坡上断阶带是多类型油气藏复式聚集的有利部位。塔南-南贝尔凹陷主要发育北北东、北东两组控陷断裂，各凹陷内不同级次控陷断层活动及调节带造成了多凸多凹的构造格局，有利于油藏的复式聚集。这与凹陷受调节带或低隆带分割、各构造单元具有相对独立的构造和沉积体系有关。

在整个下白垩统地层序列中，铜钵庙组和南屯组是重点研究层系，其中铜钵庙组为裂陷初期泛盆地沉积建造，下部地层为杂色砂砾岩与红色泥岩互层的冲扇沉积体系，上部地层为扇三角洲沉积体系，厚层砾岩、砂岩发育，岩石成分成熟度低，砂地比一般大于 70%，是形成构造油藏的主要层系；南屯组为断陷鼎盛期，整体表现为“泥包砂”，下部以近岸水下扇体和湖底扇沉积为主，是岩性油藏的主要发育层段，整体表现为退积，顶部为最大湖泛面，是盆地的主要源岩，上部以河流三角洲、扇三角洲沉积为主，储层物性好，多形成岩性-构造油藏。

根据吉林大学课题组刘立等(2009)研究成果表明，塔南-南贝尔凹陷的储层类型多样(张新涛等，2007；尤丽等，2009；张云峰等，2002)，总体上成分成熟度低，断陷深部的凝灰质砂岩及火山碎屑岩发育有次生孔隙带，仍具有较好储集性能。从各个断陷构造带整体平面格局分布上看，塔南-南贝尔构造带向南火山碎屑岩开始逐渐增多(图 10-1)，通过多井资料统计，火山碎屑岩的物性普遍好于普通砂岩，从图 10-2 中可以看出，在 2500~2700m 及以下存在异常高孔隙发育带。

构造活动的期次与沉积体系演化匹配常常控制着生储盖组合方式与油气富集的部位，根据实际钻遇情况统计(图 10-3)，中部组合是最为有利的勘探重点。在塔南-南贝尔构造单元体系中，南贝尔单个半地堑(图 10-4)与塔南多个半地堑(图 10-5)这种成藏构造单元模式是最主要的成藏模式。

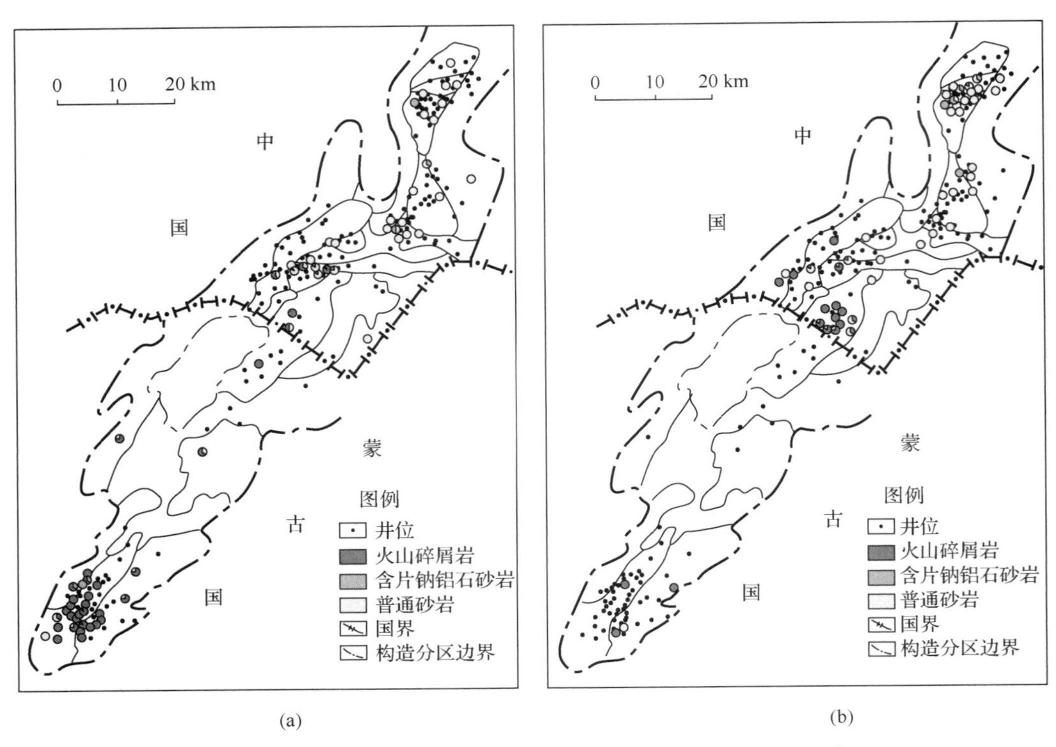

图 10-1　海拉尔-塔木察格盆地中部断陷带储层特征展布图①

(a)乌尔逊—贝尔—南贝尔—塔南凹陷铜钵庙组岩性分布图；(b)乌尔逊—贝尔—南贝尔—塔南凹陷南一段岩性分布图

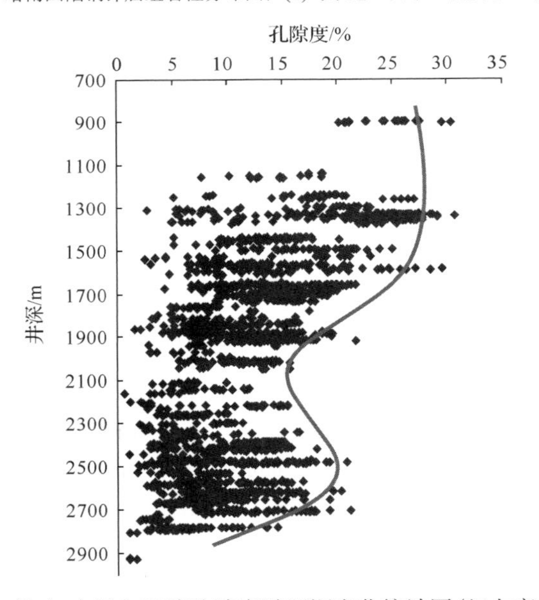

图 10-2　塔南-南贝尔凹陷孔隙度随埋深变化统计图(纪友亮，2009)

① 刘立. 2009. 塔木察格盆地塔南-塔贝尔凹陷储层特征与分布预测研究. 大庆：大庆油田勘探开发研究院。

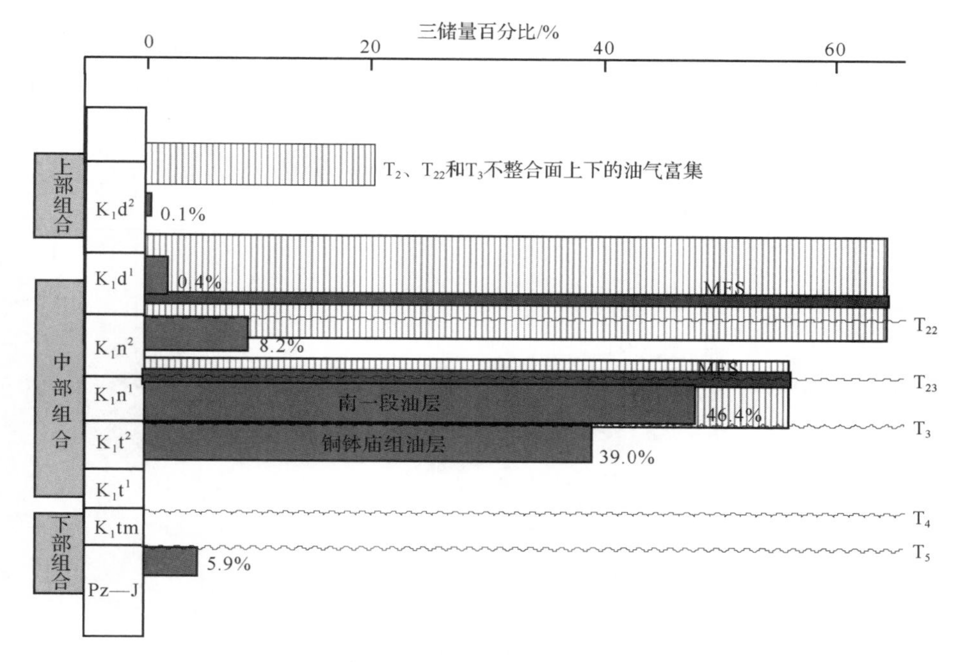

图 10-3　塔南-南贝尔凹陷不同构造演化阶段与含油气性关系图(刘立，2009)

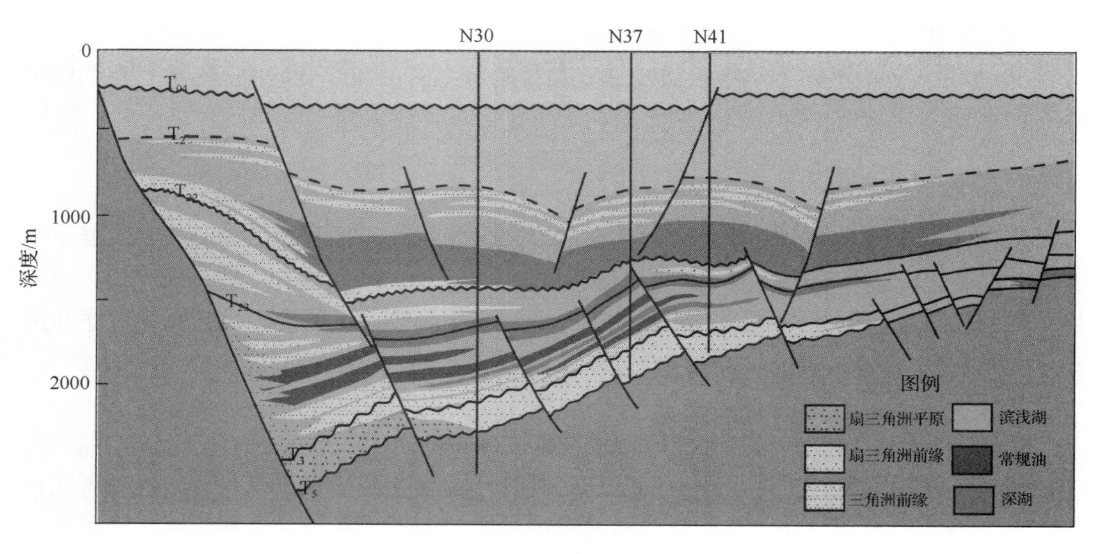

图 10-4　南贝尔单个半地堑式油藏模式(纪友亮，2009)

层序格架内的烃源岩的分布、生储盖组合特征及有利储层相带的预测(胡朝元，1982；马立祥，1992；高瑞琪和赵政璋，2001；郭元岭等，2001；赵彬等，2001；郝方和董伟良，2001；张善文等，2003；刘志宏等，2006)是进行层序地层及沉积体系研究的最主要目的。通过对塔南-南贝尔凹陷进行全区的三级层序格架的建立、沉积体系的研究及骨干剖面中的四级层序的精细刻画分析，为生、储、盖组合特征的研究及有利储层相带的预测奠定了坚实的基础。塔南-南贝尔凹陷烃源岩分布广泛，从铜钵庙组、南屯组及大磨拐河组都有所分布，其中南屯组一段烃源岩最为发育。塔南-南贝尔的油藏的生储盖组合模式多样化，既有上生下储上盖式，也有自生自储自盖式，同时也有下生中储上盖式等多种复合式成藏系统，对于这类生储盖组合模式的定性与描述对指导油田生产实践无疑具有重要意义(付广等，1997；张文华，2000；杜金虎等，2002；付广等，2002)。

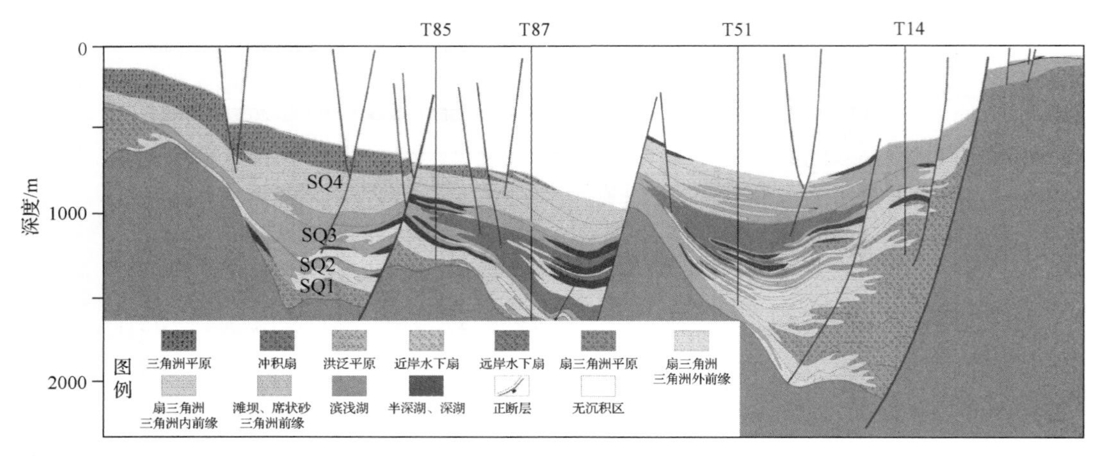

图 10-5　塔南多个半地堑式油藏模式(纪友亮，2009)

二、塔南-南贝尔凹陷生储盖特征

通过对塔南-南贝尔凹陷各次级构造岩相带的精细解剖和综合研究，确定了有利储集相带的范围，为油田生产实践指明了方向。下面分凹陷单元进行详细说明。

1. 塔南凹陷生储盖特征

塔南凹陷整体为大型宽缓的东断西超的复式箕状断陷。平面上形成北北东向展布的3个构造带、3个次凹和1个斜坡带，呈现出“三凹三凸，凹隆相间”的构造格局。该凹陷经历了断陷期、断拗期和拗陷期三个重要构造演化阶段，不同构造幕控制了层序和沉积的充填演化(图 10-6)。

1)烃源岩

烃源岩一般认为在铜钵庙组上部和南屯组中下部，是工区内主要的成熟烃源岩层段。本次研究过程中除了对上述烃源岩的认识之外，还发现在其他层位也发育暗色或者灰色泥岩段，为了研究的方便，本次研究以南屯组烃源岩为例，详细分析其成因、展布特征及分布规律。南屯组地层是塔南是最为重要的生油、含油层系，其在主控断裂控制下发育了四个主要沉积中心(图 10-7，图 10-8)。

(1)烃源岩发育环境。

本次研究过程中，发现在不同沉积相环境中发育的烃源岩具有不同的特征。通过岩心观察和其他资料研究，认为塔南凹陷烃源岩发育于以下几种不同的沉积环境：①三角洲平原及扇三角洲平原沼泽亚相的烃源岩，泥岩中含完整植物叶子化石[图 10-9(a)]；②三角洲前缘及扇三角洲前缘分流间湾微相中烃源岩，灰色、深灰色泥岩中含不完整植物碎屑化石；③滨浅湖环境的烃源岩，泥岩为块状灰色[图 10-9(b)]；④深湖-半深湖环境的烃源岩，泥岩为灰黑色。

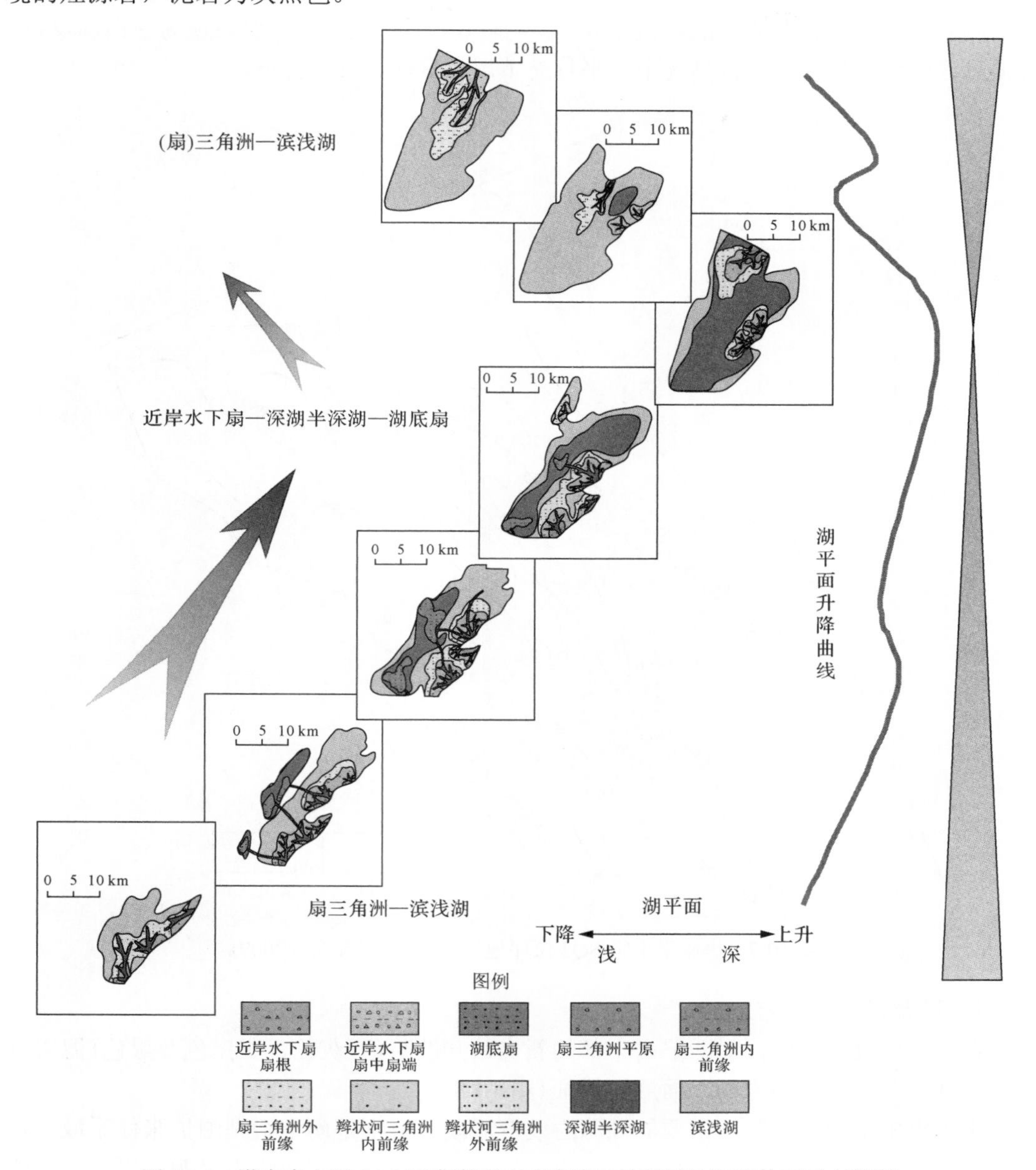

图 10-6　塔南南屯组 SQ3 层序湖平面升降旋回控制下的沉积体系展布特征

(2)烃源岩特征标志。

烃源岩特征标志在钻井和地球物理数据中均有明显显示。首先是最为直观的岩心观察，在对凹陷内 100 多口新、老钻井的岩心观察过程中，较为系统的观察了烃源岩的岩心特征，在岩心数据中，烃源岩一般显示灰色、灰黑色及黑色的颜色特征，岩心以泥岩为主，可见植物遗迹化石。在测井数据中，泥岩与其他岩心的地层的特征区别也较为明显（见附件中的岩心素描成果图件），在南屯组烃源岩最为发育的层段，通常在井段中表现为巨厚的泥岩段，自然伽马测井曲线通常表现为低幅、超低幅的齿状，与其他岩心地层的测井曲线特征存在明显的数值差异。在地震资料中，烃源岩一般表现为空白弱反射、强振高连中低频反射和中振高连中频平行充填反射等地震反射特征。

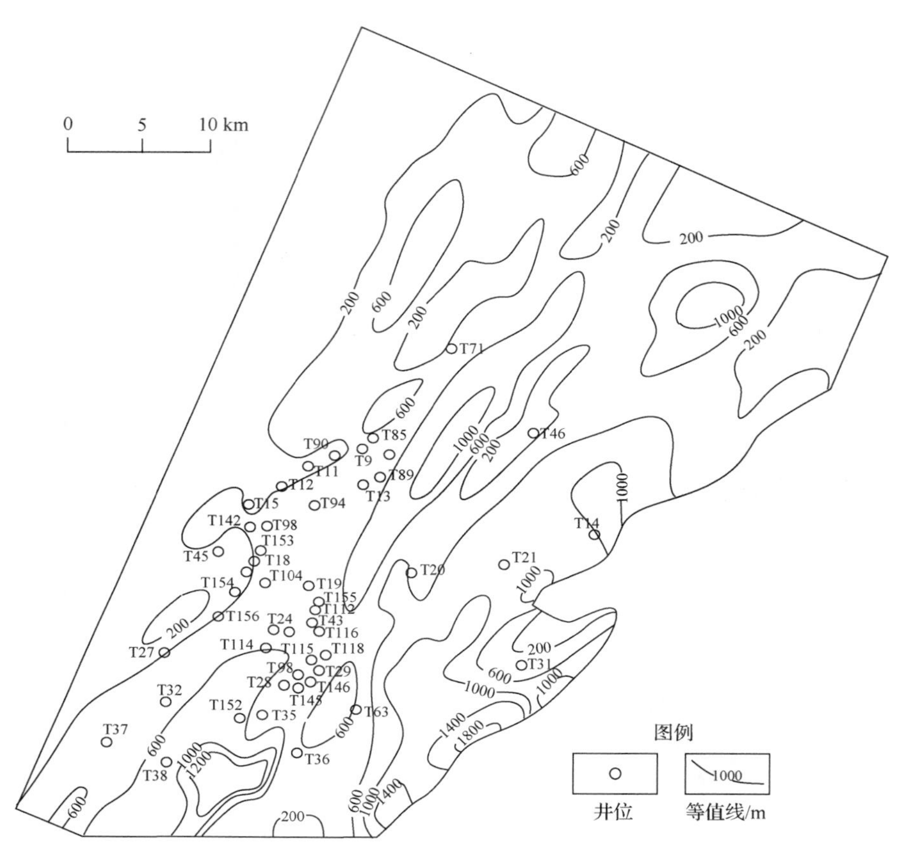

图 10-7　塔南南屯组 SQ3 层序地层等厚图（纪友亮，2009）

（3）烃源岩平面展布。

在本次研究过程中，对凹陷内全部的新老钻井的暗色（灰色、灰黑色及黑色）泥岩进行了统计，获得了烃源岩的平面展布特征（图 10-8）。

南屯组中下部是凹陷内主要的烃源岩发育层段，特别是南屯组湖泊扩张体系域，在凹陷内的大部分钻井数据中均显示为巨厚的泥岩段岩性特征，凹陷内烃源岩厚度最厚的地方在凹陷中次凹南洼槽北部沉积中心和东次凹北部沉积中心部位。总体来讲，该层段的烃源岩厚度的平面厚度变化梯度在东次凹和中次凹内均较为平缓，这反映了当时凹陷沉积时在整个凹陷内均为深湖、半深湖相沉积环境。

2）储集层

塔南凹陷的铜钵庙组和南屯组是最为重要的储集层，但各层位的储集性能却存在很多差别，主要体现在岩石类型、储集物性及有利含油相带的组合方式等。

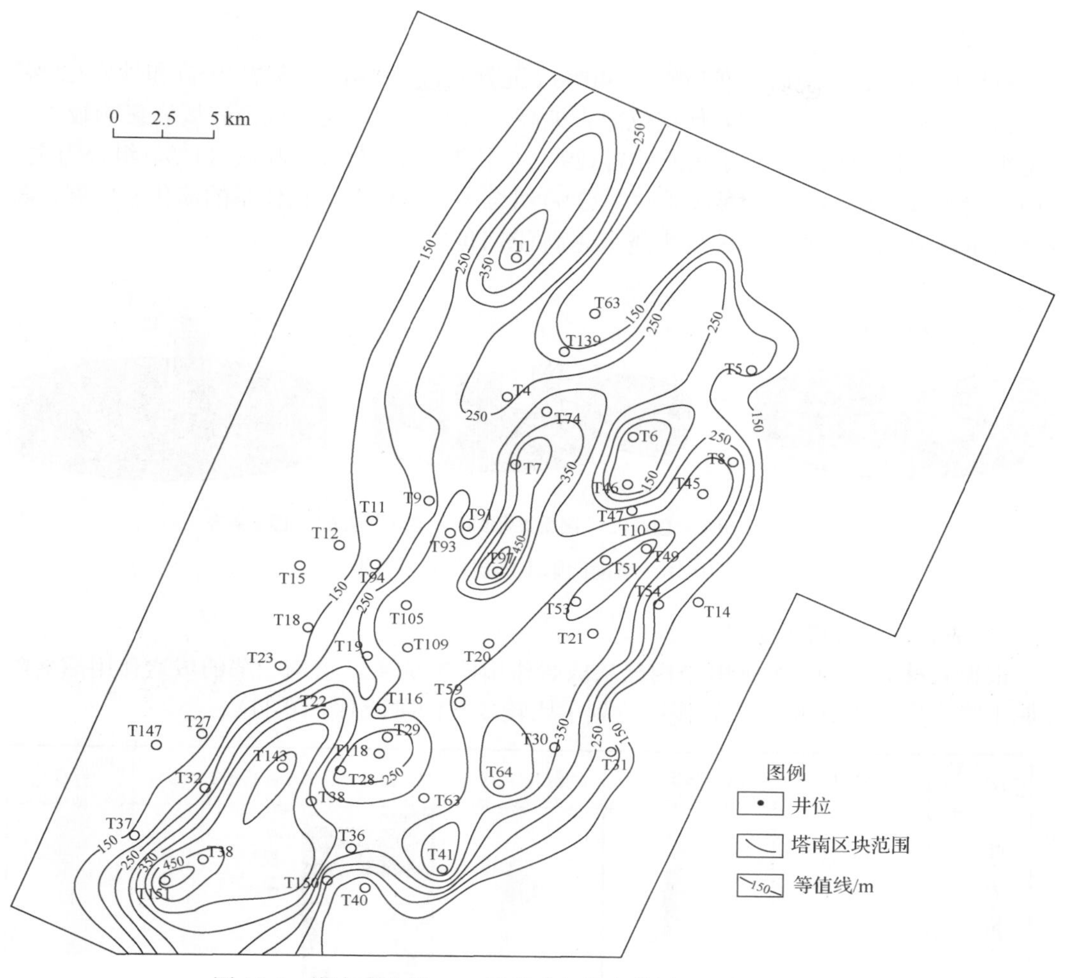

图 10-8　塔南南屯组 SQ3 层序暗色泥岩等厚图(刘立，2009)

(a)　　(b)

图 10-9　塔南凹陷烃源岩典型岩心照片

(a)含完整植物叶子化石的灰色泥岩，T38 井，南屯组，2805.40m；(b)块状暗色泥岩，T25 井，南屯组，2146m

(1)岩石类型。

铜钵庙组岩石类型以凝灰质砂岩(40%)、沉凝灰岩(20%)、凝灰岩(9%)和砂岩(29%)组合为主，凝灰质含量相对其他层位而言偏高，说明早期地层受火山碎屑岩影响较大。南屯组一段以砂岩(64%)、凝灰质砂岩(29%)、沉凝灰岩(5%)和凝灰岩(2%)组合为主，而南二段则以砂岩(97%)、凝灰质砂岩(3%)组合为主，随着沉积体系的演化和发展，凝灰质含量越来越少，砂岩的纯度也越来越高(图 10-10)。

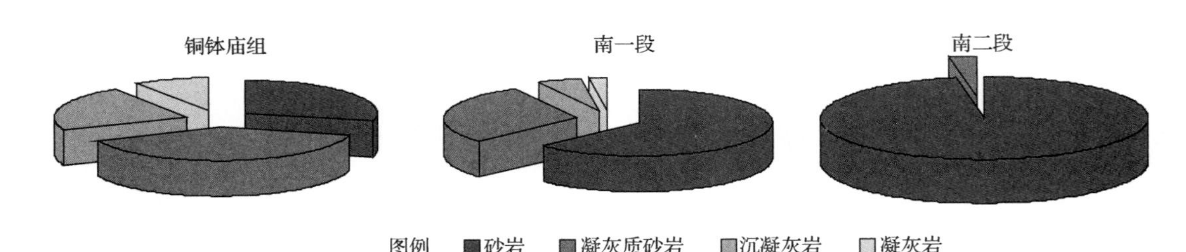

图 10-10　塔南凹陷不同层位的岩石组合

(2)成岩作用阶段的划分。

根据吉林大学刘立(2009)塔南储层成岩作用研究成果，塔南凹陷的成岩作用演化阶段属于晚成岩作用 A 期，成岩作用达到了比较成熟的阶段(图 10-11)。

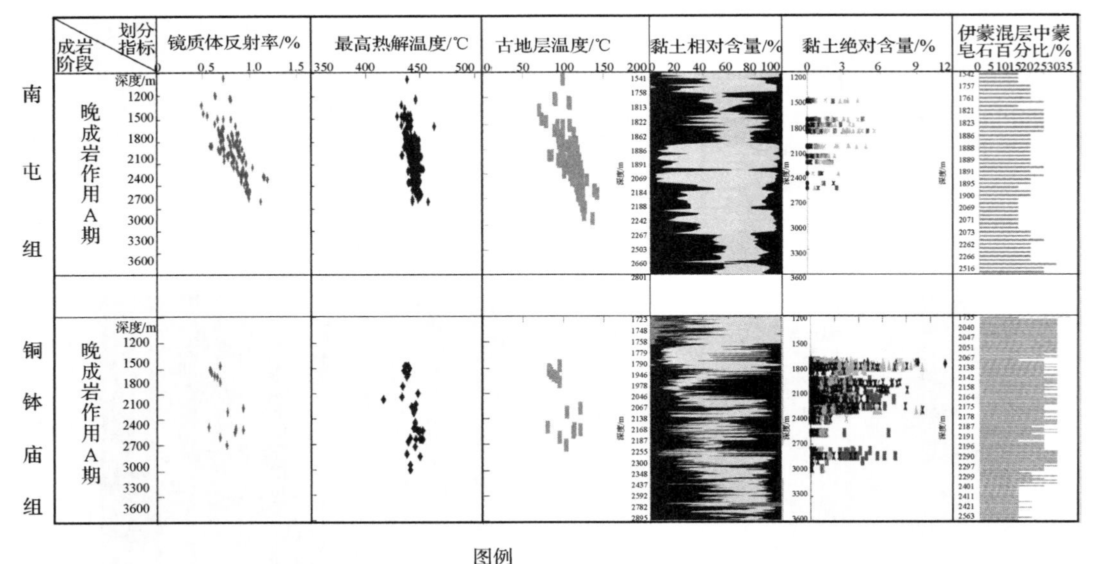

图 10-11　塔南凹陷成岩作用演化阶段示意图(刘立，2009)

(3) 垂向孔隙带划分。

通过对塔南凹陷垂向孔隙度多井分析，表明在目的层由下到上明显存在 3 个异常高孔隙带，分别是：第一异常高孔隙带，埋深范围为 1850~2100m；第二异常高孔隙带，埋深界限为 2500~2800m；第三高异常高孔隙带，为 3200~3600m。异常高孔隙带的存在，或多或少会影响到储集层的储集性能(图 10-12)。

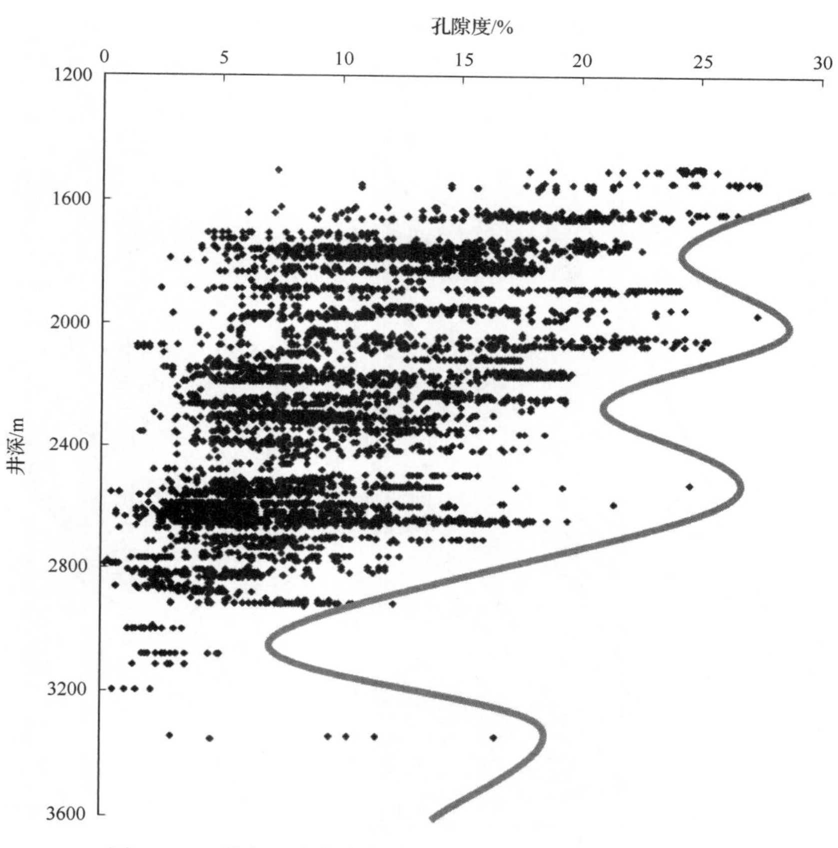

图 10-12　塔南凹陷孔隙度随埋深变化统计图(刘立，2009)

(4) 孔隙度平面分布特征。

铜钵庙组西部断裂潜山构造带孔隙度值较高，其次是中部次凹和中部断裂潜山构造带，东部次凹孔隙度值最低，均小于 15%。而南屯组孔隙度由于埋藏相对浅褐其他因素的影响，其中南屯组下部东部断裂潜山构造带孔隙度值较高，有孔隙度大于 15%的值出现；中部次凹和中部断裂潜山构造带的平均孔隙度也不低；上部中部断裂潜山构造带孔隙度值较高，孔隙度最高值大于 25%(图 10-13~图 10-15)。

3) 有利沉积相带及生储盖组合

通过对塔南凹陷 45 口井 309 层主要含油层段进行沉积亚相类型与油气显示相关统计，结果表明(扇)三角洲前缘、水下扇中扇及远岸水下扇相带是最有利的含油相带。为了进一步了解每种亚相细分微相储层物性的好坏，利用 300 多口井进行了相关统计分析。

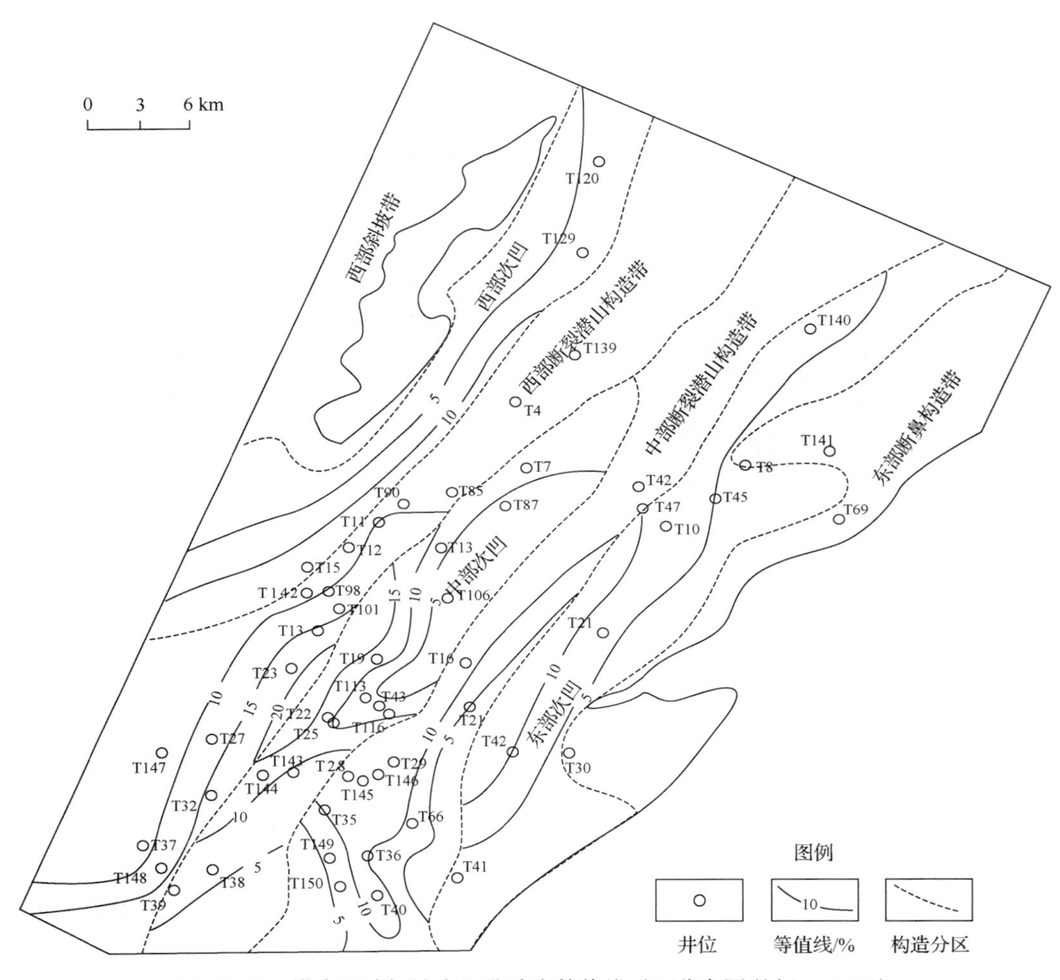

图 10-13　塔南凹陷铜钵庙组孔隙度等值线平面分布图(刘立，2009)

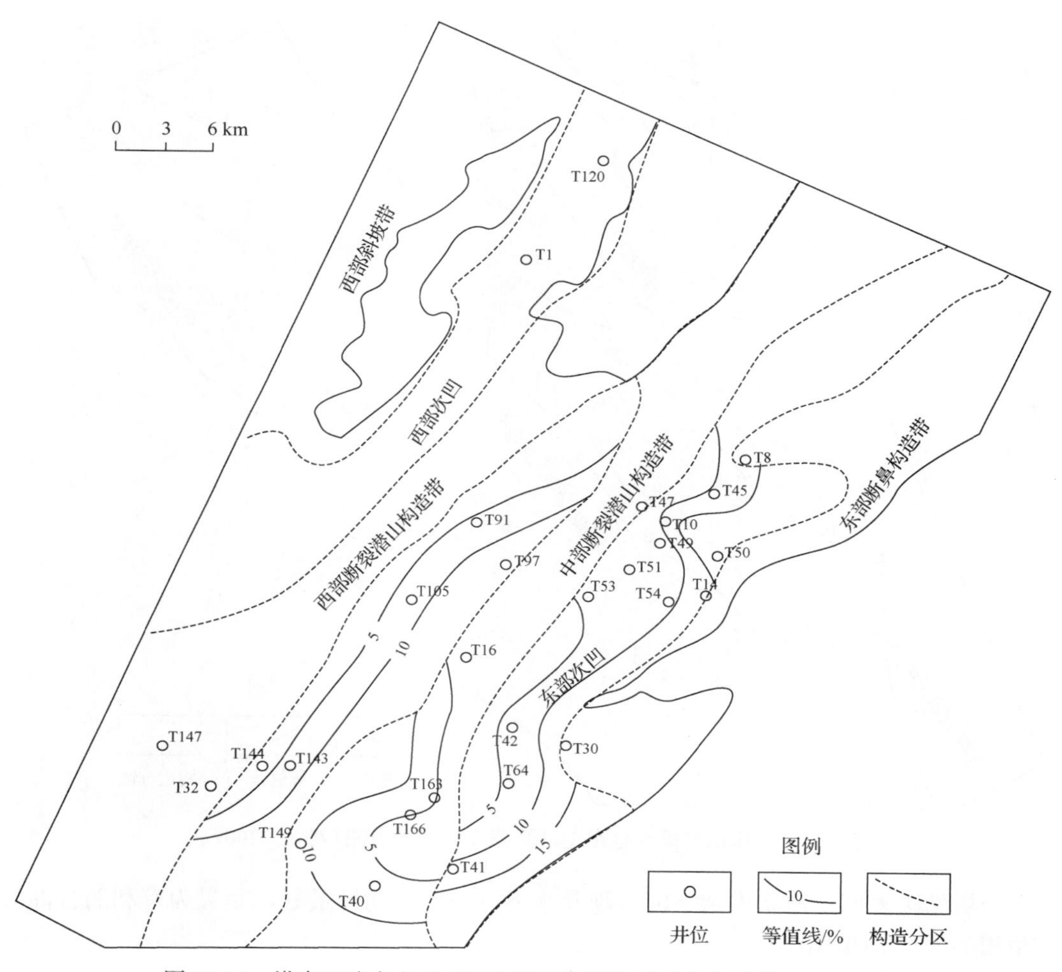

图 10-14　塔南凹陷南屯组下部孔隙度等值线平面分布图(刘立，2009)

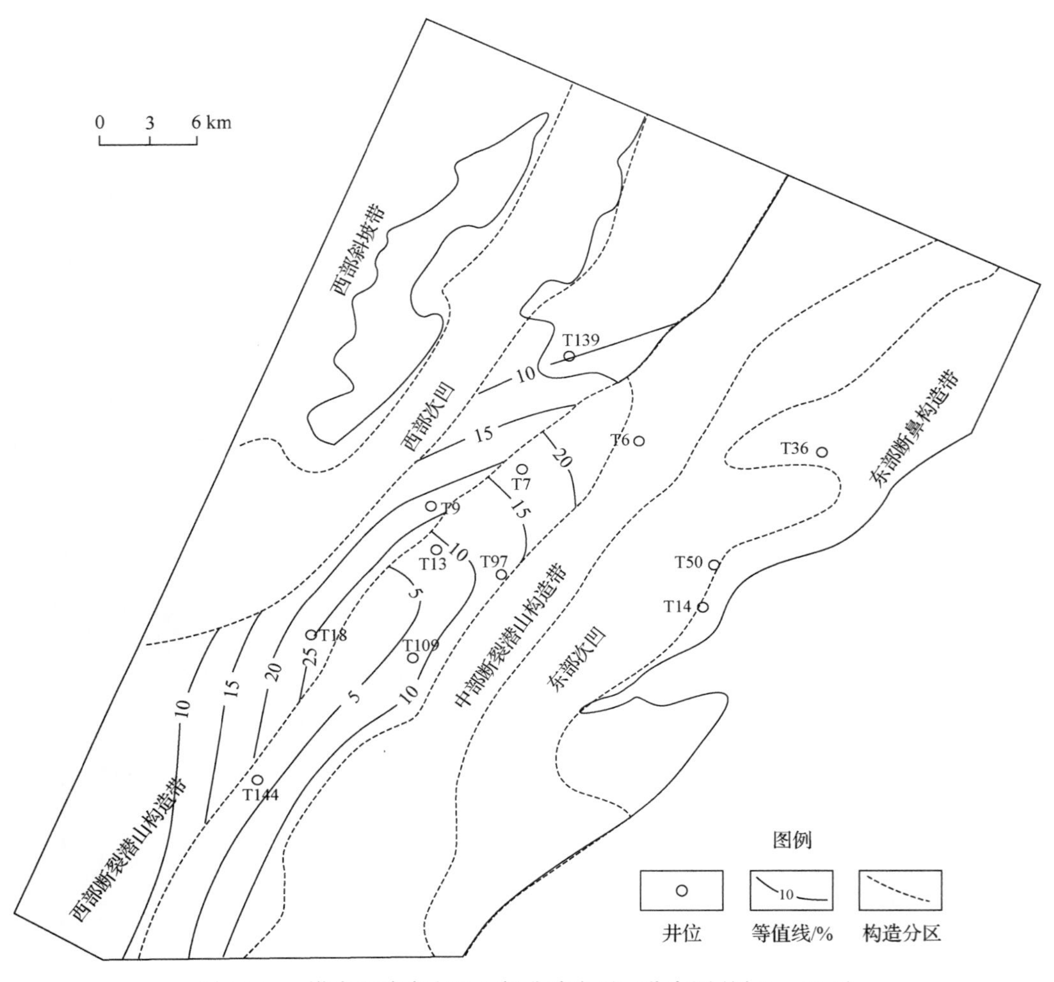

图 10-15　塔南凹陷南屯组上部孔隙度平面分布图(刘立，2009)

分析结果表明，辫状沟道、河口坝及水下分流河道物性最好，是最为有利的含油气性微相类型(图 10-16)。

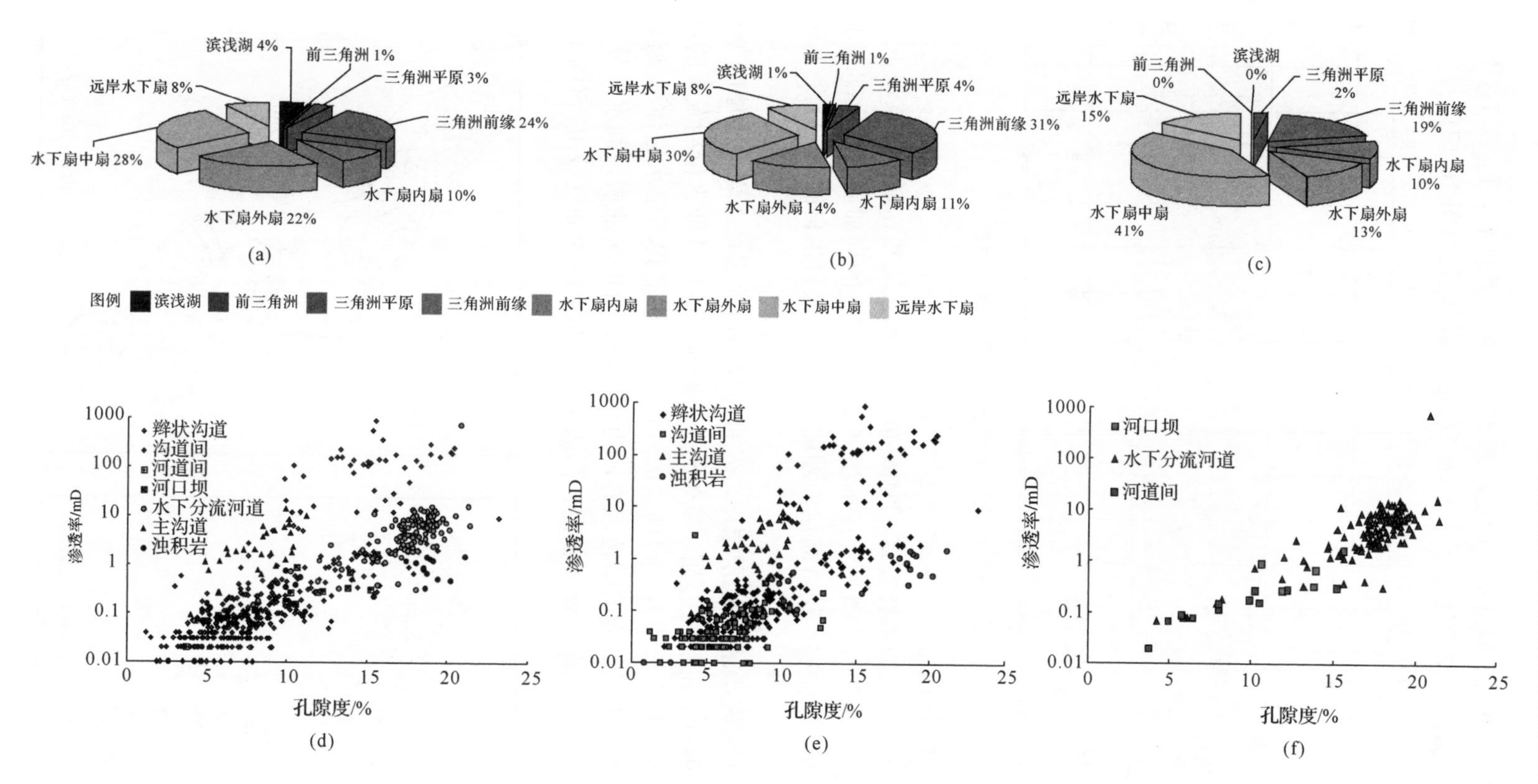

图10-16　塔南凹陷南屯组沉积亚相、微相与含油气性及储层物性关系

(a)塔南凹陷南一、二段各沉积亚相类与油气显示关系图(荧光以上)；(b)塔南凹陷南一、二段各沉积亚相类与油气层解释关系图(解释含油层)；(c)塔南凹陷南一、二段各沉积亚相类与油气关系图(试油见油流)；(d)塔南凹陷南屯组沉积微相与砂岩物性关系图；(e)塔南凹陷南一段水下扇沉积微相与砂岩物性关系图；(f)塔南凹陷南二段三角洲前缘沉积微相与砂岩物性关系图

进一步研究表明，油气主要富集在南屯组最大湖泛面上下的 T_3、T_{23} 及 T_{22} 不整合面附近，并形成上生下储、自生自储、下生上储三种油气成藏组合(图 10-17)。

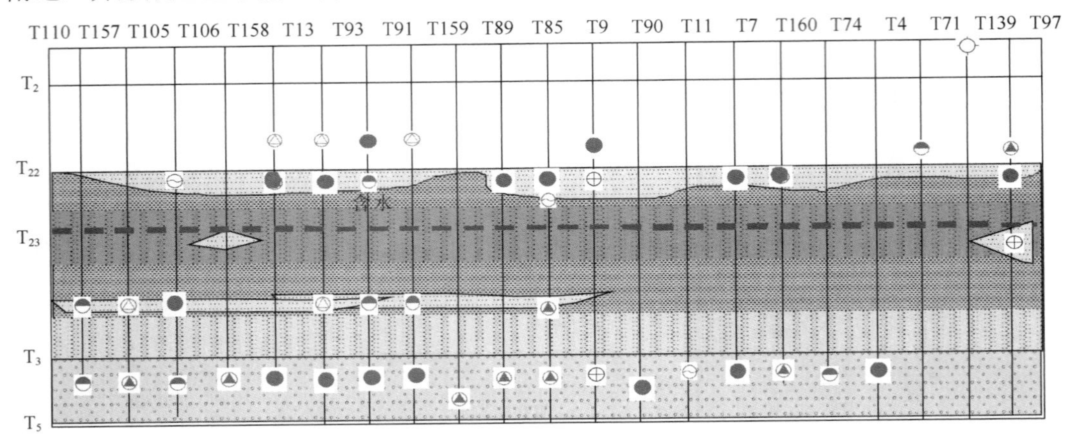

图 10-17　塔南凹陷中次凹北洼槽含油气情况统计图

(1) 自生自储型成藏组合。

这类组合在整个目的层段都有发育。铜钵庙组水进体系域和高水位体系域下部局部半深湖泥具有较好的生烃能力，既做为生油层，也是该组合的局部盖层。上部高水位体系域扇三角洲砂体为良好储层，结合断层的圈闭作用可形成自生自储式或下生上储式油气藏组合(复合式)。

南屯组为一套半深湖-深湖盆地层层序，发育巨厚暗色泥岩烃源岩最大厚度 900m，成熟烃源岩面积 850km^2，生烃能力强，高水位三角洲前缘砂体及低水位期发育的湖底扇砂体可作为本组合的储层，形成自生自储式油气藏组合。大磨拐河组水进体系域浅-半深湖环境下形成具有较强生烃能力的暗色泥岩，为该层内组合的生油层，高水位体系域三角洲砂体为良好储层，顶部泥岩作为盖层，形成下生中储上盖的油气藏组合(图 10-18)。

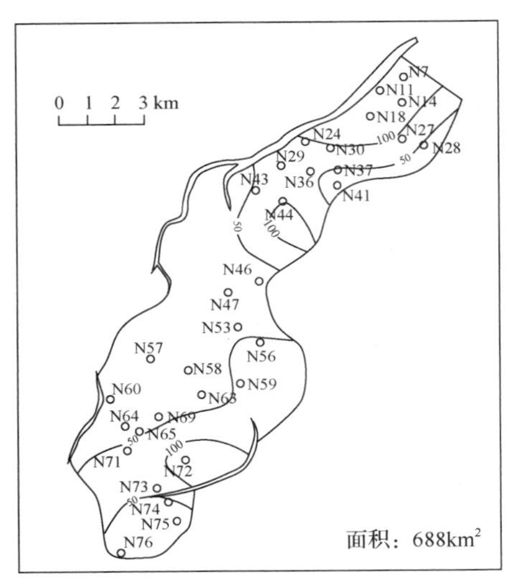

(a)

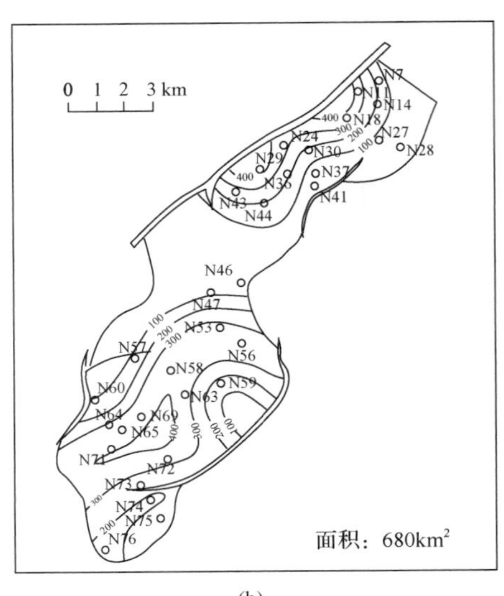

(b)

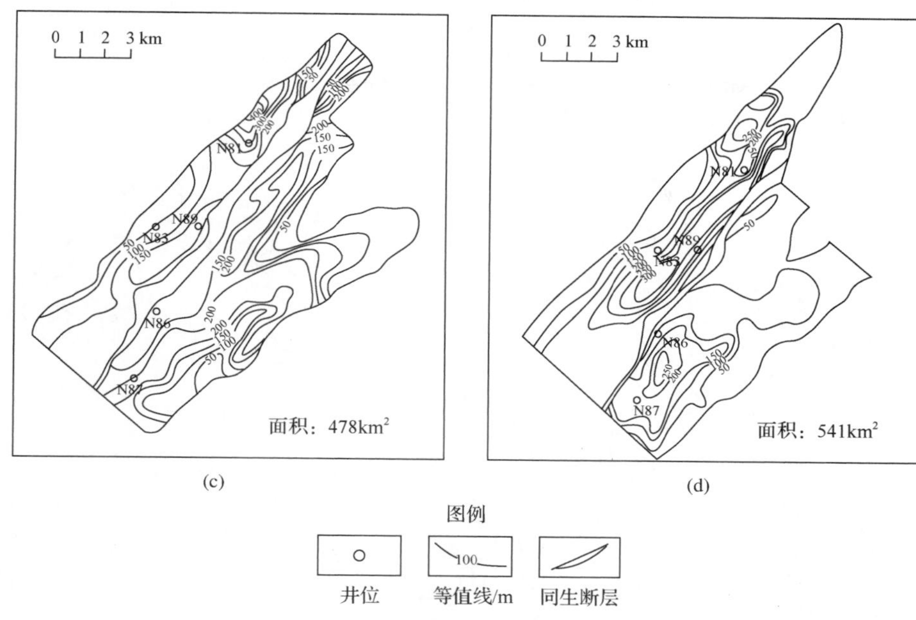

图 10-18 南贝尔南屯组 SQ2、SQ3 层序暗色泥岩等厚图(纪友亮，2009)

(a)东次凹铜钵庙组；(b)东次凹南屯组；(c)西次凹铜钵庙组；(d)西次凹南屯组

(2)下生上储型成藏组合。

这一类组合明显特征是南屯组生油，大磨拐河组储油，构成下生上储成藏组合。南屯组发育的水进体系域及高水位体系域下部为生油层，大磨拐河组的上部高水位体系域砂体为储层，顶部泥岩为盖层组成下生上储顶盖式油气藏组合(断层不整合面为二次运移通道)。

(3)上生下储型成藏组合。

这种组合特点是南屯组生油，下部铜钵庙组和潜山储油，形成上生下储型油藏。南屯组发育的水进体系域及高水位体系域下部以及铜钵庙组水进体系域暗色泥岩既为生油层，也是该组合的局部盖层，潜山基岩风化壳为储层，组成上生下储上盖式油气藏组合(断层、不整合面为二次运移通道)。

2. 南贝尔凹陷生储盖特征

南贝尔凹陷经过强烈构造活动，具有结构复杂、分割性强的特点，共发育五个洼槽。多期复杂构造活动，发育多期多方向沟通烃源岩和储层的断裂系统，为油气成藏创造了有利条件。

1)烃源岩

南贝尔凹陷的储层与周围的凹陷相比欠发育，主要与南贝尔凹陷在地质历史沉积期物源供给总体欠充分有关。虽然总体上砂体没有大规模连片发育，但局部砂体集中发育，如上述章节提到的断角控砂模式。有利的储层往往受相控明显，不同的沉积体系与构造配合，会产生不同的有利储层相带。南贝尔南屯组地层在主控断裂控制下发育了三个主要沉积中心(图 10-19)。

(1)烃源岩发育环境。

在本次研究过程中，发现在不同沉积相环境中发育的烃源岩具有不同的特征。通过岩

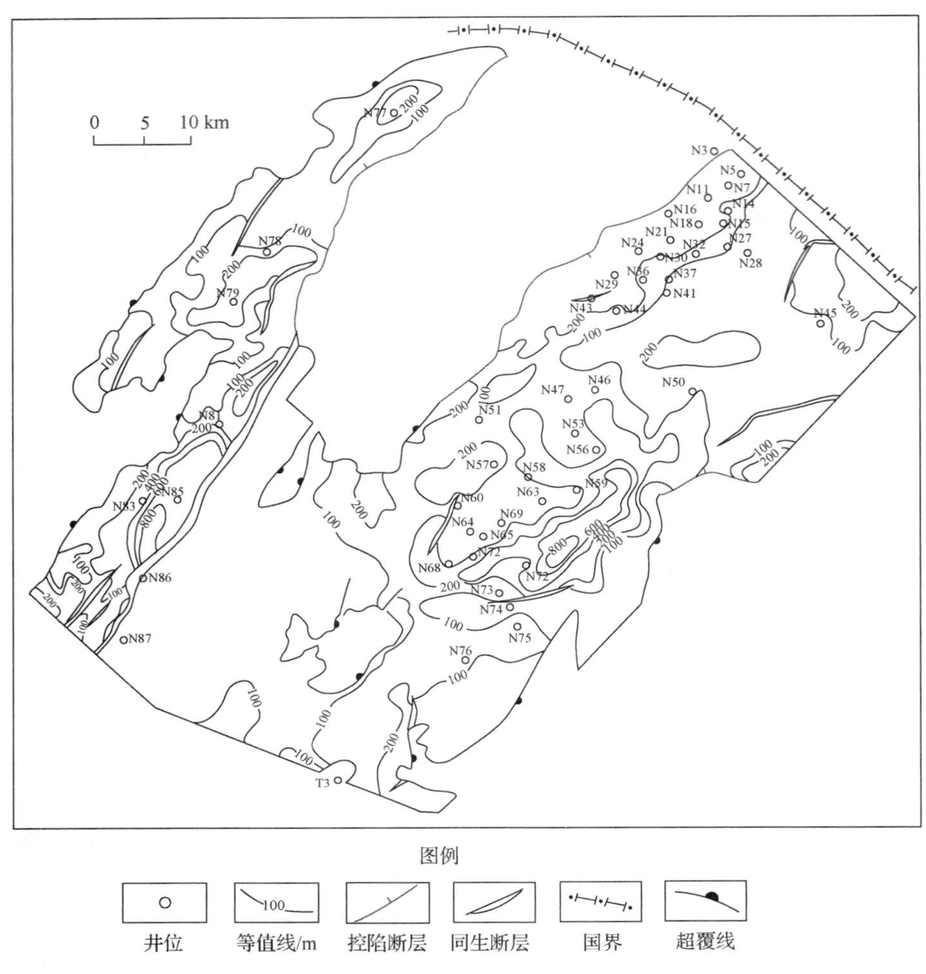

图 10-19　南贝尔南屯组 SQ3 层序地层等厚图

心观察和其他资料研究认为南贝尔凹陷烃源岩发育于以下几种不同的沉积环境：①三角洲前缘、扇三角洲前缘分流间湾微相中烃源岩，灰色、深灰色泥岩中有砂质条带[图 10-20(a)]；②深湖-半深湖环境的烃源岩，泥岩为灰黑色[图 10-20(b)]。

(a)　(b)

图 10-20　南贝尔凹陷烃源岩典型岩心照片

(a)扇三角洲前缘的灰黑色泥岩(N72 井，南屯组，1873.40m)；(b)块状暗色泥岩(N28 井，南屯组 1309.50m)

(2)烃源岩特征标志。

与塔南凹陷特征标志类似，这里不再赘述。

(3)烃源岩平面展布。

在铜钵庙组上部 SQ2 烃源岩平面分布如图 10-18 所示。在层序 SQ2 时期，凹陷内的断洼由分散逐渐变化为统一，湖泊水体的上涨、连通，在断洼的中央部位发育了深湖-半深湖相沉积环境，在这些部位沉积了暗色湖相泥岩，主要在 N53、N56 井区集中分布，这些湖相泥岩在钻井数据中一般以深湖半深湖相泥岩形式出现，在地震数据中显示为中振高连中频平行充填反射特征。烃源岩分布受断洼控制明显，一般沿着断洼陡坡带分布，该层的烃源岩成熟度较高，生烃能力较强，沉积厚度中心主要集中在东次凹南洼槽局部控洼断层陡带一侧分布，平面上最大厚度预测可达 180m。

南屯组中下部是凹陷内主要的烃源岩发育层段，其中南屯组 SQ3 低位域(俗称弹簧段)就有大面积暗色泥岩发育，主要集中在东次凹南北洼槽及西次凹南洼槽分布，尤其以西次凹南洼槽 N81 井区暗色泥岩最为发育。在整个南贝尔凹陷研究层位中，暗色泥岩最为发育的是南屯组 SQ3 湖侵体系域，在凹陷内的大部分钻井数据中均显示为巨厚的泥岩段岩性特征(图 10-18)，凹陷内烃源岩厚度最厚的地方在凹陷东次凹南洼槽中心部位。总体来讲，该层段的烃源岩厚度的平面厚度变化梯度在东次凹和西次凹内均较为平缓，这反映了当时凹陷沉积时在整个凹陷内均为深湖、半深湖相沉积环境。南屯组上部即 SQ3 的 HST 烃源岩除了分布于继承性的沉积中心之外，其平面展布范围较 SQ3 的 LST+TST 时期要大，整体的厚度较低，平面厚度变化也较为均匀。南屯组烃源岩平面分布较广，生烃能力强，成熟度高，厚度大，最大厚度预测可达 600m。

2)储集层

(1)岩石类型。

铜钵庙组岩石类型以凝灰质砂岩(39%)、沉凝灰岩(14%)、凝灰岩(1%)和砂岩(46%)组合为主，凝灰质含量相对其他层位而言偏高，说明早期地层受火山碎屑岩影响较大。南屯组一段以凝灰质砂岩(41%)和凝灰岩(59%)组合为主，而南二段则以砂岩(87%)、凝灰质砂岩(4%)和凝灰岩(9%)组合为主，从这样的组合可以看出南屯组的火山碎屑含量比塔南高，说明南贝尔离火山碎屑母岩或火山活动带更近(图 10-21)。

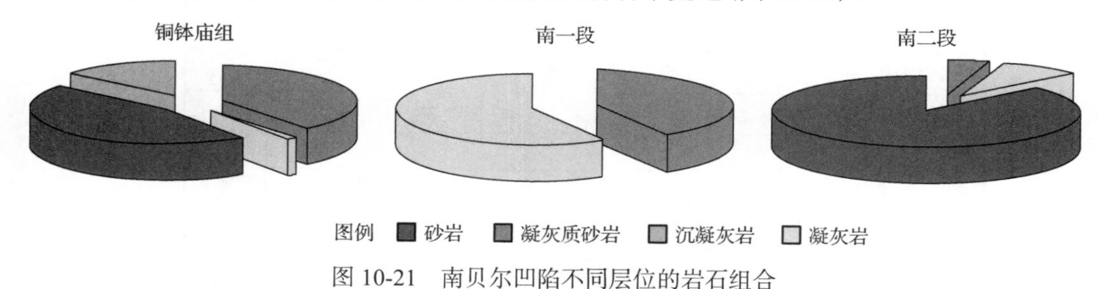

图 10-21　南贝尔凹陷不同层位的岩石组合

(2)成岩作用阶段的划分。

根据吉林大学刘立等(2009)对成岩作用的研究成果，表明南贝尔凹陷的成岩作用演化阶段属于中成岩作用 A 期，成岩作用相对塔南凹陷而言偏弱(图 10-22)。

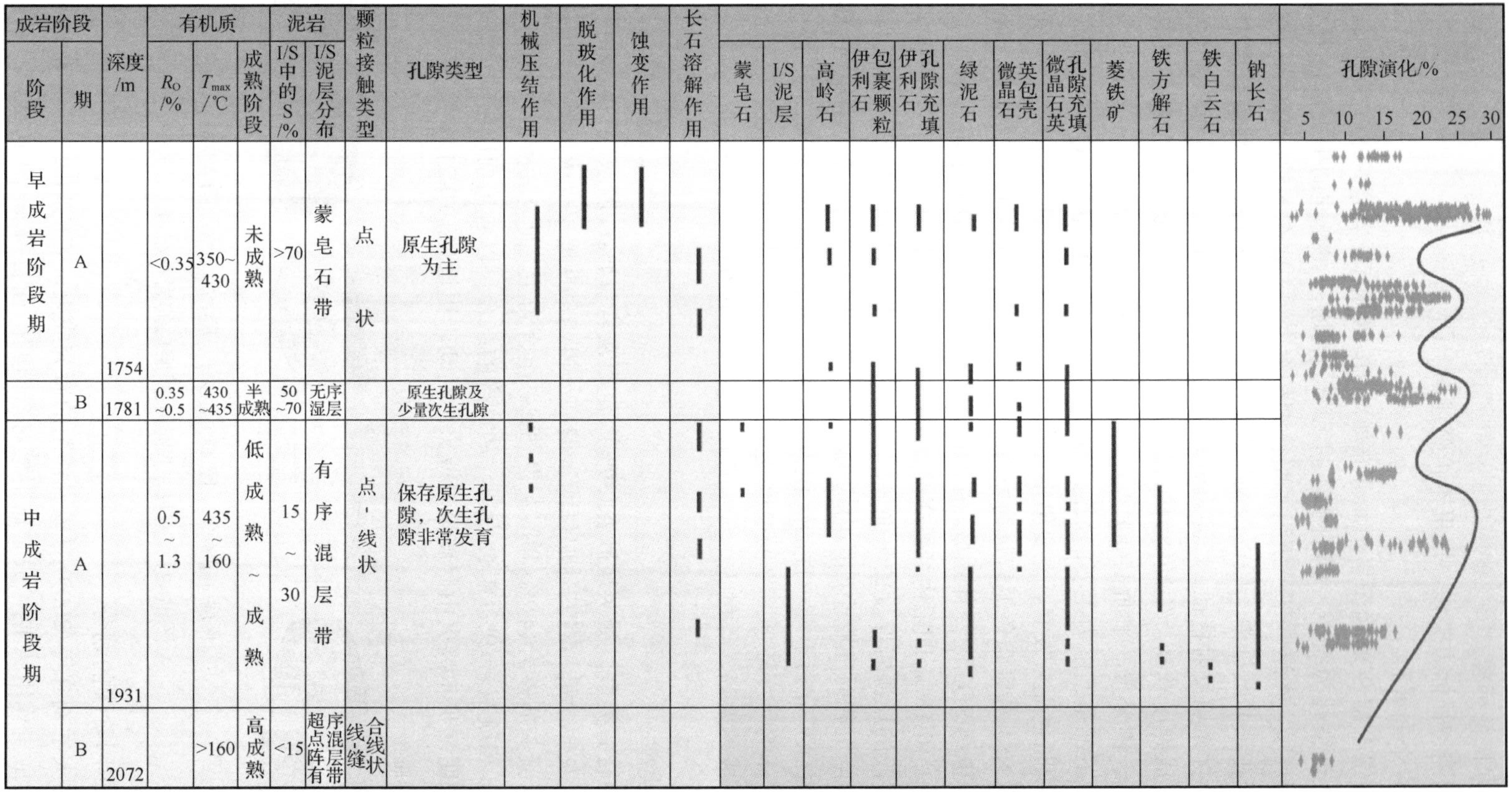
成岩阶段
阶段
期
深度/m
有机质
R_O/%
T_{max}/℃
成熟阶段
泥岩
I/S中的S/%
I/S泥层分布
颗粒接触类型
孔隙类型
机械压结作用
脱玻化作用
蚀变作用
长石溶解作用
蒙皂石
I/S泥层
高岭石
伊利石包裹颗粒
伊利石孔隙充填
绿泥石
微晶石英包壳
微晶石英孔隙充填
菱铁矿
铁方解石
铁白云石
钠长石
孔隙演化/%
5 10 15 20 25 30
早成岩阶段期
A
1754
<0.35
350~430
未成熟
>70
蒙皂石带
点状
原生孔隙为主
B
1781
0.35~0.5
430~435
半成熟
50~70
无序混层
原生孔隙及少量次生孔隙
中成岩阶段期
A
1931
0.5~1.3
435~160
低成熟~成熟
15~30
有序混层带
点-线状
保存原生孔隙，次生孔隙非常发育
B
2072
>160
高成熟
<15
超点阵有序混层带
线-缝合线状

图10-22　南贝尔凹陷成岩作用演化阶段示意图(刘立，2009)

（3）垂向孔隙带划分。

塔南凹陷通过对垂向孔隙度多井分析表明，在目的层由下到上明显存在三个异常高孔隙带，分别是：第一异常高孔隙带，埋深范围为1300~1500m；第二异常高孔隙带，埋深界限为1750~2000m；第三高异常高孔隙带为2100~2400m。异常高孔隙带的存在，会或多或少影响到储集层的储集性能（图10-23）。

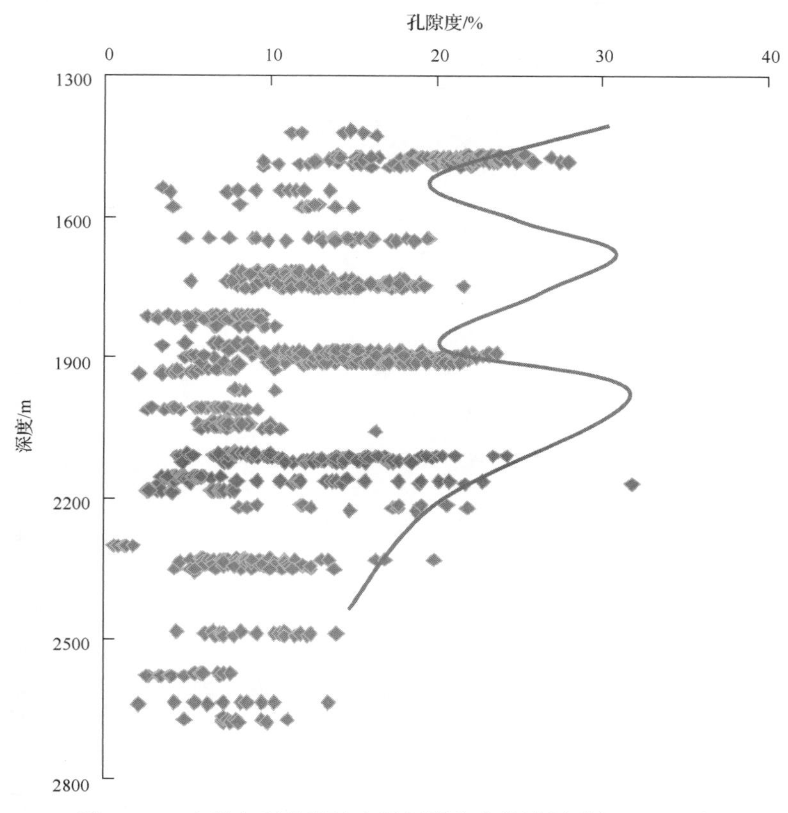

图10-23　南贝尔凹陷孔隙度随埋深变化统计图（刘立，2009）

（4）孔隙度平面分布特征。

南贝尔凹陷铜钵庙组储层孔隙度分布范围为0.5%～23%，平均为9.8%，主要分布区间为5%～15%，属于低孔隙度；渗透率为0.01×10^{-3}～$644\times10^{-3}\mu m^2$，平均为$7.7\times10^{-3}\mu m^2$，主要分布区间小于$1\times10^{-3}\mu m^2$，发育部分大于$100\times10^{-3}\mu m^2$的中高渗透率储层，整体属于低渗透率。南贝尔凹陷铜钵庙组储层整体属于低孔、低渗型。南贝尔凹陷南屯组下部储层孔隙度分布范围为0.7%～31.8%，平均为11.6%，主要分布区间为5%～20%，属于中孔隙度；渗透率为0.01×10^{-3}～$462\times10^{-3}\mu m^2$，平均为$7.3\times10^{-3}\mu m^2$，主要分布区间小于$1\times10^{-3}\mu m^2$，整体属于特低渗透率。南贝尔凹陷南屯组下部组储层整体属于中孔特低渗型。南贝尔凹陷南屯组上部储层孔隙度分布范围为2.1%～20.2%，平均为10.3%，主要分布区间为5%～10%，属于特低孔隙度；渗透率为0.01×10^{-3}～$74.7\times10^{-3}\mu m^2$，平均为$1.7\times10^{-3}\mu m^2$，主要分布区间小于$1\times10^{-3}\mu m^2$，整体属于特低渗透率。南贝尔凹陷南屯组上部储层整体属于特低孔特低渗型。（图10-24～图10-26）。

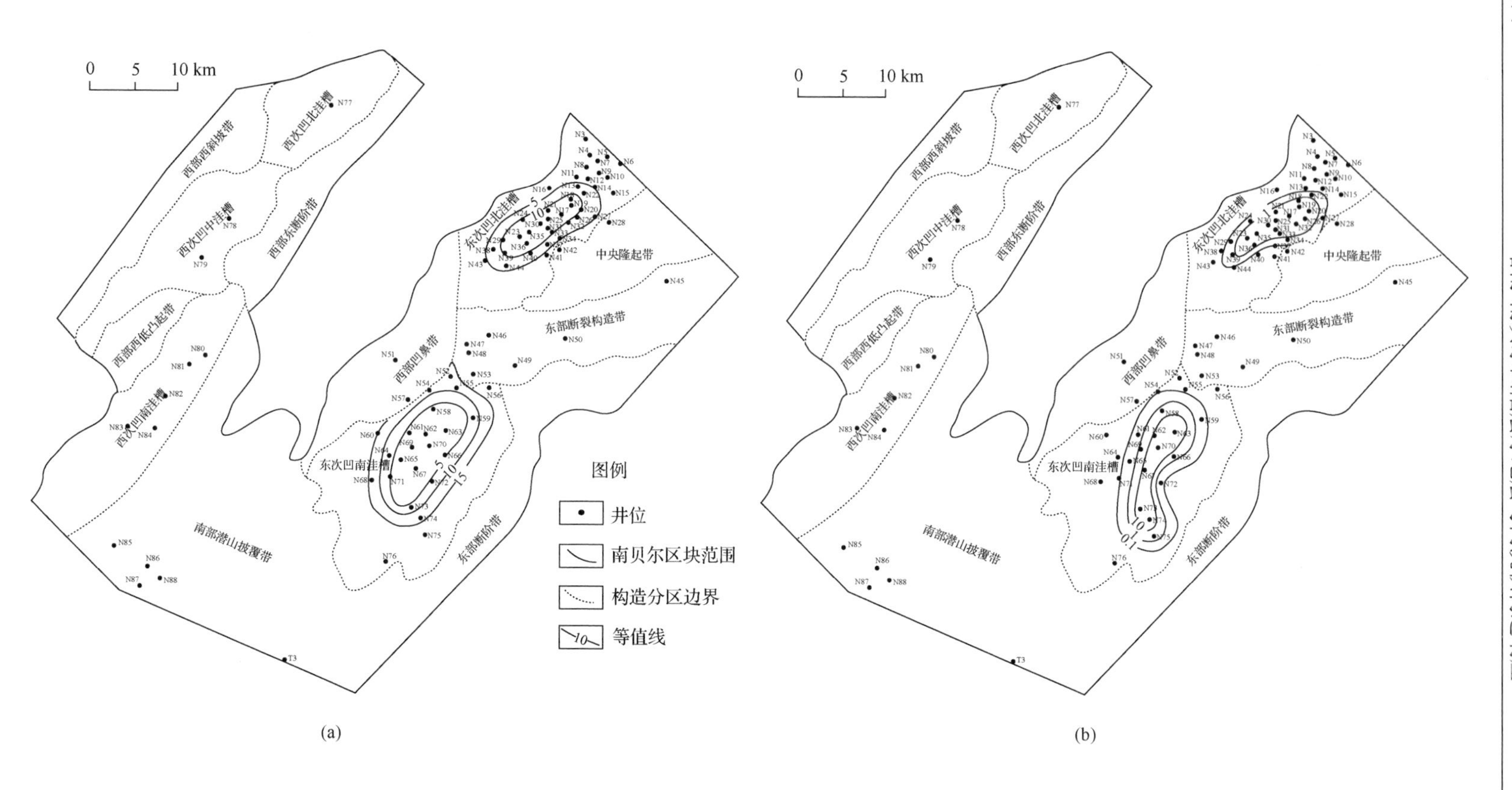

图10-24　南贝尔凹陷铜钵庙组孔渗平面分布图(刘立，2009)

(a) 孔隙度平面分布图(单位：%)；(b) 渗透率平面分布图(单位：mD)

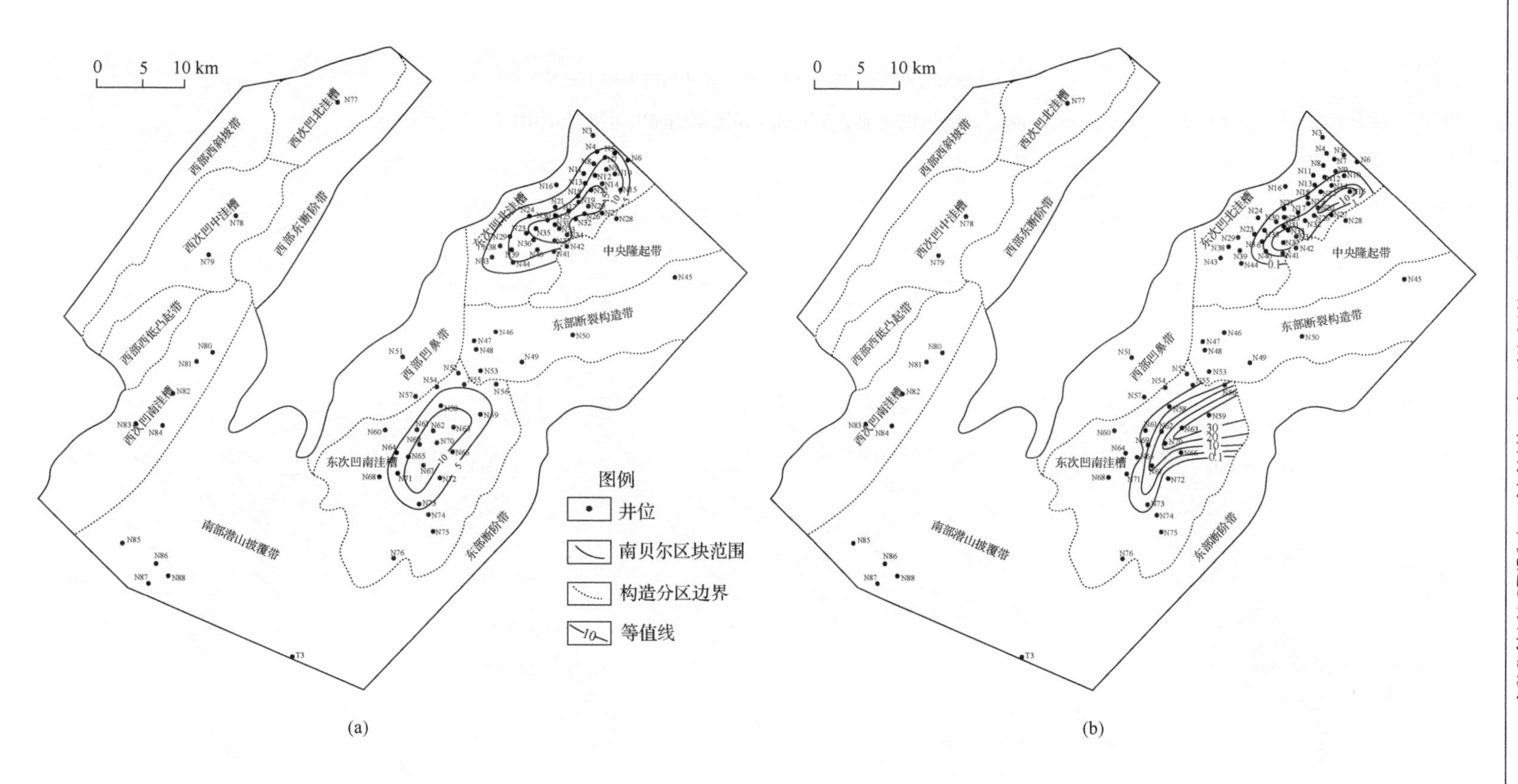

图10-25　南贝尔凹陷南屯组下部孔渗平面分布图(刘立，2009)

(a) 孔隙度平面分布图(单位：%)；(b) 渗透率平面分布图(单位：mD)

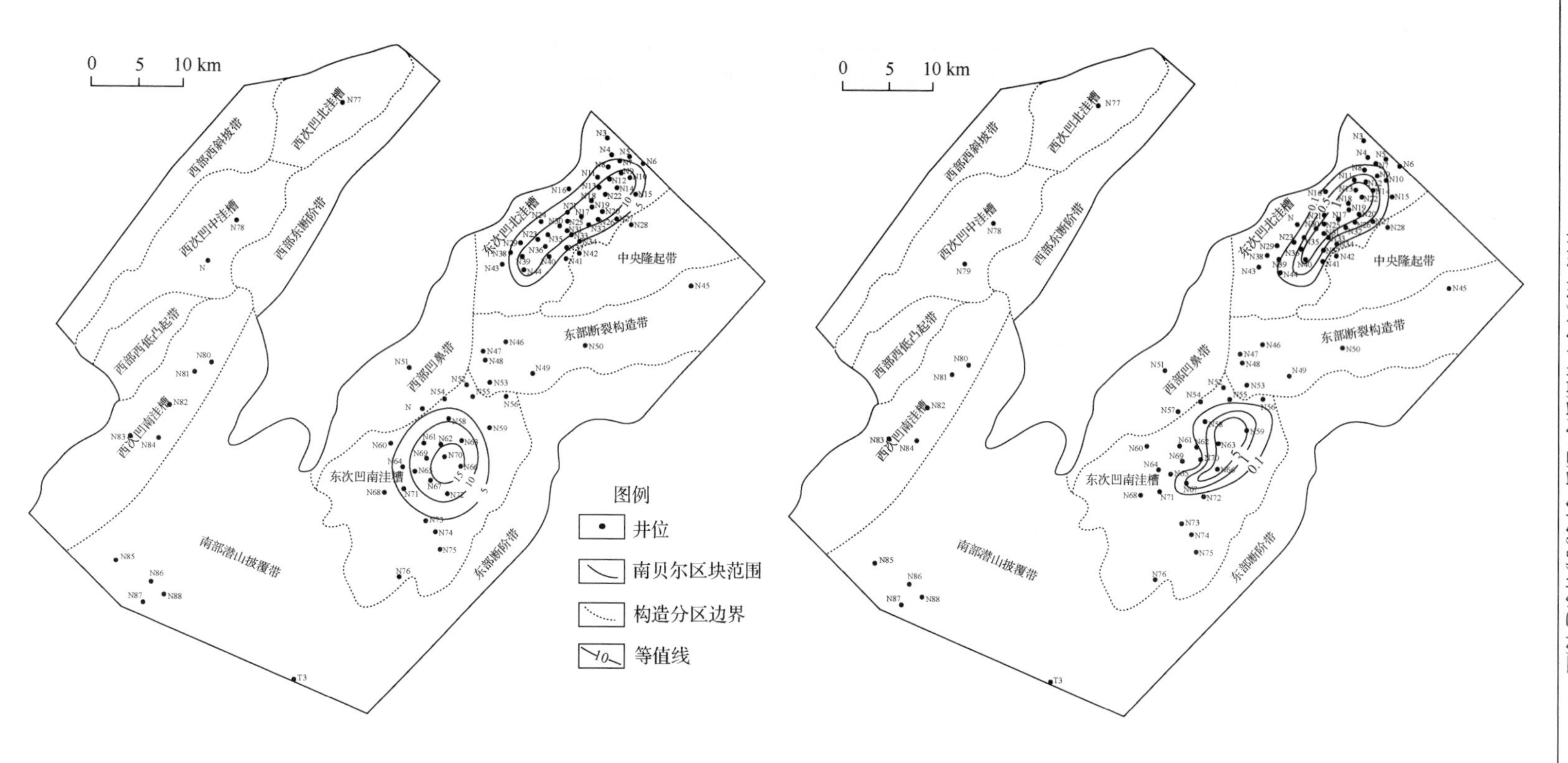

图10-26　南贝尔凹陷南屯组上部孔渗平面分布图(刘立，2009)

(a) 孔隙度平面分布图(单位：%)；(b) 渗透率平面分布图(单位：mD)

(5)垂向孔隙带划分。

通过对塔南凹陷垂向孔隙度多井分析表明，在目的层由下到上明显存在三个异常高孔隙带，分别是：第一异常高孔隙带，埋深范围为 1300~1500m；第二异常高孔隙带，埋深界限为 1750~2000m；第三高异常高孔隙带为 2100~2400m。

3)有利沉积相带及生储盖组合

有利储层相带发育的亚相单元为扇三角洲前缘和水下扇扇中亚相，最为有利的微相单元为河口坝和水下分流河道微相。中央隆起带目前的隆起幅度高是受到了大磨拐河组沉积之后的挤压作用，导致南屯组下部的砂体在中央隆起带附近由原来的下倾尖灭变成了上倾尖灭，形成上倾尖灭岩性油气藏。在东次凹背洼槽发育远岸湖底扇岩性油气藏。

通过进一步研究表明，油气富集主要有如下几种特点。

(1)平面分布：油藏主要分布在主生油洼槽区及其过渡带上。

(2)纵向：共发育四套含油层系。从下到上分别是铜钵庙组上部、南一段下部、南二段下部及大磨拐河组下部主力含油层系(图 10-27)。

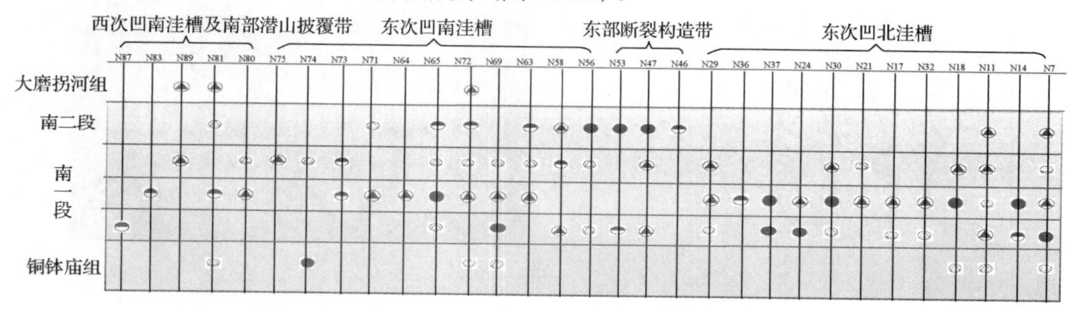

图 10-27　南贝尔凹陷中次凹北洼槽含油气情况统计图

生储盖组合类型与塔南一致，主要为断鼻、反向断块及构造-岩性油藏。油水垂向分布总的规律以上油下水或上油下干为主，没有统一的油水界面。

第二节　塔南-南贝尔凹陷有利区带预测

通过分析塔南-南贝尔凹陷所有钻井的油气显示层段的微相，可以获得凹陷内各种有利于油气储集的微相单元类型，各种微相单元类型又属于不同的亚相单元，进而可以获得塔南凹陷中利于油气储集的亚相单元类型。由于任何有利储集油气的单元都离不开构造的配合，所以选取最佳的构造和沉积体系的配合才是最为有利储油的构造岩相带，遵循这样思路，通过对层序格架内“点”“线”“面”“体”的全方位多资料的沉积体系及构造体系综合分析，便可以获得该亚相单元在构造单元框架下的空间分布信息，从而对有利区带进行预测。

一、塔南凹陷有利区带预测

从最近的勘探结果表明，塔南凹陷主要的储集带集中在东次凹南部、中次凹及西次凹个别井区附近零星分布。其中中次凹是最主要的储集相带，这可能与中次凹离生油中心近有关。下面分构造单元对有利区带进行详细分析和表述。

1. 西次凹 T1 井区

西次凹位于塔南凹陷西部，区带面积大约为 $180km^2$，主要勘探目的层为南一段，其中西次凹以北的 T1 井区是该区带最为有利预测方向(图 10-28)。

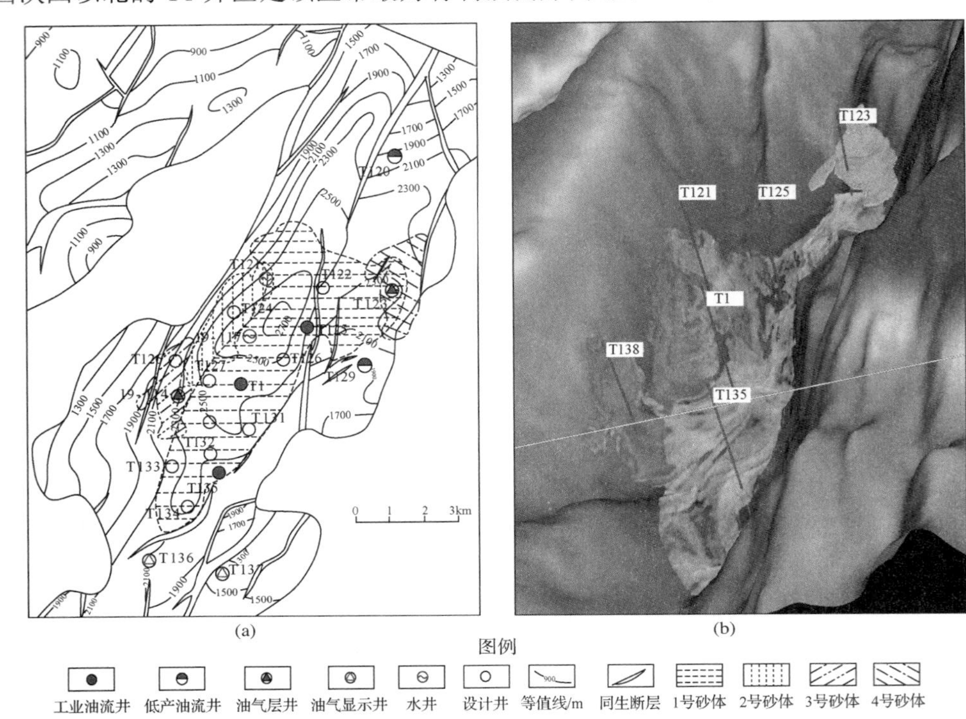

(a)　(b)

图 10-28　塔南凹陷西次凹北洼槽有利区带分布图(据大庆勘探开发研究院，2009)

(a)塔南西次凹北部 T1 井区区带位置；(b)T1 井区南一段砂体平面叠置图

在 T1 井区，通过井震结合及砂体的精细解剖，可在平面上划分出四个成因单砂体，纵向上分属两个期次。其中 1 号砂体的规模最大，砂体的平面“连通”较好，能够很好地追踪对比[图 10-28(b)]。在过 T1 井地震剖面上(图 10-29)，从含油层段所处的地震波组特征来看，明显看到了一个楔状体反射结构，推测可能是由东部陡带一侧近岸扇在沉积中心堆积的结果。

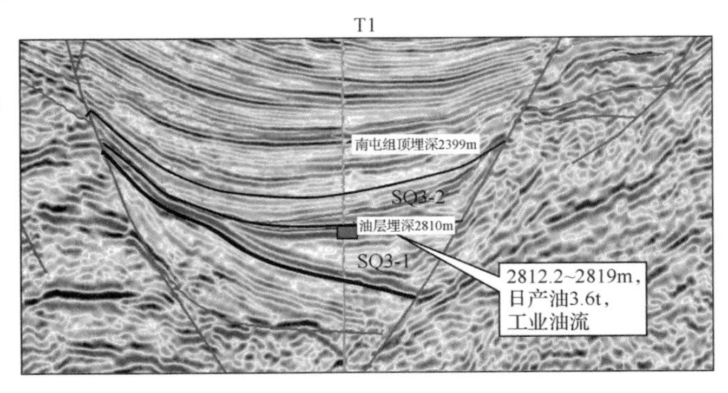

图 10-29　塔南凹陷过 T1 井地震剖面图

油层主要集中在 SQ3-1 四级旋回的顶部，上面覆盖一层厚度较大的初始湖泛泥岩，形成上生下储上盖式油气藏。根据上述分析，综合考虑构造和有利沉积相带的匹配关系，在区带提出了若干有利井位的部署[图 10-28(a)]。

2. 中次凹北洼槽 T4 井区

中次凹北洼槽位于塔南凹陷北部(图 10-30，图 10-31)，面积 182km^2。洼槽内 T4 井区主要勘探目的层为铜钵庙组顶部和南二段上部，其中铜钵庙组合南二段分别为扇三角洲前缘水与三角洲前缘水下分流河道砂体，砂体物性好，孔隙度一般达到了 13%~20%，渗透率 1~10mD。研究结果表明，塔南凹陷构造发育史对成藏有利，主要受缓坡基底隆升挠曲及差异沉降作用，在铜钵庙组地层形成了 5 个断阶，在构造顶部分别聚集形成构造油气藏。

通过砂体连续追踪对比及砂体精细解剖，认为主要发育 3 套砂体，其中 1 号砂体平面展布面积最大，其次是 3 号砂体，分布面积最小的是 2 号砂体，这 3 套砂体彼此切割叠置，使砂体在该区块连片，为油气藏集中连片创造了有利条件(图 10-30，图 10-32)。

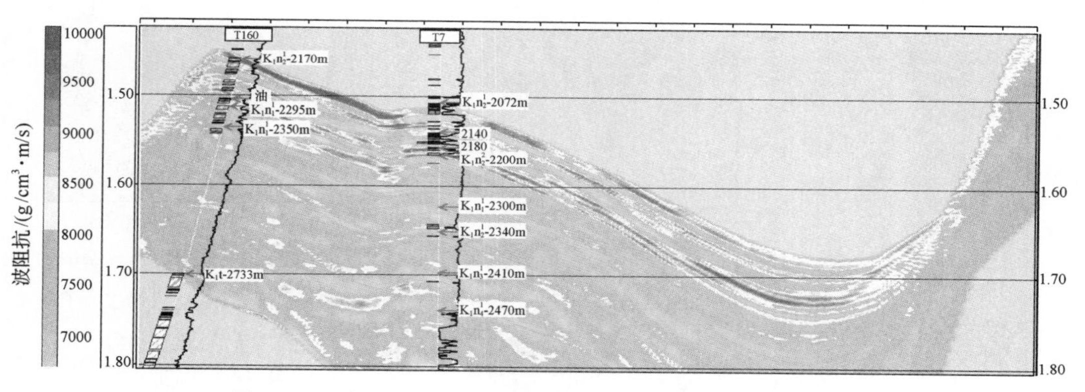

图 10-30　南二段主要目的层段过 T4 井井震联合反演剖面

3. 东次凹

东次凹位于塔南凹陷东部构造单元，面积约 850km^2，主要发育铜钵庙组和南一段两套油层，其中铜钵庙组发育有两个鼻状构造带和源于洼槽内的两个反向断阶带。这两个含油层段埋藏较深，次生孔隙很发育，并多以高挥发油类为主。铜钵庙组以构造油气藏为主，南一段以岩性油气藏为主。南一段东部主要发育水下扇沉积，陡坡带构造类型以断鼻为主，因此，含油主要受构造控制，形成构造油气藏，而南一段西侧缓坡带则由于后期构造反转作用，导致砂体上倾尖灭而形成岩性油气藏。

砂体的精细解剖结果显示，砂体的分布受相控明显，不同扇体朵叶分别控制着不同成因单砂体的平面展布[图 10-33(a)，图 10-33(b)]。在平面上可区分出四套单砂体，每个单砂体的纵向分布规模受东部陡带同生断裂系统及物源供给的控制。

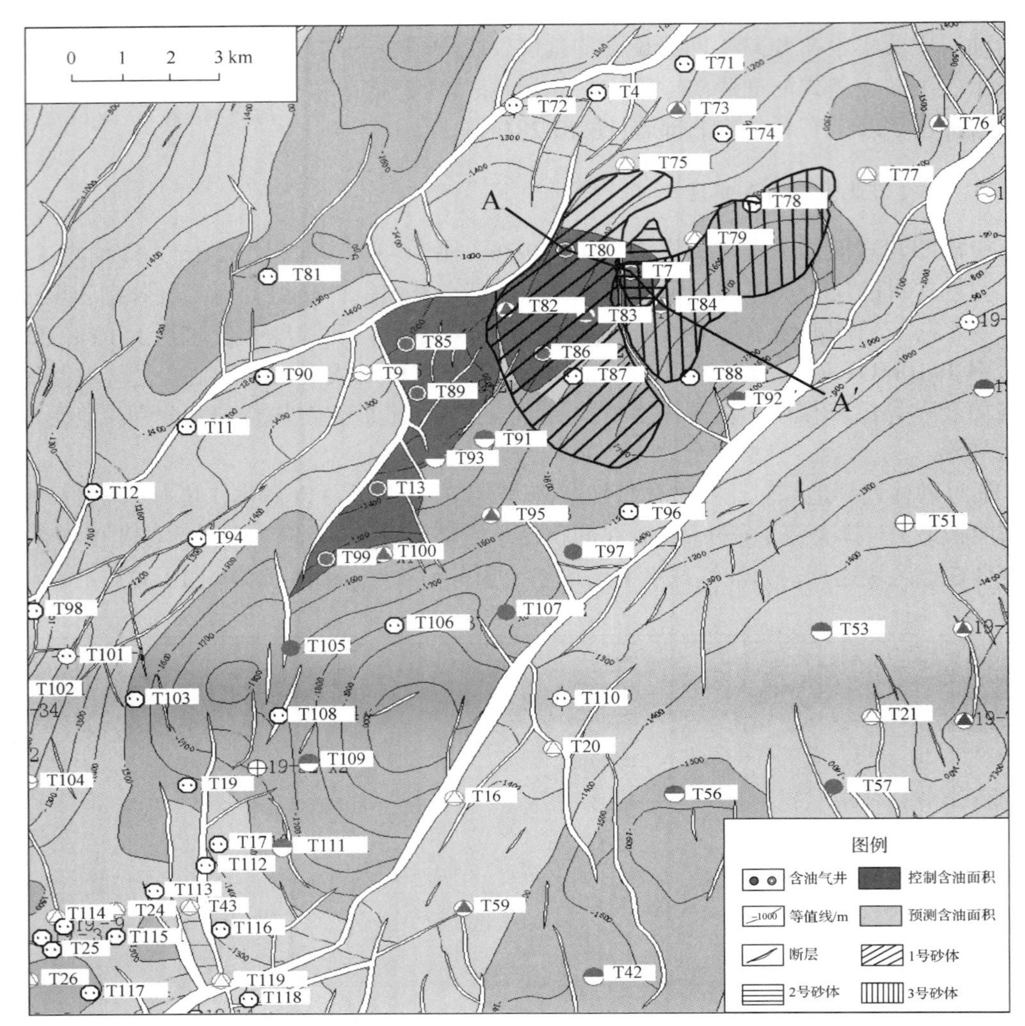

图 10-31　塔南凹陷中次凹北洼槽区带图(纪友亮，2009)

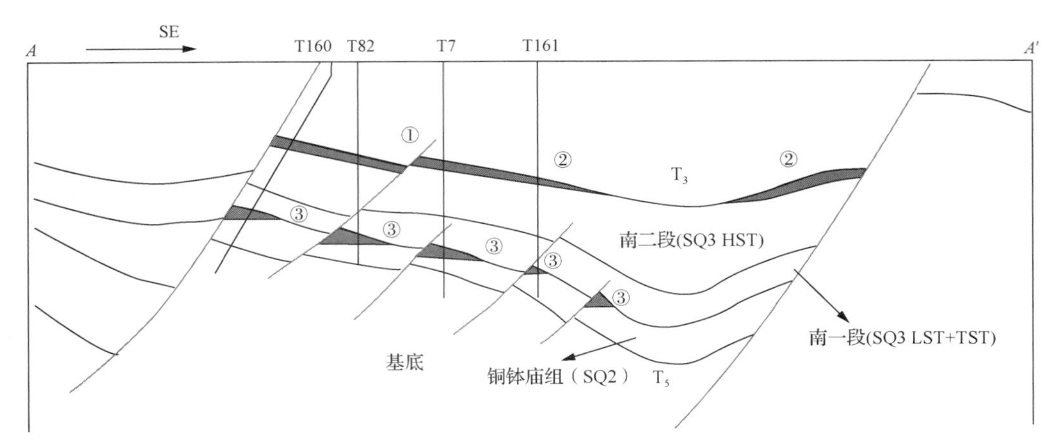

图 10-32　塔南凹陷铜钵庙组 T4 井区成藏模式图

①断块油气藏；②构造-岩性油气层；③构造油气藏

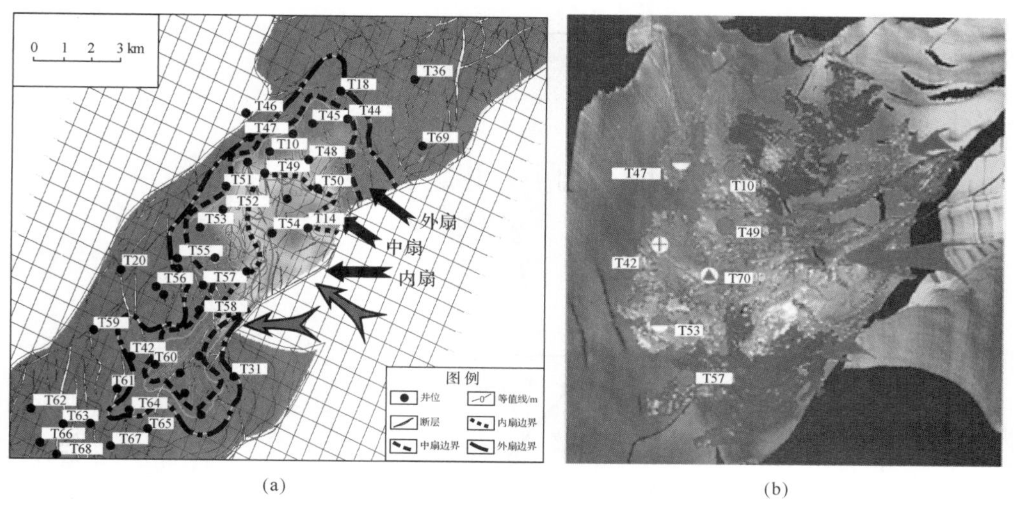

图 10-33 塔南凹陷西次凹北洼槽有利区带分布图(纪友亮，2009)

(a)塔南东次凹重点区带位置；(b)塔南东次凹重点区带南一段砂体平面叠置图

二、南贝尔凹陷有利区带预测

南贝尔的主要储集区带主要集中在东次凹北洼槽、南洼槽及西次凹 N83 井区，其中东次凹南北洼槽是主力含油区块，下面重点对这两个区带的挖潜进行预测。

1. 东次凹北洼槽带

东次凹北洼槽带位于南贝尔凹陷东北部，面积大约为 230km^2，主力油层位于南一段。东次凹北洼槽三个西部陡坡带物源的水下扇体复合连片，与向东抬升的构造背景相匹配，形成了大规模的构造-岩性油藏。南一段油层发育稳定，油层厚度为 15.1~63m，平均为 37.5m，孔隙度为 8.5%~24.9%，平均为 17%，渗透率为 0.1~462mD，平均为 12mD(图 10-34)。

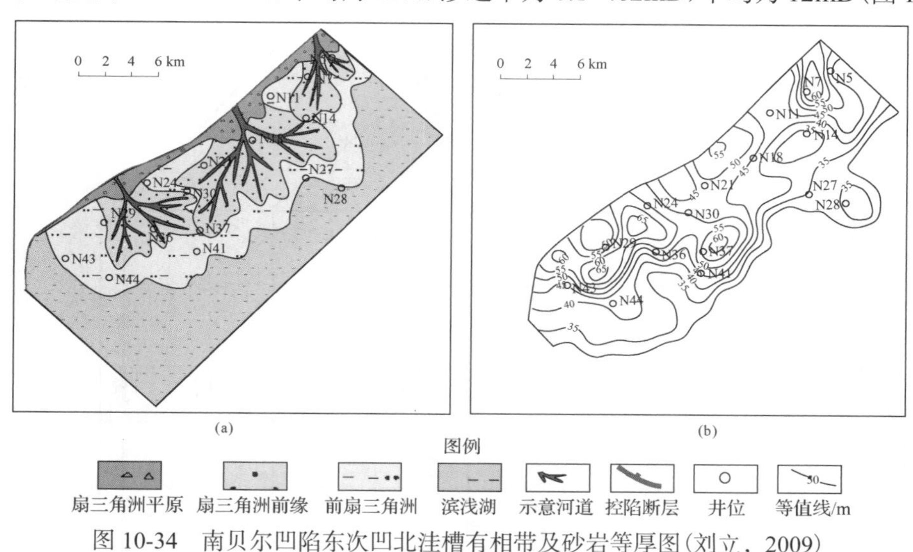

图 10-34 南贝尔凹陷东次凹北洼槽有相带及砂岩等厚图(刘立，2009)

根据图 10-35 南一段低位域联井砂体追踪与地震格架(图 10-36)对比分析可看出，主

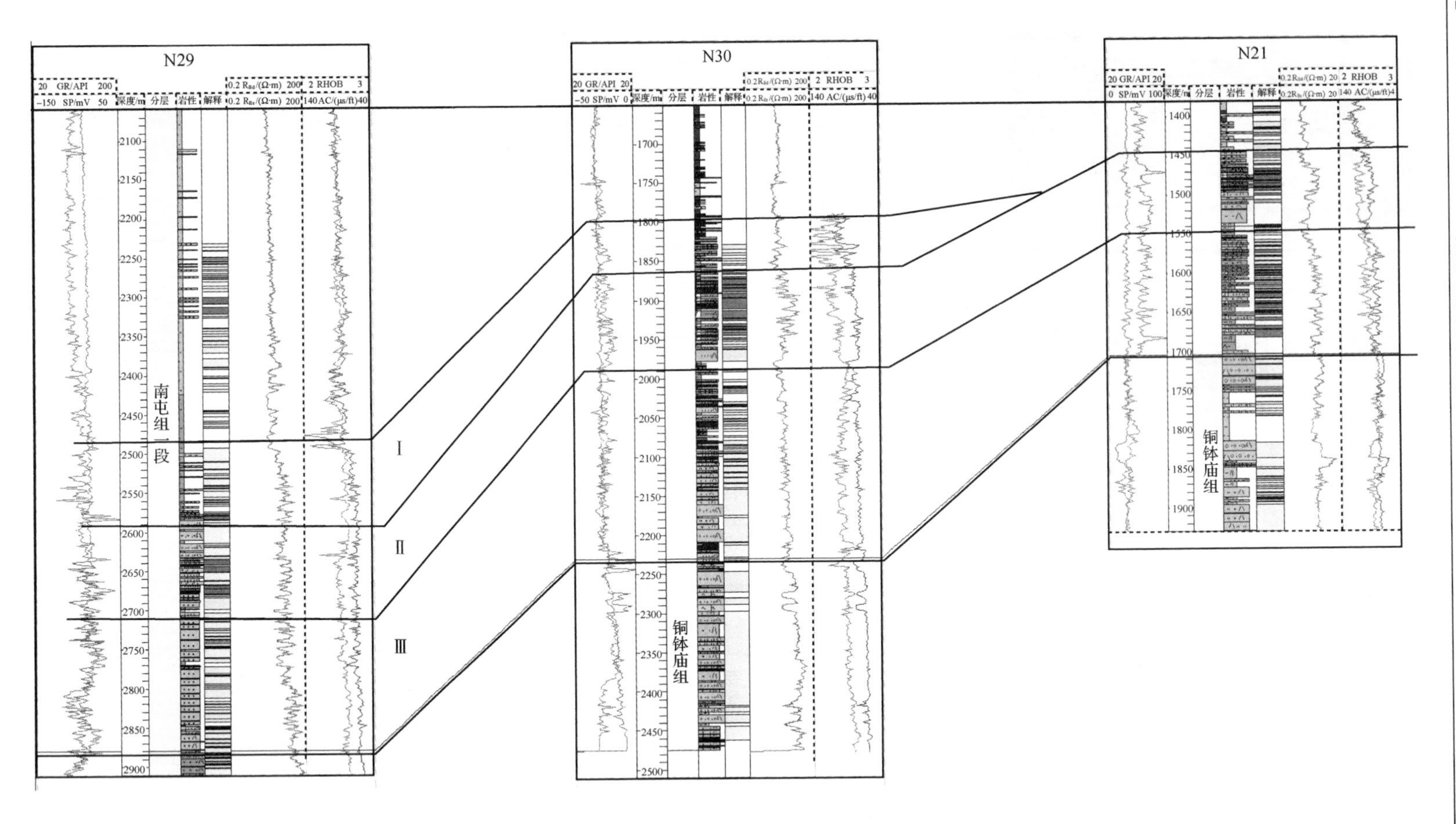

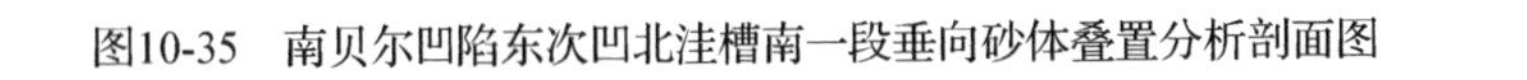

图10-35　南贝尔凹陷东次凹北洼槽南一段垂向砂体叠置分析剖面图

力砂层在垂向上可以划分三个期次，对应油田划分的三个油组。其中Ⅰ油组为南一段低位体系域上部，扇体萎缩，仅在洼槽根部发育，向东岩性尖灭，砂地比低，主要为岩性油藏，含油性差；Ⅱ油组位于南一段低位体系域中上部，扇体发育广泛，近岸水下扇中外扇相砂体与翘倾方向反向断块相匹配，形成构造-岩性油藏，含油性好，是主力含油层位；Ⅲ油组位于南一段低位体系域下部，扇体分布最广泛，砂岩发育，成藏主要在翘倾高部位，受反向断块控制，形成构造油藏。

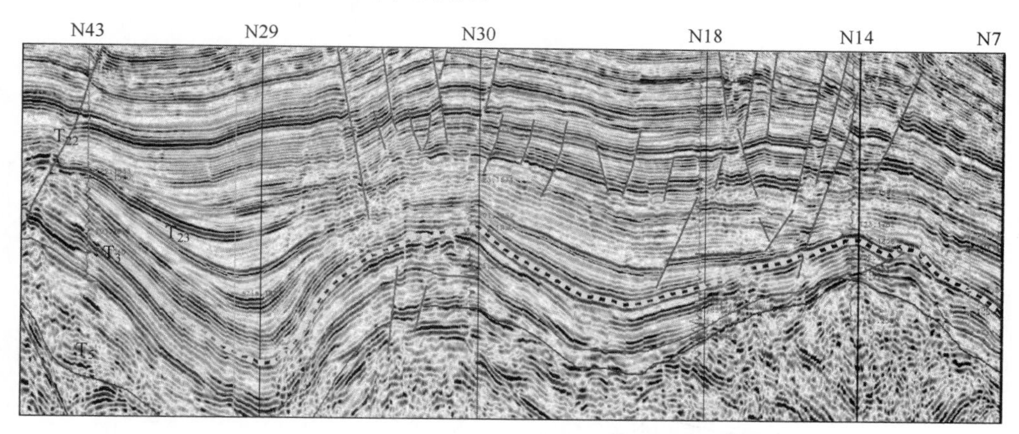

图 10-36　南贝尔凹陷东次凹北洼槽联井地震剖面图

2. 东次凹南洼槽带

东次凹南洼槽位于南贝尔凹陷东南部，面积大约为460km^2，主力油层位于铜钵庙组和南屯组。根据南一段构造顶面等深图(图 10-37)和波阻抗反演结果来看(图 10-38)，砂体主要集中分布在主力控洼断裂的下盘，岩性以物性较好的凝灰质中细砂岩为主，形成了很好的储集层。主要含油层位统一，均为东部物源沉积的扇三角洲前缘砂体，南洼槽内可连续追踪，展现出较好的规模储量前景。在洼槽东部物源的南一段扇三角洲前缘亚相砂体与翘倾方向反向断块相匹配，易形成岩性-构造油藏。

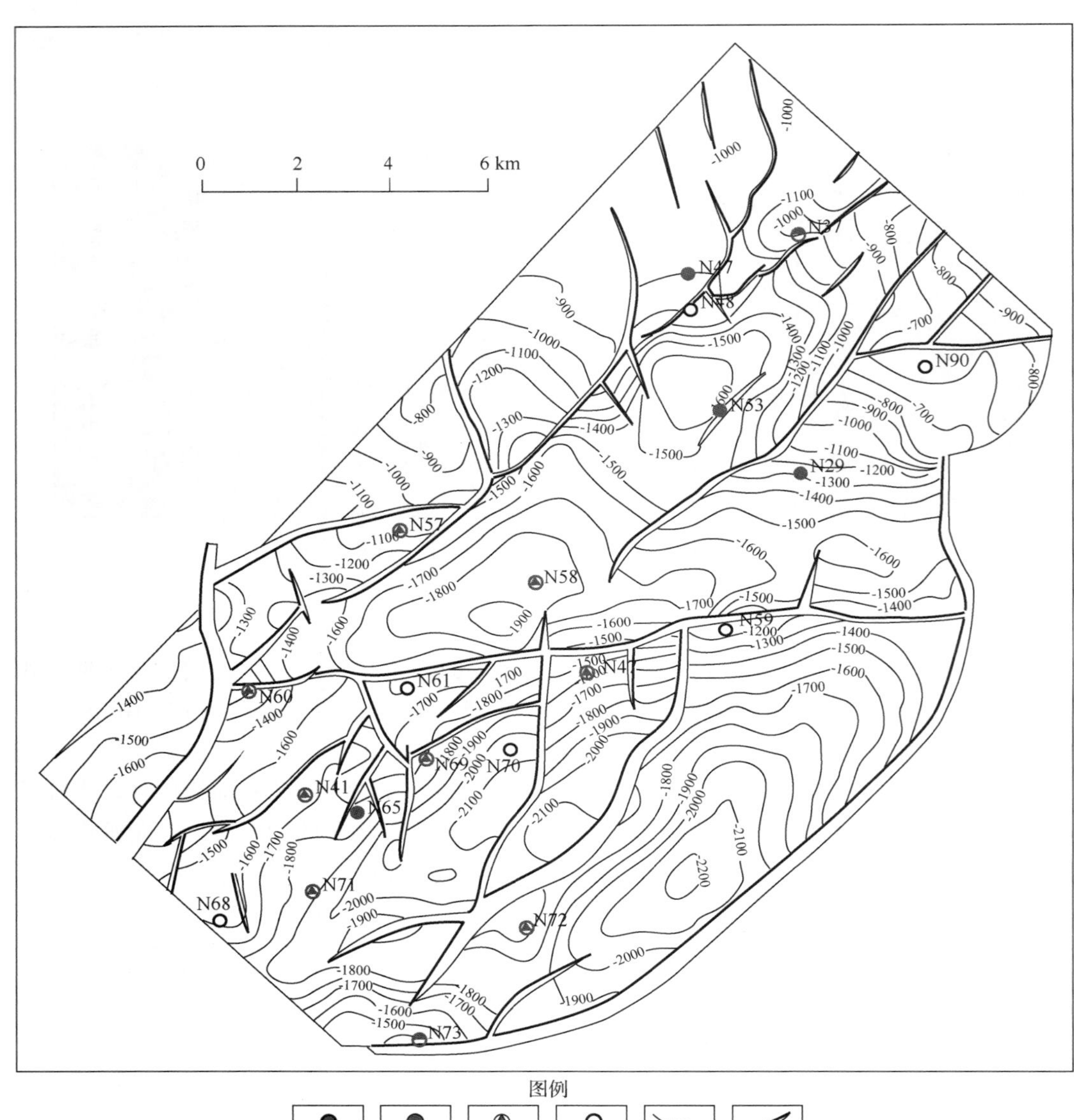

图 10-37　南贝尔凹陷南洼槽南一段构造顶面等深图

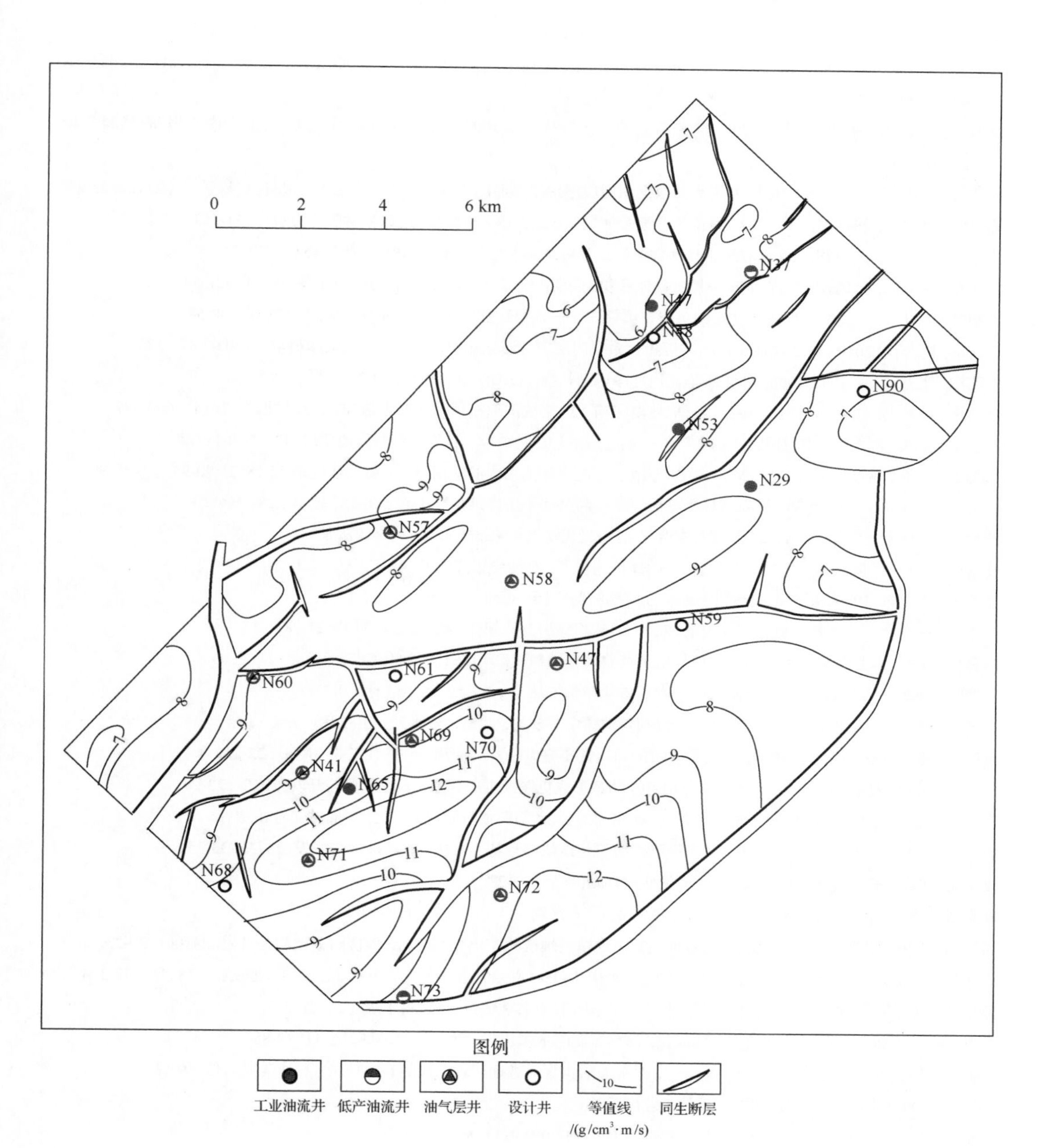

图 10-38　南贝尔凹陷南洼槽南一段波阻抗反演平面图

参 考 文 献

蔡希源, 李思田. 2003. 陆相盆地高精度层序地层学: 隐蔽油气藏勘探基础、方法与实践. 北京: 地质出版社.

曹瑞成, 李军辉, 卢双舫, 等. 2010. 海拉尔盆地呼和湖凹陷白垩系层序地层特征及沉积演化. 吉林大学学报(地球科学版), 40(3): 535-541.

操应长, 姜在兴, 王留奇, 等. 1996. 陆相断陷湖盆层序她层单元的划分及界而识别标志. 石油大学学报(自然科学版), 20(4): 1-5.

操应长, 姜在兴, 夏斌, 等. 2003. 利用测井数据识别层序地层界面的几种方法. 石油大学学报(自然科学版), 27(2): 23-26.

陈守田, 刘招君, 崔凤林, 等. 2002. 海拉尔盆地含油气系统. 吉林大学学报(地球科学版), 32(2): 151-154.

陈守田, 刘招君, 刘杰烈. 2005. 海拉尔盆地构造样式分析. 吉林大学学报(地球科学版), 35(1): 39-42.

陈学海, 卢双舫, 薛海涛, 等. 2011. 海拉尔盆地呼和湖凹陷白垩系地震相. 石油勘探与开发, 38(3): 321-335.

陈建文. 2000. 一个大型弧后裂谷盆地的沉积充填模式——以松辽盆地为例. 石油实验地质, 22(01): 50-54.

陈新军, 陈萍莉. 2010. 松辽盆地十屋断陷沉积体系空间展布及演化规律研究. 天然气地球科学, 21(03): 470-475.

池英柳, 张万选, 张厚福. 1996. 陆相断陷盆地层序成因初探. 石油学报, 17(3): 19-26.

储呈林, 林畅松, 朱德丰. 2010. 海拉尔盆地乌南凹陷下白垩统沉积充填演化及构造控制. 现代地质, 24(4): 669-677.

邓宏文. 1995. 美国层序地层研究中的新学派—高分辨率层序地层学. 石油与天然气地质, 16(2): 110-118.

邓宏文, 王洪亮, 李小孟. 1997. 高分辨率层序地层对比在河流相中的应用. 石油与天然气地质, 18(2):90-95.

邓宏文, 王红亮, 宁宁. 2000. 沉积物体积分配原理—高分辨率层序地层学的理论基础. 地学前缘, 7(4): 305-313.

杜金虎, 邹伟宏, 费宝生, 等. 2002. 冀中拗陷古潜山复式油气聚集区. 北京: 科学出版社.

杜启振, 侯加根, 陆击孟. 1999. 储层微相及砂体预测模型. 石油学报, 20(2): 45-52.

樊太亮, 李卫东. 1999. 层序地层应用于陆相油藏预测的实例. 石油学报, 20(2): 1 2-17.

樊太亮, 吕延仓, 丁明华. 2000. 层序地层体制中的陆相储层发展规律. 地学前缘, 7(4): 21-28.

冯有良. 1999. 东营凹陷下第三系层序地层格架及盆地充填模式. 地球科学, 24(6):635-642.

冯增昭. 1992. 单因素分析综合作图法——岩相古地理学方法论. 沉积学报, 10 (3): 70-77.

冯增昭. 1994. 单因素分析综合作图法——岩相古地理学方法论. 北京: 石油工业出版社.

付广, 李玉喜, 张云峰, 等. 1997. 断层垂向封闭油气性研究方法及其应用. 天然气工业, 17(6): 22-25.

付广, 张云峰, 杜春国. 2002. 松辽盆地北部岩性油藏形成机制及主控因素. 石油勘探与开发, 29(5): 22-24.

高瑞琪, 赵政璋. 2001. 中国油气新探区(第三卷)渤海湾盆地隐蔽油气藏勘探. 北京: 石油工业出版社.

郭元岭, 赵乐强, 石红霞, 等. 2001. 济阳拗陷探明石油地质储量特点分析. 石油勘探与开发, 28(3): 33-35.

顾家裕. 1986. 东濮凹陷盐岩形成环境. 石油实验地质, 8(1): 22-28.

顾家裕. 1995. 陆相盆地层序地层学格架概念及模式. 石油勘探与开发, 22(4): 6-10.

郭峰, 陈世悦, 胡光明, 等. 2005. 松辽盆地北部下白垩统地震相及沉积相分析. 大庆石油地质与开发, 24(06): 20-23.

郭建华, 郭成贤, 翟永红. 1996. 东濮凹陷前梨园次洼 Es33-4 亚段沉积旋回与沉积体系. 石油实验地质, 18(4): 377-384.

郭秋麟, 倪丙荣. 1990. 利用化石群分异度探讨古水深. 石油大学学报(自然科学版), 14(2): 1-7.

郝方, 董伟良. 2001. 沉积盆地超压系统演化, 流体流动与成藏机理. 地球科学进展, 16(1): 79-85.

胡朝元. 1982. 生油区控制油气田分布——中国东部陆相盆地进行区域勘探的有效理论. 石油学报, 3(2): 9-13.

胡见义. 1986. 非构造油气藏. 北京: 石油工业出版社.

胡见义. 2004. 石油地质学前沿和勘探新领域. 中国石油勘探, 9(1): 8-14.

胡见义, 徐树宝, 童晓光. 1986. 渤海湾盆地复式油气聚集区(带)的形成和分布. 石油勘探与开发, 13(1): 1-8.

胡见义, 黄第藩, 徐树宝. 1991. 中国陆相石油地质理论基础. 北京: 石油工业出版社.

冯友良, 李思田, 邹才能. 2006. 陆相断陷盆地层序地层学研究. 北京: 科学出版社.

纪友亮. 2009. 海拉尔-塔木察格盆地层序地层格架与沉积充填液化研究. 大庆: 大庆勘探开发研究院.

纪友亮, 张世奇, 张宏. 1998a. 层序地层学原理及层序成因机制模式. 北京: 地质出版社.

纪友亮, 冷胜荣, 张立强. 1998b. 吐哈盆地侏罗系层序地层学及复杂储层研究. 东营: 石油大学出版社.

纪友亮, 张世奇, 李红南. 1994. 东营凹陷下第三系陆相盆地层序地层学研究. 地质论评, 40 (增刊): 97-104.

纪友亮, 张世奇, 李红南. 1996. 陆相断陷湖盆层序地层学. 北京: 石油工业出版社.

纪友亮, 赵贤正, 单敬福, 等. 2009. 冀中拗陷古近系沉积层序特征及其沉积体系的演化. 沉积学报, 27(3): 48-56.

贾承造, 赵文智. 2002. 层序地层学研究新进展. 石油勘探与开发, 29(5): 1-4.

姜在兴, 李华启. 1996. 层序地层学原理及应用. 北京: 石油工业出版社.

金振奎, 张响响, 邹元荣, 等. 2002a. 青海砂西油田古近系下干柴沟组下部沉积相定量研究. 古地理学报, 4 (4): 99-107.

金振奎, 齐聪伟, 薛建勤, 等. 2002b. 柴达木盆地北缘结绿素—红山地区古新统至中新统沉积相. 古地理学报, 8(3): 377-388.

李思田, 李宝芳, 杨士恭, 等. 1982. 中国东北部晚中生代断陷型煤盆地的沉积作用和构造演化. 地球科学, (03): 275-294.

李思田, 林畅松, 解习农, 等. 1995. 大型陆相盆地层序地层学研究. 地学前缘, 2(3-4): 133-136.

林畅松, 王清华, 肖建新, 等. 2004. 库车拗陷白垩纪沉积层序构成及充填响应模式. 中国科学, 34(增刊): 74-82.

柳成志, 张雁, 单敬福. 2006. 砂岩储层隔夹层的形成机理及分布特征——以萨中地区 P I 2 小层曲流河河道砂岩为例. 天然气工业, 26(07): 15-17, 146-147.

刘志宏, 万传彪, 任延广, 等. 2006. 海拉尔盆地乌尔逊-贝尔凹陷的地质特征及油气成藏规律. 吉林大学学报(地球科学版), (4): 527-534.

刘立, 2009. 塔木察格盆地塔南-南贝尔凹陷储层特征与分布预测研究. 大庆: 大庆勘探开发研究院.

吕晓光, 赵翰卿, 付志国. 1997. 河流相储层平面连续性精细描述. 石油学报, 18(2): 66-71.

马立祥. 1992. 砂岩油气储层构形分析及其在国内的应用前景. 天然气地球科学, 3(2): 11-16.

马中振, 庞雄奇, 王洪武, 等. 2009. 海拉尔盆地乌尔逊—贝尔凹陷断层控藏作用. 西南石油大学学报(自然科学版), 31(6): 27-31.

穆龙新, 贾爱林, 黄石岩, 等. 1998. 河流-三角洲储层露头和现代河流沉积综合研究. 北京: 大庆石油管理局勘探开发研究院、石油勘探开发科学研究院: 1-102.

聂逢君. 2001. 层序地层学的起源及其发展. 铀矿地质, 17(4): 193-203.

单敬福, 纪友亮. 2006. 储层非均质性研究——以葡萄花油层组 P11-P I 4 小层为例. 安徽地质, 16(2): 81-87.

单敬福, 纪友亮. 2007a. 厚层河道砂体储层非均质性研究——以葡萄花油层组 P I 1—P I 4 小层为例. 地质找矿论丛, 28(2): 125-130.

单敬福, 纪友亮. 2007b. 大庆油田葡萄花油层组 P I 1-P I 4 小层储层非均质性的主控因素分析. 沉积与特提斯地质, 35(1): 28-36.

单敬福, 杨文龙. 2012. 苏里格气田苏东区块山西组沉积体系研究. 海洋地质与第四纪地质, 32(1): 109-117.

单敬福, 纪友亮, 史榕, 等. 2006a. 曲流点坝薄夹层构形对驱油效率及剩余油形成与分布的影响. 海洋地质动态, 22(4): 21-25.

单敬福, 纪友亮, 史榕, 等. 2006b. 高分辨率层序地层学对河流相储层薄夹层的识别及应用. 海洋地质动态, 22(5): 25-29.

单敬福, 纪友亮, 张海玲, 等. 2006c. 大庆油田葡萄花油层组储层非均质性研究. 地质调查与研究, 29(2): 78-85.

单敬福, 纪友亮, 史榕, 等. 2007a. 基于神经网络和开窗技术的储层渗透率的预测方法——以大庆萨尔图油田葡萄花油层组 P I 1-P I 4 小层砂岩为例. 地质科学, 42(2): 395-402.

单敬福, 纪友亮, 柳成志. 2007b. 改进人工神经网络原理对储层渗透率的预测——以北部湾盆地涠西南凹陷为例. 石油与天然气地质, 28(1): 106-109.

单敬福, 纪友亮, 史榕, 等. 2007c. 驱油效率及剩余油形成分布的主控因素分析与探讨. 地质科学与环境学报, 23(1): 102-107.

单敬福, 王峰, 孙海雷, 等. 2010a. 蒙古国境内贝尔湖凹陷早白垩世沉积充填演化与同沉积断裂的回应. 吉林大学学报(地球科学版), 40(3): 509-518.

单敬福, 王峰, 孙海雷, 等. 2010b. 同沉积构造组合模式下的沉积层序特征及其演化——以东蒙古塔贝尔凹陷为例. 地质论评, 56(3): 428-441.

单敬福, 王峰, 孙海雷, 等. 2010c. 基于地震波阻抗反演的小层砂体预测技术——在大庆油田州 57 水平井区块的应用. 石油与天然气地质, 31(2): 212-218.

单敬福, 张东, 陈岑, 等. 2011a. 大庆油田杏树岗杏一、二区东部葡 I 332a—葡 I 11 细层沉积体系再认识. 现代地质, 25(2): 297-307.

单敬福, 纪友亮, 潘仁芳. 2011b. 塔贝尔凹陷南屯组二段沉积体系平面展布特征. 海洋地质与第四纪地质, 31(3): 93-100.

单敬福, 纪友亮, 王峰, 等. 2013a. 塔南-南贝尔凹陷南屯组沉积相特征. 中南大学学报(自然科学版), 44(1): 241-250.

单敬福, 葛黛薇, 乐江华, 等. 2013b. 松辽盆地东南缘层序地层与沉积体系配置及演化. 沉积学报, 31(1): 424-432.

单敬福, 陈欣欣, 乐江华, 等. 2013c. 塔贝尔凹陷沉积相分析——以铜钵庙组为例. 西南石油大学学报(自然科学版), 35(2): 67-76.

单敬福, 张彬, 赵忠军, 等. 2015a. 厚层辫状河道期次厘定与多期砂体迭置规律. 中南大学学报(自然科学版), 46(10): 3789-3800.

单敬福, 李占东, 葛雪, 等. 2015b. 一种古沉积期曲流河道演化过程重建方法. 中国矿业大学学报, 44(5): 979 -988.

单敬福, 李占东, 李浮萍, 等. 2015c. 一种厘定复合辫状河道砂体期次的新方法. 天然气工业, 35 (5): 8-14.

单敬福, 陈欣欣, 赵忠军, 等. 2015d. 利用 BP 神经网络法对致密砂岩气藏储集层复杂岩性的识别. 地球物理学进展, 30(3): 1-7.

单敬福, 赵忠军, 李浮萍, 等. 2015e. 曲流河道沉积演化过程与历史重建——以吉林油田扶余采油厂杨大城子油层为例. 沉积学报, 33(3): 448-458.

单敬福, 赵忠军, 李浮萍, 等. 2015f. 砂质碎屑储层钙质夹层形成机理及其主控因素分析. 地质论评, 61(3): 614- 619.

单敬福, 张吉, 赵忠军, 等. 2015g. 地下曲流河点坝砂体沉积演化过程分析———以吉林油田杨大城子油层第 23 小层为例. 石油学报, 36(7): 809-819.

单敬福, 张彬, 赵忠军, 等. 2015h. 复合辫状河道期次划分方法与沉积演化过程分析——以鄂尔多斯盆地苏里格气田西区苏 X 区块为例. 沉积学报, 33(04): 773-785.

单敬福, 张吉, 王继平, 等. 2015i. 苏里格气田西区盒 $8_下$亚段辫状河沉积论证与分析. 吉林大学学报(地球科学版), 45(06): 1597-1607.

沈华, 李春柏, 陈发景, 等. 2005. 伸展断陷盆地的演化特征——以海拉尔盆地贝尔凹陷为例. 现代地质, 19(2). 287-294.

唐黎明. 2002. 松辽盆地十屋断陷沉积特征与油气前景. 吉林大学学报(地球科学版), 32(04): 345-348.

陶明华, 崔俊峰, 等. 2001. 华北油田冀中、二连地层划分与对比研究. 任丘: 华北油田分公司勘探开发研究院.

王世瑞, 彭苏萍, 凌云, 等. 2005. 利用地震属性研究准噶尔盆地西北缘拐 19 井区下侏罗统三工河组沉积相. 古地理学报, 7(2): 169-184.

魏魁生, 叶淑芬, 郭占谦, 等. 1996. 松辽盆地白垩系非海相沉积层序模式. 沉积学报, 14(4): 50-60.

吴朝荣, 杜春彦. 2001. 辽河油田西部凹陷沙河街组远岸浊积扇. 成都理工大学学报(自然科学版), 28(3): 267-272.

肖干华, 李宏伟, 李云松. 1998. 层序地层学原理与方法在隐蔽油气藏勘探中的应用. 断块油气田, 5(2): 6-9.

解习农. 1994. 松辽盆地梨树凹陷深部断陷沉积体系及层序地层特征. 石油实验地质, 16(02): 144-151.

解习农. 1996. 断陷盆地构造作用与层序样式. 地质论评, 42(3): 398-412.

解习农, 程守田. 1992. 贵州织纳煤田晚二叠世海进海退旋回及煤聚积. 煤田地质与勘探, 20(05): 1-6.

辛仁臣, 蔡希源, 王英民. 2004. 松辽拗陷深水湖盆层序界面特征及低位域沉积模式. 沉积学报, 22(3): 387-392.

徐怀大. 1993. 层序等学原理——海平面变化综合分析. 北京: 石油工业出版社.

徐怀大. 1997. 陆相层序地层学研究中的某些问题. 石油与天然气地质, 18(2): 83-88.

薛培华. 1991. 河流点坝相储层模式概论(第 1 版). 北京: 石油工业出版社.

叶德燎. 2005. 松辽盆地东南隆起区下白垩统层序地层格架及油气成藏规律. 地质科学, 40(2): 227-236.

应丹琳, 潘懋, 李忠权, 等. 2011. 海拉尔—塔木察格复杂断陷盆地地震地层对比. 西南石油大学学报(自然科学版), (3). 47-52.

尤丽, 李春柏, 刘立, 等. 2009. 铜钵庙—南屯组砂岩成岩作用与相对高孔隙带的关系——以海拉尔盆地乌尔逊凹陷南部为例. 吉林大学学报(地球科学版), (5). 781-788.

张长俊, 龙永文. 1995. 海拉尔盆底沉积相特征与油气分布. 北京: 石油工业出版社.

张昌民, 张尚锋, 李少华, 等. 2004. 中国河流沉积学研究. 沉积学报, 22(2): 183-192.

张德林. 1995. 地震数据油气显示研究原理与实践. 北京: 石油工业出版社.

张红薇, 赵翰卿, 麻成斗. 1998. 泛滥-分流平原相储层中河间砂体的精细描述. 大庆石油地质与开发, 17(6): 164-167.

张军华, 王永刚, 赵勇. 2002. 相干体技术算法改进及其在TJH地区的应用. 物探与化探, 26(1): 50-52.

张巨星, 蔡国刚. 2007. 辽河油田岩性地层油气藏勘探理论与实践. 北京: 石油工业出版社.

张善文, 王永诗, 石砥石, 等. 2003. 网毯式油气成藏体系——以济阳坳陷新近系为例. 石油勘探与开发, 30(1): 1-8.

张世奇, 纪友亮. 1996. 陆相断陷湖盆层序地层学模式探讨. 石油勘探与开发, 23(5): 23-28.

张文华. 2000. 层序地层学中的若干问题. 石油勘探与开发, 27(2): 18-21.

张云峰, 王朋岩, 陈章明. 2002. 烃源岩之下岩性油藏成藏模拟实验及其机制分析. 地质科学, 37(4): 436-443.

赵彬, 侯加根, 张国一, 等. 2001. 哥伦比亚Velasquez油田始新统Guaduas组沉积微相与剩余油分布. 中南大学学报(自然科学版), 42(5): 1384-1392.

赵翰卿. 2005. 高分辨率层序地层对比与我国的小层对比. 大庆石油地质与开发, 24(01): 5-9.

赵霞飞. 1992. 动力沉积学与陆相沉积. 北京: 科学出版社.

钟筱春, 钟石兰, 费轩冬, 等. 1988. 渤海湾盆地沙河街组一段颗石藻化石及其沉积环境. 微体古生物学报, 5(2): 145-151.

朱筱敏. 1995. 含油气断陷湖盆盆地分析. 北京: 石油工业出版社.

张新涛, 刘立, 高玉巧, 等. 2007. 海拉尔盆地布达特群流体包裹体特征及来源. 西南石油大学学报(自然科学版), (6). 12-16.

张震, 鲍志东, 童亨茂. 2009. 辽河断陷西部凹陷沙三段沉积相及相模式. 高校地质学报, 15(3): 387-397.

郑荣才, 吴朝容. 1999. 西部凹陷深层沙河街组生储盖组合的层序分析. 成都理工学院学报, 26(4): 348-356.

Abbate E, Woldehaimanot B, Bruni P, et al. 2004. Geology of the homo-bearing pleistocene dandiero basin (buia region, eritrean danakil depression). Rivista Italiana di Paleontologia e Stratigrafia, 110(1): 5-34.

Abdullatif O M. 1989. Channel-fill and sheet-flood facies sequences in the ephemeral terminal River Gash, Kassala, Sudan. Sedimentary Geology, 63(1): 171-184.

Abrahams M J, Chadwick O H. 1994. Tectonic and climatic implications of alluvial fans sequences along the Batinah coast, Oman. Journal of the Geological Society, 15(1): 51-58.

Ager D V. 1995. The New Catastrophism: The Importance of the Rare Event in Geological History. Cambridge: Cambridge University Press.

Ahmad R, Scatena F N, Gupta A. 1993. Morphology and sedimentation in Caribbean montane streams: Examples from Jamaica and Puerto Rico. Sedimentary Geology, 85(1-4): 157-169.

Aitken J D. 1978. Revised models for depositional grand cycles, Cambrian of the southern Rocky Mountains, Canada. Bulletin of Canadian Petroleum Geology, 26(4): 515-542.

Aitken J F, Flint S S. 1995. The application of high-resolution sequence stratigraphy to fluvial systems: A case study from the Upper Carboniferous Breathitt Group, eastern Kentucky, USA. Sedimentology, 42(1): 3-30.

Alexander J, Bridge J S, Leeder M R, et al. 1994. Holocene meander-belt evolution in an active extensional basin, southwestern Montana. Journal of Sedimentary Research, 64(4): 542-559.

Algeo T J, Wilkinon B H. 1988. Periodicity of mesoscale phanerozoic sedimentary cycles and the role of Milankovitch orbital modulation. The Journal of Geology, 96(3): 313-322.

Allen J R L. 1992. Saltmarshes: Morphodynamics, Conservation, and Engineering Significance Cambridge. Cambridge: University Press.

Alqahtani F A, Johnson H D, Jackson C A L, et al. 2015. Nature, origin and evolution of a Late Pleistocene incised valley-fill, Sunda Shelf, Southeast Asia. Sedimentology, 62: 1198-1232.

Anadón P, Utnlla R, Julià R. 1994. Palaeoenvironmental reconstruction of a Pleistocene lacustrine sequence from faunal assemblages and ostracode shell geochemistry, Baza Basin, SE Spain. Palaeogeography, Paleoclimatology, Palaeoecology,

111 (3-4): 191-205.

Ashley G M, Shaw J, Smith N D. 1985. Glacial Sedimentary Environments. Tulsa.: Society of Economic Paleontologists and Mineralogists.

Ashton M. 1992. Advances in Reservoir Geology. London: Geological Society Special Publications, 69: 240.

Aubry W M. 1989. Mid-Cretaceous alluvial-plain incision related to eustasy, southern Colorado Plateau. Geological Society of America Bulletin, 101 (4): 443-449.

Autin W J. 1992. Use of alloformations for definition of Holocene meander belts in the middle Amite River, southeastern Louisiana. Geological Society of America Bulletin, 104 (2): 233-241.

Bachman S B, Lewis S D, Schweller W J. 1983. Evolution of a forearc basin, Luzon Central Valley, Philippines. American Association of Petroleum Geologists Bulletin, 67 (7): 1143-1162.

Badgley C, Tauxe L. 1990. Paleomagnetic stratigraphy and time in sediments: Studies in alluvial Siwalik rocks of Pakistan. The Journal of Geology, 98 (4): 457-477.

Bailey E B. 1966. James Hutton-the Founder of Modern Geology. New York: Elsevier.

Baltzer F, Purser B H. 1990. Modern alluvial fan and deltaic sedimentation in a foreland tectonic setting: The lower Mesopotamian Plain and the Arabian Gulf. Sedimentary Geology, 67 (3-4): 175-197.

Beaumont C. 1981. Foreland basins. Geophysical Journal International, 65 (2): 291-329.

Beer J A. 1990. Steady sedimentation and lithologic completeness, Bermejo basin, Argentina. The Journal of Geology, 98: 501-517.

Beerbower J R. 1964. Cyclothems and cyclic depositional mechanisms in alluvial plain sedimentation. Geological Survey of Kansas, Bulletin, 169 (1): 31-42.

Begin Z B, Meyer D F, Schumm S A. 1980. Knickpoint migration in alluvial channels due to baselevel lowering. Journal of Waterway Port Coastal and Ocean Division, 106 (3): 369-388.

Behrensmeyer A K, Tauxe L. 1982. Isochronous fluvial systems in Miocene deposits of northern Pakistan. Sedimentology, 29 (3): 331-352.

Belsy B M, Fielding C R. 1989. Palaeosols in Westphalian coal-bearing and red bed sequences central and northern England. Palaeogeogr Palaeoclimatol Palaeoecol, 70 (4): 303-330.

Ben-Avraham Z, Emery K O. 1973. Structural framework of Sunda Shelf. American Association of Petroleum Geologists Bulletin Bulletin, 57 (12): 2323-2366.

Bendix J. 1992. Fluvial adjustments on varied timescales in Bear Creek Arroyo, Utah, USA. Zeitschrift Fur Geomorphologic, 36 (2): 141-163.

Benkhelil J. 1982. Benue trough and Benue chain. Geological Magazine, 119 (2): 155-168.

Berg R R. 1986. Reservoir Sandstones. New Jersey: Prentice Hall, Englewood Cliffs.

Berne S, Auffret J P, Walker P. 1988. Internal structure of subtidal sandwaves revealed by high-resolution seismic reflection. Sedimentology, 35 (1): 5-20.

Best J L, Bristow C S . 1993. Braided Rivers. London: Geological Society Special Publications, 75 (1): 1-11.

Beston N B. 1986. Reservoir geological modelling of the North Rankin field, northwest Australia. Australian Petroleum Exploration Association Journal, 26 (1): 426-480.

Biddle K T, Christie-Blick N . 1985. Glossary-strike-ship deformation, basin formation and sedimentation. Society of Economic Paleontologists and Mineralogist, special publication, 37: 227-264.

Biddle K T, Uilliana M A, Mitchum R M, et al. 1986. The stratigraphic and structural evolution of the central and eastern Magallanes Basin, southern South America//Allen P A, Home wood P. Foreland Basins. Special Publication of International Assocation of Sedimentologists, 8: 41-61.

Blackwelder E. 1928. Mudflow as a geologic agent in semiarid mountains. Geological Society of America Bulletin, 39 (2): 465-484.

Blackbourn G A. 1984. Sedimentary facies variation and hydrocarbon reservoirs in continental sediments: A predictive model. Journal of Petroleum Geology, 7 (1): 67-76.

Blair T C. 1987. Sedimentary processes, vertical stratification sequences, and geomorphology of the Roaring River alluvial fan,

Rocky Mountain National Park, Colorado. Journal of Sedimentary Research, 57(1): 1-18.

Blakey R C, Gubitosa R. 1984. Controls of sandstone body geometry and architecture in the Chinle Formation (Upper Triassic), Colorado Plateau. Sedimentary Geology, 38(1-4): 51-86.

Blanche J B. 1990. An overview of the exploration history and hydrocarbon potential of Cambodia and Laos. Southeast Asia Petroleum Exploration Society, 9: 89-99.

Blissenbach E. 1954. Geology of alluvial fans in semi-arid regions. Geological Society of America Bulletin, 65(2): 175-190.

Bloomer R R. 1977. Depositional environments of a reservoir sandstone in west-central Texas. American Association of Petroleum Geologists Bulletin Bulletin, 61(3): 344-359.

Bluck B J. 1967. Deposition of some Upper Old Red Sandstone conglomerates in the Clyde area: A study in the significance of bedding. Scottish Journal of Geology, 3(2): 139-167.

Blum M D. 1992. Modern depositional environments and recent alluvial history of the lower Colorado River, Gulf Coastal Plain of Texas. Texas: University of Texas.

Blum M D, Price D M. 1994. Glacio-eustatic and climatic controls on Quaternary alluvial plain deposition, Texas coastal plain. Gulf Coast Association of Geological Societies Transactions, 44: 85-92.

Bown T M, Kraus M J. 1981. Lower Eocene alluvial paleo-sols (Wilwood Formation, northwest Wyoming, USA) and their significance for paleoecology, paleoclimatology, and basin analysis. Palaeogeography, Palaeoclimatology, Palaeoecology, 34: 1-30.

Brenner R L, Swift D J P, Gaynor G C. 1985. Re-evaluation of coquinoid sandstone depositional model, Upper Jurassic of central Wyoming and south-central Montana. Sedimentology, 32(3): 363-372.

Bridge J S, Leeder M R. 1979. A simulation model of alluvial stratigraphy. Sedimentology, 26(5): 617-644.

Bridge J S, Smith N D, Trent F, et al. 1986. Sedimentology and morphology of a low-sinuosity river: Calamus River, Nebraska Sand Hills. Sedimentology, 33(6): 851-870.

Brierley G J. 1989. River planform facies models: the sedimentology of braided, wandering and meandering reaches of the Squamish River, British Columbia. Sedimentary Geology, 61(1-2): 17-35.

Brierley G J. 1991. Floodplain sedimentology of the Squamish River, British Columbia: Relevance of element analysis. Sedimentology, 38(4): 735-750.

Brierley G J, Liu K, Crook K A W. 1993. Sedimentology of coarse grained alluvial fans in the Markham Valley, Papua New Guinea. Sedimentary Geology, 86(3): 297-324.

Bromley M H. 199l. Architectural features of the Kayenta Formation (Lower Jurassic), Colorado Plateau, USA: Relationship to salt tectonics in the Paradox Basin. Sedimentary Geology, 73(1): 77-99.

Brookes I A. 2003. Paleofluvial estimates from exhumed meander scrolls, Taref Formation (Turonian), Dakhla Region, Western Desert, Egypt. Cretaceous Research, 24(2), 97- 104.

Bryan D, Jason J. 2002. Tectonostratigraphy of the Nieuwerkerk Formation (Delfland subgroup), West Netherlands basin. American Association of Petroleum Geologists Bulletin Bulletin, 86(10): 1679-1709.

Bull W B. 1963. Alluvial fan deposits in western Fresno County, California. The Journal of Geology, 71(2): 243-251.

Bull W B. 1964. Alluvial fans and near surface subsidence in western Fresno County, California. US geological survey professional paper.

Bull W B. 1991. Geomorphic Responses to Climate Change. New York: Oxford University Press.

Buller A T, Berg E, Hjelmeland O, et al. 1990. North Sea Oil and Gas Reservoirs Ⅱ. London: Graham and Trotman.

Burbank D W. 1992. Causes of recent Himalayan uplift deduced from deposited patterns in the Ganges basin. Nature, 357(6380): 680-683.

Burbank D W, Raynolds R G H. 1984. Sequential late Cenozoic structural disruption of the northern Himalayan foredeep. Nature, 311(5982): 114-118.

Burbank D W, Beck R A. 1991. Models of aggradation versus progradation in the Himalayan foreland. Geologische Rundschau,

80(3): 623-638.

Burbank D W, Beck R A, Rayllolds R G H, et al. 1988a. Thrusting and gravel progradation in foreland basins: A test of post-thrusting gravel dispersal. Geology, 16(12): 1143-1146.

Burbank D W, Beck R A, Raynolds R G H. 1988b. Reply to comment by Heller et al. on "Thrusting and gravel progradation in foreland basins: A test of post-thrusting gravel dispersal". Geology, 16(12): 1143-1146.

Burbank D W, Verges J, Mufioz J A, et al. 1992. Coeval hindward and forward-imbricating thrusting in the south-central Pyrenees, Spain: Timing and rates of shortening and deposition. Geological Society of America Bulletin, 104(1): 3-17.

Burchfiel B C, Royden L. 1982. Carpathian fold and thrust belt and its relation to Pannonian and other basins. American Association of Petroleum Geologists Bulletin, 66(9): 1179-1195.

Burnett A W, Schumm S A. 1983. Alluvial-river response to neotectonic deformation in Louisiana and Mississippi. Science, 222 (4619): 49-50.

Busby C J, Ingersoll R V, Tankand A. 1995. Tectonics of sedimentary basins. Sedimentary Geology, 106(3): 301-302.

Busch D A. 1974. Stratigraphic traps in sandstones-exploration techniques. American Association of Petroleum Geologists Bulletin Bulletin, Special Publication, 21: 174.

Cairncross B. 1980. Anastomosing river deposits: Paleo-environmental control on coal quality and distribution, northern Karoo Basin. Transactions of the Geological Society of South Africa, 83: 327-332.

Campbell C V. 1976. Reservoir geometry of a fluvial sheet sandstone. American Association of Petroleum Geologists Bulletin, 60(7): 1009-1020.

Cant D J. 1976. Braided stream sedimentation in the South Saskatchewan River. Hamilton: McMaster University PhD Thesis.

Cant D J, Stockmal G S. 1989. The Alberta foreland basin: Relationship between stratigraphy and terrane-accretion events. Canadian Journal of Earth Sciences, 26(10): 1964-1975.

Carey W C, Keller M D. 1957. Systematic changes in the beds of alluvial rivers. Journal of the Hydraulics Division, 83 (1331): 1-24.

Carling P A. 1990. Particle over-passing on depth-limited gravel bars. Sedimentology, 37(2): 345-355.

Carling P A, Glaister M S. 1987. Rapid deposition of sand and gravel mixtures downstream of a negative step: The role of matrix-inflling and particle-overpassing in the process of bar-front accretion. Journal of the Geological Society, 144(4): 543-551.

Carlston C W. 1965. The relation of free meander geometry to stream discharge and its geomorphic implications. American Journal of Science, 263 (10): 864-885.

Casshyap S M, Tewari R C. 1982. Facies analysis and paleogeographic implications of a Late Paleozoic glacial outwash deposit, Bihar, India. Journal of Sedimentary Research, 52(4): 1243-1256.

Cattaneo A, Steel R J. 2003. Transgressive deposits: A review of the variability. Earth-Science Reviews, 62(3): 187-228.

Cavazza W. 1989. Sedimentation pattern of a rift-filling unit, Tesuque Forrhastion. Miocene, Espafiola Basin, Rio Grande Rift, New Mexico. Journal of Sedimentary Research, 59(2): 287-296.

Cecil C B. 1990. Paleoclimate controls on stratigraphic repetition of chemical and siliciclastic rocks. Geology, 18(6): 533-536.

Chamberlin T C, Salisbury R D. 1909. Geology: Processes and Their Results. Second edition. London: Murray.

Chappell J, Shackleton N J. 1986. Oxygen isotopes and sea level. Nature, 324(6093): 137-140.

Chawner W D. 1935. Alluvial fan flooding, the Montrose, California, flood of 1934. Geographical Review, 25(2): 225-263.

Chen D, Duan J D. 2006. Simulating sine-generated meandering channel evolution with an analytical model. Journal of Hydraulic Research, 44(3): 363-373.

Church M, Ryder J M. 1972. Paraglacial sedimentation: A consideration of fluvial processes conditioned by glaciation. Geological Society of America Bulletin, 83(10): 3059-3072.

Church M, Rood K. 1983. Catalogue of alluvial river channel regime data. British Columbia: Department of Geography, University of British Columbia: 99.

Clark S L. 1987. Seismic stratigraphy of early Pennsylvanian Morrowan sandstones, Minneola complex, Ford and Clark Counties, Kansas. American Association of Petroleum Geologists Bulletin, 71 (11) : 1329-1341.

Clemente P, Perez-Arlucea M. 1993. Depositional architecture of the Cuerda Del Pozo Formation, Lower Cretaceous of the extensional Cameros Basin, North-Central Spain. Journal of Sedimentary Research, 63 (3) : 437-452.

Clemmensen L B, Tirsgaard H. 1990. Sand-drift surfaces: A neglected type of bounding surface. Geology, 18 (11) : 1142-1145.

Cloetingh S, McQueen H, Lambeck K. 1985. On a tectonic mechanism for regional sea-level variations. Earth and Planetary Science Letters, 75 (2) : 157-166.

Cloyd K C, Demicco R V, Spencer R J. 1990. Tidal channel, levee, and crevasse-splay deposits from a Cambrian tidal channel system: A new mechanism to produce shallowing-upward sequences. Journal of Sedimentary Research, 60 (1) : 73-83.

Cluzel D, Cadet J P, Lapierre H. 1990. Geodynamics of the Ogcheon Belt (South Korea). Tectonophysics, 183 (1-4) : 41-56.

Colella A, Prior D B. 1990. Coarse-grained deltas. International Association of Sedimentologists, Special Publication, 10: 357.

Collinson J D. 197la. Current vector dispersion in a river of fluctuating discharge. Geologie en Mijnbouw, 50: 671-678.

Collinson J D. 1971b. Some effects of ice on a river bed. Journal of Sedimentary Research, 41 (2) : 557-564.

Collinson J D, Lewin J. 1983. Modern and Ancient Fluvial Systems. Oxford: Blackwell Scientific Publications.

Colombera L, Mountney N P, McCaffrey W D. 2013. A quantitative approach to fluvial facies models: Methods and example results. Sedimentology, 60 (6) : 1526-1558.

Conaghan P J, Jones J G. 1975. The Hawkesbury Sandstone and the Brahmaputra: A depositional model for continental sheet sandstones. Journal of the Geological Society of Australia, 22 (3) : 275-283.

Conybeare W D, Phillips W. 2014. Outline of the Geology of England and Wales. Cambridge: Cambridge University Press.

Cosgrove J L. 1987. Southwest Queensland gas a resource for the future. The Australian Petroleum Production & Exploration Association Journal, 27: 245-262.

Costa J E. 1974. Stratigraphic, morphologic, and pedogenic evidence of large floods in humid environments. Geology, 2 (6) : 301-303.

Costello W R, Walker R G. 1972. Pleistocene sedimentology, Credit River, southern Ontario: A new component of the braided river model. Journal of Sedimentary Research, 42 (2) : 389-400.

Cowan E J. 1993. Longitudinal fluvial drainage patterns within a foreland basin fill: Permo-Triassic Sydney basin, Australia. Sedimentary Geology, 85 (1-4) : 557-577.

Crews S G, Ethridge F G. 1993. Laramide tectonics and humid alluvial fan sedimentation, NE Uinta Uplift, Utah and Wyoming. Journal of Sedimentary Research, 63 (3) : 420-436.

Crook K A W. 1989. Suturing history of an allochthonous terrane at a modern plate boundary traced by flysch-tomolasse transitions. Sedimentary Geology, 61 (1) : 49-80.

Cross T A. 1990. Quantitative Dynamic Stratigraphy. New Jersey: Prentice Hall.

Crostella A. 1983. Malacca Strait wrench fault controlled Laland and Mengkapan oil fields. Southeast Asia Petroleum Exploration Society, 6: 24-34.

Crowell J C. 1978. Gondwanan glaciation, cyclothems, continental positioning, and climate change. American Journal of Science, 278 (10) : 1345-1372.

Cuevas Martinez J L, Cabrera L, Marcuello A, et al. 2010. Exhumed channel sandstone networks within fluvial fan deposits from the Oligo-Miocene Caspe Formation, South-east Ebro Basin (North-east Spain). Sedimentology, 57 (1) : 162-189.

Dahlstrom C D A. 1970. Structural geology in the eastern margin of the Canadian Rocky Mountains. Bulletin of Canadian Petroleum Geology, 18 (3) : 332-406.

Dalrymple R W. 1984. Morphology and internal structure of sandwaves in the Bay of Fundy. Sedimentology, 31 (3) : 365-382.

Dalrymple R W, Boyd R, Zaitlin B A. 1994. Incised valley systems: Origin and sedimentary sequences. Society of Economic Paleontologists and Mineralogists, Special Publications, 51.

Dana J D. 1862. Manual of Geology. New York: Blakeman and Taylor.

Darby D A, Whittecar G R, Barringer R A, et al. 1990. Alluvial lithofacies recognition in a humid-tropical setting. Sedimentary Geology, 67(3): 161-174.

Davies D K. 1966. Sedimentary structures and subfacies of Mississippi River point bar. The Journal of Geology, 74(2): 234-239.

Davies D K, Williams B P J, Vessell R K. 1991. Reservoir models for meandering and straight fluvial channels: Examples from the Travis Peak Formation, East Texas. Gulf Coast Association of Geological Societies Transactions, 41: 152-174.

Davis J L, Annan A P. 1986. High resolution sounding using ground-probing radar. Geoscience Canada, 13(3): 205-208.

Davis J L, Annan A P. 1989. Ground-penetrating radar for high-resolution mapping of soil and rock stratigraphy. Geophysical prospecting, 37(5): 531-551.

Davis W M. 1899. The geographical cycle. The Geographical Journal, 14(5): 481-504.

Davis W M. 1900. The fresh-water Tertiary formations of the Rocky Mountains region. American Academy of Arts & Sciences, 35(17): 345-373.

De Boer P L, Smith D G. 1994. Orbital forcing and cyclic sequences. International Association of Sedimentologists, Special Publication, 19: 559.

De Boer P L, Pragt J S J, Oost A P. 1991. Vertically persistent facies boundaries along growth anticlines and climate controlled sedimentation in the thrust-sheet-top South Pyrenean Tremp-Graus Foreland Basin. Basin Research, 3 (2): 63-78.

DeCelles P G, Tolson R B, Graham S A, et al. 1987. Laramide thrust-generated alluvial-fan sedimentation, Sphinx Conglomerate, southwestern Montana. American Association of Petroleum Geologists Bulletin, 71 (2): 135-155.

DeCelles G P, Giles A K. 1996. Foreland basin systems. Basin Resolution, 8 (2): 105-123.

DeLuca J L, Eriksson K A. 1989. Controls on synchronous ephemeral and perennial-river sediments in the middle sandstone member of the Triassic Chinle Formation, northeastern New Mexico. Sedimentary Geology, 61 (3-4): 155-175.

Denny C S. 1967. Fans and pediments. American Journal of Science, 265 (2): 81-105.

Derksen S J, McLean-Hodgson J. 1988. Hydrocarbon potential and structural style of continental rifts: Examples from East Africa and southeast Asia. Southeast Asia Petroleum Exploration Society, 8: 47-62.

Deschamps R, Guy N, Preux C, et al. 2012. Analysis of heavy oil recovery by thermal EOR in a meander belt: From geological to reservoir modeling. Oil and Gas Science and Technology-Revue d'IFP Energies Nouvelles, 67 (6): 999-1018.

Devine P E, Wheeler D M. 1989. Correlation, interpretation, and exploration potential of Lower Wilcox valley-fill sequences, Colorado and Lavaca counties, Texas. Gulf Coast Association of Geological Societies Transactions, 39: 57-74.

Dewey J F. 1977. Suture zone complexities: A review. Tectonophysics, 40 (1): 53-67.

Dewey J F. 1982. Plate tectonics and the evolution of the British Isles. Journal of the Geological Society, 139 (4): 371-414.

Dickinson W R, Klute M A, Hayes M J, et al. 1988. Paleogeographic and paleotectonic setting of Laramide sedimentary basins in the central Rocky Mountain region. Geological Society of America Bulletin, 100 (7): 1023-1039.

Dickinson W R, Seely D R. 1979. Structure and stratigraphy of forearc regions. American Association of Petroleum Geologists Bulletin, 63 (1): 2-31.

Diemer J A, Belt E S. 1991. Sedimentology and paleohydraulics of the meandering river systems of the Fort Union Formation, southeastern Montana. Sedimentary Geology, 75 (1): 85-108.

Diessel C F K. 1992. Coal-bearing Depositional Systems. Berlin Heidelberg New York: Springer.

Doeglas D J. 1962. The structure of sedimentary deposits of braided rivers. Sedimentology, 1 (3): 167-190.

Dolson J, Muller D, Evetts M J J, et al. 1991. Regional paleotopographic trends and production, muddy sandstone (lower cretaceous), central and northern Rocky Mountains. American Association of Petroleum Geologists Bulletin, 75 (3): 409-435.

Donselaar M E, Overeem I. 2008. Connectivity of fluvial point-bar deposits: An example from the Miocene Huesca fluvial fan, Ebro Basin, Spain. American Association of Petroleum Geologists Bulletin, 92 (9): 1109-1129.

Dott R H, Bourgeois J. 1982. Hummocky stratification: Significance of its variable bedding sequences. Geological Society of America Bulletin, 93 (8): 663-680.

Dott R H, Byers C W, Fielder G W, et al. 1986. Aeolian to marine transition in Cambro-Ordovician cratonic sheet sandstones of the northern Mississippi valley, USA. Sedimentology, 33 (3): 345-368.

Doyle J D, Sweet M L. 1995. Three-dimensional distribution of lithofacies, bounding surfaces, porosity, and permeability in a fluvial sandstone - Gypsy sandstone of northern Oklahoma. American Association of Petroleum Geologists Bulletin, 79 (1): 70-96.

Drew F. 1873. Alluvial and lacustrine deposits and glacial records of the Upper-Indus Basin. Quarterly Journal of the Geological Society, 29 (1-2): 441-471.

Dubiel R F, Parrish J T, Parrish J M, et al. 1991. The Pangaean megamonsoon - evidence from the upper Triassic Chinle Formation Colorado Plateau. Palaios, 6(4): 347-370.

Dueck R N, Paauwe E F W. 1994. The use of borehole imaging techniques in the exploration for stratigraphic traps: An example from the Middle Devonian Gilwood channels in north-central Alberta. Bulletin of Canadian Petroleum Geology, 42 (2): 137-154.

Dueholm K S, Olsen T. 1993. Reservoir analog studies using multimodal photogrammetry: a new tool for the petroleum industry. American Association of Petroleum Geologists Bulletin, 77 (12): 2023-2031.

Dumont J F. 1993. Lake patterns as related to neotectonics in subsiding basins: The example of the Ucamara Depression, Peru. Tectonophysics, 222 (1): 69-78.

Dumont J F, Fournier M. 1994. Geodynamic environment of Quaternary morphostructures of the Subandean foreland basins of Peru and Bolivia: Characteristics and study methods. Quaternary International, 21(94): 129-142.

Dunbar C O, Rodgers J. 1957. Principles of Stratigraphy. New York: Wiley.

Dury G H. 1964. General Theory of Meandering Valleys. Washington: US Government Printing Office.

Ebanks J W J, Weber J F. 1982. Development of a shallow heavy oil deposit in Missouri. Oil Gas Journal, 80(39): 222-234.

Eilertsen R S, Hansen L. 2008. Morphology of river bed scours on a delta plain revealed by interferometric sonar. Geomorphology, 94 (1): 58-68.

Einsele G, Liu B, Diirr S, et al. 1994. The Xigaze forearc basin: Evolution and facies architecture (Cretaceous, Tibet). Sedimentary Geology, 90 (1-2): 1-32.

Ekes C. 1993. Bedload transported pedogenic mud aggregates in the Lower Old Red Sandstone in southwest Wales. Journal of the Geological Society, 150 (3): 469-472.

Elliott T. 1974. Abandonment facies of high-constructive lobate deltas, with an example from the Yoredale Series. Proceedings of the Geologists' Association, 85(3): 359-365.

Elliott L. 1989. The Surat and Bowen basins. The Australian Petroleum Production & Exploration Association Journal, 29 (1): 398-416.

Embry A F. 1990. Geological and geophysical evidence in support of the hypothesis of anticlockwise rotation of northern Alaska. Marine Geology, 93(90): 317-329.

Embry AF. 1993. Transgressive-regressive(T-R)sequence analysis of the Jurassic succession of the Sverdrup Basin, Canadian Arctic Archipelago. Canadian Journal of Earth Sciences, 30(2): 301-320.

Epry C. 1913. Ripple marks. Annual report of the Smithsonian Institution, 307-318.

Ethridge F G, Flores R M, Harvey M D. 1987. Recent developments in fluvial sedimentology. Society of Economic Paleontologists and Mineralogists, Special Publications, 39: 1-371.

Eugster H P, Hardie L A. 1975. Sedimentation in an ancient playa lake complex: The Wilkins Peak Member of the Green River Formation of Wyoming. Geological Society of America Bulletin, 86 (3): 319-334.

Evans J E. 1991. Facies relationships, alluvial architecture, and paleohydrology of a Paleogene humid tropical alluvial fan system: Chumstick Formation, Washington State, USA. Journal of Sedimentary Research, 61 (5): 732-755.

Evans J E, Terry D O Jr. 1994. The significance of incision and fluvial sedimentation in the Basal White River Group (Eocene-Oligocene), Badlands of South Dakota, USA. Sedimentary Geology, 90 (1): 137-152.

Eyles N. 1993. Earth's glacial record and its tectonic setting. Earth-Science Reviews, 35(1-2): 1-248.

Eyles N, Byles C H, Miall A D. 1983. Lithofacies types and vertical profile models; an alternative approach to the description and environmental interpretation of glacial diamict and diamictite sequences. Sedimentology, 30（3）: 393-410.

Farshori M Z, Hopkins J C. 1989. Sedimentology and petroleum geology of fluvial and shoreline deposits of the Lower Cretaceous Sunburst Sandstone Member, Mannville Group, southern Alberta. Bulletin of Canadian Petroleum Geology, 37（4）: 371-388.

Feng Z. 2000. An investigation of fluvial geomorphology in the Quaternary of the Gulf of Thailand, with implications for river classification. Berkshire Reading: University of Reading .

Fenneman N M. 1906. Floodplains produced without floods. Geological Society of America, Bulletin, 38: 89-91.

Fernandez J, Bluck B J, Viseras C. 1993. The effects of fluctuating base level on the structure of alluvial fan and associated fan delta deposits: An example from the Tertiary of the Betic Cordillera, Spain. Sedimentology, 40（5）: 879-893.

Fielding C R. 1984. A coal depositional model for the Durham Coal Measures of NE England. Journal of the Geological Society, 141（5）: 919-932.

Fielding C R. 1993a. Current research in fluvial sedimentology. Sedimentary Geology, 85: 1-656.

Fielding C R. 1993b. A review of recent research in fluvial sedimentology. Sedimentary Geology, 85（1-4）: 3-14.

Fielding C R. 2006. Upper flow regime sheets, lenses and scour fills: extending the range of architectural elements for fluvial sediment bodies. Sedimentary Geology, 190（1）: 227-240.

Fielding C R, Falkner A J, Scott S G. 1993. Fluvial response to foreland basin overfilling; the Late Permian Rangal coal measures in the Bowen Basin, Queensland, Australia. Sedimentary Geology, 85（1-4）: 475-497.

Fischer A G. 1986. Climatic rhythms recorded in strata. Annual Review of Earth and Planetary Sciences, 14（1）: 351-376.

Fisher W L, McGowen J H. 1967. Depositional systems in the Wilcox Group of Texas and their relationship to occurrence of oil and gas. American Association of Petroleum Geologists Bulletin, 53（1）: 30-54.

Fisher W L, McGowen J H. 1969. Depositional systems in Wilcox Group（Eocene）of Texas and their relation to occurrence of oil and gas. AAPG Bulletin, 53（1）: 30-54.

Fisher W L, McGowen J H, Brown Jr L F, et al. 1972. Environmental geologic atlas of the Texas coastal zone. Galveston-Houston area.

Flemming B W. 1988. Zur Klassifikation subaquatischer, strömungstransversaler TransportkOrper. Bochumer geologische und geotechnische Arbeiten, 29（93-97）: 44-47.

Flint S. 1985. Alluvial fan and playa sedimentation in an Andean arid closed basin: The Pacencia Group, Antofagasta Province, Chile. Journal of the Geological Society, 142（3）: 533-546.

Flint S S, Bryant I D. 1993. The geological modelling of hydrocarbon reservoirs and outcrop analogues. International Association of Sedimentologists, Special Publication, 15: 269.

Flores R M. 1983. Fluvial systems, their economic and field applications. American Association of Petroleum Geologists Bulletin Field Seminar, Tulsa.

Flores R M, Ethridge F G, Miall A D, et al. 1985. Recognition of fluvial depositional systems and their resource potential. Society of Economic Paleontologists and Mineralogists, Special Publications, 19: 290.

Focke J W, van Popta J. 1989. Reservoir evaluation of the Permian Gharif Formation, Sultanate of Oman. Society of Petroleum Engineers Conference Paper, Bahrain: 517-528.

Folk R L. 1966. A review of grain-size parameters. Sedimentology, 6（2）: 73-93.

Forgotson J M, Stark P H. 1972. Well-data files and the computer, a case history from northern Rocky Mountains. American Association of Petroleum Geologists Bulletin, 56（6）: 1114-1127.

Frakes L A. 1979. Climates Throughout Geologic Time. Amsterdam: Elsevier.

Franklin E H, Clifton B B. 1971. Halibut field, Southeastern Australia. American Association of Petroleum Geologists Bulletin, 55（8）: 1262-1279.

Fraser G S, DeCelles P G. 1992. Geomorphic controls on sediment accumulation and margins of foreland basins. Basin Research, 4（3-4）: 233-252.

Frazier D E. 1974. Depositional episodes: their relationship to the Quaternary stratigraphic framework in the northwestern portion of the Gulf Basin. Bureau of Economic Geology, 74-1.

Friedman G M. 1971. Distinction between dune, beach and river sands from their textural characteristics. Journal of Sedimentary Research, 31 (4): 514-529.

Friend P F, Slater M J, Williams R C. 1979. Vertical and lateral building of river sandstone bodies, Ebro Basin, Spain. Journal of the Geological Society, 136 (1): 39-46.

Friend P F. 1985. Molasse basins of Europe: A tectonic assessment. Transactions of the Royal Society of Edinburgh: Earth Sciences, 76 (4): 451-462.

Friend P F, Johnson N M, McRae L E. 1989. Time-level plots and accumulation patterns of sediment sequences. Geological Magazine, 126 (5): 491-498.

Frostick L E, Reid I. 1977. The origin of horizontal laminae in ephemeral stream channel fill. Sedimentology, 24 (1): 1-10.

Frostick L E, Reid I. 1989. Climatic versus tectonic controls of fan sequences: Lessons from the Dead Sea, Israel. Journal of the Geological Society, 146 (3): 527-538.

Fulthorpe C S. 1991. Geological controls on seismic sequence resolution. Geology, 19 (1): 61-65.

Galloway W E. 1979. Deposition and early hydrologic evolution of Westwater Canyon wet alluvial fan systems. New Mexico Bureau Mines Miner Resource Conference, Albuquerque, 38 (CONF-7905120).

Galloway W E. 1989a. Genetic stratigraphic sequences in basin analysis Ⅰ: Architecture and genesis of flooding surface bounded depositional units. American Association of Petroleum Geologists Bulletin, 73 (2): 125-142.

Galloway W E. 1989b. Genetic stratigraphic sequences in basin analysis Ⅱ: Application to northwest Gulf of Mexico Cenozoic basin. American Association of Petroleum Geologists Bulletin, 73 (2): 143-154.

Galloway W E, Hobday D K. 1983. Terrigenous Clastic Depositional Systems. Berlin Heidelberg New York: Springer.

Galloway W E, Williams T A. 1991. Sediment accumulation rates in time and space: Paleogene genetic stratigraphic sequences of the northwestern Gulf of Mexico. Geology, 19 (10): 986-989.

Galloway W E, Hobday D K. 1995. Terigenous Clastic Depositional Systems, 2nd edition. Berlin Heidelberg New York: Springer.

Galloway W E, Hobday D K, Magara K. 1982. Frio Formation of the Texas Gulf Coast Basin - depositional systems, structural framework, and hydrocarbon origin, migration, distribution, and exploration potential. University of Texas at Austin, Bureau of Economic Geology: 122.

Garrison R K, Chancellor R. 1991. Berwick field: The geologic half of the seismic stratigraphic story in the Lower Tuscaloosa Mississippi. Gulf Coast Association of Geological Societies Transactions, 41: 299-307.

Geddes A. 1960. The alluvial morphology of the Indo Gangetic Plains. Transactions and Papers (Institute British Geographs), 28 (28): 253-276.

Geehan G W Lawton T F, Sakurai S, et al. 1986. Geologic Prediction of Shale Continuity, Prudhoe Bay Field//Lake L W, Carroll H B Jr. Reservoir Characterization. London: Academic Press, 19 (9): 162-168.

Genik G J. 1993. Petroleum geology of Cretaceous-Tertiary lift basins in Niger, Chad, and Central African Republic. American Association of Petroleum Geologists Bulletin, 77 (8): 1405-1434.

Ghinassi M, Libsekal Y, Papini M, et al. 2009. Palaeoenvironments of the BuiaHomo site: High-resolution facies analysis and non-marine sequence stratigraphy in the Alat formation (Pleistocene Dandiero Basin, Danakil depression, Eritrea). Palaeogeography, Palaeoclimatology, Palaeoecology, 280 (3): 415-431.

Ghinassi M, Ielpi A, Aldinucci M, et al. 2016. Downstream-migrating fluvial point bars in the rock record. Sedimentary Geology, 334: 66-96.

Gibling M R, Rust B R. 1990. Ribbon sandstones in the Pennsylvanian Waddens Cove Formation, Sydney Basin, Atlantic Canada: the influence of siliceous duricrusts on channel-body geometry. Sedimentology, 37 (1): 45-65.

Gibling M R, Calder J H, Ryan R, et al. 1992. Late carboniferous and early permian drainage patterns in Atlantic Canada. Canadian Journal of Earth Sciences, 29 (2): 338-352.

Gibling M R, Bird D J. 1994. Late Carboniferous cyclothems and alluvial paleovalleys in the Sydney Basin, Nova Scotia. Geological Society of America Bulletin, l06 (1): 105-117.

Gibling M R, Wightman W G. 1994. Palaeovalleys and protozoan assemblages in a Late Carboniferous cyclothem, Sydney Basin, Nova Scotia. Sedimentology, 41 (4): 699-719.

Gibling M R. 2006. Width and thickness of fluvial channel bodies and valley fills in the geological record: A literature compilation and classification. Journal of Sedimentary Research, 76 (5): 731-770.

Gibling M R, Bashforth A R, Falcon-Lang, et al. 2010. Log jams and flood sediment buildup caused channel abandonment and avulsion in the Pennsylvanian of Atlantic Canada. Journal of Sedimentary Research, 80 (3): 268-287.

Gilvear D, Winterbottom S, Sichingabula H. 2000. Character of channel planform change and meander development: Luangwa River, Zambia. Earth Surface Processes and Landforms, 25 (4): 431-436.

Glennie K W. 1970. Desert Sedimentary Environments. Elsevier: Amsterdam Elsevier Scientific Publishing.

Glennie K W. 1972. Permian Rotliegendes of northwest Europe interpreted in light of modern desert sedimentation studies. American Association of Petroleum Geologists Bulletin, 56 (6): 1048-1071.

Godin P. 1991. Fining-upward cycles in the sandy braided river deposits of the Westwater Canyon Member (Upper Jurassic), Morrison Formation, New Mexico. Sedimentary Geology, 70 (1): 61-82.

Gole C V, Chi tale S V. 1966. Inland delta building activity of Kosi River. Journal of the Hydraulics Division, 92 (2): 111-126.

Golin V, Smyth M. 1986. Depositional environments and hydrocarbon potential of the Evergreen Formation, ATP 14SP, Surat Basin, Queensland. Australian Petroleum Exploration Association Journal, 26 (1): 156-171.

Gordon I, Heller P L. 1993. Evaluating major controls on basinal stratigraphy, Pine Valley, Nevada: Implications for syntectonic deposition. Geological Society of America Bulletin, 105 (1): 47-55.

Görür N. 1988. Timing of opening of the Black Sea basin. Tectonophysics, 147 (3): 247-262.

Gomez B. 1983. Temporal variations in bedload transport rates: the effect of progressive bed armouring. Earth Surface Processes and Landforms, 8 (1): 41-54.

Goodwin P W, Anderson E J. 1985. Punctuated aggradational cycles: A general hypothesis of episodic stratigraphic accumulation. The Journal of Geology, 93 (5): 515-533.

Grabau A W. 1906. Types of sedimentary overlap. Geological Society of America Bulletin, 17 (1): 567-636.

Grabau A W. 1907. Types of cross-bedding and their stratigraphic significance. Science, 25: 295-296.

Grabau A W. 1913. Early Paleozoic delta deposits of North America. Geological Society of America Bulletin, 24 (1): 399-528.

Grabau A W. 1917. Problems of the interpretation of sedimentary rocks. Geological Society of America Bulletin, 28 (1): 735-744.

Gradziński R, Gagol J, Slaczka A. 1979. The Tumlin Sandstone (Holy Cross Mts. , central Poland): Lower Triassic deposits of aeolian dunes and interdune areas. Acta Geologica Polonica, 29 (2): 151-175.

Gradziński R, Baryła J, Doktor M, et al. 2003. Vegetation-controlled modern anastomosing system of the upper Narew River (NE Poland. and its sediments. Sedimentary Geology, 157 (3), 253-276.

Graham S A, Dickinson W R, Ingersoll R V. 1975. Himalayan-Bengal model for flysch dispersal -in the Appalachian-Ouachita system. Geological Society of America Bulletin, 86 (3): 273-286.

Gurnell A M, Downward S R, Jones R. 1994. Channel planform change on the River Dee meanders. River Research and Applications, 9 (4): 187-204.

Gurnis M. 1990. Bounds on global dynamic topography from Phanerozoic flooding of continental platforms. Nature, 344 (6268): 754-756.

Gurnis M. 1992. Long-term controls on eustatic and epeirogenic motions by mantle convection. GSA Today, 2 (7): 141-157.

Gustavson T C. 1974. Sedimentation on gravel outwash fans, Malaspina Glacier foreland, Alaska. Journal of Sedimentary Research, 44 (2): 374-389.

Hack J T. 1957. Studies of longitudinal stream profiles in Virginia and Maryland. Center for Integrated Data Analytics Wisconsin Science Center, 294-b (1): 208-219.

Hampton B A, Horton B K. 2007. Sheetflow fluvial processes in a rapidly subsiding basin, Altiplano plateau, Bolivia. Sedimentology, 54 (5): 1121-1148.

Hahmann P. 1912. Die Bildung von Sandduenen bei gleichmaBiger Strömung. Annalen der Physik, 344(13): 637-676.

Hallam A. 1963. Major epeirogenic and eustatic changes since the Cretaceous and their possible relationship to Crustal structure. American Journal of Science, 261 (5): 397-423.

Hallam A. 1984. Continental humid and arid zones during the Jurassic and Cretaceous. Palaeogeography, Palaeoclimatology, Palaeoecology, 47 (3): 195-223.

Hamilton W S, Cameron C P. 1986. Facies relationships and depositional environments of Lower Tuscaloosa Formation reservoir sandstones in the McComb field area, southwest Mississippi. AAPG Bulletin, 5(5): 598.

Hamblin A P, Rust B R. 1989. Tectono-sedimentary analysis of alternate-polarity half-graben basin-fill successions: Late Carboniferous Horton Group, Cape Breton Island, Nova Scotia. Basin Research, 2 (4): 239-255.

Hamilton D S, Galloway W E. 1989. New exploration techniques in the analysis of diagenetically complex reservoir sandstones, Sydney Basin, NSW. The Australian Petroleum Production & Exploration Association Journal, 29: 235-257.

Hamilton D S, Tadros N Z. 1994. Utility of coal seams as genetic stratigraphic sequence boundaries in nonM marine basins: An example from the Gunnedah Basin, Australia. American Association of Petroleum Geologists Bulletin, 78 (8): 179-1181.

Hampton B A, Horton B K. 2007. Sheetflow fluvial processes in a rapidly subsiding basin, Altiplano plateau, Bolivia. Sedimentology, 54 (5): 1121-1148.

Hamlin K H, Cameron C P. 1987. Sandstone petrology and diagenesis of Lower Tuscaloosa Formation reservoirs in the McComb and Little Creek field areas, southwest Mississippi. Gulf Coast Association of Geological Societies Transactions, 37: 95-104.

Hanebuth T J, Statteger K, Schimanski A, et al. 2003. Late Pleistocene forced regressive deposits on the Sunda Shelf (SE Asia). Marine Geology, 199 (1): 139-157.

Hanneman D L, Wideman C J. 1991. Sequence stratigraphy of Cenozoic continental rocks, southwestern Montana. Geological Society of America Bulletin, 103 (10): 1335-1345.

Hanneman D L, Wideman C J, Halvorsen J W. 1994. Calcic paleosols: Their use in subsurface stratigraphy. American Association of Petroleum Geologists Bulletin, 78 (9): 1360-1371.

Hans E, Mandana H, Woligang S. 2002. Tectonic and climatic control of Paleogene sedimentation in Rhenodanubian flysch basin (Eastern Alps, Austria) . Basin Research, 14(7): 247-262.

Harms J C. 1966. Stratigraphic traps in valley fill, western Nebraska. American Association of Petroleum Geologists Bulletin, 50 (10): 2119-2149.

Haq B U, Hardenbol J, VailP R. 1987. Chronology of fluctuating sea levels since the Triassic. Science, 235 (4793): 1156-1167.

Harris A L, Fettes D J. 1988. The Caledonian-Appalachianorogen. London: Geological Society.

Harris P T. 1988. Large-scale bedforms as indicators of mutually evasive sand transport and the sequential infilling of wide-mouthed estuaries. Sedimentary Geology, 57(3-4): 273-298.

Hayden H H. 1821. Geological essays, or an enquiry into some of the geological phenomena to be found in various parts of America and elsewhere. American Journal of Science, 3: 47-57.

Hayes M O, Kana T W. 1977. Terrigenous clastic depositional environments. Columbia: Coastal Research Division, Department of Geology, University of South Carolina.

Hayward A B, Graham H R. 1989. Some geometrical characteristics of inversion//Cooper M A, Williams G D. Inversion Tectonics. Geological Society Special Publication, 44:34-56.

Heath R. 1989. Exploration in the Cooper Basin. The Australian Petroleum Production & Exploration Association Journal, 29: 366-378.

Heckel P H. 1986. Sea-level curve for Pennsylvanian eustatic marine transgressive-regressive depositional cycles along midcontinent outcrop belt, North America. Geology, 14 (4): 330-334.

Heller P L, Paola C. 1989. The paradox of Lower Cretaceous gravels and the initiation of thrusting in the Sevier orogenic belt,

United States Western Interior. Geological Society of America Bulletin, 101 (6): 864-875.

Heller P L, Angevine C L, Winslow N S, et al. 1988. Two-phase stratigraphic model of foreland-basin sequences. Geology, 16 (6): 501-504.

Heller P L, Angevine C L, Paola C. 1989. Comment on "Thrusting and gravel progradation in foreland basins: A test of posHhrusting gravel dispersal". Geology, 16 (12): 959-960.

Heller P L, Paola C. 1992. The large-scale dynamics of grain-size variation in alluvial basins, 2: Application to syntectonic conglomerate. Basin Research, 4 (2): 91-102.

Heller P L, Beekman F, Angevine C L, et al. 1993. Cause of tectonic reactivation and subtle uplifts in the Rocky Mountain region and its effect on the stratigraphic record. Geology, 21 (11): 1003-1006.

Heller P L, Gordon I. 1994. Evaluating major controls on basinal stratigraphy, Pine Valley, Nevada: implications for syntectonic deposition: reply to Discussion. Geological Society of America Bulletin, 105 (1): 47-55.

Heller P C, Paola C. 1996. Downstream changes in alluvial architecture: An exploration of controls on channel stacking patterns. Journal of Sedimentary Research, 66 (2): 297-306.

Hempton M R, Dunne L A. 1984. Sedimentation in pull apart basins: Active examples in eastern Turkey. The Journal of Geology, 92: 513-530.

Hersch J B. 1987. Exploration methods-Lower Tuscaloosa trend, southwest Mississippi. AAPG Bulletin, 9(9): 1117D.

Heward A P. 1978. Alluvial fan and lacustrine sediments from the Stephanian A and B (La Magdalena, Cifiera Matallana and Sabero) coalfields, northern Spain. Sedimentology, 25(4): 451-488.

Hickin E J, Nanson G C. 1975. The character of channel migration on the Beatton River, northeast British Columbia, Canada. Geological Society of America Bulletin, 86 (4): 487-494.

Hickin E J. 1993. Fluvial facies models: A review of Canadian research. Progress in Physical Geography, 17 (2): 205-222.

Higham N. 1963. A Very Scientific Gentleman: The Major Achievements of Henry Clifton Sorby. Oxford: Pergamon Press.

Hobbs W H. 1906. Gaudix formation of Granada, Spain. Geological Society of America Bulletin, 17(S1-3): 285-294.

Hoffman P F. 1991. Did the breakout of Laurentia turn Gondwanaland inside-out. Science, 252 (5011): 1409-1412.

Hoffman P F, Grotzinger J P. 1993. Orographic precipitation, erosional unloading, and tectonic style. Geology, 21 (3): 195-198.

Holbrook J M, Dunbar R W. 1992. Depositional history of Lower Cretaceous strata in northeastern New Mexico: Implications for regional tectonics and depositional sequences. Geological Society of America Bulletin, 104(7): 802-813.

Holmes A. 1965. Principles of Physical Geology. London: Nelson.

Holmes D A. 1968. The recent history of the Indus. The Geographical Journal, 134 (3): 367-382.

Hooke J M. 2008. Temporal variations in fluvial processes on an active meandering river over a 20-year period. Geomorphology, 100 (1): 3-13.

Hopkins J C. 1981. Sedimentology of quartzose sandstones of Lower Mannville and associated units, Medicine River area, central Alberta. Bulletin of Canadian Petroleum Geology, 29 (1): 12-41.

Hopkins J C. 1985. Channel-fill deposits formed by aggradation in deeply scoured, superimposed distributaries of the Lower Kootenai Formation. Journal of Sedimentary Research, 55 (1): 42-52.

Hopkins J C, Hermanson S W, Lawton D C. 1982. Morphology of channel-sand bodies in the Glauconitic Sandstone member (Upper Mannville), Little Bow area, Alberta. Bulletin of Canadian Petroleum Geology, 30 (4): 274-285.

Hopkins J C, Wood J M, Krause F F. 1991. Waterflood response of reservoirs in an estuarine valley fill: Upper Mannville G, U, and W pools, Little Bow field, Alberta. American Association of Petroleum Geologists Bulletin, 75 (6): 1064-1088.

Horne J C, Ferm J C, Carucdo F T, et al. 1978. Depositional models in coal exploration and mine planning in Appalachian region. American Association of Petroleum Geologists Bulletin, 62 (12): 2379-2411.

Hossack J R. 1984. The geometry of listric growth faults in the Devonian basins of Sunnfjord, W Norway. Journal of the Geological Society, 141(4): 629-638.

Houbolt J. 1968. Recent sediments in the southern Bight of the North Sea. Geologie en Mijnbouw, 47 (4): 245-273.

Howard A D, Knutson T R. 1984. Sufficient conditions for river meandering: A simulation approach. Water Resources Research, 20 (11): 1659-1667.

Howell D G. 1989. Tectonics of Suspect Terranes. London: Chapman and Hall.

Hoyt J H, Henry V J Jr. 1967. Influence of island migration on barrier-island sedimentation. Geological Society of America Bulletin, 78 (1): 77-86.

Hsü KJ, Li J, Chen H, et al. 1990. Tectonics of South China: Key to understanding West Pacific geology. Tectonophysics, 183 (1-4): 9-39.

Hubert J F, Filipov A J. 1989. Debris-flow deposits in alluvial fans on the west flank of the White Mountains, Owens Valley, California, USA. Sedimentary Geology, 61 (3): 177-206.

Hubert J F, ReedA A, Carey P J. 1976. Paleogeography of the East Berlin Formation, Newark Group, Connecticut Valley. American Journal of Science, 276 (10): 1183-1207.

Hudson P F, Middelkoop H, Stouthamer E. 2008. Flood management along the Lower Mississippi and Rhine Rivers (The Netherlands) and the continuum of geomorphic adjustment. Geomorphology, 101 (1): 209-236.

Huggett R J. 1991. Climate, Earth Processes and Earth History. Berlin: Springer Science & Business Media.

Hunt D, Tucker M E. 1992. Stranded parasequences and the forced regressive wedge systems tract: Deposition during base-level fall. Sedimentary Geology, 81 (1-2): 1-9.

Hunter G M. 1966. Red earth field, A and C pools. Oilfields of Alberta: Supplement. Calgary: Alberta Society of Petroleum Geologists: 85-86.

Hunter R E, Richmond B M. 1988. Daily cycles in coastal dunes. Sedimentary Geology, 55 (1): 43-67.

Hutchison C S. 1989. Geological Evolution of South-east Asia. Oxford: Clarendon Press.

Ielpi A, Gibling M, Bashforth A R, et al. 2014. Role of vegetation in shaping Early Pennsylvanian braided rivers: Architecture of the Boss Point Formation, Atlantic Canada. Sedimentology, 61 (6): 1659-1700.

Ielpi A, Ghinassi M. 2014. Planform architecture, stratigraphic signature and morphodynamics of an exhumed Jurassic meander plain (Scalby Formation, Yorkshire, UK). Sedimentology, 61 (7): 1923-1960.

Ikeda S. 1989. Sedimentary controls on channel migration and origin of point bars in sand-bedded meandering rivers. River meandering, 12 (5): 51-68.

Imbrie J. 1985. A theoretical framework for the Pleistocene ice ages. Journal of the Geological Society, 142 (3): 417-432.

Ingersoll R V. 1988. Tectonics of sedimentary basins. Geological Society of America Bulletin, 100 (11): 1704-1719.

Inman D L. 1949. Sorting of sediments in the light of fluid mechanics. Journal of Sedimentary Research, 19 (2): 51-70.

Inman D L. 1952. Measures for describing size distribution of sediments. Journal of Sedimentary Research, 22 (3): 125-145.

Ito M, Masuda F. 1986. Evolution of clastic piles in an arc-arc collision zone. Late Cenozoic depositional history around the Tanzawa Mountains, Central Honshu, Japan. Sedimentary Geology, 49 (3-4): 223-259.

Iwaniw E. 1984. Lower Cantabrian basin margin deposits in NE Leon, Spain-A model for valley-fill sedimentation in a tectonically active, humid climatic setting. Sedimentology, 31 (1): 91-110.

Jackson C A L, Gawthorpe C I D, Sharp I R. 2005. Normal faulting as a control on the stratigraphic development of shallow marine syn-rift sequence; the Nukhul and Lower Rudeis Formations, Hammam Faraun faultblock, Suez Rift, Egypt. Sedimentology, 52 (2): 313-338.

Jackson J R. 1834. Hints on the subject of geographical arrangement and nomenclature. Journal of the Royal Geographical Society of London, 4: 72-88.

Jamieson T F. 1860. On the drift and rolled gravel of the North of Scotland. Quarterly Journal of the Geological Society, 16 (1-2): 347-371.

Jefferson M S W. 1902. Limiting Width of Meander Belts. Washington: National Geographic Society.

Jervey M T. 1992. Siliciclastic sequence development in foreland basins, with examples from the Western Canada Foreland Basin, Foreland Basins and Fold Belts. American Association of Petroleum Geologists Memoir, 55: 47-80.

Jin Y, Liu D, Luo C. 1985. Development of Daqing oil field by waterflooding. Journal of Petroleum Technology, 37 (2): 269-274.

Johansson C E. 1963. Orientation of pebbles in running water. A laboratory study: Geografiska Annaler, 45(2-3): 85-112.

John B H, Almond C S. 1987. Lithostratigraphy of the Lower Eromanga Basin sequence in south-west Queensland. The Australian Petroleum Production & Exploration Association Journal, 27: 196-214.

Johnson A M. 1970. Physical Processes in Geology. San Francisco: Freeman.

Johnson G D. 1977. Paleopedology of Ramapithecus-bearing sediments, North India. Geologische Rundschau, 66 (1): 192-216.

Johnson G D, Vondra C F. 1972. Siwalik sediments in a portion of the Punjab Reentrant: The sequence at Haritalyangar. Disrict Bilaspur, HP: Himalayan Geology, 2: 118-144.

Johnson N M, Stix J, Tauxe L, et al. 1985. Paleomagnetic chronology, fluvial processes, and tectonic implications of the Siwalik deposits near Chinji Village, Pakistan. The Journal of Geology, 93(1): 27-40.

Johnson S M, Dashtgard S E. 2014. Inclined heterolithic stratification in a mixed tidal-fluvial channel: Differentiating tidal versus fluvial controls on sedimentation. Sedimentary Geology, 301(3): 41-53.

Johnsson M J, Basu A. 1993. Processes controlling the composition of clastic sediments. Boulder: Geological Society of America.

Jolley E J, Turner P, Williams G D, et al. 1990. Sedimentological response of an alluvial system to Neogene thrust tectonics, Atacama Desert, northern Chile. Journal of the Geological Society, 147 (5): 769-784.

Jones B G, Rust B R. 1983. Massive sandstone facies in the Hawkesbury Sandstone, a Triassic fluvial deposit near Sydney, Australia. Journal of Sedimentary Research, 53 (4): 1249-1260.

Jones C M. 1977. Effects of varying discharge regimes on bedform sedimentary structures in modern rivers. Geology, 5 (9): 567-570.

Jopling A V. 1963. Hydraulic studies on the origin of bedding. Sedimentology, 2 (2): 115-121.

Jopling A V. 1965. Hydraulic factors controlling the shape of laminae in laboratory deltas. Journal of Sedimentary Research, 35 (4): 777-791.

Jopling A V, Walker R G. 1968. Morphology and origin of ripple-drift cross-lamination, with examples from the Pleistocene of Massachusetts. Journal of Sedimentary Research, 38 (4): 971-984.

Jordan T E. 1981. Thrust loads and foreland basin evolution, Cretaceous western United States. American Association of Petroleum Geologists Bulletin, 65 (12): 2506-2520.

Jordan T E, Flemings P B. 1991. Large-scale stratigraphic architecture, eustatic variation, and unsteady tectonism: A theoretical evaluation. Journal of Geophysical Research, 96 (B4): 6681-6699.

Jorgensen P J, Fielding C R. 1996. Facies architecture of alluvial floodbasin deposits: Three-dimensional data from the Upper Triassic Callide Coal Measures of east- central Queensland, Australia. Sedimentology, 43 (3): 479- 495.

Kappelman J, Maas M C, Şen S, et al. 1996. A new early Tertiary mammalian fauna from Turkey and its paleobiogeographic significance. Journal of Vertebrate Paleontology, 16 (3), 592-595.

Karges H E. 1962. Significance of Lower Tuscaloosa sand patterns in southwest Mississippi. Gulf Coast Association of Geological Societies Transactions, 12: 171-173.

Katz B J. 1990. Lacustrine basin exploration: Case studies and modern analogs. American Association of Petroleum Geologists Bulletin, Special Publication.

Kauffman E G. 1969. Cretaceous marine cycles of the Western Interior. Mountain Geologist, 6 (4): 227-245.

Kelly S B, Olsen H O. 1993. Terminal fans: A review with reference to Devonian examples. Sedimentary Geology, 85 (1): 339-374.

Kennedy J F. 1963. The mechanics of dunes and antidunes in erodible-bed channels. Journal of Fluid Mechanics, 16 (4): 521-544.

Kerr D R. 1990. Reservoir heterogeneity in the Middle Frio Formation: Case studies in Stratton and Agua Dulce fields, Nueces County, Texas. AAPG Bulletin, 74(9): 1499.

Kindle E M. 1911. Cross-bedding and absence of fossils considered as criteria of continental deposits. American Journal of Science, 32 (189): 225-230.

Kindle E M. 1917. Recent and fossil ripple marks. Ottawa: Geological Survey of Canada, Museum Bulletin: 25.

King P B. 2015. The Evolution of North America revised edition. Princeton: Princeton University Press.

King W S H. 1916. The nature and formation of sand ripples and dunes. Geographical Journal, 47(3): 189-207.

Kirschbaum M A, McCabe P J. 1992. Controls on the accumulation of coal and on the development of anastomosed fluvial systems in the Cretaceous Dakota formation of southern Utah. Sedimentology, 39(4): 581-598.

Klein G deV. 1987. Current aspects of basin analysis. Sedimentary Geology, 50(1): 95-118.

Klein G deV, Willard D A. 1989. Origin of the Pennsylvanian coal-bearing cyclothems of North America. Geology, 17 (2): 152-155.

Kleinspehn K L. 1985. Cretaceous sedimentation and tectonics, Tyaughton-Methow basin, southwestern British Columbia. Canadian Journal of Earth Sciences, 22 (2): 154-174.

Klicman D P, Cameron C P, Meylan M A. 1988. Petrology and depositional environments of Lower Tuscaloosa Formation (Upper Cretaceous) sandstones in the North Hustler and Thompson field areas, southwest Mississippi. Gulf Coast Association of Geological Societies Transactions, 38: 47-58.

Klimetz M P. 1983. Speculations on the Mesozoic plate tectonic evolution of eastern China. Tectonics, 2 (2): 139-166.

Kluth C F, Coney P J. 1981. Plate tectonics of the ancestral Rocky Mountains. Geology, 9 (1): 10-15.

Knoll M D, Rea J, Knight R, et al. 1994. Architectural-element analysis of ground penetrating radar data: A multidisciplinary approach to aquifer characterization. Boston: Symposium on the application of geophysics to environmental and engineering problems.

Kocurek G. 1988. First-order and super bounding surfaces in eolian sequences bounding surfaces revisited. Sedimentary Geology, 56 (1-4): 193-206.

Kocurek G, Hunter R E. 1986. Origin of polygonal fractures in sand uppermost Navajo and Page sandstones, Page, Arizona. Journal of Sedimentary Research, 56 (6): 895-904.

Kominz M A, Bond G C. 1991. Unusually large subsidence and sea-level events during middle Paleozoic time: New evidence supporting mantle convection models for supercontinent assembly. Geology, 19 (1): 56-60.

Kranzler I. 1966. Origin of oil in lower member of Tyler Formation of central Montana. American Association of Petroleum Geologists Bulletin, 50(10): 2245-2259.

Kraus M J, Middleton L T. 1987. Dissected paleotopography and base-level changes in a Triassic fluvial sequence. Geology, 15 (1): 18-21.

Kraus M J, Bown T M. 1993. Short-term sediment accumulation rates determined from Eocene alluvial paleosols. Geology, 21 (8): 743-746.

Krumbein W C. 1934. Size frequency of sediments. Journal of Sedimentary Research, 4 (2): 65-77.

Kuenzi W D, Horst O H, McGehee R V. 1979. Effect of volcanic activity on fluvial-deltaic sedimentation in a modern arc-trench gap, southwestern Guatemala. Geological Society of America Bulletin, 90 (1): 827-838.

Lane E W. 1955. The importance of fluvial morphology in hydraulic engineering. American Society of Civil Engineers, 81 (745): 1-17.

Lang S C. 1993. Evolution of Devonian alluvial systems in an oblique-slip mobile zone: An example from the Broken River Province, northeastern Australia. Sedimentary Geology, 85 (1-4): 501-535.

Langbein W B, Schumm S A. 1958. Yield of sediment in relation to mean annual precipitation. Trans Am Geophys Union, 39 (6): 1076-1084.

Langford R P. 1989. Fluvial-aeolian interactions, part I: Modern systems. Sedimentology, 36 (6): 1023-1035.

Langford R P, Bracken B. 1987. Medano Creek, Colorado, a model for upper-flow-regime fluvial deposition. Journal of Sedimentary Research, 57 (5): 863-870.

Langford R P, Chan M A. 1989. Fluvial-aeolian interactions, part II, ancient systems. Sedimentology, 36 (6): 1037-1051.

Larsen V, Steel R J. 1978. The sedimentary history of a debris flow-dominated, Devonian alluvial fan - a study of textural inversion.

Sedimentology, 25（1）: 37-59.

Lash G G. 1990. The Shochary Ridge sequence, southeastern Pennsylvania: A possible Ordovician piggyback basin fill. Sedimentary Geology, 68（1）: 39-53.

Lawson A C. 1913. The Petrographic Designation of Alluvial Fan Formations. California: University of California Press, 7(15): 325-334.

Leckie D A. 1994. Canterbury Plains, New Zealand: Implications for sequence stratigraphic models. American Association of Petroleum Geologists Bulletin, 78（8）: 1240-1256.

Lee R A. 1982. Petroleum geology of the Malacca Strait contract area（Central Sumatra Basin）. Proceedings of the 11th annual convention of the Indonesian Petroleum Association, Vall.

Leeder M R. 1975. Pedogenic carbonates and flood sediment accumulation rates: A quantitative model for aridzone lithofacies. Geological Magazine, 112（3）: 257-270.

Leeder M R. 1982. Upper Paleozoic basins of the British Isles-Caledonide inheritance versus Hercynian plate margin processes. Journal of the Geological Society, 139（2）: 479-491.

Leeder M R. 1988. Recent developments in Carboniferous geology: A critical review with implications for the British Isles and N. W. Europe. Proceedings of Geologist's Association, 99(2): 73-100.

Leeder M R, Seger M J, Stark C P . 1991. Sedimentation and tectonic geomorphology adjacent to major active and inactive normal faults, southern Greece. Journal of the Geological Society, 148（2）: 331-343.

Leeder M R, Jackson J A. 1993. The interaction between normal faulting and drainage in active extensional basins, with examples from the western United States and central Greece. Basin Research, 5（2）: 79-102.

Leeder M R, Alexander J. 1987. The origin and tectonic significance of asymmetric meander belts. Sedimentology, 34(2): 217-226.

Lees G M. 1955. Recent earth movements in the Middle East. Geologische Rundschau, 43（1）: 221-226.

Legarreta L, Gulisano C A. 1989. Analisis estratgrafico sequencial de la cuenca neuquina（Triasico superior-Terciario inferior）. Cuencas sedimentarias argentinas, 6（10）: 221-243.

Leopold L B, Maddock T Jr. 1953. The Hydraulic Geometry of Stream Channels and Some Physiographic Implications. Washington: US Government Printing Office.

Leopold L B. 1960. Flow Resistance in Sinuous or Irregular Channels. Washington: US Government Printing Office.

Leopold L B, Bull W B. 1979. Base level, aggradation, and grade. Proceedings of the American Philosophical Society, 123（3）: 168-202.

Le Raux J P. 1992. Determining the channel sinuosity of ancient fluvial systems from paleocurrent data. Journal of Sedimentary Research, 62(2): 283-291.

Le Raux J P. 1994. The angular deviation of paleocurrent directions as applied to the calculation of channel sinuosities. Journal of Sedimentary Research, 64（1）: 86-87.

Levorsen A I. 1967. Geology of Petroleum. Second edition. San Francisco: Freeman.

Link M H. 1984. Fluvial facies of the Miocene Ridge Route Formation, Ridge Basin, California. Sedimentary geology, 38（1）: 263-286.

Liu H. 1986. Geodynamic scenario and structural styles of Mesozoic and Cenozoic basins in China. American Association of Petroleum Geologists Bulletin, 70（4）: 377-395.

Lucchitta I, Suneson N. 1981. Flash flood in Arizona-observations and their application to the identification of flash-flood deposits in the geologic record. Geology, 9（9）: 414-418.

Luttrell P R. 1993. Basinwide sedimentation and the continuum of paleoflow in an ancient river system: Kayenta Formation（Lower Jurassic）, central portion Colorado Plateau. Sedimentary Geology, 85（1）: 411-434.

MacDonald A C, Halland E K. 1993. Sedimentology and shale modeling of a sandstone-rich fluvial reservoir: Upper Statfjord Formation, Statfjord field, North Sea. American Association of Petroleum Geologists Bulletin, 77（6）: 1016-1040.

Mack G H, James W C. 1994. Paleoclimate and the global distribution of paleosols. The Journal of Geology, 102(3): 360-366.

Mack G H, James W C, Monger H C. 1993. Classification of paleosols. Geological Society of America Bulletin, 105 (2): 129-136.

MacKay D. 1945. Ancient river beds and dead cities. Antiquity, 19 (75): 135-144.

Mackin J H. 1937. Erosional history of the Big Horn Basin, Wyoming. Geological Society of America Bulletin, 48 (6): 813-894.

Maizels J. 1989. Sedimentology, paleoflow dynamics and flood history of jökulhlaup deposits: Paleohydrology of Holocene sediment sequences in southern Iceland sandur deposits. Journal of Sedimentary Research, 59 (2): 204-223.

Maizels J. 1993. Lithofacies variations within sandur deposits: the role of runoff regime, flow dynamics and sediment supply characteristics. Sedimentary Geology, 85 (1-4): 299-325.

Marple R T, Talwani P. 1993. Evidence of possible tectonic upwarping along the South Carolina coastal plain from an examination of river morphology and elevation data. Geology, 21 (7): 651-654.

Marriott S B, Wright V P. 1993. Palaeosols as indicators of geomorphic stability in two old red sandstone alluvial suites, South Wales. Journal of the Geological Society, 150 (6): 1109-1120.

Martin R. 1966. Paleogeomorphology and its application to exploration for oil and gas (with example from western Canada). American Association of Petroleum Geologists Bulletin, 50(10): 2277-2311.

Martini I P, Chesworth W. 1992. Weathering, soils and paleosols. Weathering, Soils & Paleosols, 23(2): 19-40.

Martinsen O J, Martinsen R S, Steidtmann J R. 1993. Mesaverde Group (Upper Cretaceous), southeastern Wyoming: Allostratigraphy versus sequence stratigraphy in a tectonically active area. American Association of Petroleum Geologists Bulletin, 77 (8): 1351-1373.

Martinsen O J, Ryseth A, Helland-Hansen W, et al. 1999. Stratigraphic base level and fluvial architecture: Ericson Sandstone (Campanian), Rock Springs Uplift, W. Wyoming, U S A Sedimentology, 46 (2): 235-260.

Mathisen M E, Vondra C F. 1983. The fluvial and pyroclastic deposits of the Cagayan Basin, northern Luzon, Philippines: An example of non-marine volcaniclastic sedimentation in an interarc basin. Sedimentology, 30 (3): 369-392.

May S R, Ehman K D, Gray G G, et al. 1993. A new angle on the tectonic evolution of the Ridge Basin, a "strike-slip" basin in southern California. Geological Society of America Bulletin, 105(10): 1357-1372.

McCarthy T S, Ellery W N, Stanistreet I G. 1992. Avulsion mechanisms on the Okavango fan, Botswana: The control of a fluvial system by vegetation. Sedimentology, 39 (5): 779-795.

McCaslin J. 1983. Sohio to test Denver basin's Arbuckle. Oil & Gas Journal, 81: 87-88.

McClay K R, Norton M G, Coney P, et al. 1986. Collapse of the Caledonian orogen and the Old Red Sandstone. Nature, 323(6084): 147-149.

McDonald B C, Lewis C P. 1973. Geomorphologic and sedimentologic processes of rivers and coasts, Yukon coastal plain. Information Canada: Task Force on Northern Oil Development: 73(39): 119-121.

McDonnell K L. 1978. Transition matrices and the depositional environments of a fluvial sequence. Journal of Sedimentary Research, 48(1): 43-48.

McDougall J W. 1989. Tectonically-induced diversion of the Indus River west of the Salt Range, Pakistan. Palaeogeogr Palaeoclimatology Palaeoecology, 71 (3-4): 301-307.

McGee W J. 1897. Sheetflood erosion. Geological Society of America Bulletin, 8(1): 87-112.

McGowen J H. 1971. Gum Hollow fan delta, Nueces Bay, Texas. Austin: Bureau of Economic Geology, University of Texas at Austin.

McKee B A, Nittrouer C A, Demaster D J. 1983. Concepts of sediment deposition and accumulation applied to the continental shelf near the mouth of the Yangtze River. Geology, 11 (11): 631-633.

McKee E D. 1938. Original structures in Colorado River flood deposits of Grand Canyon. Journal of Sedimentary Research, 8 (3): 77-83.

McKee E D. 1939. Some types of bedding in the Colorado River delta. The Journal of Geology, 47(1): 64-81.

McKee E D. 1957. Flume experiments on the production of stratification and cross-stratification. Journal of Sedimentary Research, 27 (2): 129-134.

McKee E D, Crosby E J, Berryhill H L Jr. 1967. Flood deposits, Bijou Creek, Colorado, June 1965. Journal of Sedimentary Research, 37 (3): 829-851.

McKenzie D P. 1978. Some remarks on the development of sedimentary basins. Earth and Planetary Science Letters, 40 (1): 25-32.

McLean J R. 1977. The Cadomin Formation: Stratigraphy, sedimentology, and tectonic implications. Bulletin of Canadian Petroleum Geology, 25 (4): 792-827.

McLean J R, Wall J H. 1981. The Early Cretaceous Moosebar Sea in Alberta. Bulletin of Canadian Petroleum Geology, 29 (3): 334-377.

McPherson J G, Shanmugam G, Moiola R J. 1987. Fan-deltas and braid deltas: Varieties of coarse-grained deltas. Geological Society of America Bulletin, 99 (3): 331-340.

Mebberson A J. 1989. The future for exploration in the Gippsland Basin. The Australian Petroleum Production & Exploration Association Journal, 29 (part 1): 431-439.

Melvin J. 1993. Evolving fluvial style in the Kekiktuk Formation (Mississippian), Endicott field area, Alaska: Base level response to contemporaneous tectonism. American Association of Petroleum Geologists Bulletin, 77 (10): 1723-1744.

Mertz K A Jr, Hubert J F. 1990. Cycles of sand-flat sandstone and playa-lacustrine mudstone in the Triassic-Jurassic Blomidon redbeds, Fundy rift basin, Nova Scotia: Implications for tectonics and climatic controls. Canadian Journal of Earth Sciences, 27 (3): 442-451.

Miall A D. 2014. Fluvial Depositional Systems. New York: Springer International Publishing.

Miall A D, Gibling M R. 1978. The Siluro-Devonian clastic wedge of Somerse, Island, Arctic Canada, and some regional paleogeographic implications. Sedimentary Geology, 21 (2): 85-127.

Miall A D, Smith N D. 1989. Rivers and their deposits. Society of Economic Paleontologists and Mineralogists, Tulsa, Oklahoma, slide set 4.

Miall A D, Jones B G. 2003. Fluvial architecture of the Hawkesbury Sandstone (Triassic), near Sydney, Australia. Journal of Sedimentary Research, 73 (4): 531-545.

Miall A D, Kerr J W, Gibling M R. 1978. The Somerset Island Formation: An Upper Silurian to Lower Devonian intertidal/supratidal succession, Boothia Uplift region, Arctic Canada. Canadian Journal of Earth Sciences, 15 (2): 181-189.

Middleton G V. 1973. Johannes Walther's law of the correlation of facies. Geological Society of America Bulletin, 84 (3): 979-988.

Middleton G V, Southard J B. 1984. Mechanics of sediment movement. Society of Economic Paleontologists and Mineralogists, Tulsa, Oklahoma.

Mike K. 1975. Utilization of the analysis of ancient river beds for the detection of Holocene crustal movements. Tectonophysics, 29 (1): 359-368.

Milne G. 1935. Some suggested units for classification and mapping, particularly for East African soils. Soil Research, 4 (3): 183-193.

Mitchell A H G, McKerrow W S. 1975. Analogous evolution of the Burma Orogen and the Scottish Caledonides. Geological Society of America Bulletin, 86 (3): 305-315.

Mitchum R M, Campion K M. 1990. Siliciclastic sequence stratigraphy in well, cores and outcrops-concept for high-resolution correlation of times and faces. American Association of Petroleum Geologists Bulletin, Special Publication, (7): 1-55.

Mitchum R M Jr, Van Wagoner J C. 1991. High frequency sequences and their stacking patterns: Sequence-stratigraphic evidence of high-frequency eustatic cycles. Sedimentary Geology, 70 (2): 131-160.

Mitra S. 1993. Geometry and Kinematic evolution of inversion Structures. AAPG Bulletin, 77 (7): 1159-1191.

Mitrovica J X, Beaumont C, Jarvis G T. 1989. Tilting of continental interiors by the dynamical effects of subduction. Tectonics, 8 (5): 1079-1094.

Molnar P, England P. 1990. Late Cenozoic uplift of mountain ranges and global climatic change: Chicken or egg? Nature, 346 (6279): 29-34.

Molnar P, Tapponnier P. 1975. Cenozoic tectonics of Asia: Effects of a continental collision. Science, 189 (4201): 419-426.

Moore P S, Hobday D K, Mai H, et al. 1986. Comparison of selected nonmarine petroleum-bearing basins in Australia and China. The Australian Petroleum Production & Exploration Association Journal, 26 (1): 285-309.

Moorman B J, Judge A S, Smith D G. 1991. Examining fluvial sediments using ground penetrating radar in British Columbia. Geological Survey of Canada, Paper, 91 (1A): 31-36.

Morgan J P, Mcintire W G. 1959. Quaternary geology of the Bengal Basin, East Pakistan and India. Geological Society of America Bulletin, 70 (3): 319-342.

Morgan K H. 1993. Development, sedimentation and economic potential of palaeoriver systems of the Yilgarn Craton of Western Australia. Sedimentary Geology, 85 (1-4): 637-656.

Morley C K. 1986. A classification of thrust fronts. American Association of Petroleum Geologists Bulletin, 70 (1): 12-35.

Morningstar O R. 1987. Floodplain construction and overbank deposition in a wandering reach of the Fraser River, Chilliwack, B. C. Vancouver: Simon Fraser University.

Morozova G, Smith N D. 2003. Organic matter deposition in the Saskatchewan River floodplain (Cumberland Marshes, Canada): effects of progradational avulsion. Sedimentary Geology, 157 (1): 15-29.

Mossop G D, Flach P D. 1983. Deep channel sedimentation in the Lower Cretaceous McMurray Formation, Athabasca Oil Sands, Alberta. Sedimentology, 30(4): 493-509.

Mount J F. 1995. California Rivers and Streams: The Conflict Between Fluvial Processes and Land Use. California: University of California Press.

Mukerji A B. 1976. Terminal fans of inland streams in Sutlej-Yamuna Plain, India. Z Geomorphol, 20(2): 190-204.

Muftoz A, Ramos A, Sánchez-Moya Y, et al. 1992. Evolving fluvial architecture during a marine transgression: Upper Buntsandstein, Triassic, central Spain. Sedimentary Geology, 75 (3): 257-281.

Murty K N. 1983. Geology and hydrocarbon prospects of Assam Shelf- recent advances and present status. Petroleum Asia Journal, 1: 1-14.

Muto T. 1987. Coastal fan processes controlled by sealevel changes: A Quaternary example from the Tenryugawa system, Pacific coast of central Japan. The Journal of Geology, 95(5): 716-724.

Muwais W, Smith D G. 1990. Types of channel fills interpreted from dipmeter logs in the McMurray Formation, northeast Alberta. Bulletin of Canadian Petroleum Geology, 38 (1): 53-63.

Nadler C T, Schumm S A. 1981. Metamorphosis of South Platte and Arkansas rivers, eastern Colorado. Physical Geography, 2(2): 95-115.

Nadon G. 1991. Architectural element analysis of a foreland basin clastic wedge. Toronto: University of Toronto.

Nanson G C, Rust B R, Taylor G. 1986. Coexistent mud braids in an arid-zone river: Cooper Creek, central Australia. Geology, 14 (2): 175-178.

Nanz R H Jr. 1954. Genesis of Oligocene sandstone reservoir, Seeligson field, Jim Wells and Kleberg Counties, Texas. American Association of Petroleum Geologists Bulletin, 38 (1): 96-117.

Nascimento O S, Bornemann E, Jobim L D C, et al. 1982. Aracas field-reservoir heterogeneities and secondary recovery performance (abstract). American Association of Petroleum Geologists Bulletin, 66(5): 612-612.

Neidell N S, Beard J H. 1985. Seismic visibility of stratigraphic objectives. Society of Petroleum Engineers Paper, 50(7): 1204-1204.

Nemec W, Steel R J. 1988. Fan Deltas: Sedimentology and Tectonic Settings. Glasgow: Blackie.

Nilsen T H. 1967. The Relationship of Sedimentation to Tectonics in the Solund Devonian District of Southwestern Norway. Wisconsin: University of Wisconsin.

Nilsen T H. 1985. Modern and Ancient Alluvial Fan Deposits. New York: Van Nostrand Reinhold.

Nummedal D, Pilkey O H, Howard J D. 1987. Sea-level fluctuation and coastal evolution. Society of Economic Paleontologists and Mineralogists, Special Publications, 41.

Nystuen J P, Siedlecka A. 1988. The 'sparagmites' of Norway//Later Proterozoic Stratigraphy of the Northern Atlantic Regions:

New York: Chapman and Hall: 237-252.

Okay A I, Şengör A M I, Görür, N. 1994. Kinematic history of the opening of the Black Sea and its effect on the surrounding regions. Geology, 22（3）: 267-270.

Olsen H. 1988. The architecture of a sandy braided-meandering river system: an example from the Lower Triassic Salling Formation（M. Buntsandstein）in W-Germany. Geologische Rundschau, 77（3）: 797-814.

Olsen H. 1989. Sandstone-body structures and ephemeral stream processes in the Dinosaur Canyon Member, Moenave Formation（Lower Jurassic）, Utah, USA. Sediment Geology, 61（3-4）: 207-221.

Olsen H. 1990. Astronomical forcing of meandering river behaviour: Milankovitch cycles in Devonian of East Greenland. Palaeogeography Palaeoclimatology Palaeoecology, 79（1）: 99-115.

Olsen T. 1993. Large fluvial systems: The Atane formation, a fluvio-deltaic example from the Upper Cretaceous of central West Greenland. Sedimentary Geology, 85（1）: 457-473.

Olsen T, Steel R J, Hogseth K, et al. 1995. Sequential architecture in a fluvial succession sequence stratigraphy in the Upper Cretaceous Mesaverde Group, Price, Utah. Journal of Sedimentary Research, 65（2）: 265-280.

Oomkens E, Terwindt J H J. 1960. Inshore estuarine sediments in the Haringvliet（The Netherlands）. Geologie en Mijnbouw, 39（11）: 701-710.

Ore H T. 1964. Some criteria for recognition of braided stream deposits. Rocky Mountain Geology, 3（1）: 1-14.

Ori G G. 1982. Braided to meandering channel patterns in humid-region alluvial fan deposits, River Reno, Po Plain（northern Italy）. Sedimentary Geology, 31（3-4）: 231-248.

Ori G G. 1993. Continental depositional systems of the Quaternary of the Po Plain（northern Italy）. Sedimentary Geology, 83（1）: 1-14.

Ori G G, Friend P F. 1984. Sedimentary basins formed and carried piggyback on active thrust sheets. Geology, 12（8）: 475-478.

Ouchi S. 1985. Response of alluvial rivers to slow active tectonic movement. Geological Society of America Bulletin, 96（4）: 504-515.

Papini M, Ghinassi M, Libsekal Y, et al. 2014. Facies associations of the northern Dandiero Basin.（Danakil depression, Eritrea, including the Pleistocene Buya homo site）. Journal of Maps, 10（1）: 126-135.

Parker G, Sawai K, Ikeda S. 1982. Bend theory of river meanders. Part 2. Nonlinear deformation of finite-amplitude bends. Journal of Fluid Mechanics, 115: 303-314.

Parker G, Sutherland A J. 1990. Fluvial armor. Journal of Hydraulic Research, 28（5）: 529-544.

Parrish J T. 1993. Climate of the supercontinent Pangea. The Journal of Geology, 101（2）: 215-233.

Parrish J T, Barron E J. 1986. Paleoclimates and economic geology. Tulsa: Society of Economic Paleontologists and Mineralogists.

Parrish J T, Peterson F. 1988. Wind directions predicted from global circulation models and wind directions determined from eolian sandstones of the western United States: A comparison. Sedimentary Geology, 56（1）: 261-282.

Payton C E. 1977. Seismic stratigraphy-applications to hydrocarbon exploration. Tulsa: American Association of Petroleum Geologists.

Pazzaglia F J. 1993. Stratigraphy, petrography, and correlation of late Cenozoic middle Atlantic Coastal Plain deposits: Implications for late-stage passive-margin geologic evolution. Geological Society of America Bulletin, 105（12）: 1617-1634.

Pelletier B R. 1958. Pocono paleocurrents in Pennsylvania and Maryland. Geological Society of America Bulletin, 69（8）: 1033-1064.

Peper T, Beekman F, Cloetingh S. 1992. Consequences of thrusting and intraplate stress fluctuations for vertical motions in foreland basins and peripheral areas. Geophysical Journal International, 111（1）: 104-126.

Peterson F. 1984. Fluvial sedimentation on a quivering craton: influence of slight crustal movements on fluvial processes, Upper Jurassic Morrison Formation, western Colorado Plateau. Sedimentary Geology, 38（1）: 21-50.

Pettijohn F J. 1949. Sedimentary Rocks. New York: Harper and Row.

Pettijohn F J. 1957. Sedimentary Rocks, 2nd edn. New York: Harper.

Pienkowski G. 1991. Eustatically controlled sedimentation in the Hettangian-Sinemurian (Early Jurassic) of Poland and Sweden. Sedimentology, 38 (3): 503-518.

Pierson T C. 1980. Erosion and deposition by debris flows at Mt. Thomas, New Zealand. Earth Surface Processes, 5 (3): 22-247.

Piégay H, Gurnell A M. 1997. Large woody debris and river geomorphological pattern: examples from S. E. France and S. England. Geomorphology, 19 (1): 99-116.

Pitman W C III. 1978. Relationship between eustacy and stratigraphic sequences of passive margins. Geological Society of America Bulletin, 89 (9): 1389-1403.

Pitman W C III. 1986. Effects of sea level change on basin stratigraphy. American Association of Petroleum Geologists Bulletin, 70 (11): 1762.

Platt N H, Keller B. 1992. Distal alluvial deposits in a foreland basin setting - the Lower Freshwater Molasse (Lower Miocene) Switzerland: sedimentology, architecture and palaeosols. Sedimentology, 39 (4): 545-565.

Platt N H, Wright V P. 1992. Palustrine carbonates and the Florida Everglades: Towards an exposure index for the fresh-water environment. Journal of Sedimentary Research, 62 (6): 1058-1071.

Plint A G. 1990. An allostratigraphic correlation of the Muskiki and Marshybanks formations (Coniacian-Santonian) in the Foothills and subsurface of the Alberta basin. Bulletin of Canadian Petroleum Geology, 38 (3): 288-306.

Plint A G, Walker R G, Bergman K M. 1986. Cardium Formation 6. Stratigraphic framework of the Cardium in subsurface. Bulletin of Canadian Petroleum Geology, 34 (2): 213-225.

Plint A G, Hart B S, Donaldson W S. 1993. Lithospheric flexure as a control on stratal geometry and fades distribution in Upper Cretaceous rocks of the Alberta foreland basin. Basin Research, 5 (2): 69-77.

Poag C W, Sevon W D. 1989. A record of Appalachian denudation in postrift Mesozoic and Cenozoic sedimentary deposits of the US Middle Atlantic continental margin. Geomorphology, 2 (1-3): 119-157.

Popov I V. 1965. Hydromorphological principles of the theory of channel processes and their use in hydrotechnical planning. Soviet Hydrol, 2: 188-195.

Posamentier H W. 1988. Eustatic controls on clastic deposition II—sequence and systems tract models. The Society of Economic Paleontologists and Mineralogists (SEPM), 42: 125-154.

Posamentier H W, Allen G P, James D P, et al. 1992. Forced regressions in a sequence stratigraphic frame-work: Concepts, examples, and exploration significance. American Association of Petroleum Geologists Bulletin, 76 (11): 1687-1709.

Posamentier H W, Allen G P. 1993. Siliciclastic sequence stratigraphic patterns in foreland ramp-type basins. Geology, 21 (5): 455-458.

Posamentier H W, Weimer P. 1993. Siliciclastic sequence stratigraphy and petroleum geology-where to from here? American Association of Petroleum Geologists Bulletin, 77 (5): 731-742.

Posamentier H W, Allen G P. 1999. Siliciclastic sequence stratigraphy: Concepts and applications. Tulsa: Society of Economic Paleontologists and Mineralogists.

Posaner E M, Goldthorpe W H. 1986. The development and early performance of the North Rankin field. The Australian Petroleum Production & Exploration Association Journal, 26 (1): 420-427.

Potter F E. 1955. The petrology and origin of the Lafayette Gravel, part 1: Mineralogy and petrology. The Journal of Geology, 63: 1-38.

Pratt B R, Miall A D. 1993. Anatomy of a bioclastic grain-stone megashoal (Middle Silurian, southern Ontario) revealed by ground-penetrating radar. Geology, 21 (3): 223-226.

Putnam P E. 1982a. Fluvial channel sandstones within upper Mannville (Albian) of Lloydminster area, Canada geometry, petrography, and paleogeographic implications. American Association of Petroleum Geologists Bulletin, 66 (4): 436-459.

Putnam P E. 1982b. Aspects of the petroleum geology of the Lloydminster heavy oil fields, Alberta and Saskatchewan. Bulletin of Canadian Petroleum Geology, 30 (2): 81-111.

Putnam P E. 1993. A multidisciplinary analysis of Belly River-Brazeau (Campanian) fluvial channel reservoirs in west-central

Alberta, Canada. Bulletin of Canadian Petroleum Geology, 41 (2): 186-217.

Putnam P E, Oliver T A. 1980. Stratigraphic traps in channel sandstones in the Upper Mannville (Albian) of east central Alberta. Bulletin of Canadian Petroleum Geology, 28 (4): 489-508.

Rachocki A H, Church M. 1990. Alluvial Fans: A Field Approach. New York: Wiley.

Ramsbottom W H C. 1979. Rates of transgression and regression in the Carboniferous of NW Europe. Journal of the Geological Society, 136 (2): 147-153.

Räsänen M, Salo J S, Kalliola R J. 1987. Fluvial perturbance in the Western Amazon Basin: Regulation by long-term sub-Andean tectonics. Science, 238 (4832): 1398-1401.

Räsänen M, Neller R, Salo J, et al. 1992. Recent and ancient fluvial depositional systems in the Amazon foreland basin, Peru. Geological Magazine, 129 (3): 293-306.

Rascoe B R Jr, Adler F J. 1983. Permo-Carboniferous hydrocarbon accumulations, Mid-Continent, USA. American Association of Petroleum Geologists Bulletin, 67 (6): 979-1001.

Reade T M. 1884. Ripple marks in drift in Shropshire and Cheshire. Quarterly Journal of the Geological Society, 40 (1-4): 267-269.

Reading H G. 1986. Sedimentary Environments and Facies. Second edition. Oxford: Blackwell.

Reineck H E, Wunderlich R. 1968. Classification and origin of flaser and lenticular bedding. Sedimentology, 11 (1-2): 99-104.

Reinfelds I, Nanson G. 1993. Formation of braided river floodplains, Waimakariri River, New Zealand. Sedimentology, 40 (6): 1113-1127.

Reijenstein H M, Posamentier H W, Bhattacharya J P. 2011. Seismic geomorphology and high-resolution seismic stratigraphy of inner-shelf fluvial, estuarine, deltaic, and marine sequences, Gulf of Thailand. American Association of Petroleum Geologists Bulletin, 95(11): 1959-1990.

Retallack G J. 1984. Completeness of the rock and fossil record: Some estimates using fossil soils. Paleobiology, 10 (1): 59-78.

Retallack G J. 1986. Fossil soils as grounds for interpreting long-term controls on ancient rivers. Journal of Sedimentary Research, 56 (1): 1-18.

Rhee C W, Ryand W H, Chough S K. 1993. Contrasting development patterns of crevasse channel deposits in Cretaceous alluvial successions, Korea. Sedimentary Geology, 85 (1): 401-410.

Riba O. 1976. Syntectonic unconformities of the Alto Cardener, Spanish Pyrenees: A genetic interpretation. Sedimentary Geology, 15(3): 213-233.

Ridgway K D, DeCelles P G. 1993. Stream-dominated alluvial fan and lacustrine depositional systems in Cenozoic strike-slip basins, Denali fault system, Yukon Territory, Canada. Sedimentology, 40 (4): 645-666.

Rieu E V. 1953. Homer: The Iliad. London: Methuen.

Rivenaes J C. 1992. Application of a dual-lithology, depth dependent diffusion equation in stratigraphic simulation. Basin Research, 4 (2): 133-146.

Robinson J E. 1981. Well spacing and the identification of subsurface drainage systems. Bulletin of Canadian Petroleum Geology, 29 (2): 250-258.

Rodriguez A B, Anderson J B, Simms A R. 2005. Terrace inundation as an autocyclic mechanism for parasequence formation: Galvenston Estuary, Texas, U. S. A. Journal of Sedimentary Research, 75 (4), 608-620.

Rogala B, Fralick P W, Heaman L M, et al. 2007. Lithostratigraphy and chemostratigraphy of the Mesoproterozoic Sibley Group, northwestern Ontario, Canada. Canadian Journal of Earth Sciences, 44 (8): 1131-1149.

Rogers R R. 1994. Nature and origin of through-going discontinuities in nonmarine foreland basin strata, Upper Cretaceous, Montana implications for sequence analysis. Geology, 22 (12): 1119-1122.

Royden L, Horvath F, Rumpler J. 1983. Evolution of the Pannonian Basin system 1. Tectonics, 2 (1): 63-90.

Ruddiman W F, Kutzbach J E. 1990. Late Cenozoic plateau uplift and climate change. Transactions of the Royal Society of Edinburgh: Earth Sciences, 81 (4): 301-314.

Ruddiman W F, Prell W L, Raymo M E. 1989. History of Late Cenozoic uplift in southern Asia and the American west: rationale for general circulation modeling experiments. Journal of Geophysical Research: Atmospheres, 94（D15）: 18379-18391.

Russell R J. 1954. Alluvial morphology of Anatolian rivers. Annals of the Association of American Geographers, 44（4）: 363-391.

Rust B R. 1972. Structure and process in a braided river. Sedimentology, 18（3-4）: 221-245.

Rust B R. 1981. Sedimentation in an aridzone anastomosing fluvial system: Cooper's Creek, central Australia. Journal of Sedimentary Research, 51（3）: 745-755.

Rust B R. 1984. Proximal braidplain deposits in the Middle Devonian Malbaie Formation of eastern Gaspé, Quebec, Canada. Sedimentology, 31（5）: 675-695.

Rust B R, Gostin V A. 1981. Fossil transverse ribs in Holocene alluvial fan deposits, Depot Creek, South Australia. Journal of Sedimentary Research, 51（2）: 441-444.

Rust B R, Jones B G. 1987. The Hawkesbury Sandstone south of Sydney, Australia: Triassic analogue for the deposit of a large braided river. Journal of Sedimentary Research, 57（2）: 222-233.

Rust R B, Nanson G C. 1989. Bedload transport of mud as pedogenic aggregates in modern and ancient rivers. Sedimentology, 36（2）: 291-306.

Ryer T A, Langer A W. 1980. Thickness change involved in the peat-to-coal transformation for a bituminous coal of Cretaceous age in central Utah. Journal of Sedimentary Research, 50（3）: 987-992.

Sanders W J, Nemec W, Aldinucci M, et al. 2014. Latest evidence of Palaeoamasia（Mammalia, Embrithopoda）in Turkish Anatolia. Journal of Vertebrate Paleontology, 34(5): 1155-1164.

Sagoe K M O, Visher G S. 1977. Population breaks in grainsize distributions of sand: A theoretical model. Journal of Sedimentary Research, 47（1）: 285-310.

Sahu B K. 1964. Depositional mechanisms from the size analysis of clastic sediments. Journal of Sedimentary Research, 34（1）: 73-83.

Saleeby J S. 1983. Accretionary tectonics of the North American Cordillera. Annual Review of Earth and Planetary Sciences, 11(1): 45-73.

Salveson J O. 1978. Variations in the geology of rift basins; a tectonic model//Conference Proceedings Los Alamos National Laboratory, 7487(C): 82-86.

Schermer E, Howell D G, Jones D L. 1984. The origin of allochthonous terranes: Perspectives on the growth and shaping of continents. Annual Review of Earth and Planetary Sciences, 12(1): 107-131.

Schlumberger L. 1970. Fundamental of Dipmeter Interpretation. New York: Schlumberger Ltd.

Scholz C A, Rosendahl B R, Scott D L . 1990. Development of coarse-grained faces in lacustrine rift basins: Examples from East Africa. Geology, 18（2）: 140-144.

Schumm S A, Mosley M P, Weaver W E. 1987. Experimental Fluvial Geomorphology. New York: Wiley.

Seeber L, Gornitz V. 1983. River profiles along Himalayan arc as indicators of active tectonics. Tectonophysics, 92（4）: 335341-337367.

Sengör A M C. 1976. Collision ofirregular continental margins: Implications for foreland deformation of Alpinetype orogens. Geology, 4（12）: 779-782.

Şengör A M C. 1984. The cimmeride orogenic system and the tectonics of eurasia. Geological Society of America Special Papers, 195: 1-74.

Şengör A M C. 1987. Tectonics of the Tethysides: Orogenic collage development in a collisional setting. Annual Review of Earth and Planetary Sciences, 15(1): 213-244.

Serra O. 1989. Formation Microscanner Imager Interpretation. Houston: Schlumberger Educational Services.

Shan J F, Yan H L, Zhao Z J et al. 2015. Causes and process analysis of calcareous interbeds in paleo-sedimentary period. Science Technology and Engineering, 15(21): 81-86.

Shanley K W, McCabe P J. 1991. Predicting facies architecture through sequence stratigraphy-an example from the Kaiparowits Plateau, Utah. Geology, 19（7）: 742-745.

Shanley K W, McCabe P J. 1994. Perspectives on the sequence stratigraphy of continental strata. American Association of Petroleum Geologists Bulletin, 78 (4): 544-568.

Shanley K W, McCabe P J, Hettinger R D. 1992. Tidal influences in Cretaceous fluvial strata from Utah, USA: A key to sequence stratigraphic interpretation. Sedimentology, 39 (5): 905-930.

Shannon P M, Naylor D. 1989. Petroleum Basin Studies. London: Graham and Trotman.

Sharp R P, Nobles L H. 1953. Mudflows in 1941 at Wrightwood, southern California. Geological Society of America Bulletin, 64 (5): 547-560.

Shaui D, Qian K, Song Y, et al. 1988. Stratigraphic-lithologic oil and gas pools in the Jiyang Depression, China//Circum-Pacific Council for Energy and Mineral Resources Earth Science Series, Vol10. Houston: Circun Pacific Council.

Shelton J W. 1967. Stratigraphic models and general criteria for recognition of alluvial, barrier-bar, and turbidity-current sand deposits. American Association of Petroleum Geologists Bulletin, 51 (12): 2441-2461.

Shu L, Finlayson B. 1993. Flood management on the lower Yellow River: Hydrological and geomorphological perspectives. Sedimentary Geology, 85 (1-4): 285-296.

Shultz A W. 1984. Subaerial debris-flow deposition in the Upper Paleozoic Cutler Formation, western Colorado. Journal of Sedimentary Research, 54 (3): 759-772.

Shultz E H. 1982. The chronosome and supersome: Terms proposed for low-rank chronostratigraphic units. Bulletin of Canadian Petroleum Geology, 30 (1): 29-33.

Simlote V N, Ebanks WI Jr, Eslinger AV, et al. 1985. Synergistic evaluation of a complex conglomerate reservoir for EOR, Barrancas Formation. Technol Journal of petroleum technology, 37 (2): 295-305.

Simons D B, Richardson E V. 1961. Forms of bed roughness in alluvial channels. Journal of the Hydraulics Division, 87(3): 87-105.

Sinclair H D, Allen P A. 1992. Vertical versus horizontal motions in the Alpine orogenic wedge: Stratigraphic response in the foreland basin. Basin Research, 4 (3-4): 215-232.

Singh H, Parkash B, Gohain K. 1993. Facies analysis of the Kosi megafan deposits. Sedimentary Geology, 85 (1-4): 87-113.

Singh I B, Kumar S. 1974. Mega-and giant ripples in the Ganga, Yamuna, and Son Rivers, Uttar Pradesh, India. Sedimentary Geology, 12 (1): 53-66.

Sinha R, Friend P F. 1994. River systems and their sediment flux, Indo-Gangetic plains, northern Bihar, India. Sedimentology, 41 (4): 825-845.

Slingerland R, Smith R D. 2004. River avulsions and their deposits. Annual Review of Earth and Planetary Sciences, 32(32): 257-285.

Sloss L L. 1962. Stratigraphic models in exploration. Journal of Sedimentary Research, 32 (3): 1050-1057.

Sloss L L. 1963. Sequences in the cratonic interior of North America. Geological Society of America Bulletin, 74 (2): 93-113.

Smith D G. 1986. Anastomosing river deposits, sedimentation rates and basin subsidence, Magdalena River, northwestern Colombia, South America. Sedimentary Geology, 46 (3-4): 177-196.

Smith D G, Putnam P E. 1980. Anastomosed river deposits: Modern and ancient examples in Alberta, Canada. Canadian Journal of Earth Sciences, 17 (10): 1396-1406.

Smith G A. 1994. Climatic influences on continental deposition during late-stage filling of an extensional basin, southeastern Arizona. Geological Society of America Bulletin, 106 (9): 1212-1228.

Smith G L B, Eriksson K A. 1979. A fluvioglacial and glaciolacustrine deltaic depositional model for Permo-Carboniferous coals of the northeastern Karoo Basin, South Africa. Palaeogeography, Palaeoclimatology, Palaeoecology, 27: 67-84.

Smith N D. 1974. Sedimentology and bar formation in the upper Kicking Horse River, a braided outwash stream. The Journal of Geology, 82(2): 205-224.

Smoot J P. 1983. Depositional subenvironments in an arid closed basin; the Wilkins Peak Member of the Green River Formation (Eocene), Wyoming, USA. Sedimentology, 30(6): 801-827.

Soeparjadi R A, Valachi L Z, Sosromihardjo S. 1986. Oil and gas developments in Far East in 1985. American Association of Petroleum Geologists Bulletin, 70 (10): 1479-1565.

Sonnenberg S A. 1987. Tectonic, sedimentary, and seismic models for D sandstone, Zenith field area, Denver Basin, Colorado. American Association of Petroleum Geologists Bulletin, 71 (11): 1366-1377.

Sorby H C. 1852. On the oscillation of the currents drifting the sandstone beds of the southeast of Northumberland, and on their general direction in the coalfield in the neighbourhood of Edinburgh. Proceedings of the Geological and Polytechnic Society of the West Riding of Yorkshire, 3: 232-240.

Sorby H C. 1859. On the structures produced by the currents present during the deposition of stratified rocks. Geologist, 2 (4): 137-147.

Southard J B, Boguchwal L A, Romea R D. 1980. Test of scale modelling of sediment transport in steady unidirectional flow. Earth Surface Processes, 5 (1): 17-23.

Srivastava P, Parkash B, Sehgal J L, et al. 1994. Role of neotectonics and climate in development of the Holocene geomorphology and soils of the Gangetic Plains between the Ramganga and Rapti rivers. Sedimentary Geology, 94 (1-2): 129-151.

Stamp L D. 1925. Seasonal rhythms in the Tertiary sediments of Burma. Geological Magazine, 62 (11): 515-528.

Stancliffe RJ, Adams ER. 1986. Lower Tuscaloosa fluvial channel styles at Liberty field, Amite County, Mississippi. Gulf Coast Association of Geological Societies Transactions, 36: 305-313.

Stanley K O. 1976. Sandstone petrofacies in the Cenozoic High Plains sequence, eastern Wyoming and Nebraska. Geological Society of America Bulletin, 87 (2): 297-309.

Stanley K O, Wayne W J. 1972. Epeirogenic and climatic controls of Early Pleistocene fluvial sediment dispersal in Nebraska. Geological Society of America Bulletin, 83 (12): 3675-3690.

Stanmore P J, Johnstone E M. 1988. The search for stratigraphic traps in the southern Patchawarra Trough, South Australia. The Australian Petroleum Production & Exploration Association Journal, 28: 156-165.

Stapp R W. 1967. Relationship of Lower Cretaceous depositional environment to oil accumulation, northeastern Powder River Basin, Wyoming. American Association of Petroleum Geologists Bulletin, 51 (10): 2044-2055.

Statham I. 1976. Debris flows on vegetated screes in the Black Mountain, Carmarthenshire. Earth Surface Processes, 1 (2): 173-180.

Stear W M. 1985. Comparison of the bedform distribution and dynamics of modern and ancient sandy ephemeral flood deposits in the southwestern Karoo region, South Africa. Sedimentary Geology, 45 (3): 209-230.

Steel R J. 1974. New Red Sandstone floodplain and piedmont sedimentation in the Hebridian Province, Scotland. Journal of Sedimentary Research, 44 (2): 336-357.

Steel R J, Maehl S, Nilsen H, et al. 1977. Coarsening-upward cycles in the alluvium of Hornelen Basin (Devonian), Norway. Sedimentary response to tectonic events. Geological Society of America Bulletin, 88 (8): 1124-1134.

Stephens M. 1994. Architectural element analysis within the Kayenta Formation (Lower Jurassic) using ground-probing radar and sedimentological proftling, southwestern Colorado. Sedimentary Geology, 90 (3): 179-211.

Stevaux J C, Souza I A. 2004. Floodplain construction in an anastomosed river. Quaternary International, 114 (1): 55-65.

Stockrnal G S, Beaumont C, Boutilier R. 1986. Geodynamic models of convergent margin tectonics: Transition from rifted margin to overthrust belt and consequences for foreland-basin development. American Association of Petroleum Geologists Bulletin, 70 (2): 181-190.

Stott D F, Aitken J D. 1993. Sedimentary Cover of the Craton in Canada.Ottawa: Canada Communications Group..

Stølum H H. 1998. Planform geometry and dynamics of meandering rivers. Geological Society of America Bulletin, 110 (11): 1485-1498.

Strecker U, Steidtmann J R, Smithson S B. 1999. A conceptual tectonostratigraphic model for seismic facies migrations in a fluvio-lacustrine extensional basin. AAPG bulletin, 83 (1): 43-61.

Strong N, Paola C. 2008. Valleys that never were: time surfaces versus stratigraphic surfaces. Journal of Sedimentary Research, 78

(8): 579-593.

Stuart W J, Kennedy S, Thomas A D. 1988. The influence of structural growth and other factors on the configuration of fluviatile sandstones, Permian Cooper Basin. The Australian Petroleum Production & Exploration Association Journal, 28: 255-266.

Summerson CH. 1976. Sorby on sedimentology: a collection of papers from 1851 to 1908 by Henry Clifton Sorby. Geological Milestones I. Miami: Comparative sedimentology laboratory, University of Miami.

Swift D J P, Hudelson P M, Brenner R L, et al. 1987. Shelf construction in a foreland basin: Storm beds, shelf sandbodies, and shelf-slope depositional sequences in the Upper Cretaceous Mesaverde Group, Book Cliffs, Utah. Sedimentology, 34 (3): 423-457.

Tandon S K, Gibling M R. 1994. Calcrete and coal in late Carboniferous cyclothems of Nova Scotia, Canada: Climate and sea-level changes linked. Geology, 22 (8): 755-758.

Tang Z. 1982. Tectonic features of oil and gas basins in eastern part of China. American Association of Petroleum Geologists Bulletin, 66 (5): 509-521.

Tankard A J, Jackson M P A, Eriksson K A, et al. 1982. Crustal evolution of Southern Africa. New York, Berlin Heidelberg: Springer.

Tanner W F. 1955. Paleogeographic reconstructions from cross-bedding studies. American Association of Petroleum Geologists Bulletin, 39 (12): 2471-2483.

Teng L S. 1990. Geotectonic evolution of late Cenozoic arc-continent collision in Taiwan. Tectonophysics 183 (1): 57-76.

Thalcur G C. 1991. Waterflood surveillance techniques: A reservoir management approach. Journal of Petroleum Technology, 43 (10): 1180-1192.

Theriault P, Desrochers A. 1993. Carboniferous calcretes in the Canadian Arctic. Sedimentology, 40 (3): 449-466.

Thomson J. 1876. On the windings for rivers in alluvial plains, with remarks on the flow of water round bends in pipes. Proceedings of the Royal Society of London, 25 (171-178): 5-8.

Titheridge D G. 1993. The influence of half-graben syndepositional tilting on thickness variation and seam splitting in the Brunner Coal Measures, New Zealand. Sedimentary Geology, 87 (3): 195-213.

Todd S P, Went D J. 1991. Lateral migration of sand-bed rivers: Examples from the Devonian Glashabeg Formation, SW Ireland and the Cambrian Alderney Sandstone Formation, Channel Islands. Sedimentology, 38 (6): 997-1020.

Tolman C F. 1909. Erosion and deposition in the southern Arizona bolson region. The Journal of Geology, 17 (2): 136-163.

Törnqvist T E. 1993. Holocene alternation of meandering and anastomosing fluvial systems in the Rhine-Mesue delta (central Netherlands) controlled by sea-level rise and subsoil erodibility. Journal of Sedimentary Research, 63 (4): 683-693.

Törnqvist T E, Weerts H J T, Berendsen H J A, 1993a. Definition of 2 new members in the Upper Kreftenheye and twente formations (Quaternary, The Netherlands): A final-solution to persistent confusion. Geologie en Mijnbouw, 72(3): 251-264.

Törnqvist T E, van Ree M H M, Faessen E L J H. 1993b. Longitudinal facies architectural changes of a Middle Holocene anastomosing distributary system (Rhine-Meuse delta, central Netherlands). Sedimentary Geology, 85 (1): 203-219.

Törnqvist T E. 1994. Middle and late Holocene avulsion history of the River Rhine (Rhine Meuse delta, Netherlands). Geology, 22 (8): 711-714.

Trewin N H. 1993. Controls on fluvial deposition in mixed fluvial and aeolian facies within the Tumblagooda Sandstone (Late Silurian) of Western Australia. Sedimentary Geology, 85 (1): 387-400.

Trifonov V G. 1978. Late Quaternary tectonic movements of western and central Asia. Geological Society of America Bulletin, 89 (7): 1059-1072.

Trowbridge A C. 1911. The terrestrial deposits of Owens Valley, California. The Journal of Geology, 19 (8): 706-747.

Turner B R. 1983. Braidplain deposition of the Upper Triassic Molteno Formation in the main Karoo (Gondwana) Basin, South Africa. Sedimentology, 30 (1): 77-89.

Turner P. 1980. Continental Red Beds. Amsterdam: Elsevier Scientific.

Tüysüz O. 1999. Geology of the Cretaceous sedimentary basins of the Western Pontides. Geological Journal, 34 (1-2), 75-93.

Twenhofel W H. 1932. Treatise on Sedimentation. 2nd edn. New York: Williams and Wilkins.

Udden J A. 1914. Mechanical composition of clastic sediments. Geological Society of America Bulletin, 25 (1): 655-744.

Vail P R. 1987. Seismic stratigraphy interpretation using sequence stratigraphy: Part 1: Seismic stratigraphy interpretation procedure. AAPG Special Volumes. 1:1-10.

Vail P R, Mitchum R M Jr, Thompson III S. 1977. Seismic Stratigraphy and Global Changes of Sea Level: Part 3. Relative Changes of Sea Level from Coastal Onlap: Section 2. Application of Seismic Reflection Configuration to Stratigrapic Interpretation. AAPG Special Volumes: Memoir 26: 63-81.

Vandenberghe J, Kasse C, Bohnke S, et al. 1994. Climate related river activity at the Weichselian-Helocene transition: a comparative study of the Warta and Maas rivers. Terra Nova, 6 (5): 476-485.

van Houten F B. 1973. Origin of red beds: A review-1961-1972. Annual Review of Earth and Planetary Sciences, 1 (1): 39-61.

van Overmeeren R A, Staal J H. 1976. Floodfan sedimentation and gravitational anomalies in the Salar de Punta Negra, northern Chile. Geologische Rundschau, 65 (1): 195-211.

van Wagoner J C, Nummedal D, Jones C R, et al 1991. Sequence stratigraphy applications to shelf sandstone reservoirs. American Association of Petroleum Geologists Bulletin Field Conference, Tulsa.

Veevers J J. 1984. Phanerozoic Earth History of Australia. Oxford: Oxford University Press.

Vincent P, Gartner J E, Attali G. 1977. Geodip: An approach to detailed dip determination using correlation by pattern recognition. Journal of Petroleum Technology, 31 (2): 232-240.

Viseras C, Fernandez J. 1994. Channel migration patterns and related sequences in some alluvial fan valleys. Sedimentary Geology, 88 (3-4): 201-217.

Visher G S. 1964. Fluvial processes as interpreted from ancient and recent fluvial deposits. American Association of Petroleum Geologists Bulletin, 48 (2): 116-132.

Visser J N J, Dukas B A. 1979. Upward-fining fluviatile megacycles in the Beaufort Group, north of Graaff Reinet, Cape Province. Transactions of the Geological Society of South Africa, 82 (149): 149-154.

Visser M J. 1980. Neap-spring cycles reflected in Holocene subtidal large-scale bedform deposits: A preliminary note. Geology, 8 (11): 543-546.

Voris H K. 2000. Maps of Pleistocene sea levels in Southeast Asia: Shorelines, river systems and time durations. Journal of Biogeography, 27 (5): 1153-1167.

Von Zittel K A. 1901. History of geology and paleontology to the end of the nineteenth century (translated by MM Ogilvie-Gordon). London: Scott.

Vos R G, Tankard A J. 1981. Braided fluvial sedimentation in the Lower Paleozoic Cape Basin, South Africa. Sedimentary Geology, 29 (2): 171-193.

Wadman D H, Lamprecht D E, Mrosovsky I. 1979. Joint geologic/engineering analysis of the Sadlerochit reservoir, Prudhoe Bay field. Journal of Petroleum Technology, 31 (7): 933-940.

Walker R G. 1976. Facies models 3: Sandy fluvial systems. Geoscience Canada, 3 (2): 101-109.

Walker R G. 1984. Facies model.s 2nd edn. Newfoundland: Geological Association of Canada.

Walker R G, James N P. 1992. Facies models: Response to sea level change. Newfoundland: Geological Association of Canada.

Walker T R. 1967. Formation of red beds in modern and ancient deserts. Geological Society of America Bulletin, 78 (3): 353-368.

Wang Q M, Coward M P. 1993. The Jiuxi Basin, Hexi corridor, NW China: Foreland structural features and hydrocarbon potential. Journal of Petroleum Geology, 16 (2): 169-182.

Wanless H R, Tyrrell K M, Tedesco L P, et al. 1988. Tidal-flat sedimentation from Hurricane Kate, Caicos platform, British West Indies. Journal of Sedimentary Research, 58 (4): 724-738.

Wards B J. 1988. The geology of the Mount Horner oilfield, Perth Basin, Western Australia. The Australian Petroleum Production & Exploration Association Journal, 28 (1): 88-99.

Waters K H, Rice J W. 1975. Some statistical and probabilistic techniques to optimize the search for stratigraphic traps using seismic data. Tokyo: Ninth World Petroleum Congress Proceedings.

Weimer R J. 1960. Upper Cretaceous stratigraphy, Rocky Mountain area. American Association of Petroleum Geologists Bulletin, 44（1）: 1-20.

Wells N A, Dorr J A Jr. 1987. Shifting of the Kosi River, northern India. Geology, 15（3）: 204-207.

Wells S G, Harvey A M. 1987. Sedimentologic and geomorphic variations in storm-generated alluvial fans, Howgill fells, northwest England. Geological Society of America Bulletin, 98（2）: 182-198.

Wentworth C K. 1922. A scale of grade and class terms for clastic sediments. The Journal of Geology, 30（5）: 377-392.

Wescott W A. 1993. Geomorphic thresholds and complex response of fluvial systems - some implications for sequence stratigraphy. American Association of Petroleum Geologists Bulletin, 77（7）: 1208-1218.

Wheeler H E. 1959. Stratigraphic Units in space and time. American Journal of Science, 257（10）: 692-706.

White D A. 1980. Assessing oil and gas plays in facies cycle wedges. American Association of Petroleum Geologists Bulletin, 64（8）: 1158-1178.

White D A. 1988. Oil and gas play maps in exploration and assessment. American Association of Petroleum Geologists Bulletin, 72（8）: 944-949.

Wightman D M, Tilley B J, Last B M. 1981. Stratigraphic traps in channels sandstones in the upper Mannville（Albian）of east central Alberta: Discussion. Bulletin of Canadian Petroleum Geology, 29（4）: 622-625.

Willis B J. 1993. Evolution of Miocene fluvial systems in the Himalayan foredeep through a two kilometer-thick succession in northern Pakistan. Sedimentary Geology, 88（1）: 77-121.

Wilson J L. 1975. Carbonate Fades in Geologic History. Berlin Heidelberg New York: Springer.

Basins: A review. Journal of the Geological Society, 136（3）: 311-320.

Winder C G. 1965. Alluvial cone construction by alpine mudflow in a humid temperate region. Canadian Journal of Earth Sciences, 2（4）: 270-277.

Wing S L. 1984. Relation of paleovegetation to geometry and cyclicity of some fluvial carbonaceous deposits. Journal of Sedimentary Research, 54（1）: 52-66.

Winker C D. 1982. Cenozoic shelf margins, northwest Gulf of Mexico basin. Gulf Coast Association of Geological Societies Transactions, 32: 427-448.

Winn R D Jr, Steinmetz J C, Kerekgyarto W L. 1993. Stratigraphy and rifting history of the Mesozoic-Cenozoic Anza Rift, Kenya. American Association of Petroleum Geologists Bulletin, 77（11）: 1989-2005.

Wise D U, Belt E S, Lyons P C. 1991. Clastic diversion by fold salients and blind thrust ridges in coal-swarnp development. Geology, 19（5）: 514-517.

Withrow P C. 1968. Depositional environments of Pennsylvanian Red Fork Sandstone in northeastern Anadarko Basin, Oklahoma. American Association of Petroleum Geologists Bulletin, 52（9）: 1638-1654.

Wizevich M C. 1993. Depositional controls in a bedload-dominated fluvial system: Internal architecture of the Lee Formation, Kentucky. Sedimentary Geology, 85（1）: 537-556 .

Wolman M G, Leopold L B. 1957. River flood plains: Some observations on their formation. US Geological Survey Professional Paper: 87-107.

Wolman M G, Leopold L B. 1996. River meanders. Geological Society of America Bulletin, 71（6）: 769-794.

Wood J M, Hopkins J C. 1989. Reservoir sandstone bodies in estuarine valley fill: Lower Cretaceous Glauconitic Member, Little Bow Field, Alberta, Canada. American Association of Petroleum Geologists Bulletin, 73（11）: 1361-1382.

Wood J M, Hopkins J C. 1992. Traps associated with paleovalleys and interfluves in an unconformity bounded sequence: Lower Cretaceous Glauconitic Member, southern Alberta, Canada. American Association of Petroleum Geologists Bulletin, 76（6）: 904-926.

Woodland A W, Evans W B. 1964. The geology of South Wales Coalfield, part IV: The country around Pontypridd and Maesteg, 3rd edn. London: Geological Survey of Great Britain Memoir.

Wopfner H, Callen R, Harris W K. 1974. The Lower Tertiary Eyre Formation of the southwestern Great Artesian Basin. Journal of the Geological Society of Australia, 21 (1): 17-51.

Worsley T W, Nance D, Moody J B. 1984. Global tectonics and eustasy for the past 2 billion years. Marine Geology, 58 (3): 373-400.

Worsley T W, Nance D, Moody J B. 1986. Tectonic cycles and the history of the earth's biogeochemical and paleoceanographic record. Paleoceanography, 1 (3): 233-263.

Wright L D. 1977. Sediment transport and deposition at river mouths: A synthesis. Geological Society of America Bulletin, 88 (6): 857- 868.

Wright M D. 1959. The formation of cross-bedding by a meandering or braided stream. Journal of Sedimentary Research, 29 (4): 610-615.

Wright V P. 1986. Paleosols: Their Recognition and Interpretation. Oxford: Blackwell Scientific.

Wright V P. 1990. Estimating rates of calcrete formation and sediment accretion in ancient alluvial deposits. Geological Magazine, 127 (3): 273-276.

Wright V P, Marriott S B. 1993. The sequence stratigraphy of fluvial depositional systems: The role of floodplain sediment storage. Sedimentary Geology, 86 (3): 203-210.

Yang C S, Nio S D. 1989. An ebb-tide delta depositional model: A comparison between the modern Eastern Scheidt tidal basin (southwest Netherlands) and the Lower Eocene Roda Sandstone in the southern Pyrenees (Spain). Sedimentary Geology, 64 (1): 175-196.

Yang W. 1985. Daqing oil field, People's Republic of China: A giant field with oil of nonmarine origin. American Association of Petroleum Geologists Bulletin, 69 (7): 1101-1111.

Yoshida S, Willis A, Miall A D. 1996. Tectonic control of nested sequence architectures in the Castlegate Sandstone. Journal of Sedimentary Research, 66 (4) :737-748.

Zaleha M J. 1997. Fluvial and lacustrine palaeoenvironments of the Miocene Siwalik Group, Khaur area, northern Pakistan. Sedimentology, 44 (2), 349-368.

Zarza A M A, Wright V P, Calvo J P, et al. 1992. Soil-landscape and climatic relationships in the Middle Miocene of the Madrid Basin. Sedimentology, 39 (1): 17-35.

Ziegler P A. 1982. Geological Atlas of Western and Central Europe. Elsevier, Amsterdam: Shell International Petroleum.

Ziegler P A. 1988. Evolution of the Arctic-North Atlantic and the western Tethys. American Association of Petroleum Geologists Bulletin, Special Publication, 43: 164-196.

Zonneveld J P, Gingras M K, Pemberton S G. 2001. Trace fossil assemblages in a Middle Triassic mixed siliciclastic-carbonate marginal marine depositional system, British Columbia. Palaeogeography Palaeoclimatology Palaeoecology, 166 (3-4): 249-276.

附　图

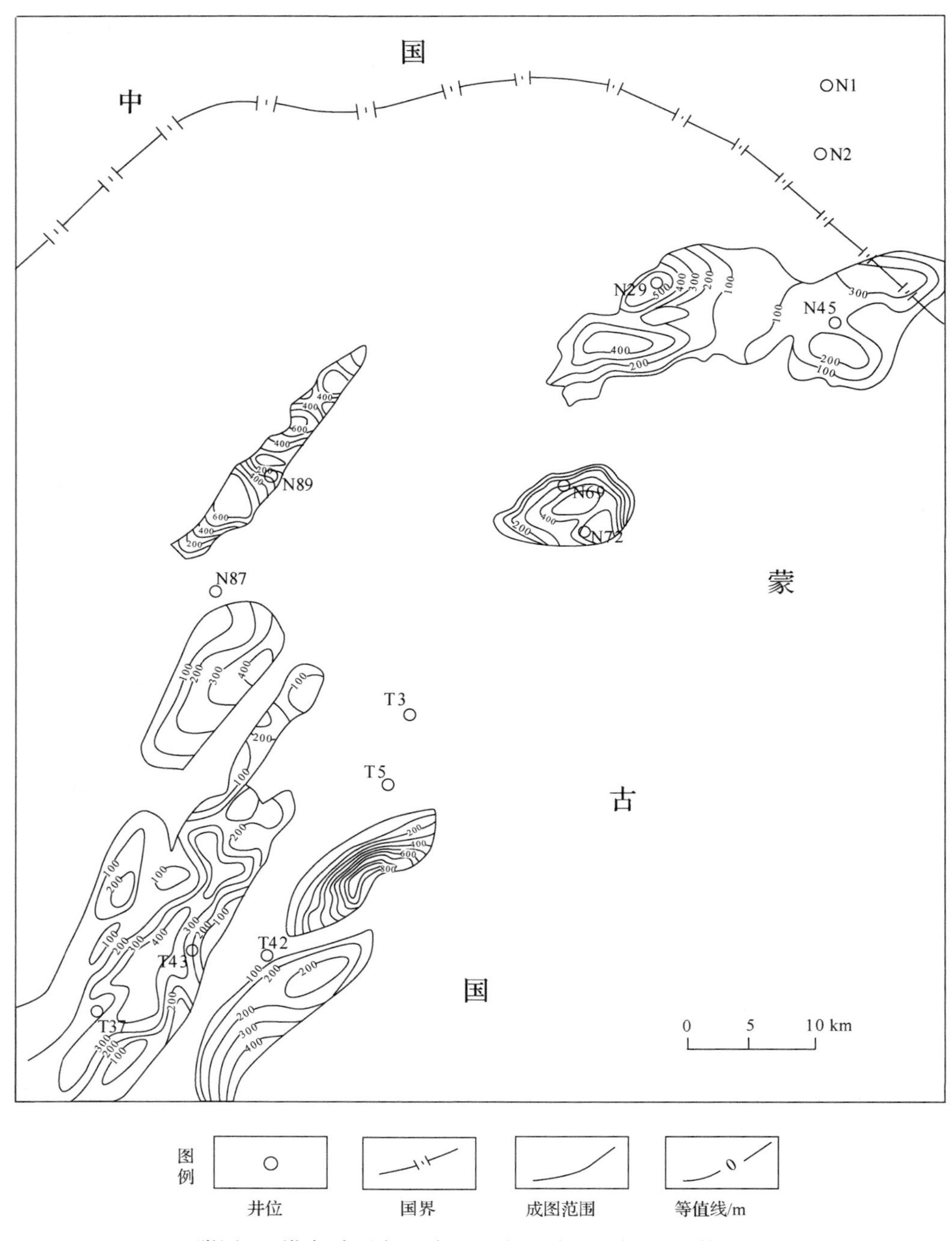

附图 1　塔南-南贝尔凹陷 SQ1(铜钵庙组下部)地层等厚图

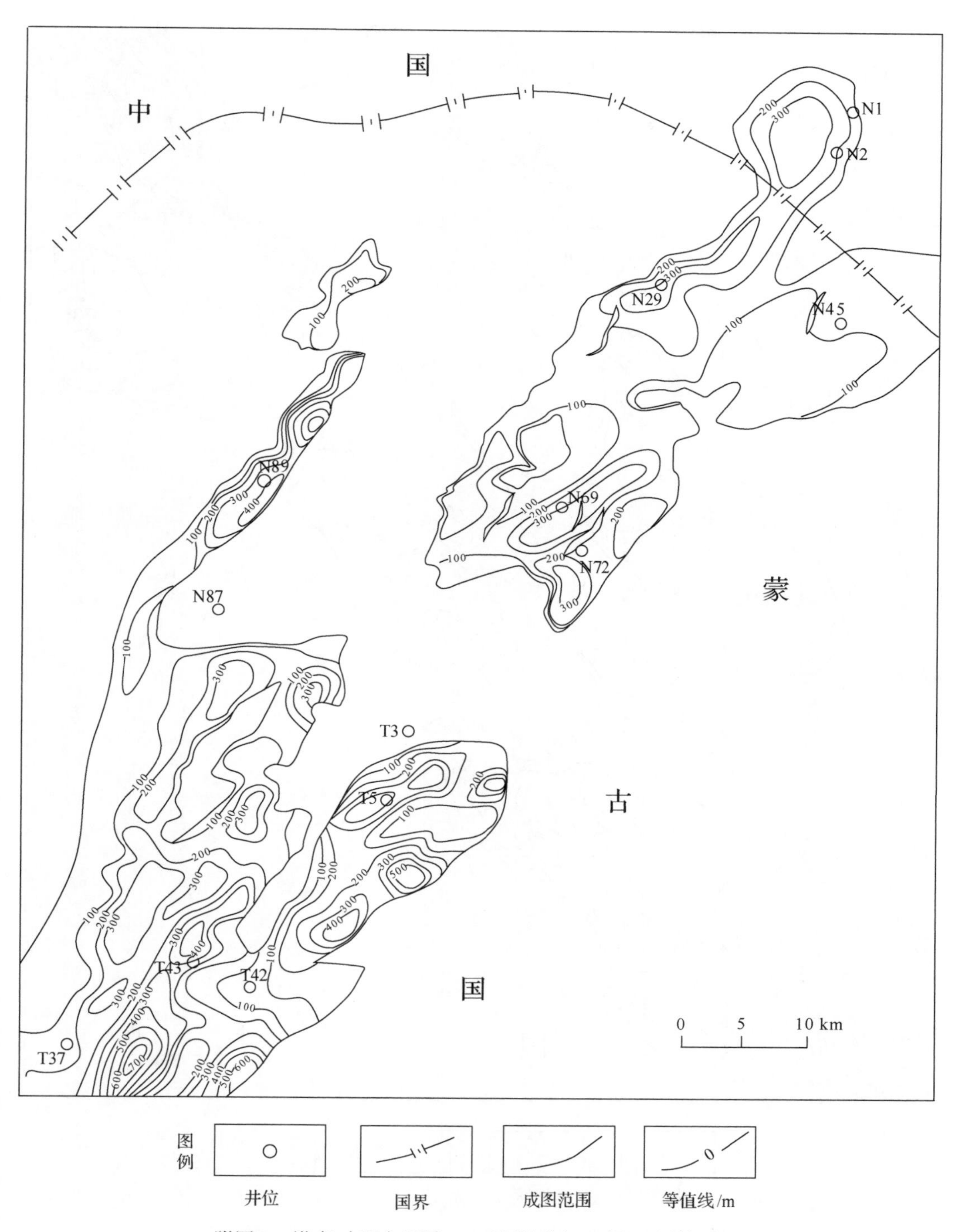

附图 2　塔南-南贝尔凹陷 SQ2(铜钵庙组上部)地层等厚图

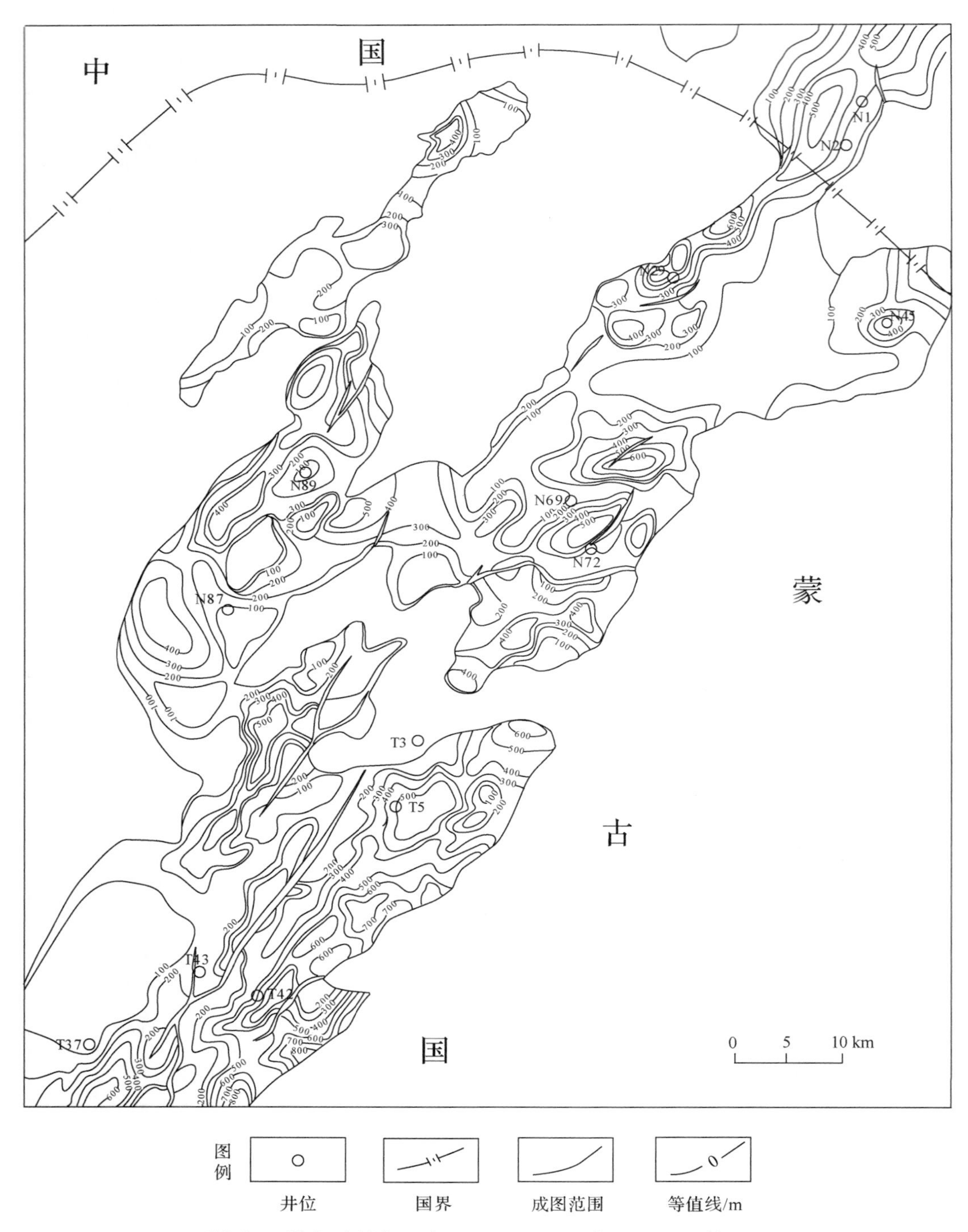

附图 3　塔南-南贝尔凹陷 SQ3 LST+TST（南一段）地层等厚图

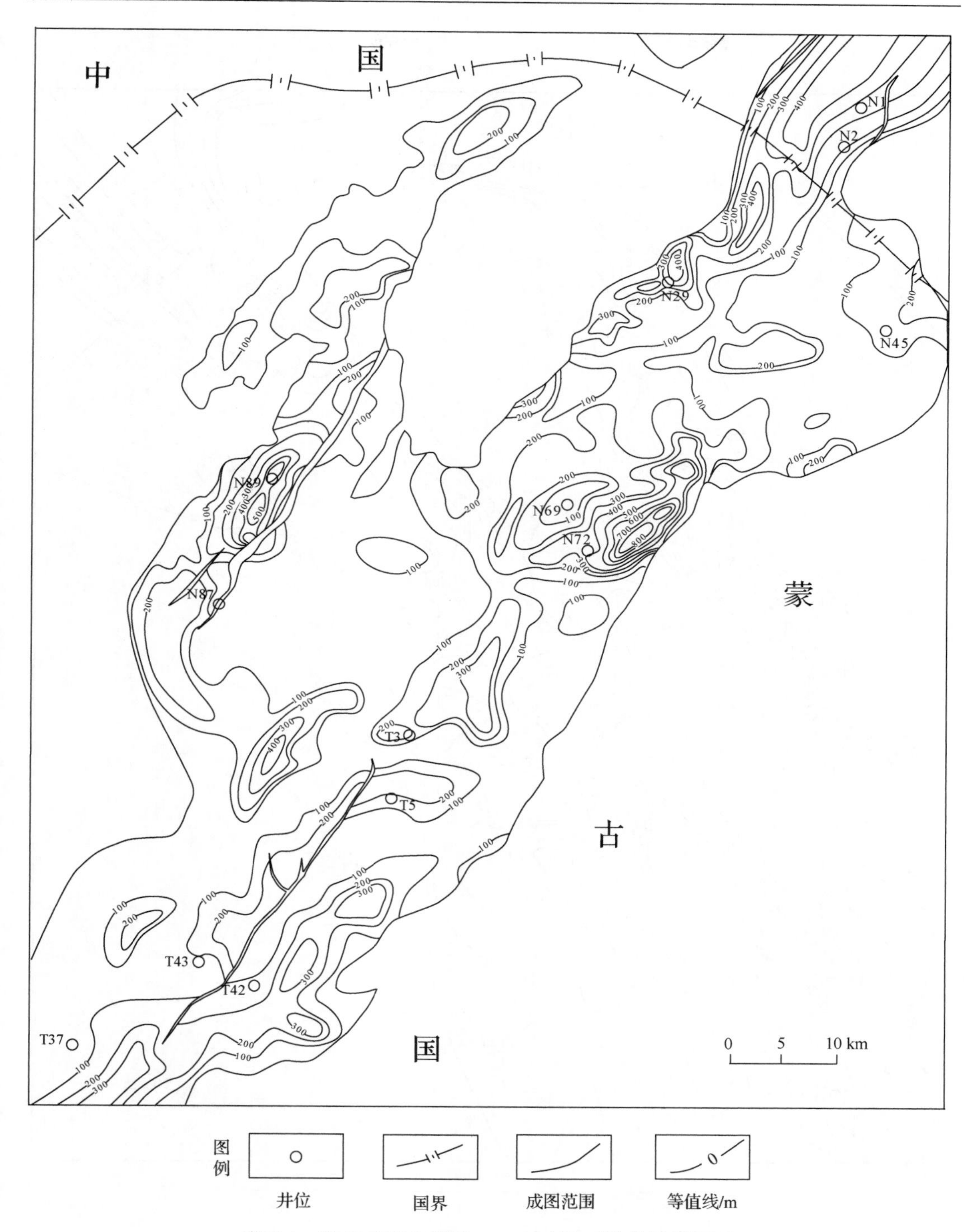

附图 4　塔南-南贝尔凹陷 SQHST(南二段)地层等厚图

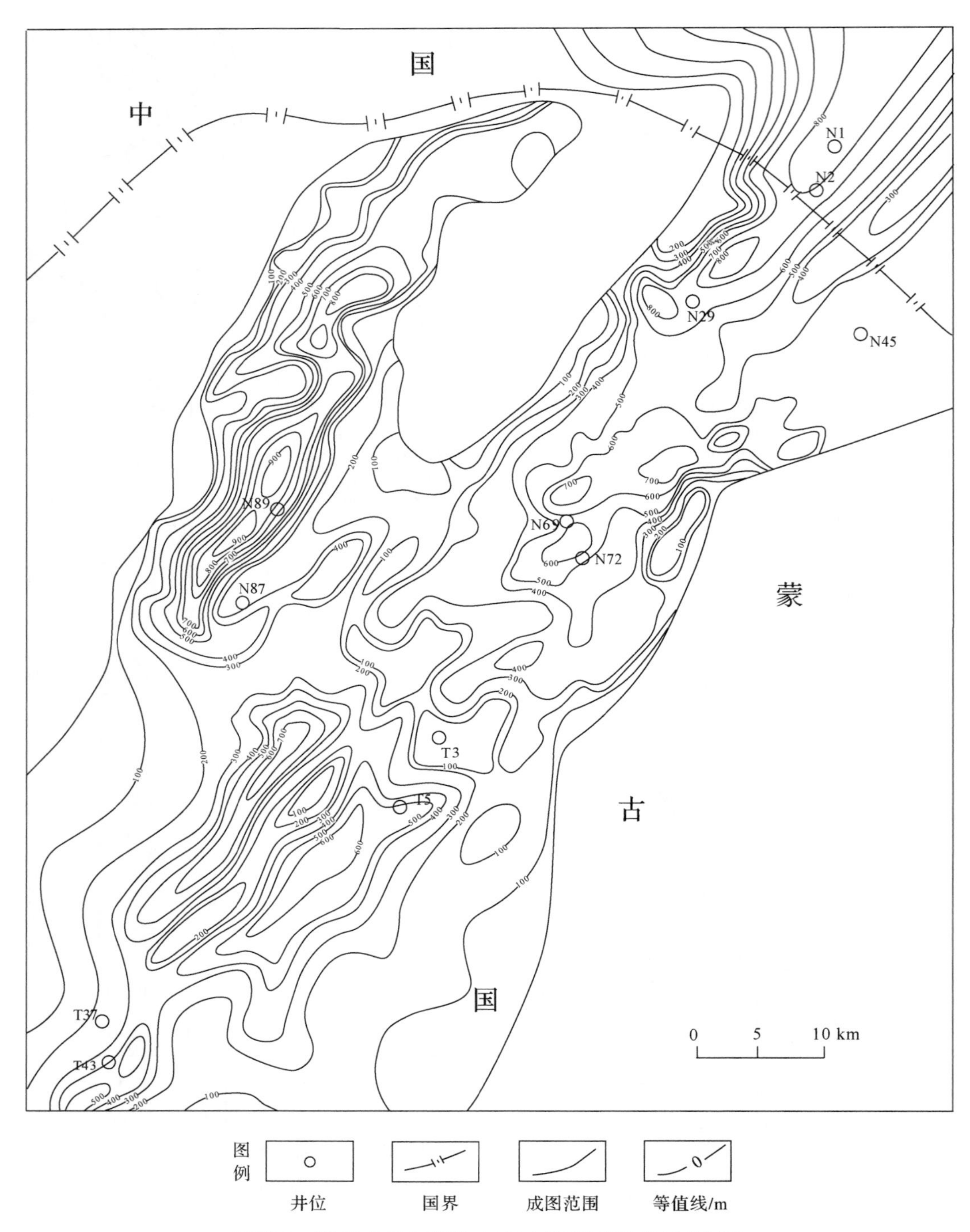

附图 5　塔南-南贝尔凹陷 SQ4(大磨拐河组)地层等厚图

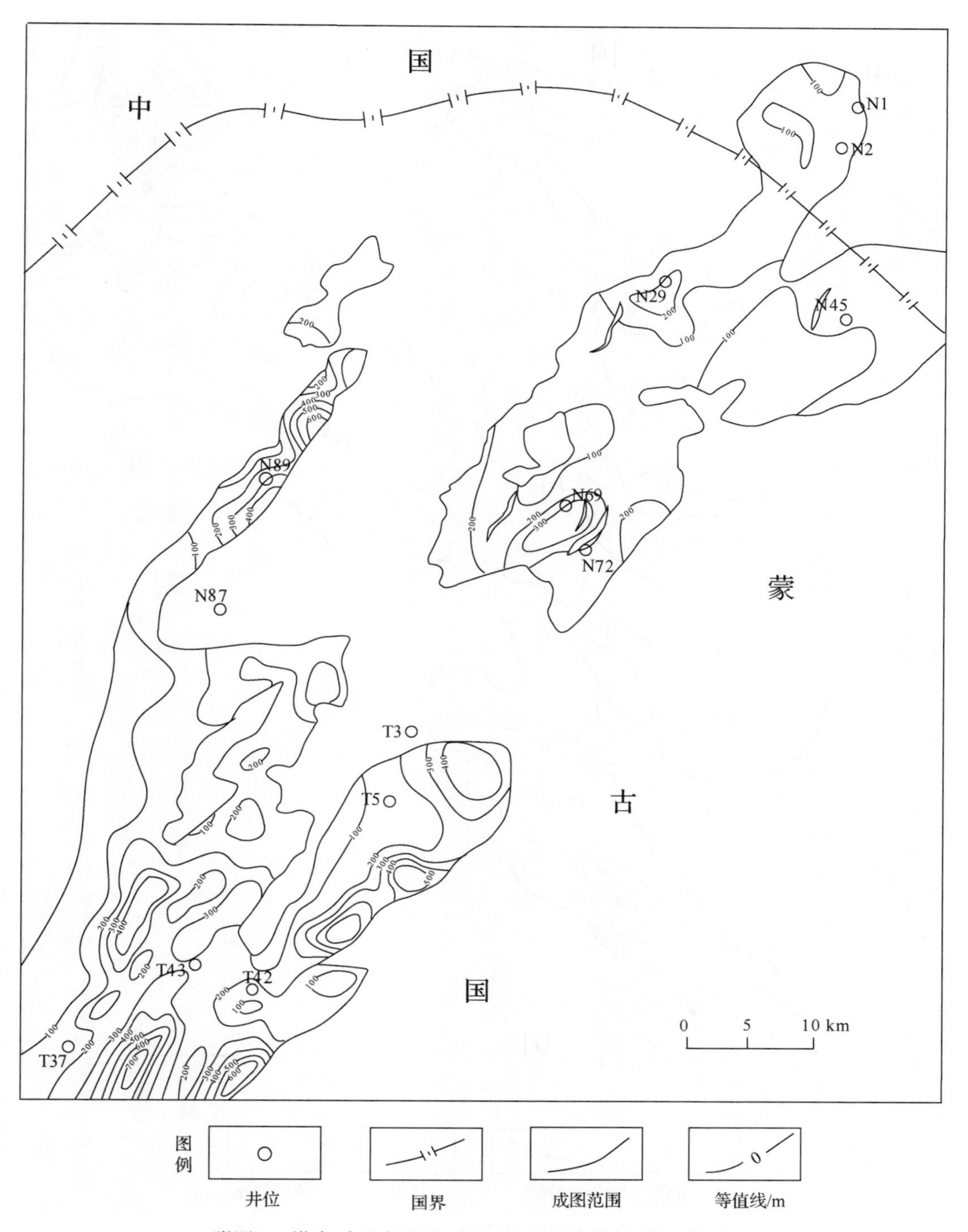

附图6 塔南-南贝尔凹陷SQ1+SQ2(铜钵庙组)砂岩等厚图

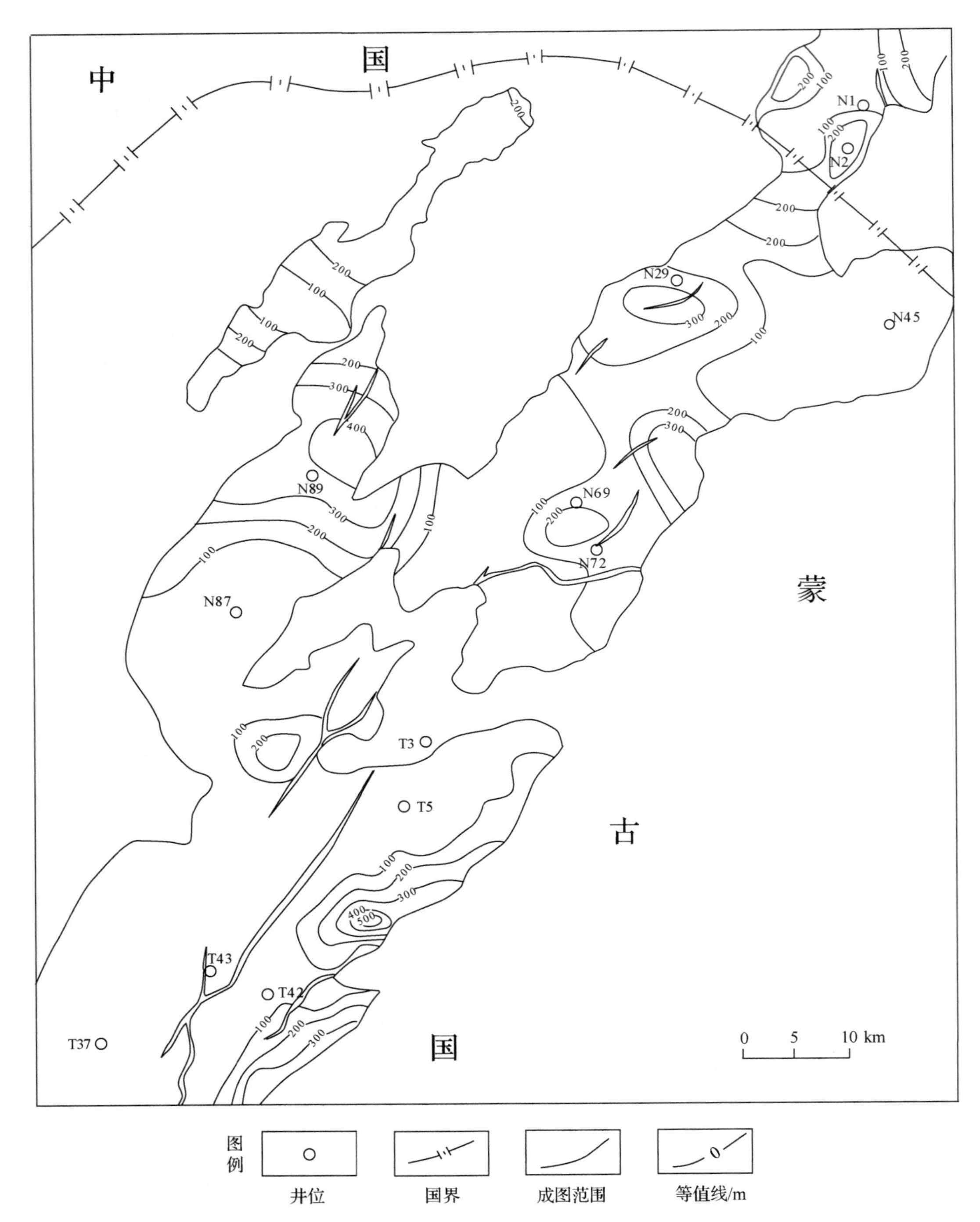

附图 7　塔南-南贝尔凹陷 SQ3 LST+TST(南一段)砂岩等厚图

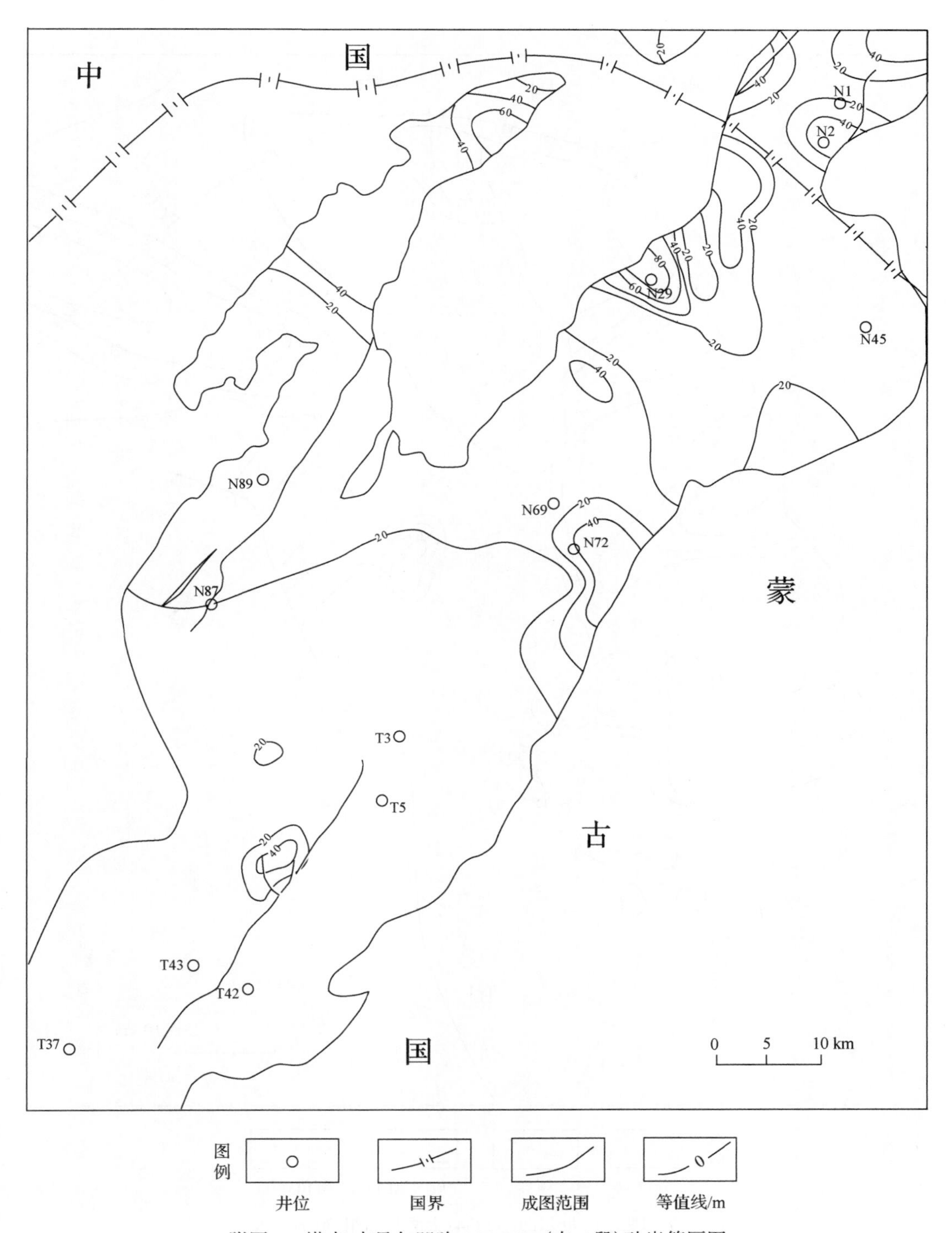

附图 8　塔南-南贝尔凹陷 SQ3 HST(南二段)砂岩等厚图

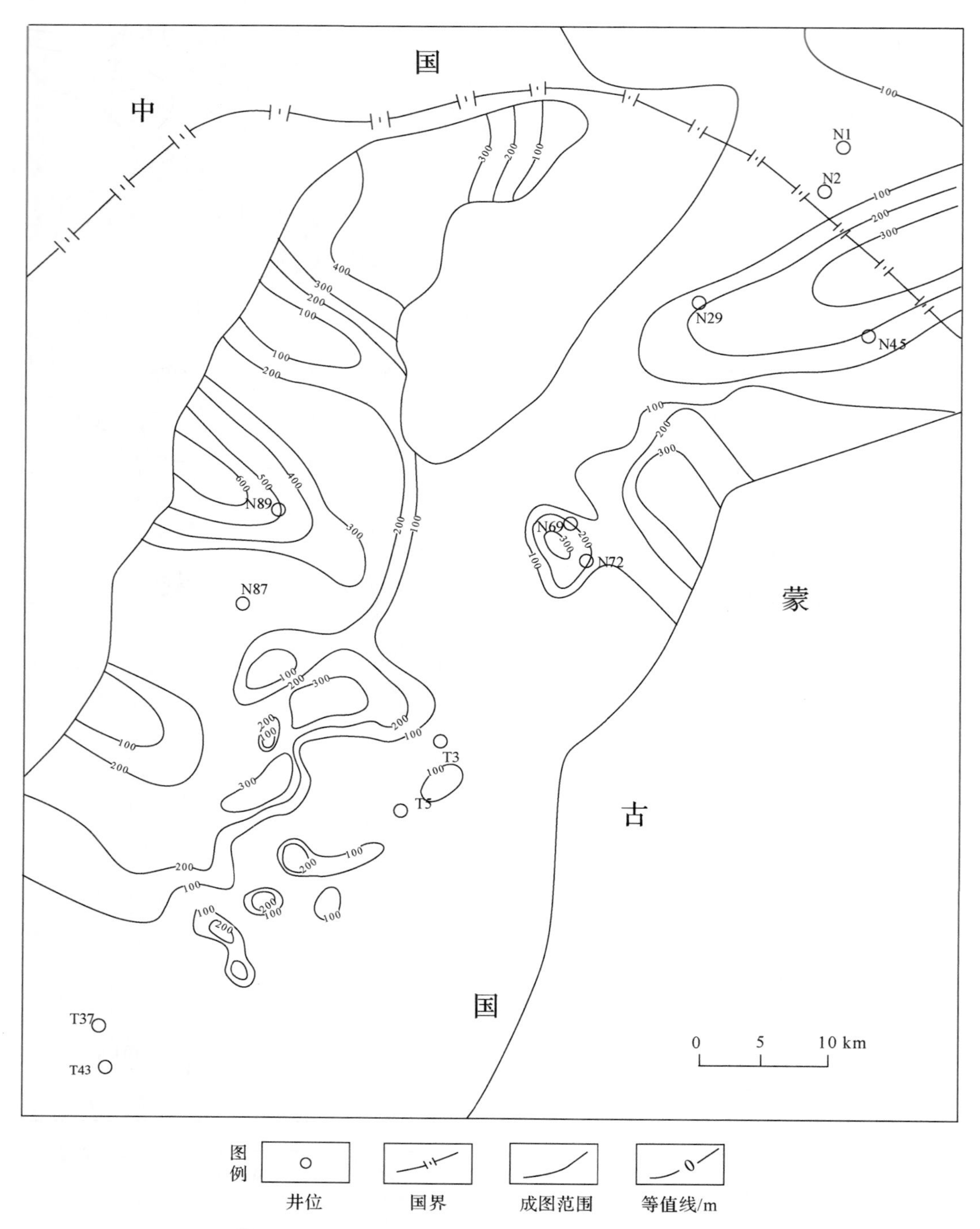

附图 9　塔南-南贝尔凹陷 SQ4（大磨拐河组）砂岩等厚图

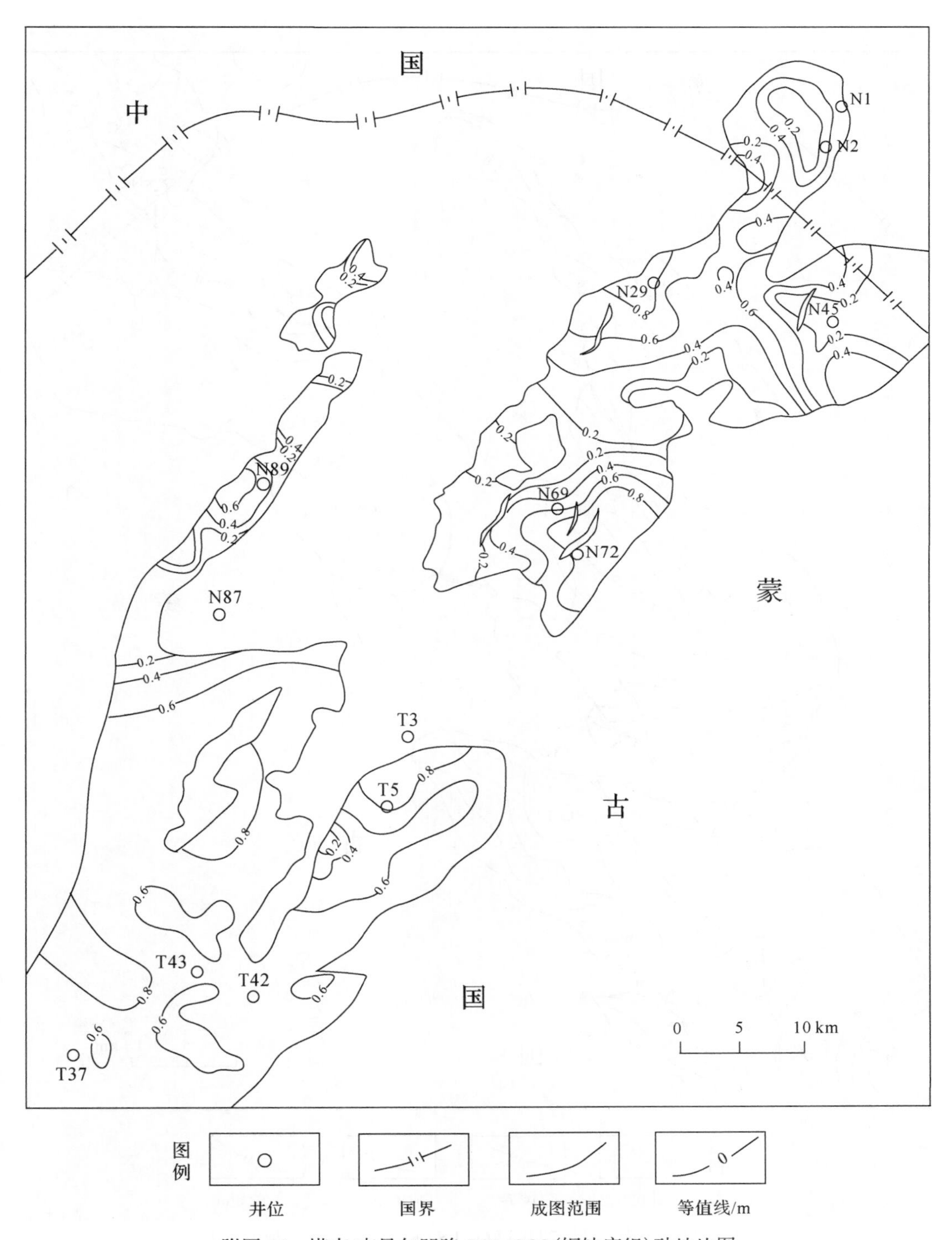

附图 10　塔南-南贝尔凹陷 SQ1+SQ2(铜钵庙组)砂地比图

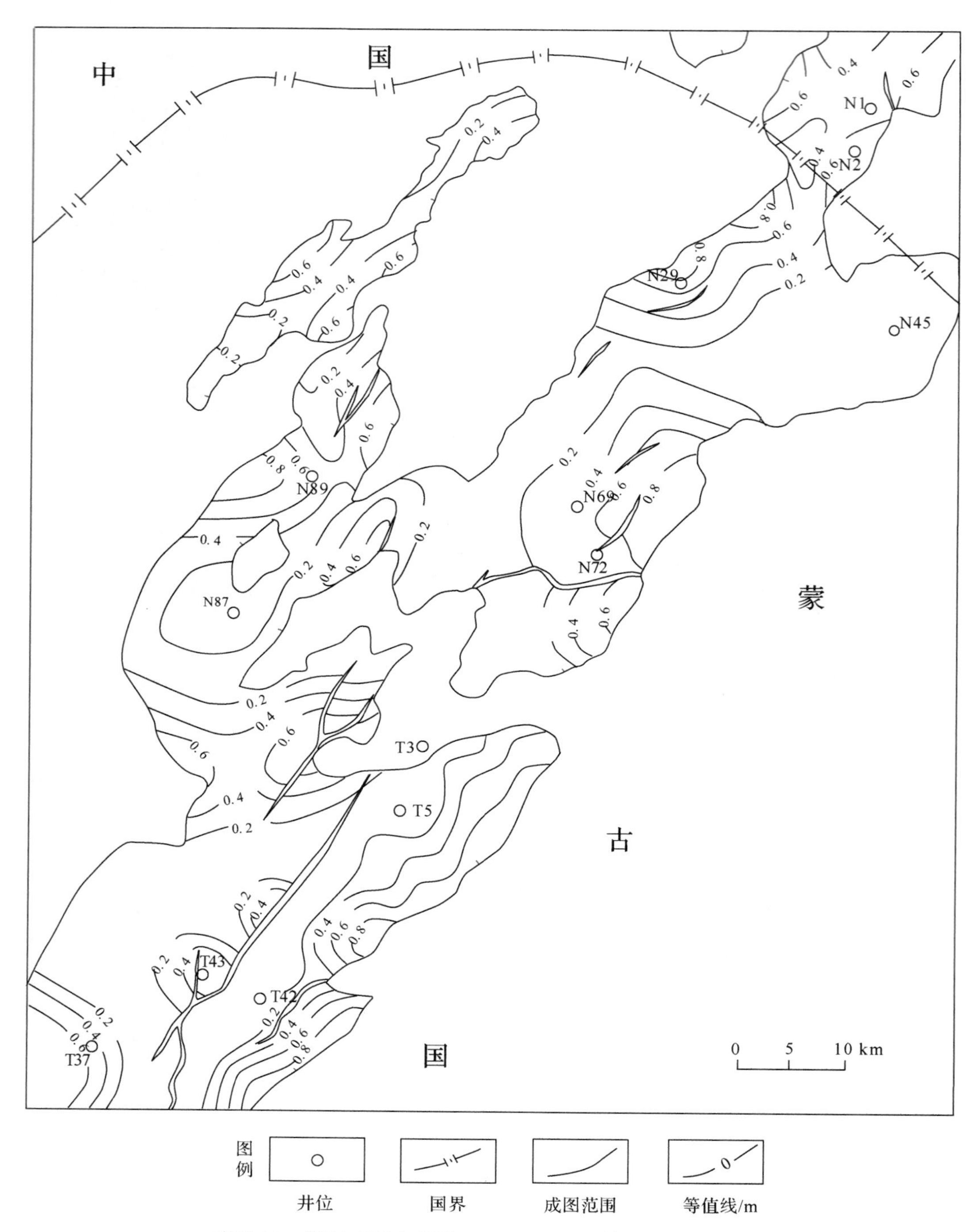

附图 11　塔南-南贝尔凹陷 SQ3 LST+TST(南一段)砂地比图

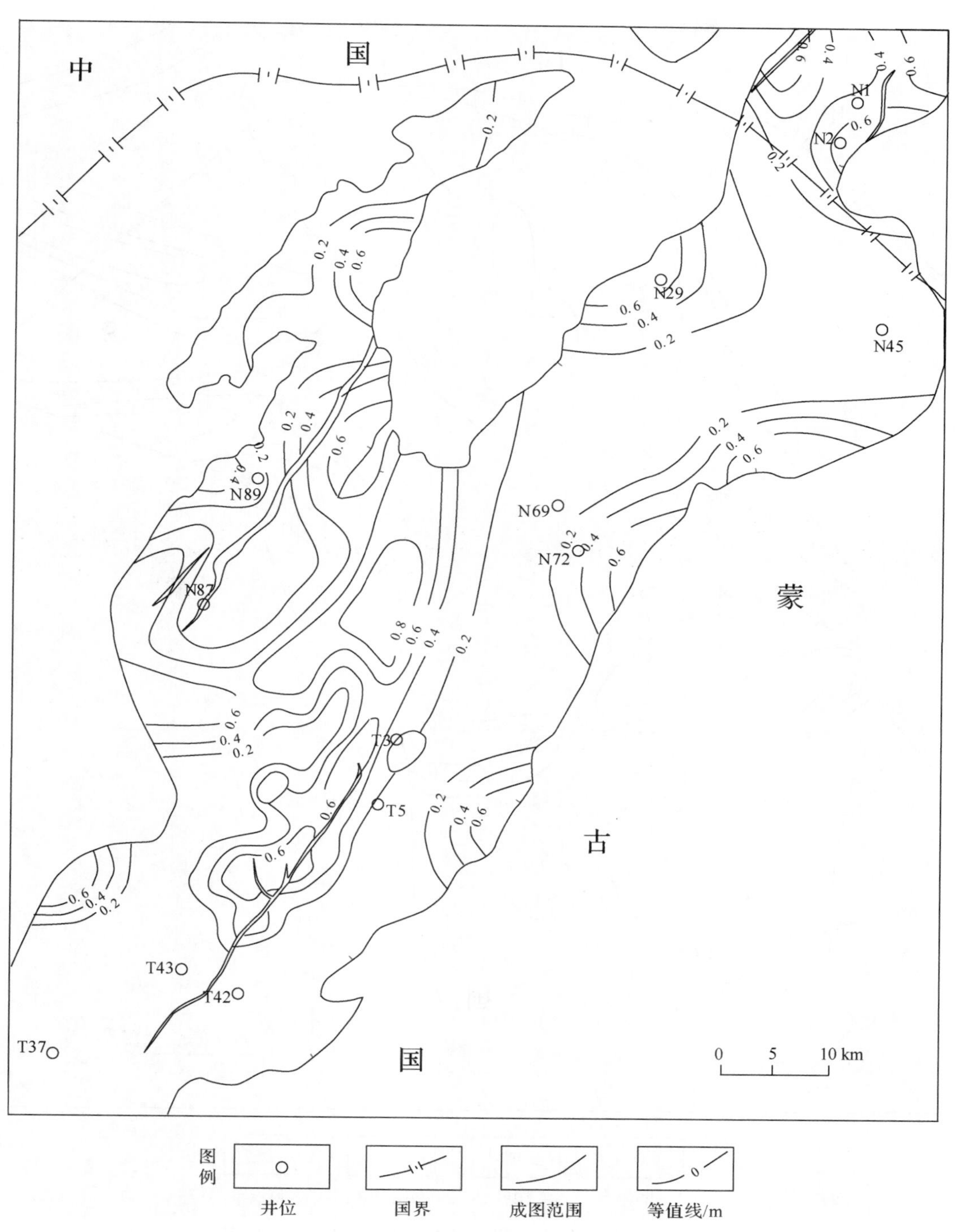

附图 12　塔南-南贝尔凹陷 SQ3 HST(南二段)砂地比图

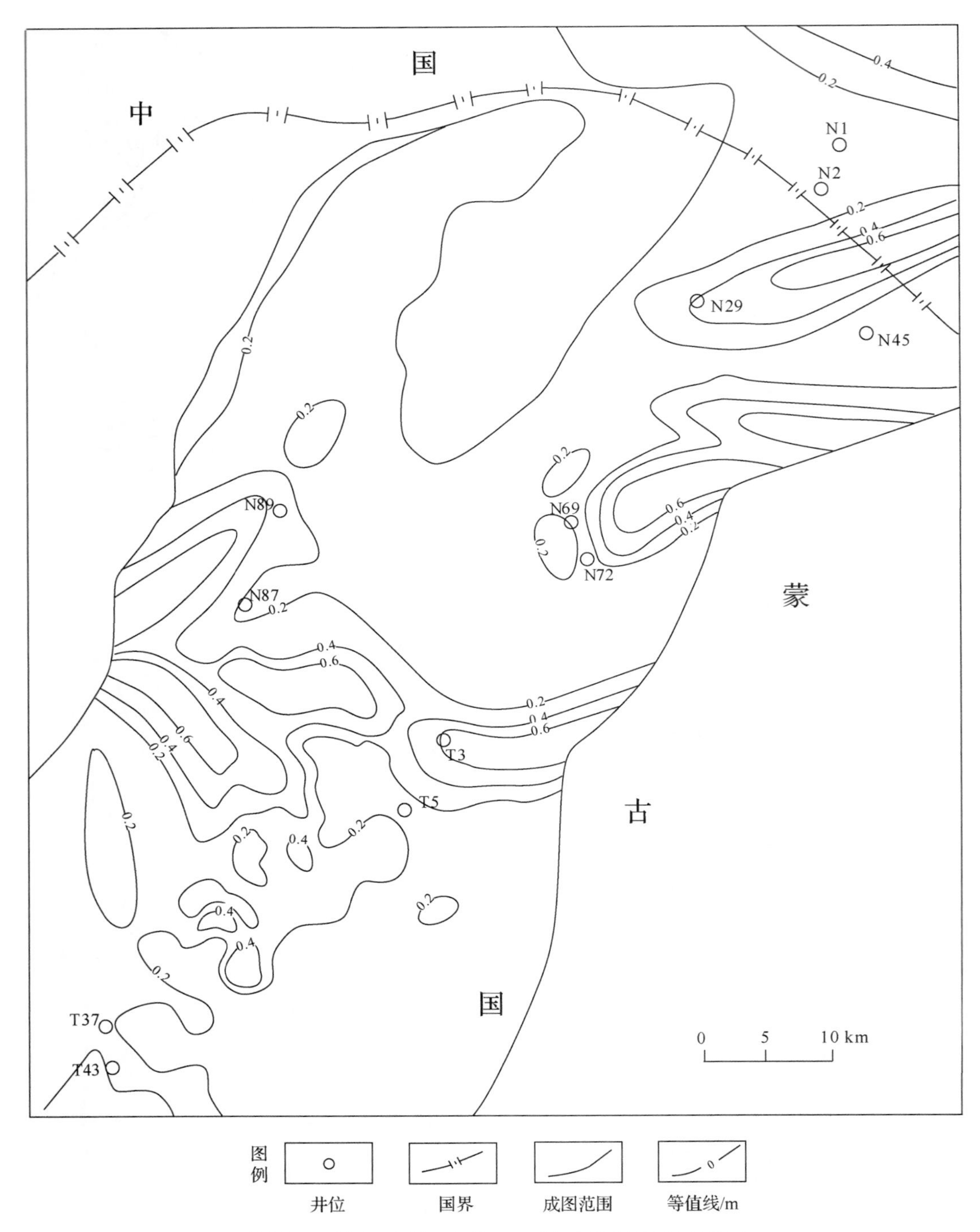

附图 13　塔南-南贝尔凹陷 SQ4（大磨拐河组）砂地比图

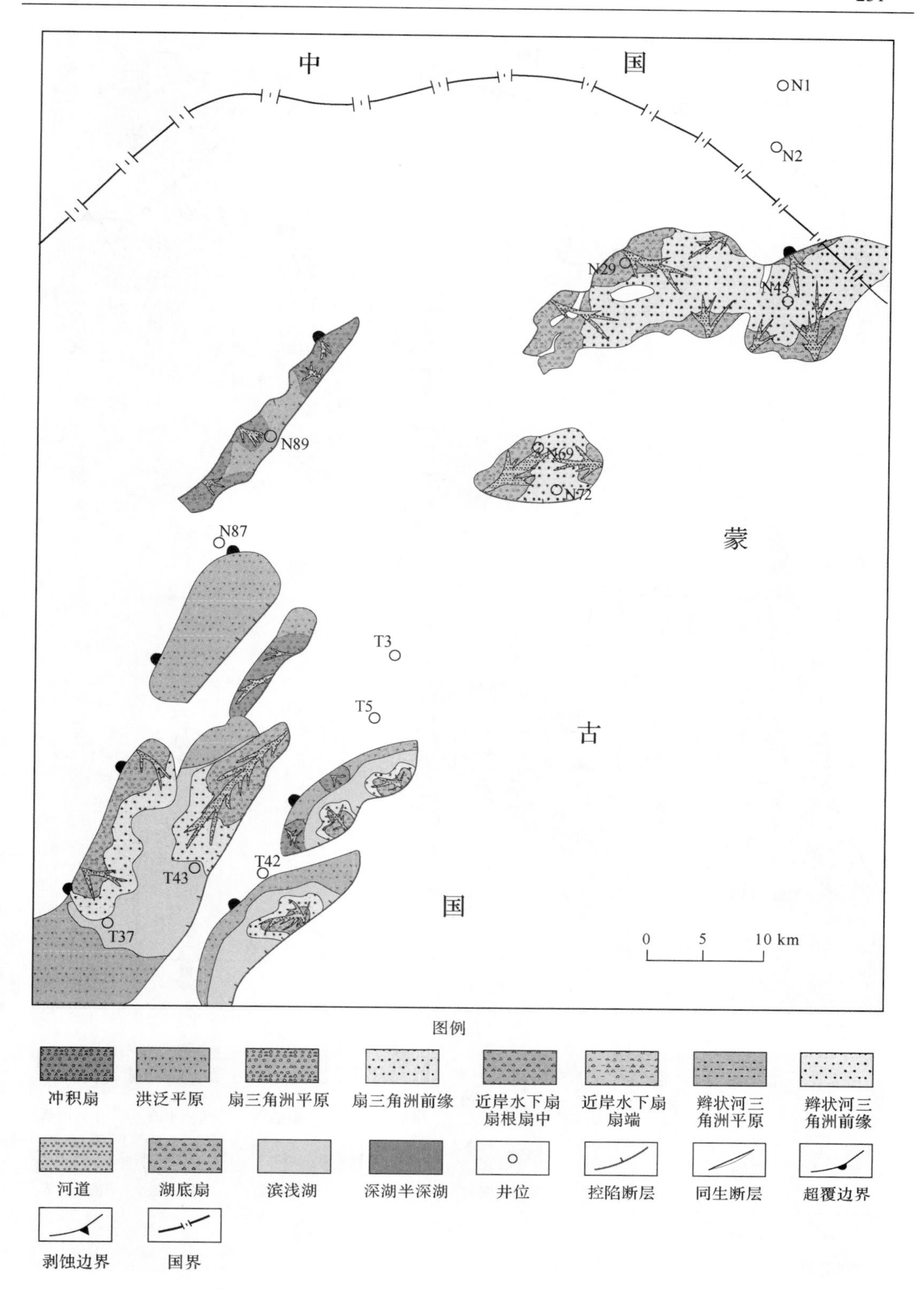

附图 14　塔南-南贝尔凹陷 SQ1(铜钵庙组下部)沉积相图

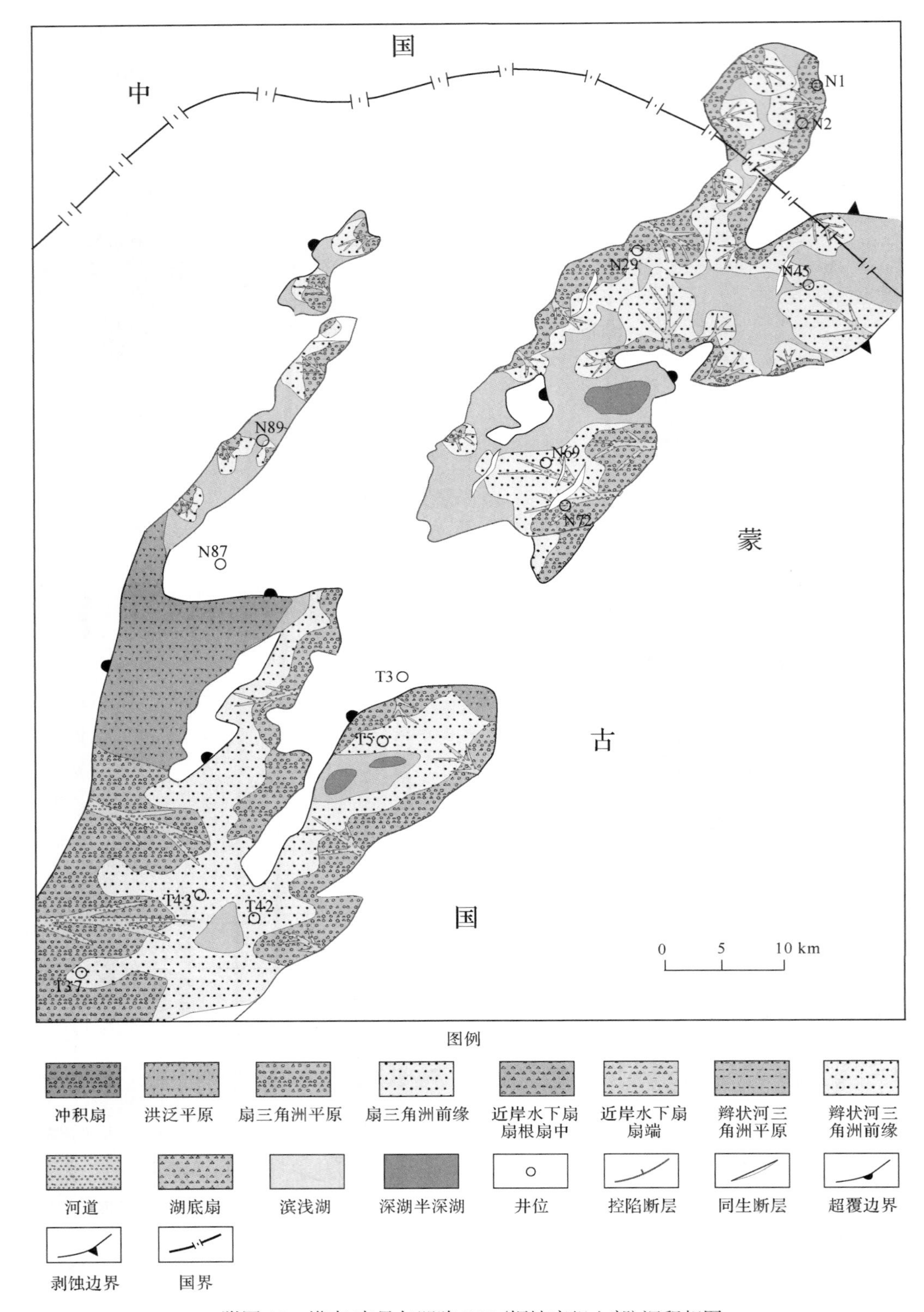

附图 15　塔南-南贝尔凹陷 SQ2（铜钵庙组上部）沉积相图

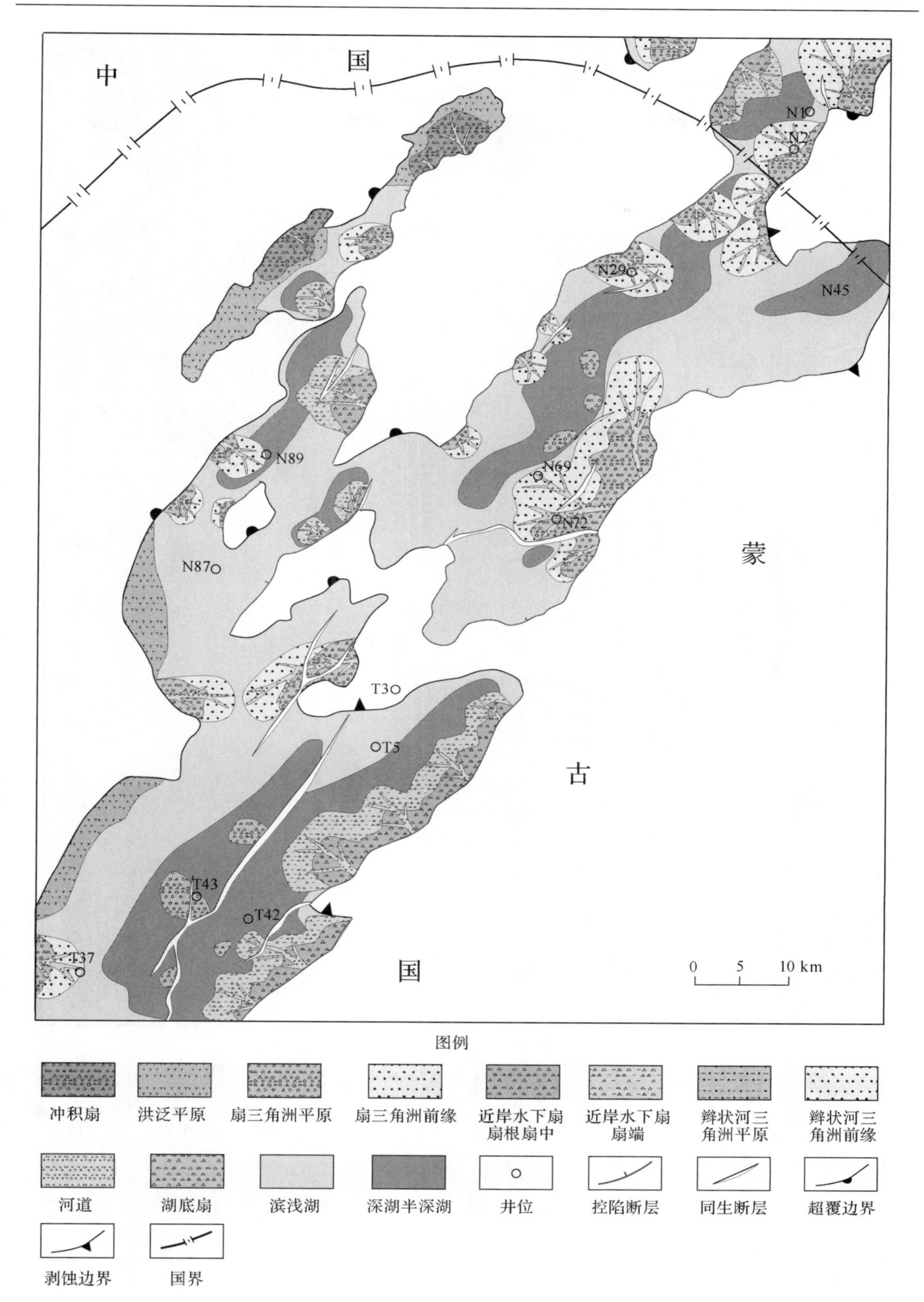

附图 16 塔南-南贝尔凹陷 SQ3 LST+TST(南一段)沉积相图

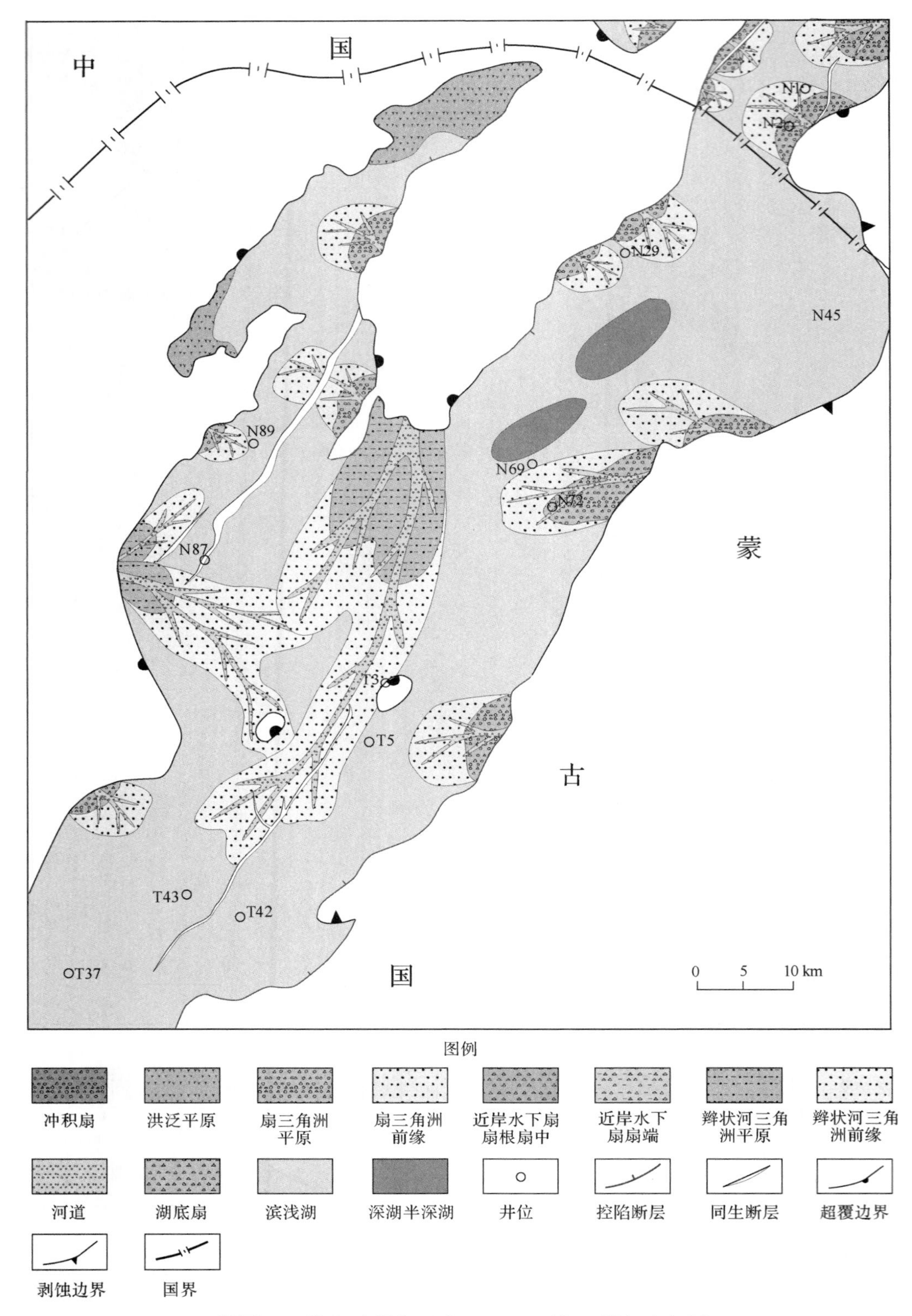

附图 17　塔南-南贝尔凹陷 SQ3 HST(南二段)沉积相图

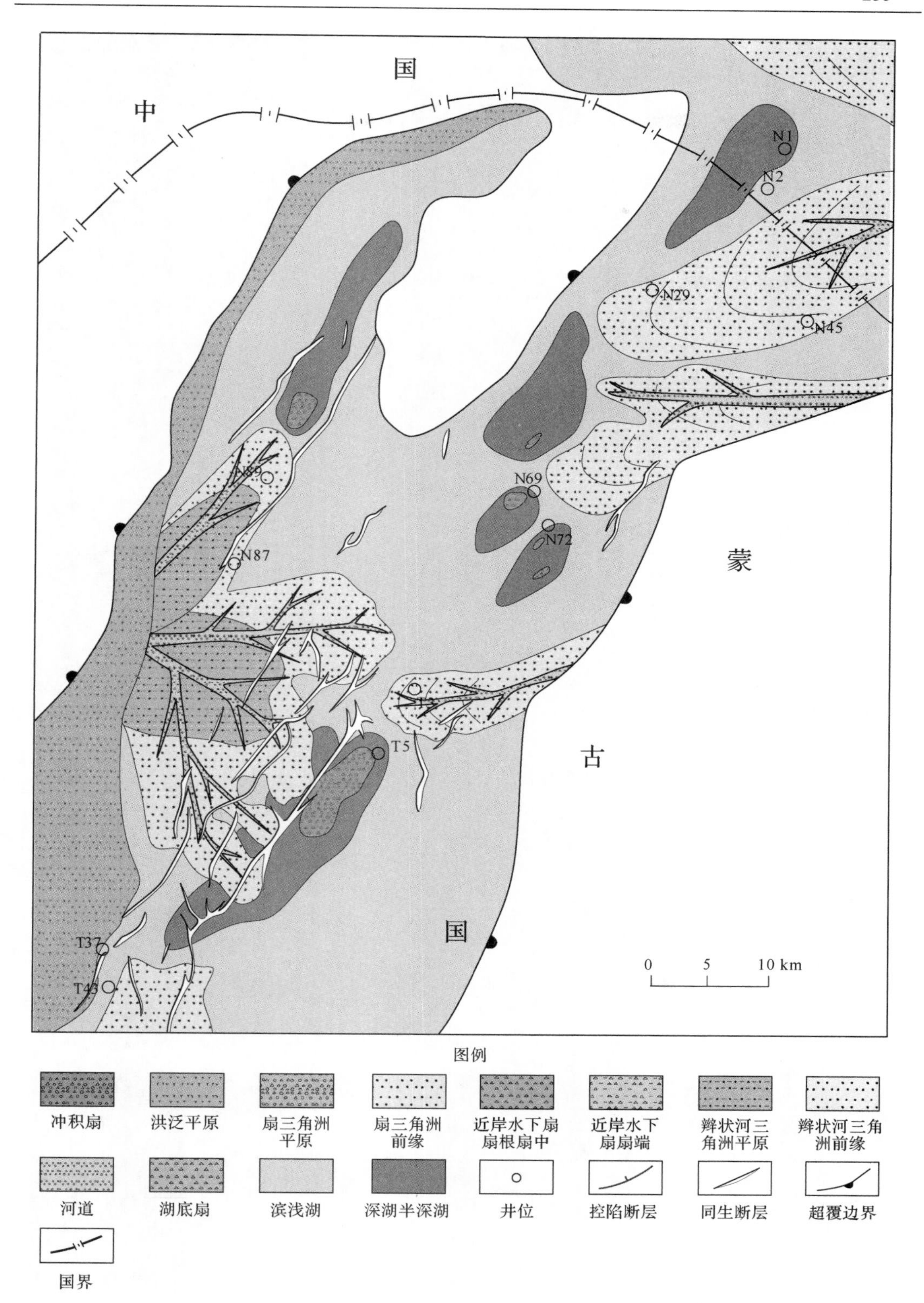

附图 18　塔南-南贝尔凹陷 SQ4(大磨拐河组)沉积相图